新一代高职教育信息通信规划教材

电信交换设备

蒋青泉 主编
彭琦美 车斯畴 董志强 编著

北京邮电大学出版社
·北京·

内容简介

本书全面系统地介绍了现代电信交换设备，着重于电信交换设备的系统结构、呼叫处理、操作与维护。全书共分13章，内容包括：S1240程控交换设备、EWSD程控交换设备、C&C08程控交换设备和宽带交换设备。

本书采用电信交换设备的最新版本及在电信企业的最新应用，内容全面，实用性强，深入浅出，侧重设备配置和操作技能的培养，注重实践知识和应用技巧，配有丰富的图表和习题，可适合不同层次读者的需要。

本书可作为通信、电子、信息类高等职业技术学院及其他大专院校的教材，也可作为电信机务员岗位培训和通信行业职业技能鉴定培训教材，适合于电信交换设备维护人员、电信交换设备工程设计和安装调试人员、大专院校师生阅读或作为参考书。

图书在版编目(CIP)数据

电信交换设备/蒋青泉主编. —北京：北京邮电大学出版社，2006（**2007. 6重印**）
ISBN 978-7-5635-0866-2

Ⅰ.电…　Ⅱ.蒋…　Ⅲ.通信交换设备　Ⅳ.TN91

中国版本图书馆CIP数据核字(2006)第103188号

书　　名：电信交换设备
主　　编：蒋青泉
编　　著：彭琦羡　车斯畴　董志强
责任编辑：方　瑜
出版发行：北京邮电大学出版社
社　　址：北京市海淀区西土城路10号(100876)
北方营销中心：电话：010-62282185　传真：010-62283578
南方营销中心：电话：010-62282902　传真：010-62282735
E-mail：publish@bupt.edu.cn
经　　销：各地新华书店
印　　刷：北京市梦宇印务有限公司
开　　本：787 mm×1 092 mm　1/16
印　　张：23.25
字　　数：570千字
印　　数：3 001 —6000册
版　　次：2007年1月第1版　2007年6月第2次印刷

ISBN 978-7-5635-0866-2/TN·455　　定价：33.00元

新一代高职教育信息通信规划教材

编　委　会

前　言

现代电信网正在向下一代网络演进，网络规模在迅速扩大，网络结构在不断优化，网络的技术水平在显著提高，电信交换设备作为其核心设备正在向综合化、宽带化、智能化方向发展。

程控交换设备在我国电信网中广泛应用于电话交换，实现了电话网业务节点数字化，随着ISDN和智能网业务应用，程控交换设备在提供原有基本话音业务的基础上，功能在不断改进和加强，主要体现在：增强为No.7信令网中的信令点，ISUP正在逐步取代TUP；增强为N-ISDN的交换节点；增强为智能网的SSP；增强为移动通信网的MSC；增强为Internet公共拨号接入平台。ATM宽带交换设备目前主要应用是数据交换和综合业务交换，随着数据和Internet的业务迅速增长，宽带交换设备能够高速、高吞吐量和高服务质量地实现话音、数据和视频等多媒体综合业务的交换功能，广泛应用于公用多媒体通信网络、宽带城域网及高速局域网。软交换设备是NGN的核心设备，在保持电话网话音业务质量不变情况下，使话路传输分组化，大幅度降低运营和维护成本。

为了培养适应现代电信技术发展的应用型、技术型高级专业人才，保证现代电信网络优质高效安全运行，促进电信业务的发展，我们在总结多年教学实践的基础上，组织专业教师和专家编写《电信交换设备》一书。《电信交换设备》全面介绍了电信网中的主要交换设备，全书共13章，分为S1240程控交换设备、EWSD程控交换设备、C&C08程控交换设备、宽带交换设备四大部分，着重于各种电信交换设备的系统结构、呼叫处理、操作与维护，并考虑与通信行业电信机务员特有工种技能鉴定相结合。本书涉及的技术标准和技术规范主要参考了信息产业部《中华人民共和国通信行业标准》和设备生产厂家的技术资料。

本书采用电信交换设备的最新版本及在电信企业的最新应用，内容全面，实用性强，深入浅出，侧重设备配置和操作技能的培养，在阐述相关设备系统结构和基本操作的同时，注意找好切入点，引入操作维护中一些深层次但又非常实用的实践知识和应用技巧，尽量满足零距离上岗的要求。本书作为通信类专业教材，根据情况选择两种典型设备，为60～100课时。本书各章后附有习题，便于自学，可作为其他大专院校的教材或教学参考书及通信企业的职工培训教材。

本书第1章、第2章、第3章、第4章、第11章和第12章由蒋青泉编写，第5章、第6章由彭琦美编写，第7章由韩峰、彭琦美、宋为编写，第8章和第9章由董志强编写，第10章由车斯畴编写，第13章由蒋青泉、彭琦美编写，全书由蒋青泉担任主编和统稿。

在本书的编写和审稿过程中，得到了BISC公司领导和技术专家、长沙通信职业技术学院领导和老师、广东邮电职业技术学院领导和老师的大力支持和热心帮助，提出了很多有益的宝贵意见，本书的素材来自大量的参考文献和工程经验，特此致谢。

鉴于编者水平有限，书中难免有不妥或错误之处，诚请读者批评指正。

作　者

2006年12月

目　　录

第一篇　S1240 程控交换设备

第二篇 EWSD 程控交换设备

第四篇 宽带交换设备

第一篇　S1240程控交换设备

上海贝尔公司生产的S1240程控数字电话交换设备在中国通信网上已成功运行十几年，系统性能稳定，同时S1240程控交换设备不断在硬件和软件上升级换代。S1240程控交换设备从硬件分为A型机、E型机和J型机；从软件版本分为35/42版、5x版、EC72版、EC74版等，对国家骨干通信网、本地市话网、国家智能网、省内智能网、No.7信令网、综合业务数字网(ISDN)、用户接入网的发展起了重要的作用。目前各交换局普遍使用的S1240程控交换设备是S1240 EC74版J型机，它具有No.7信令功能、ISDN功能、智能网功能、接入Internet功能。局间中继可采用TUP或ISUP，ISUP正在逐步替代TUP。S1240内部的交换码率为4.096 Mbit/s。

S1240程控数字电话交换设备具有以下特点：

(1) 全数字化

(2) 全分布控制

S1240系统的控制功能由分布在各个终端和辅助控制单元(ACE)中的微处理机共同完成。采用全分布控制使得系统的处理能力可以适应不同容量和不同业务的需要。

(3) 高可靠性

S1240系统的高可靠性来自两个方面：一是由于采用全分布控制方式，各个模块都有自己的控制单元(CE)，任何一个模块发生故障，对整个系统的影响很小；另一方面采取了冗余配置方式，包括配对模块、主/备用模块、交叉互助连接、N+1冗余等。

(4) DSN的独特结构

S1240系统的数字交换网络由DSE按规律固定连接而成，具有自身控制路径建立的能力，提高了硬件对于软件的独立性；不同模块之间建立连接时，进入DSN的深度取决于两个模块的网络地址(NA)，即反射点会有所不同。

随着信息技术和通信业务的发展，S1240程控数字电话交换机的硬件不断更新，软件版本不断提高，系统功能在不断改进和加强，主要体现在以下几个方面：

- 增强为No.7信令网中的信令点(SP)。程控数字交换设备从随路信令(CAS)方式走向了公共信道信令(CCS)方式，从TUP走向ISUP。
- 增强为N-ISDN的交换节点。在原来的系统中增加必要的硬件和新的应用软件，使之具有N-ISDN交换功能。
- 增强为智能网的业务交换点(SSP)。S1240交换设备通过在硬件方面增加具有SSP功能的SACE，升级为综合的SSP；在软件方面，更换软件版本为EC74版(主要增加了智能网业务触发检测软件)，使之具有长途交换功能，又具有 SSP 功能和 ISDN 转接能力。

- 增强为 Internet 公共拨号接入平台，向公众提供 Internet 拨号接入服务。S1240 因特网接入系统使用 DSN 入口级的备用端口和无阻塞交换能力，实现 Internet 拨号上网业务。

第1章 S1240系统结构

1.1 硬件结构

S1240程控数字交换机系统硬件设计采用模块化技术，硬件结构非常简单，具有较高的灵活性，能根据各个交换局的需要灵活配置和扩充。S1240程控数字交换机硬件结构由数字交换网络(DSN)和连接在DSN上的不同的硬件模块所构成，数字交换网络是整个电路交换系统的核心，所有的模块通过PCM链路连接到DSN上，并控制DSN通路的建立、保持和释放。

1.1.1 S1240 J型机硬件组成

S1240 J型机包括EC72版和EC74版。S1240 EC72版交换机可提供电话交换和ISDN业务交换功能，S1240 EC74版交换机除提供电话交换和ISDN业务交换功能外，还提供智能业务交换功能。S1240 J型机的硬件结构如图1-1所示。

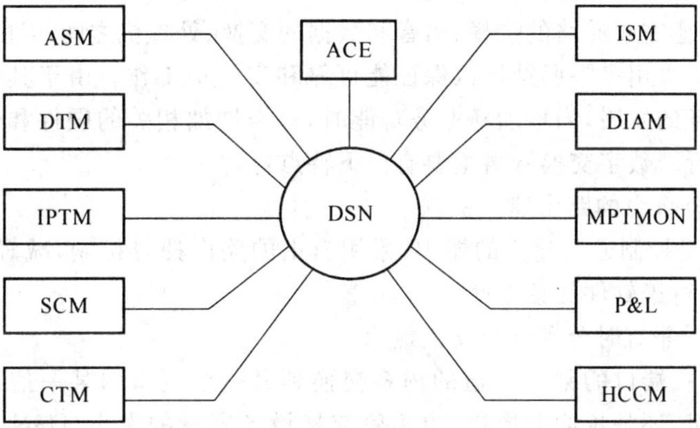

DSN：数字交换网络　ASM：模拟用户模块　ISM：ISDN用户模块
DTM：数字中继模块　DIAM：综合数字录音通知模块　IPTM：综合信息中继模块
ACE：辅助控制单元　MPTMON：多处理机测试监控器模块　SCM：服务电路模块
P&L：外设及装载模块　CTM：时钟和信号音模块　HCCM：高性能公共信道模块

图1-1　S1240 J型机的硬件结构

S1240交换机硬件模块的类型和数量取决于交换机的容量和提供的业务。硬件模块可分为终端模块和辅助控制单元模块。所有硬件模块包含结构相同的控制部分称为控制单元

(CE),控制单元由微处理器、终端接口(TERI)和存储器构成。控制单元分为两类:TCE 和 ACE,TCE 和 ACE 的硬件完全相同。

在 S1240 EC74 版交换机中常用的硬件模块主要有:模拟用户模块、数字用户模块即 ISDN 用户模块、数字中继模块、综合信包中继模块、高性能公共信道信令模块、服务电路模块、时钟和信号音模块、外设和装载模块、综合数字录音通知模块、多进程测试监控器模块、辅助控制单元模块。另外,S1240 交换机在不同的应用范围,还可配置中继测试模块(TTM)、数据链路模块(DLM)、扩展的外设模块(EPM)等。

每个终端模块有两个基本部分:终端电路(TC)和终端控制单元(TCE)。终端控制单元实现控制功能,这部分所有模块是相同的,只是配置的软件不同,终端电路是实现某一具体功能的电路,如用户电路、振铃电路、中继电路、收/发码器、信令终端电路等,不同的模块配置不同的终端电路。

辅助控制单元(ACE)模块是没有终端电路的硬件模块。ACE 模块主要为交换系统提供支持辅助功能,与终端模块不同,这些支持辅助功能可以用更灵活的方式分配给 ACE,不同功能的 ACE 模块的硬件完成相同,只是装载的软件不同,并且一旦出现故障,还可由其他 ACE 接替工作。这些辅助功能包括字冠分析、计费分析、中继资源分配、统计等。

数字交换网络是由数字交换单元(DSE)按规律固定连接而成,采用多级多平面结构,最多为 4 级 4 面。DSE 具有时空交换能力,但它本身并不带处理器,因此时空交换完全是由输入信道中的信息决定的。

1.1.2 数字交换网络

数字交换网络是 S1240 交换机实现全分布控制的关键部分,各种不同功能的模块,能方便地经 DSN 的独特结构完成信息的交换,实现了所有模块终端电路之间的联系及模块控制单元之间的内部通信。

数字交换网络由专用大规模集成电路芯片组成,每个芯片都有它自己的逻辑功能电路和存储器,能独立地完成通路的选择、语音和数据的交换、处理机之间的通信。

数字交换网络采用多平面结构以保证能可靠和安全地工作。由于其分布控制功能,能适应数据通信业务的发展,当增加新业务功能时,只需增加相关的硬件和软件模块,而不影响整机的正常运行。数字交换网络主要有以下特点:

(1) DSN 具有自由的路由建立机制

DSN 具有自身控制通路建立的能力,采用自由的路由搜寻机制,减轻了对软件设计的限制,提高了硬件对于软件的独立性。

(2) DSN 同时兼有时分和空分交换能力

DSN 能把某一端口的某一信道的内容交换到另一个端口的某一信道上并发送出去。不管是市话交换机,还是长途交换机,也不管交换设备容量的大小,DSN 都是由 DSE 连接而成,只是 DSE 的数量不同。

(3) DSN 采用单侧折叠式网络

任意两个模块之间通路建立的过程是相同的,但反射点取决于这连接两个模块的网络地址。

1. 数字交换单元

(1) DSE 结构

DSE 是数字交换网络的基本功能单元,同时兼有时分和空分交换功能。每个 DSE 有

16 个双向端口，每一端口分接收(Rx)和发送(Tx)两部分，形成一条双向 PCM 链路，16 个端口之间通过公用时分复用总线相连接，即每个 DSE 有 16 条 32 信道双向 PCM 链路，每个信道 16 bit，传输速率为 4.096 Mbit/s，DSE 的基本结构如图 1-2 所示。

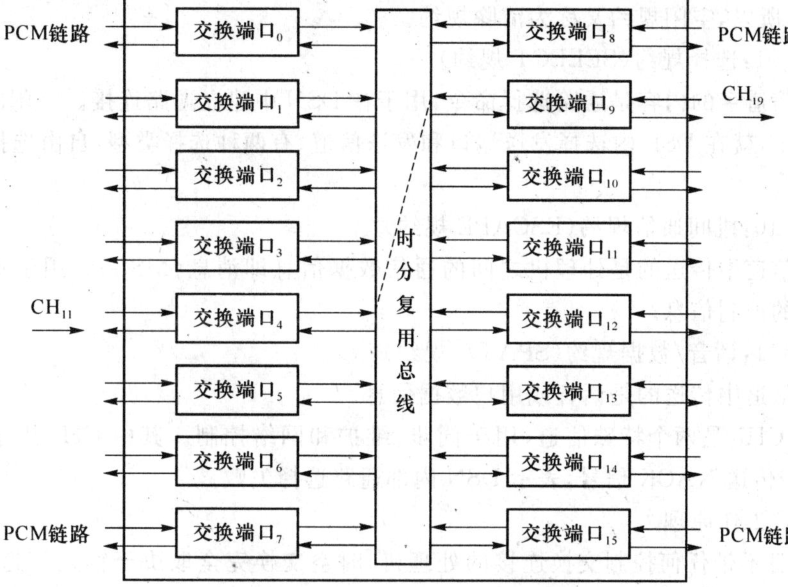

图 1-2　数字交换单元的基本结构

DSE 的端口之间通过公用的时分多路复用总线(即 TDM 总线)相连接，TDM 总线共有 39 线，其中 3 条用于传送时钟信号，另外 36 条用于传送信息：

数据总线	16 线	端口总线	4 线	端口空闲总线	1 线
信道总线	5 线	信道响应总线	5 线	确认总线	1 线
选择总线	1 线	时钟总线	3 线	其他控制总线	3 线

DSE 工作时钟为 8.192 MHz，来自交换系统的时钟分配网，每个端口均能识别同步标识码，以保证 PCM 链路的同步运行。

DSE 的每个端口内有一个接收口(Rx)和一个发送口(Tx)。在接收口内有两个存储器：输入存储器和状态存储器。其中输入存储器有 32 个单元，分别对应 PCM 链路的 32 个信道，用于暂时存储各个信道所携带的信息内容；状态存储器也有 32 个单元，分别对应 PCM 链路的 32 个信道，用于暂时存储各个信道的状态和目的地信息。在发送口有一个输出存储器，有 32 个单元，分别对应 PCM 链路的 32 个信道，用于暂时存储即将由发送口信道发送出去的信息。

每个 DSE 有 16 条 32 信道双向 PCM 链路，每个信道 16 bit，每个信道中 16 bit 信息称为一个信道字，其中最高两位用于携带规约码(或规程码)，如图 1-3 所示。

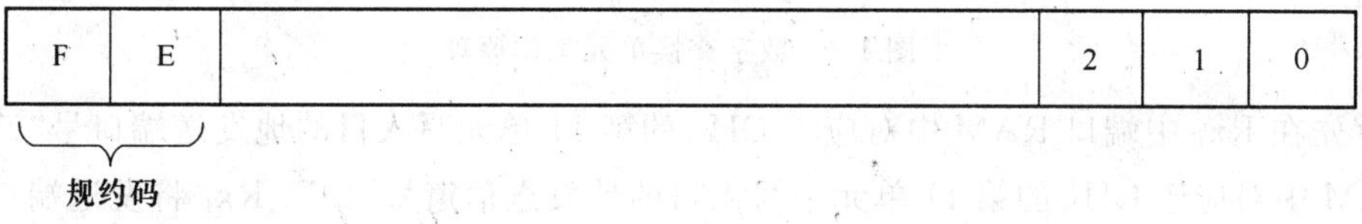

图 1-3　信道字格式

CH_1～CH_{15}和 CH_{17}～CH_{31}的规约码取值如下：

① FE＝00：空闲规约（IDLE 规约）

表示此信道是空闲的，没有携带有用信息。当一个被占用的信道连续两次都携带空闲规约时，接收端口将该信道的状态置为空闲，并清除状态存储器相应单元的内容，则建立的通路被清除，所以，空闲规约又称为清除规约。

② FE＝01：选择规约（SELECT 规约）

表示此信道字的内容是通路选择命令，用于在 DSN 中建立通路连接。空闲的接收信道收到选择命令，就在 DSE 内选择发送端口和发送信道，有两种选择类型：自由选择和指定选择。

③ FE＝10：机间通信规约（ESCAPE 规约）

表示此信道中传送的是处理机之间的通信数据信息即消息（MSG）。用于不同硬件模块之间传送的控制信息。

④ FE＝11：话音/数据规约（SPATA 规约）

表示此信道中传送的是话音或用户数据信息。

CH_0 和 CH_{16}是两个特殊信道，用于同步、维护和网络控制。其中 CH_0 用于同步和维护；CH_{16}用于传送 NACK 信号，表示 DSN 内部通路选择失败。

（2）DSE 工作原理

DSE 本身不带任何控制交换连接的处理机，时空交换完全取决于输入信道中的信息，各端口根据收到的信息决定是否要进行交换工作。在图 1-2 中，通过 DSE 完成了端口 4、CH_{11}交换至端口 9、CH_{19}的交换工作：空分交换体现在端口 4→端口 9；时分交换体现在 CH_{11}→CH_{19}。

下面以 Rx_4、CH_{11}→ Tx_9、CH_{19}为例说明 DSE 的工作原理，如图 1-4 所示。

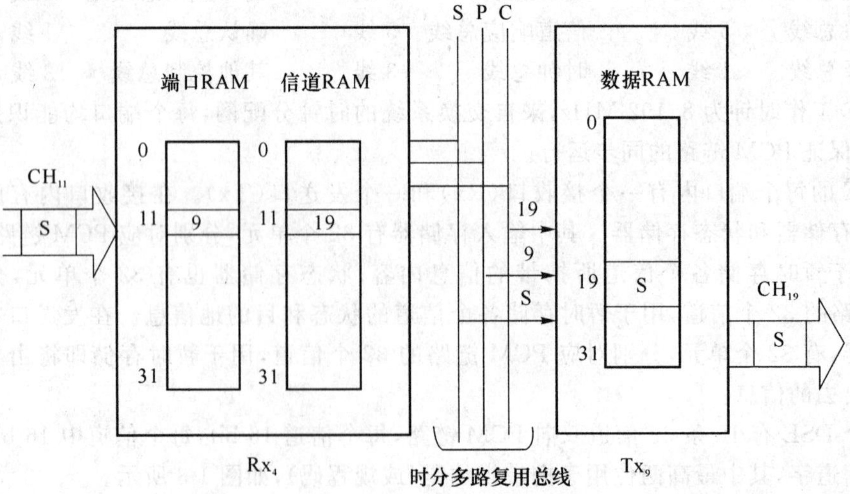

图 1-4　数字交换单元工作原理

首先在 Rx_4 中端口 RAM 中对应于 CH_{11}的第 11 单元写入目的地发送端口号“9”，在信道 RAM 中对应于 CH_{11}的第 11 单元中写入目的地发送信道号“19”，Rx_4 将发送端口号“9”和发送信道号“19”分别送至端口地址总线 P 和信道地址总线 C。

然后所有发送端口中的端口地址比较器将 P、C 总线上的端口号与自身号码进行比较，只有 Tx_9 识别到这是本端口号码，于是 Tx_9 接收 C 总线上的发送信道号“19”，Rx_4、CH_{11} 中的信息数据被送到数据总线上，由 Tx_9 接收，并根据已知的发送信道号“19”，把信息数据写入 Tx_9 的数据 RAM 的第 19 单元中。

最后 Tx_9 在第 19 时隙，从数据 RAM 的第 19 单元中顺序读出信息字送往下级。

这样，Rx_4、CH_{11} 送来的信息数据就在 Tx_9、CH_{19} 输出，完成了空分和时分交换。

由以上 DSE 的工作原理可知，DSE 只是提供空分和时分交换的硬件保证，而实际的交换工作取决于外部输入信道内的信息内容。

DSE 本身具有通路选试和控制功能，它根据接收侧所收到的选择命令，进行通路选择和建立通路，完成任意接收端口的任一信道与任意发送端口的任一信道之间信息的交换。所以，一个 DSE 可完成 512 个输入信道(输入时隙)与 512 个输出信道(输出时隙)之间的交换，相当于一个 512×512 的接线器。每个 DSE 对应一块印刷电路板(PBA)，称为 SWCH 板。

2. DSN 结构

S1240 程控数字交换机采用由 DSE 构成的单侧型数字交换网络，包括选面级或入口级(AS)和选组级(GS)。DSN 最大为 4 级 4 面，入口级采用单级 DSE，选组级采用 3 级 DSE，如图 1-5 所示。

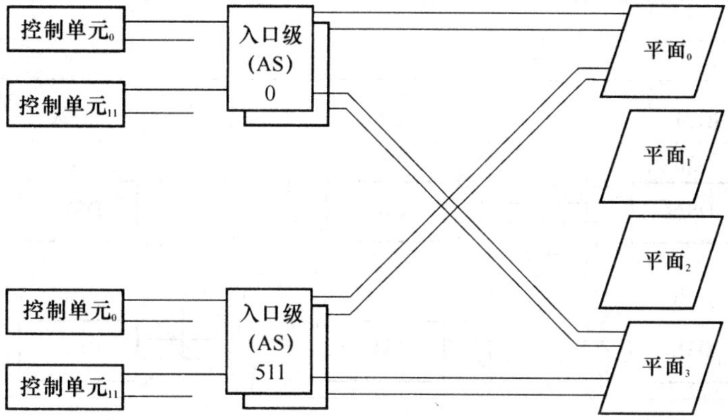

图 1-5　DSN 结构

DSN 的级数取决于所连接控制单元的数量，对市话局而言，取决于用户模块数量，即用户线数量；对长途局而言，取决于中继模块数量，即中继线数量。DSN 的平面数取决于话务量。各交换局可根据本局的实际情况配置 DSN 的级数和平面数。

DSN 由一系列按一定拓扑结构连接的 SWCH 板构成。每块 SWCH 板对应 1 个 DSE。

(1) 选面级

选面级也称入口级(AS)，AS 为单级 DSE，1 个 DSE 即 1 块 SWCH 板，采用专用大规模集成电路。每两个 DSE 组成一 AS 对(称为 AS_n 和 AS_{n+4})，直接与各种硬件模块的 CE 连接，每个 CE 中的终端接口(TERI)的 2、4 端口与 1 对 AS 相连接，则每个硬件模块可通过两条通道进入数字交换网络，这种通路的双备份保证了模块与 DSN 之间的畅通。

硬件模块都连接在 AS 的端口上，并通过 AS 进入到选组级。通常 AS 对的 0～7 端口用于连接 ASM、DTM 等普通模块，12～15 端口用于连接 P&L、CTM 等特殊资源模块，8～11端口用于连接至 4 个平面（端口 8 连接平面 0，端口 9 连接平面 1，端口 10 连接平面 2，端口 11 连接平面 3），因此，1 对 AS 最多可连接 12 个硬件模块即 12 个 CE。

为了适应不同的话务量情况，AS 对与终端模块的连接有两种方式：

① 低话务量连接方式，适用于低话务量的用户模块，AS 对的 0～7 端口连接 8 个 ASM；

② 高话务量连接方式，适用于高话务量的中继模块和服务电路模块，AS 对的 0～3 端口连接 4 个 DTM。

通常将同 1 对 AS 上连接的硬件模块称为 1 个终端子单元（TSU），4 个 TSU 构成 1 个终端单元（TU）。AS 通常和所连接的模块分布在同一机架，成对配置。

S1240 交换机最多可装备 512 对 AS，即在 DSN 中最多可接 512×12＝6 144 个 CE，理论上可连接 256 000 条用户线或 60 000 条中继线或它们的组合。

（2）选组级

选组级（GS）是一个多级、多平面网络结构，最多可以配置 4 个平面，每个平面最多有 3 级 DSE，各级之间按规律固定连接，4 个平面内选组级的内部连接是相同的，如图 1-6 所示。在 S1240 J 型机中，选组级分布灵活，可装备在多种类型机架中。

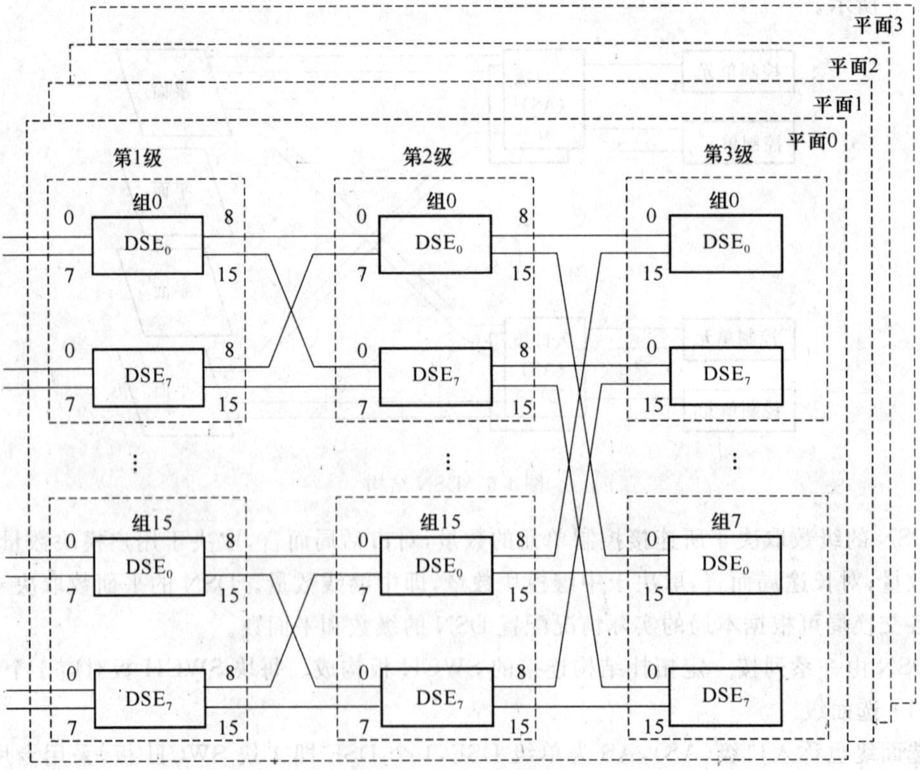

图 1-6　DSN 选组级

选组级内部的连接规律如下：

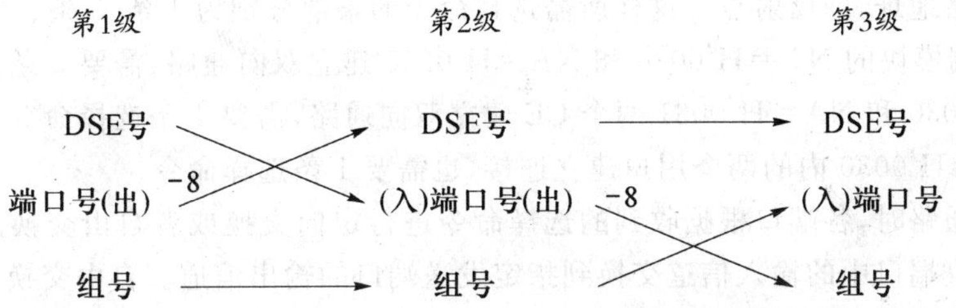

对于一个交换局，其 DSN 的大小是由终端模块数和话务量决定的。终端模块数决定 DSN 需要配置几个交换级，每个交换级需装备多少个 DSE；话务量决定 DSN 需要配置几个交换平面，出于安全性的考虑，无论交换局大小，至少装备 2 个交换平面。

需要注意的是，建立一条网络通路不能跨越在多个不同的平面上。

3. 网络地址与选择命令

(1) 网络地址

网络地址(NA)有 CE 的 NA、DSE 的 NA、LINK 的 NA，均可表示为 H′DCBA，例如 H′0030。

对 CE 而言，NA 就是各级 DSE 的入端口号：

D 表示第 3 级 DSE 的入端口号，确定 CE 所属的组号(0～15)；

C 表示第 2 级 DSE 的入端口号，确定 CE 所在 TU 相连接的第 1 级 DSE 号(0～7)；

B 表示第 1 级 DSE 的入端口号，确定 CE 所属 AS 对即所连 TSU 号(0～3)；

A 表示入口级 DSE 的入端口号，确定 CE 所连 AS 对的入端口号(0～7、12～15)。

从理论上来讲，CE 最大的 NA 是 H′F73F。

对 DSE 和 LINK 而言，NA 就是各级 DSE 的被选端口号。

例 1-1　某模块 NA＝H′0030，确定该模块对应的 DSE 的 NA 和 LINK 的 NA。

根据平行连接原则，可以确定该模块对应的 DSE 的 NA 和 LINK 的 NA，如图 1-7 所示。

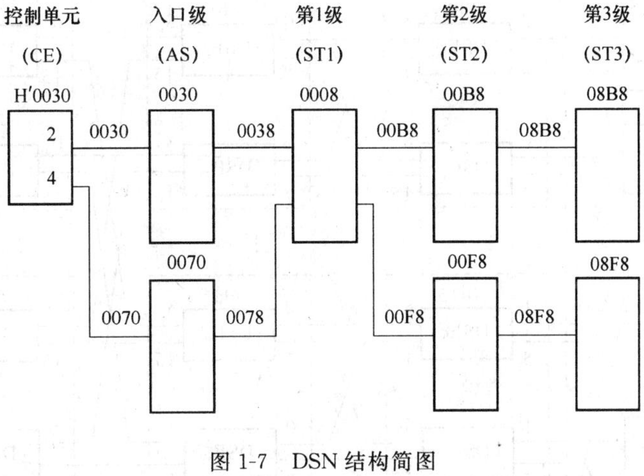

图 1-7　DSN 结构简图

注：在 S1240 EC74 版交换机中，可使用宏指令(＞：NETWORK)显示上图。

(2) 选择命令

选择命令是由终端模块的 CE 产生，通过 AS 的 PCM 链路上某一个信道发送出去，逐级建立通路。两个模块要进行通信，必须在 DSN 中建立一条通道，而通道的长度取决于两个模块的网络地址，即反射点。这样所需选择命令的条数分别为 1 条、3 条、5 条和 7 条。例如，两个终端模块的 NA＝H′0030 和 NA＝H′0200 建立双向通路，需要 5 条选择命令。若是 NA＝H′0030 和 NA＝H′0031 两个 CE 建立双向通路，需要 1 条选择命令。对于同一用户模块 NA＝H′0030 内的两个用户建立连接，也需要 1 条选择命令。

当建立通路时，各端口根据收到的选择命令进行定向交换或者自由交换。定向交换是指将某一接收端口中的输入信道交换到指定发送端口的输出信道。自由交换是指将某一接收端口中的输入信道交换到任一发送端口的输出信道。通路建立后，只有当 DSE 接收端口连续从某一个信道收到请求释放的信息（规约码为 00）时，将接收端口该信道置为空闲，通路才会释放。

例 1-2 设模块$_1$（CE_1）的 NA＝H′0020，模块$_2$（CE_2）的 NA＝H′F712，如果这两个模块之间建立通路，需要哪些选择命令？

比较 CE_1 和 CE_2 网络地址可知，反射点在选组级的第 3 级，所以需要 7 条选择命令。

这 7 条选择命令分别为：

① 选择低号端口，任意信道（用于入口级选择平面）；

② 选择任意端口，任意信道；

③ 选择任意端口，任意信道；

④ 选择端口 15，任意信道；

⑤ 选择端口 7，任意信道；

⑥ 选择端口 1 或端口 5(1＋4)，任意信道；

⑦ 选择端口 2，任意信道。

这两个模块建立通路的示意图如图 1-8 所示。

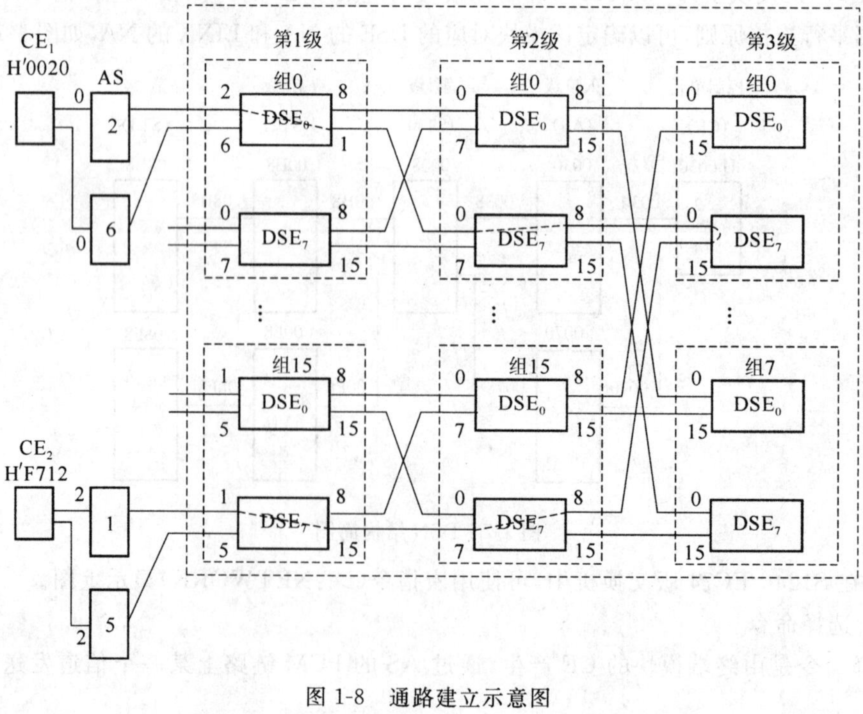

图 1-8 通路建立示意图

数字交换网络内部建立的通路类型有：虚拟路径(VP)、用户控制路径(UCP)、半永久通路(SPC)、隧道(Tunnel)。VP 主要用于传送内部消息(MSG)；UCP 是指即用即连，用完即拆，主要用于稳态阶段传送拨号音、铃流、回铃音和通话信息等；SPC 是指使用人机命令建立的可交换、预定的通路；Tunnel 是指在系统初始化时由 DSE 的端口自动建立的路径，用于系统初始化时相应 CE 软件装载。

隧道实际上是在每个 DSE 内部端口 P 和端口 P＋8 有固定的硬件连接通道，并通过 CH_0 传送 DSN 维护信息。隧道可分为完整隧道、不完整隧道、交叉链路隧道。

1.1.3　硬件模块

S1240 程控数字交换机的硬件模块可分为终端模块和辅助控制单元(ACE)模块。终端模块由终端电路(TC)和终端控制单元(TCE)组成。

控制单元包括 TCE 和 ACE，TCE 和 ACE 的硬件完全相同，对应处理机电路板(MCUX)，S1240 J 型机的 MCUX 主要类型有 MCUA(8086)、MCUB(80386)、MCUG(80586)。MCUX 电路板前端有 3 个状态显示灯，表示 CE 在上电以后的各种状态。MCUB 采用 80386 处理器，根据内存的大小，有 4 M、8 M、16 M 多种型号；MCUG 采用 80586 处理器，根据内存的大小，有 32 M、64 M 两种型号。在 PW 文件中，参数 TMC 定义了以下处理机类型：

TMC＝0	8086	16 bit(real mode)
1	80286/80386	32 bit(real mode)
2	80286	16 bit(virtual mode)
3	80386	16 bit(virtual mode)
4	80486	16 bit(virtual mode)
5	80586	16 bit(virtual mode)

例 1-3　查找 NA＝H′0030、NA＝H′000C、NA＝H′0034 模块的处理机板 MCUX 对应的处理机类型。

＞AC　30

＞WRI TMC

0000→8086 (NA＝H′0030 模块是 ASM，处理机板为 MCUA)

＞AC　C

＞WRI　TMC

0003→80386 (NA＝H′000C 模块是 P&L，处理机板为 MCUB)

＞AC　34

＞WRI　TMC

0005→80586 (NA＝H′0034 模块是 SCALSVL，处理机板为 MCUG)

控制单元的主要功能是控制本模块的终端电路，进行分析处理，控制建立有关链路以及同其他模块交换信息。CE 的内部结构均由微处理机、存储器和终端接口(TERI)组成，如图 1-9(a)所示。

终端接口的作用是在 DSN、处理机和终端电路之间提供通用接口功能。所有硬件模块的 TERI 是完全相同的，TERI 通过两条 PCM 链路与模块终端电路相连，并建立从模块终端电路到数字交换网络的通路，TERI 的内部结构如图 1-9(b)所示。

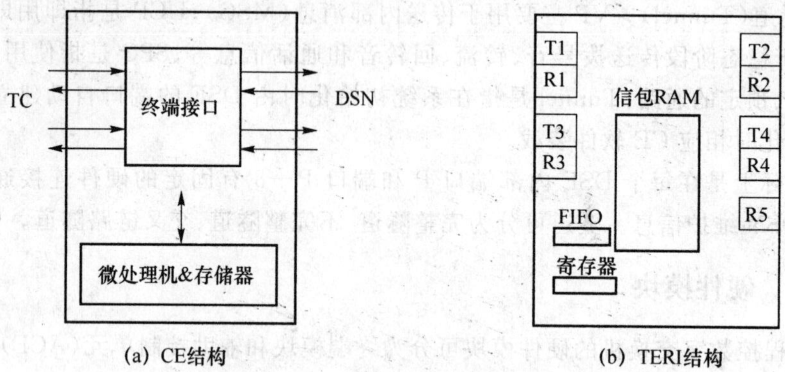

(a) CE结构　　(b) TERI结构

图 1-9　CE 和 TERI 的内部结构

① 4 个接收/发送端口对，即端口 2 和端口 4 连接 DSN，端口 1 和端口 3 连接 TC；

② 端口 5 用于接收各种信号音；

③ 信息包 RAM(PRAM)，长度是 2 K 或 4 K 字(word)，处理机通过 PRAM 发送和接收数据包，PRAM 分为发送缓冲区和接收缓冲区，每个发送缓冲区(接收缓冲区)长度是 64 个字，内容有信息包起始标识(SOP)、数据信息、信息包结束标识(EOP)，如下所示。

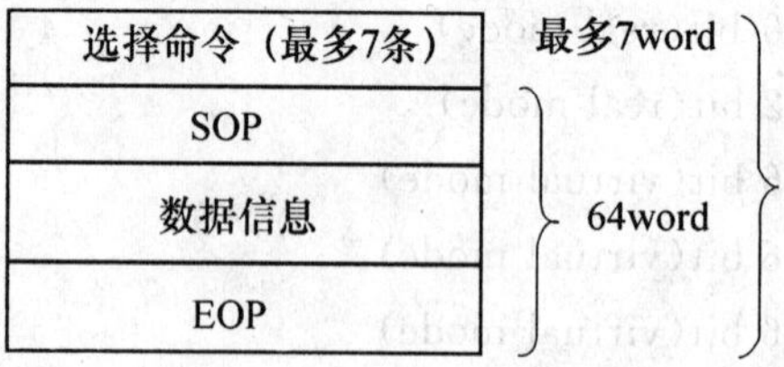

④ FIFO 和寄存器，FIFO 用来存放当前可用的接收缓冲区的起始地址，寄存器用于存储端口、信道、事件。

TERI 的外部特性如图 1-10 所示。

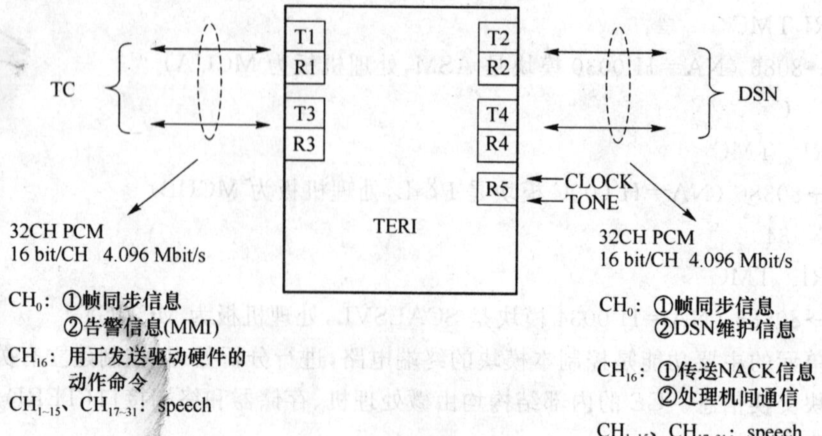

图 1-10　TERI 的外部特性

1. 模拟用户模块(ASM)

ASM 是模拟用户和交换机之间的接口,模拟用户通过 a、b 线连接到交换机,它为模拟用户提供用户线终端电路。

(1) 主要功能

① 对用户线状态的检测;

② 传送话音和数据;

③ 为用户送铃流;

④ 对用户线或用户电路进行测试;

⑤ 用户线过压、过流保护;

⑥ a、b 线极性反转和发送计次脉冲。

(2) 结构

ASM 由 1 块 MCUA 板、8 块 ALCN 板(模拟用户线路板,类型 N)、1 块 RNGF 板(铃流产生板,类型 F)构成,另外可选配 TAUC 板(测试存取单元板,类型 C)、RLMC 板(机架告警板,类型 C),如图 1-11 所示。

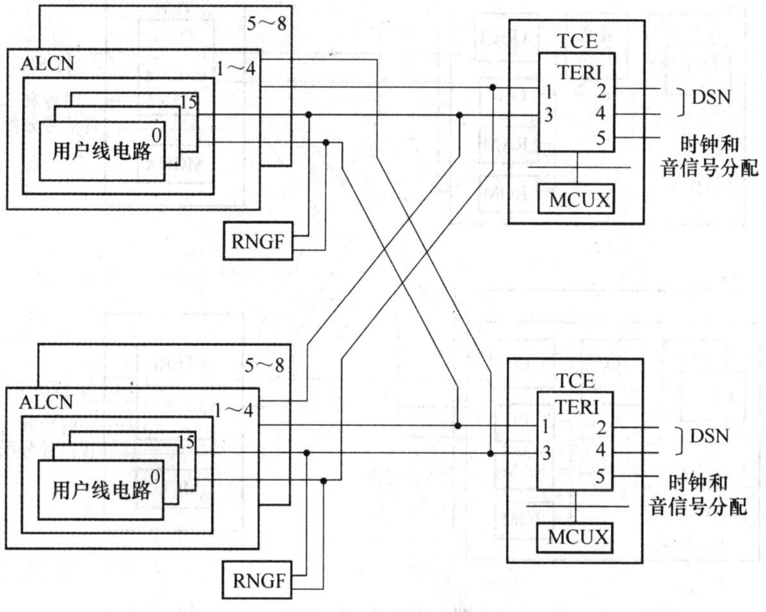

图 1-11　ASM 结构

ALCN 板处理模拟用户线,实现 BORSCHT 功能,每一块 ALCN 板能处理 16 个用户,因此每个 ASM 模块有 128 个模拟用户。ASM 的终端电路板采用交叉互助连接(cross-over)方式,交叉连接的两个 ASM,一个称为偶模块,另一个称为奇模块。

RNGF 板上有 2 套铃流产生电路,通过 2 对线输出,每套电路可为 64 个用户提供铃流信号。TAUC 板用于完成局内用户电路测试和用户外线测试。

2. 数字用户模块(ISM)

ISM 即 ISDN 用户模块是数字用户(ISDN 用户)和交换机之间的接口,与模拟用户一样通过 a、b 线连接到交换机,但在 a、b 线上接收和发送的是数字信号,包括来自和送往用户的话音、数据和信令信息等。目前 S1240 交换机提供 2B+D 和 30B+D 两种接口，普通数字用户使用网络终端(NT)通过 2B+D 接口与交换机相连接。

(1) 主要功能

① 码型转换，ISM 负责将数字用户线上传送的 2B1Q 线路编码转换为 S1240 交换机内部传送的不归零码(NRZ)；

② 信令功能，ISM 负责 1 号数字用户信令 (DDS1)的处理。

(2) 结构

ISM 由 1 块 MCUB 板、8 块 ISTB 板(ISDN 用户终端板，类型 B)构成，如图 1-12 所示。

每块 ISTB 板提供 8 个 BA，即可处理 8 个 ISDN 用户，则一个 ISM 可处理 64 个 ISDN 用户。与 ASM 相似，两个 ISM 采用交叉互助连接方式。

ISTB 板是处理 2B1Q 的电路板，有 8 个 U 接口控制器(UIC)和 4 个综合链路控制器(ILC)。每个 UIC 连接 1 个 ISDN 用户，每个 ILC 有 2 个 HDLC 帧处理器，即每个 ILC 可处理 2 条 D 信道链路。

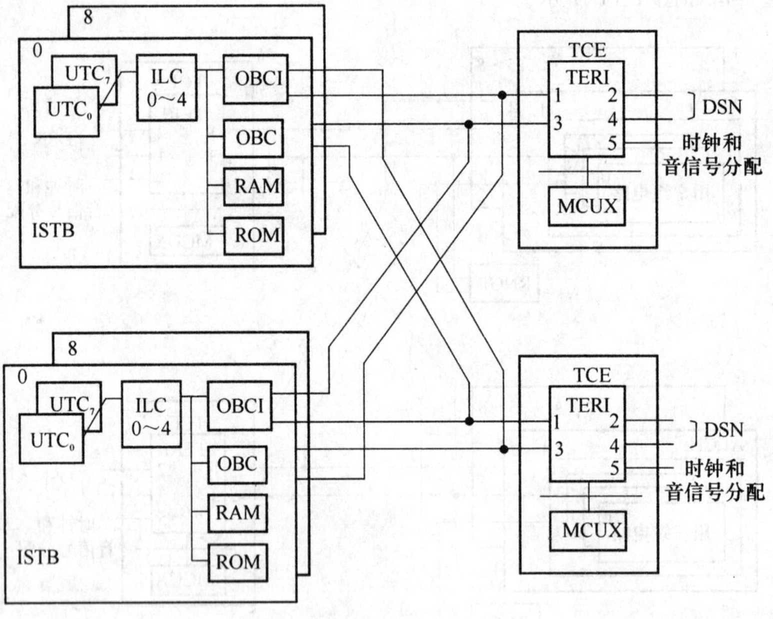

图 1-12　ISM 结构

3. 数字中继模块(DTM)

DTM 是数字中继线和交换机之间的接口，由数字接口部分和 TCE 构成。

(1) 主要功能

① 码型转换，在数字中继线上传送的是 HDB_3 码或 AMI 码，而 S1240 交换机内部传送为不归零码，DTM 能实现这两种码型之间的转换；

② 速率转换，在数字中继线上传送的码率为 2.048 Mbit/s、8 bit/CH，而 S1240 交换机内部传送的码率为 4.096 Mbit/s、16 bit/CH，DTM 完成这两者之间的转换；

③ 时钟提取和再定时；

④ 适应于多种信令方式，如随路信令(CAS)、公共信道信令(CCS)等；

⑤ 帧同步检测。

(2) 结构

DTM 由 1 块 DTUA 板构成,如图 1-13 所示。

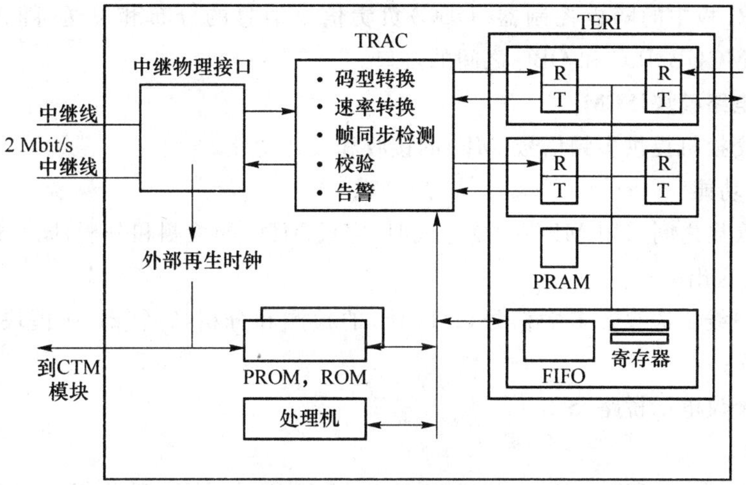

图 1-13　DTM 结构

DTUA 的结构分为三部分:终端接口、处理器及存储器、中继功能部分。每个 DTM 模块有 30 条中继线,用于 CAS 处理 30 个中继话路;除 CH_0 以外的任何一个 CH 均可用于 No.7 信令数据链路,每个 DTM 模块最多有 31 条中继线,用于 CCS 处理的中继话路。

4. 综合信包中继模块(IPTM)

IPTM 可分为 IPTMN7、IPTMV52、IPTMX25、IPTMPRA 等。

(1) 主要功能

根据装载的软件不同,有不同功能的 IPTM,例如 IPTMV52 具有 V5.2 接口功能;IPTMN7 同时具有中继电路功能和 No.7 信令功能,IPTMX25 用于处理 X.25 等。

(2) 结构

IPTM 由 1 块 MCUB 板和 1 块 DTRI 板(数字中继板,类型 I)构成,如图 1-14 所示。

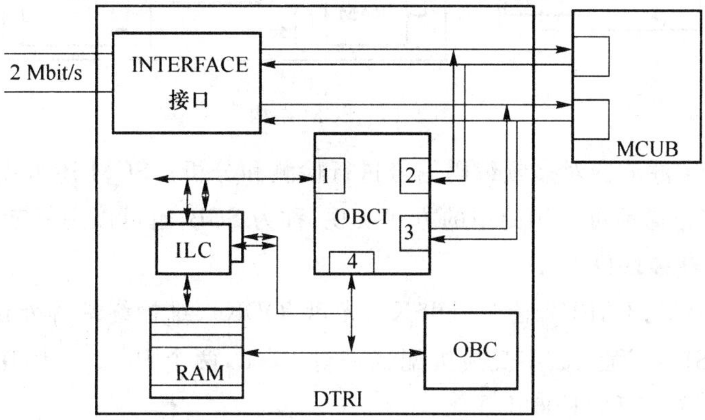

图 1-14　IPTM 结构

IPTM 模块中主要有中继物理接口、中继访问电路(TRAC)以及综合链路控制器(ILC)。中继物理接口和中继访问电路与 DTUA 相似,两个 ILC 用于检测 No.7 信令消息的到达,完成 No.7 信令处理,每个 ILC 可以处理两个信令信道,因此,DTRI 最多有 4 个信令终端。DTRI 板中的随板控制器(OBC)负责信令消息的分布和发送,随板控制器接口(OBCI)作为 MCUB、ILC 和 OBC 之间的接口。

5. 服务电路模块(SCM)

SCM 为交换机提供多频信号(MF)的接收和发送功能。

(1) 主要功能

① 当交换局之间采用 MFC 信令方式时,完成 MFC 的检测和分析,同时还能产生多频编码信号并发送出去;

② 对用户线传送双音多频信号(DTMF)的检测和分析,1 个 SCM 模块可提供 32 个 DTMF 接收器;

③ 简易会议电话桥路(SCB)。

(2) 结构

SCM 由 1 块 MCUB 板和 1 块 DSPA/B 板(数字信号处理器板,类型 A/B)构成。DSPA/B板上有一个用于数字信号处理的专用处理器(DSP)和 RAM 存储器、队列存储器、队列存储器接口。数字信号处理器就是一个数字滤波器,如图 1-15 所示。

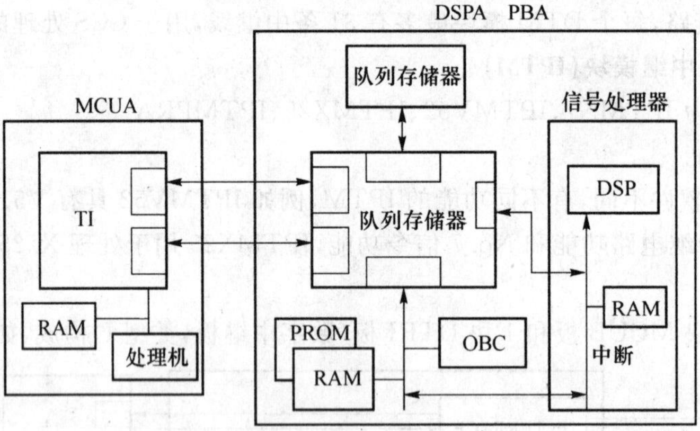

图 1-15 SCM 结构

SCM 采用数字滤波器对多频编码信号进行检测和分析。SCM 还可以实现多方通话即会议电话功能,多方通话可以用简单的方式实现,称为 SCB,也可以用复杂的方式完成。

6. 外设和装载模块(P&L)

各种外设如磁带(TAPE)、磁盘(DISK)、光盘(ODK)、维护终端等外设通过 P&L 与交换机进行通信。S1240 程控数字交换机配置一对 P&L,两个 P&L 工作在主用/备用方式。P&L 的 NA=H′000C 和 H′000D。

(1) 主要功能

① 装载软件,包括磁盘重建、系统初始化、单个 CE 的再装载和再启动;

② 协调维护活动,管理例行测试和诊断测试;

③ 人机通信处理，接收操作命令，显示执行结果；

④ 控制后备带和计费带的制作。

(2) 结构

P&L 由以下块电路板构成：1 块 MCUB 板、1 块 DMCA 板（直接存储器控制器）、1 块 CLMA 板（中央告警板）、可选最多 4 块 MMCA 板（人机通信控制板）、2 块 RLMC 板（机架告警板），如图 1-16 所示。

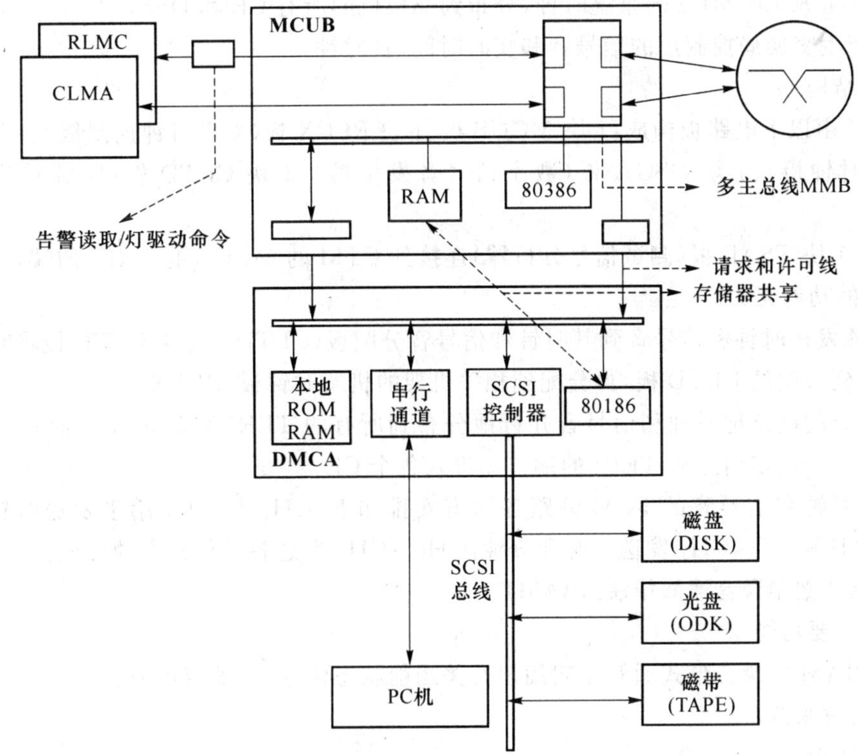

图 1-16　P&L 结构

CLMA 板可以收集 16 个机房外部告警，如火警、非法闯入等。CLMA 板能产生 20 路告警灯驱动信号送往主告警盘（MPA）及远端告警。为了增加可靠性，2 个 P&L 模块中 CLMA 板的告警输入、灯驱动输出以及远端告警信号都分别复接在一起。

DMCA 板由 1 个 80186 处理器、1 个 SCSI 控制器、2 个串行接口以及 RAM、ROM 存储器组成。磁盘、光盘可直接与 SCSI 总线相连，终端显示单元（VDU）和打印机可直接与串行接口连接作为系统终端，当系统初始化时，系统总是向 DMCA 的 CH_1 询问，所以，CH_1 所连接的 VDU 称为主 VDU。目前，光盘取代了磁带作为交换机数据后备，当然用户也可采用磁带机，尽管它是可选设备。

MMCA 板是可选设备，每块 MMCA 板可接 4 个 VDU 或打印机等外设。

常用设备表（PDEV→LDEV）有：H′C 侧磁盘的 LDEV＝1，H′D 侧磁盘的 LDEV＝2，双侧磁盘的 LDEV＝1032；H′C 侧光盘的 LDEV＝4020，H′D 侧光盘的 LDEV＝4120；H′C 侧的第一个 VDU 终端的 LDEV＝6001，H′D 侧的第一个 VDU 的 LDEV＝6101；H′6 的第一个 MPTMON 终端的 LDEV＝1868。

7. 时钟和信号音模块(CTM)

时钟和信号音是程控数字交换机正常运行必需的。时钟信号用于数字交换网络时分交换、系统各种时延、计费和统计等,信号音信号如拨号音、忙音、各种录音通知等为系统提供所需的音信号。S1240 程控数字交换机配置一对 CTM,其中一个处于运行状态,另一个处于热备用状态,即两个 CTM 工作在主用/热备用方式。CTM 的 NA=H′001C 和 H′001D。

(1) 主要功能

① 产生 8.192 MHz 的系统时钟,分布到交换机的所有 CE 和 DSE;

② 产生交换局控制用的信号音和实时时间(日时钟)。

(2) 结构

CTM 由以下电路板构成:1 块 MCUB 板、1 块 RCCX 板(参考时钟控制板)、1 块 CCLX 板(中央时钟板)、1 块 DSGA 板(数字信号音发生器)、1 块 CLTD 板(时钟和信号音分配板)。

另有 1 块 TSAB 板(测试信号分析器)连接到 CTM 的 MCUB 的 TREI 的端口 3 上,它与 CTM 的功能无关。

CTM 发送时钟和信号音到其时钟和信号音分配板(CLTD),每块 CLTD 板将时钟和信号音发送到头架的 CLTD 板,再分配到相关机架的机架时钟板(RCLK)上,然后由架内时钟和信号音分配链路把时钟和信号音并行地分布到所有的 TERI 和 DSE 上。时钟和信号音分两路由一个固定信道从 TERI 的端口 5 进入各个 CE。

发送时钟和信号音的 PCM 链路各信道安排如下:CH_1 和 CH_2 用于发送时钟,其中 CH_1 发送秒和分秒,CH_2 发送小时和分钟,CH_3～CH_{31} 发送各种信号音的样值。

8. 综合数字录音通知模块(DIAM)

(1) 主要功能

① DIAM 以录音形式通知主叫用户有关当前状态信息,如被叫用户已改号;

② 报时服务。

(2) 结构

DIAM 模块由 1 块 DIAA 板(动态综合录音通知板)和 AMEA 板(辅助存储器扩展板)构成。DIAA 板目前最多可存储 524 秒的录音通知,AMEA 板可存储 42 分钟左右的录音通知。

DIAA 板由 1 个 DSP、1 个队列存储器(Queue RAM)、1 个队列存储器控制器(QRC)、1 个样值存储器(Sample RAM)组成,各种录音通知(样值)存放在样值存储器中。

录音通知的分布有 2 种方式:一是固定的录音通知,送到 CTM 模块,与信号音和时钟信号一起分布;二是动态的录音通知,通过 DSN 送往目的地,如被叫改号通知。

9. 多进程测试监控器(MPTMON)模块

MPTMON 模块装载有特殊的 MPTMON 软件,用于系统的综合测试,也用于系统的管理。MPTMON 模块的 NA=H′0006。

(1) 主要功能

① 内存访问;

② 消息跟踪;

③ 消息模拟;

④ 设置软件断点；

⑤ MACRO 处理。

例 1-4 显示 NA＝H′0030 模块内存中的一段源程序。

```
     >AC 30
0030>FET FMM 1094
     BALAXLAE
0030>ASM CS:0 L 10
13FD:0000        JMP        13FD:9BA0
13FD:0003        JMP        13FD:9BA0
13FD:0006        INC        DX
13FD:0007        INC        CX
13FD:0008        DEC        SP
13FD:0009        INC        CX
13FD:000A        POP        AX
```

例 1-5 9832_ORIG 消息模拟。

```
     >AC 30
0030>ALT 2,1=0300,4E00,9832T,0,0,0,0
0030>ALT 2,8=0003,0000
0030>TRC MSG 9832T
0030>SND 2
0030>COL
```

（在 H′30&3 用户不摘机的情况下）

```
MSG NAME    TYPE   SRC_PID    SND_BY    DST_PID    RCV_BY    TIME
 9832 ORIG  (DT )  01E0_2E15  1067_SUP  0220_1429            17:17:12.46
B_TN=0003
B_LINETEST=FALSE
```

（2）结构

MPTMON 模块由 1 块 MCUB 板组成，后板不再集成异步接口，因此只能通过 MCUB 板前端的串行接口经适配器与 MPTMON 维护终端连接。在 S1240 EC72 版交换机中，MPTMON 模块由 1 块 MCUA 板组成，后板集成异步接口可直接连接 2 台 MPTMON 维护终端，并可通过 MCUB 板前端的串行接口经适配器与 MPTMON 维护终端连接。

另外，MCUG 板前端直接集成了一个 9 针的 RS232 接口，可以与维护终端的串口通过专用电缆相连，因此，从部分模块 MCUG 板前端可以用直连电缆连接至 MPTMON 维护终端。

10. 辅助控制单元(ACE)模块

（1）主要功能

ACE 模块利用所装载的程序和数据，为其他模块提供支持功能。

（2）结构

SACE 由 1 块 MCUX 板组成 ，SACE 与终端模块不同，没有终端电路板。

(3) ACE 的类型

在 S1240 EC74 版交换机中可根据交换局的类型和业务应用情况配置以下 ACE。

SACELPUB:普通用户标识,提供静态或动态的用户数据,负责用户数据的分析,SACELPUB 采用主用/备用方式。

SACELBCG:商务通信组(BCG)用户标识,提供静态或动态的 BCG 用户数据,负责 BCG 用户数据的分析,SACELBCG 采用主用/备用方式。

SACEPBXP:PBX 资源管理,提供 PABX 软件分析的数据,管理 PABX 资源,SACEPBXP 采用主用/备用方式。

SACEPBXB:商务通信组资源管理,提供 BCG 软件分析的数据,管理 BCG 资源,SACEPBXB 采用主用/备用方式。

SCALSVL/T:呼叫服务 ACE,主要功能:字冠分析及任务单元定义(PATED)、呼叫及业务控制(CFCS)、计费分析等,SCALSVL 负责本局呼叫和出局呼叫,SCALSVT 负责入局呼叫,SCALSVL 和 SCALSVT 均采用负荷分担(Load Sharing)方式 。

SACETRA:中继资源管理,采用 N+1 结构。

SACECHRG:计费数据收集等,包括汇总计费数据收集和详细话单计费数据收集,SACECHRG 采用主用/备用方式。

SACEN7:负责 No.7 信令网管理和控制功能,采用主用/备用方式。

SACEADM:辅助 P&L 对交换机进行管理、接收 LDC 送来的测量统计数据。

SACEIN:在 SSP 中处理智能网业务,采用负荷分担方式。

SACEOSI:提供开放系统互连(OSI)协议接口,采用负荷分担方式。

SACEORJ:处理人机命令,对中继及路由关系进行管理。

SACECP:负责 V5 接口管理 ORJ 的处理,处理与计费数据输出有关的功能。

SACELDC:测量统计数据收集。

TAXGIOCE:负责 TP 计费的处理及计费数据存取。

SPARE:用于替换出现故障的其他 ACE,这类 ACE 没有分配特定的功能,根据所替换 ACE 的类型装载相应的软件,称为备用 ACE;

DFCE:负责故障收集、报告分析及交换机防卫功能,2 个 DFCE 工作在主用/备用方式,DFCE的 NA=H′002C 和 NA=H′002D。

1.1.4 机架分布

1. 机架结构和分类

S1240 J 型机的机架结构如图 1-17 所示,每个机架分为 8 个分架,电路板插在除顶架、空气隔板外的 6 个分架上。机架尺寸为 2 100 mm×900 mm×520 mm。

(1) 顶架

第 1 分架称为顶架(TRU),顶架主要有 3 个功能:电源的滤波和分布,有两组空气开关,每个机架有 A 路和 B 路两路电源;保护;告警信号收集和分布。

(2) 分架

第 2、3、4、6、7、8 分架用于插印刷电路板,每个分架有 63 个插槽(slot),从左到右编号依次为 1～63,印刷电路板(PBA)固定地插在奇数插槽中,这样,一个分架最多可插 32 块电路板。由于偶数插槽不插电路板，从而形成了从机架底部到顶部的通道，有利于空气的流动，提高电路板的散热效果。第 5 分架用于安装空气隔板。

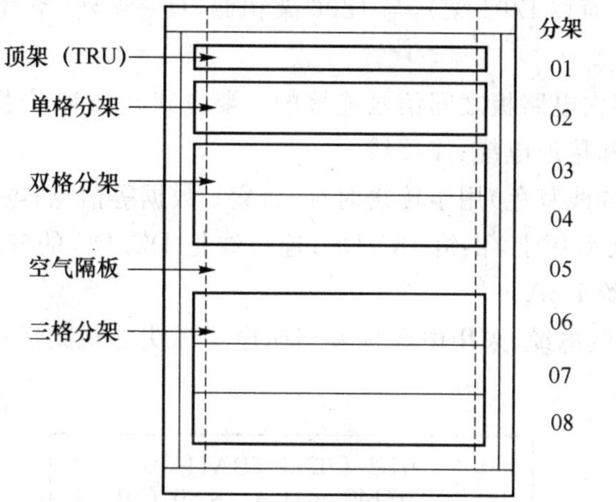

图 1-17　机架结构

S1240 J 型机的机架类型主要有外设架(F 架)、用户架(A 架或 B 架)、中继架(H 架)、网络架(J 架)、电源架(Z 架)、磁带架(K 架)等。

机架类型的助记符说明如下：

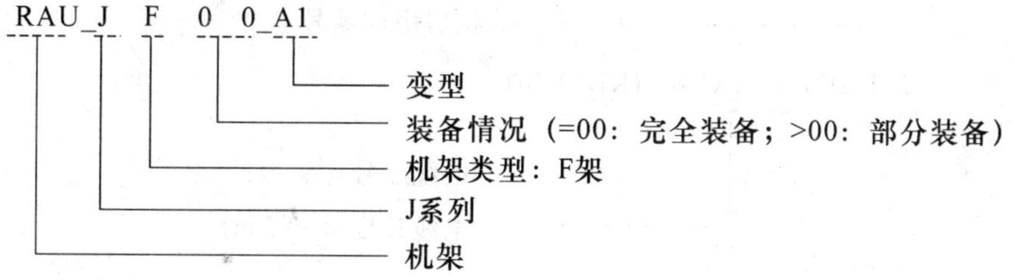

S1240 J 型机常用机架类型：

RAU_JF00_A1(简称 JF00 架)，用于中/大型交换局，作为各种交换局的起始机架；

RAU_JF01_A1(简称 JF01 架)，用于中/大型交换局，作为交换局的管理维护架；

RAU_JF02_A1(简称 JF02 架)，用于 SSA；

RAU_JA00_A1(简称 JA00 架)，主要用于市话局；

RAU_JA01_A1(简称 JA01 架)，主要用于国际长途局；

RAU_JA02_A1(简称 JA02 架)，用于远端终端子单元(RTSU)；

RAU_JB00_A1(简称 JB00 架)，主要用于市话局；

RAU_JH00_A1(简称 JH00 架)，主要用于长途局；

RAU_JH01_A1(简称 JH01 架)，主要用于长途局或有 RSU 接口模块的市话局；

RAU_JH02_A1(简称 JH02 架)，主要用于市话/国际长途局；

RAU_JJ00_A1(简称 JJ00 架)，主要用于长途局；

RAU_JJ01_A1(简称 JJ01 架)，专门用于装备 DSN 的 ST3；

RAU_JJ02_A1(简称 JJ02 架)，主要用于主局，作为与 RTSU 的接口机架；

RAU_JK00_A1(简称 JK00 架)，装有磁带机，由于光盘的引入，该架取决于用户要求；

RAU_JR00_A1(简称 JR00 架),用于 ISDN 远端用户单元(IRSU);

RAU_JZ00_A1(简称 JZ00 架),电源分配架;

RAU_JZ01_A1(简称 JZ01 架),与 JZ00 架相似,只是熔丝、空气开关数目少一半。

2. 电缆

电缆是实现机架内电路板之间信号连接的主要方式,S1240 交换机所用的电缆有 3 类:信号电缆、电源供给和接地电缆、连接线。

信号电缆(白色或浅灰色)用于传送时钟、告警、数据等信息;电源供给电缆(黑色)把直流电从顶架送到分架后板上,供给 DC/DC;连接线把 DC/DC 的各种输出电源分布到后板上的不同接点,以供给 PBA。

为了能正确地安装电缆,采用电缆标签指明电缆插头在机架后板上的详细安装位置,例如:

AA 01C 1 02∷47BA11 211 03140 AACA 1KB01C01

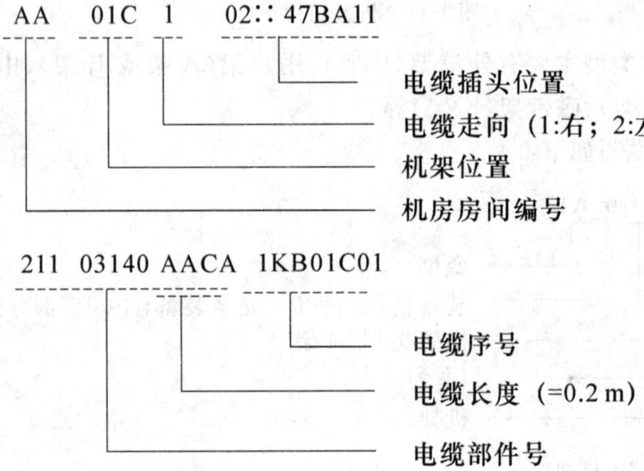

3. DSN 分布

(1) AS 分布

通常情况下,AS 的 SWCH 板与所连接的模块分布在同一机架中,1 对 AS 对应 1 个 TSU。也存在 AS 的 SWCH 板与所连接的模块分布不在同一机架的情况。

(2) GS 分布

S1240 J 型机的 GS 分布与 E 型机不同:S1240 E 型机的 GS 只能分布在 J 架中,而 S1240 J 型机的 GS 分布更加灵活,不局限于分布在 J 架中。例如,S1240 J 型机 GS 的 ST1 和 ST2 可分布在 JF00、JB00、JJ00、JJ02 机架中,而且 ST1 和 ST2 的 SWCH 板在分架上是交叉排列的;ST3 分布在 JJ01 机架中。

4. 时钟和信号音分布

系统时钟由 CTM 的 CCLA/RCCB 板产生,首先送到 CTM 的时钟和信号音分配板(CLTD 板),经该 CLTD 板再分配后,形成多路时钟输出,分别送往各排机架中的导架的 CLTD 板,导架中的 CLTD 板再对时钟进行分配,把时钟分别送往各个机架中的机架时钟板(RCLA 板),由 RCLA 板负责本机架内的时钟分配。每个机架内装备有 2 块 RCLA 板。

信号音由 CTM 的 DSGA 板产生，通过 CLTD 板和 RCLA 板与时钟信号并行地分配到交换机的每个机架，机架内的各个 CE 从自身 TERI 的端口 5 接收两路信号音，并送入信包 RAM 中存储，当需要时，CE 可通过 TERI 发送端口的任意一个信道把所要求的信号音发送出去。

5. 告警分布

每个机架中装备 2 块 RLMC 板，负责收集架内的所有硬件告警。每个 RLMC 最多可收集 64 个硬件告警。产生告警的告警源通过 3 种途径将告警送入 RLMC 板：告警电缆、跳线、后板上的印刷线。

6. 电源分布

电源分布系统组成如图 1-18 所示。由于 S1240 交换设备是实时设备，不能中断电力供给，为了尽量使交换机房的电源分布系统安全可靠，主电源经电源分配架通过不同的独立路径分布到各机架，每个机架同时接收两路电源。

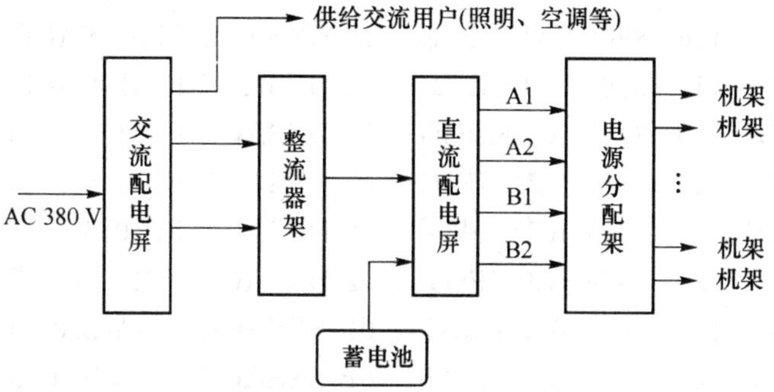

图 1-18　电源分布系统

S1240 交换设备采用负电源供电，工作电压为－53.4 V 左右的直流电，电源的正极是接地的，称为保护地，各个机架的接地以菊花链的方式并行连接，然后通过功能保护地电缆连接到电源分配架中的地线电缆(电源正极)，再通过多根地电缆与交换局电力室的接地保护系统相连。根据规定电话交换设备的工作接地，应按设备满容的要求，其接地电阻不大于 1 Ω；综合通信大楼的接地采用联合接地方式时，接地电阻不大于 1 Ω。

1.1.5　S1240 EC74 版交换设备配置

>：IDS A

NA	LCE	VP	DLS	GLS	GLSNAME	CE-FUNC	APT	GPT	POS
000C	0000	0070	1	202	JJFCIFDF	21-PLCE	FF02-PLCE	02	1A613
000D	0010	0080	1	202	JJFCIFDF	21-PLCE	FF02-PLCE	02	1A645
002C	0020	01A0	2	209	JJFDIFAD	24-DFCE	FF01-DFCE	01	1A621
002D	0030	01B0	2	209	JJFDIFAD	24-DFCE	FF01-DFCE	01	1A653
001C	0040	0110	3	216	JJDYIFBC	27-CTCE	FF49-CTCE	48	1A717
001D	0060	0120	4	216	JJDYIFBC	27-CTCE	FF49-CTCE	48	1A749
003F	0080	0260	5	499	JJGWIFCF	12-DXSACE	FF4A-SACEADM	4A	1B333
0204	0090	02B0	5	499	JJGWIFCF	12-DXSACE	FF4A-SACEADM	4A	1B329

0006	0260	0050	20	331	ANN5IFAD	17-PTFCE	FF0D-MONI386	0D	1A623
003E	0280	0250	22	481	EVY3IFAJ	0F-SXSACE	FF37-SACEORJ	37	1B301
0007	0420	0060	45	337	ANN6IFAE	69-ETTCE	FF10-ITTMTCE	10	1A855
0013	0460	00E0	47	493	JJCQIFCD	12-DXSACE	FF47-SACECHRG	47	1A755
0022	0470	0170	47	493	JJCQIFCD	12-DXSACE	FF47-SACECHRG	47	1A329
0016	06A0	00F0	65	445	CAPUIFAM	12-DXSACE	012E-SACECP	2E	1A331
0205	06B0	02C0	65	445	CAPUIFAM	12-DXSACE	012E-SACECP	2E	1B361
0002	0840	0030	78	325	ANN3IFAF	64-DIAM	010C-DIAM	0C	1A631
0003	0880	0040	82	325	ANN3IFAF	64-DIAM	010C-DIAM	0C	1A663
000E	0900	0090	90	433	B5J9IFAE	0F-SXSACE	FF2D-SACELDC	2D	1A625
0023	0910	0180	91	433	B5J9IFAE	0F-SXSACE	FF2D-SACELDC	2D	1A361
0207	0A40	02D0	110	8962	JAUYIF5E	12-DXSACE	FF3E-SACELPUB	3E	1B363
0210	0A50	02E0	110	8962	JAUYIF5E	12-DXSACE	FF3E-SACELPUB	3E	1B803
0017	0B00	0100	116	8968	JAU1IF5E	12-DXSACE	FF3F-SACELBCG	3F	1A363
0021	0B10	0160	116	8968	JAU1IF5E	12-DXSACE	FF3F-SACELBCG	3F	1A357
0012	0B80	00D0	120	8980	JCDKIF5G	12-DXSACE	FF41-SACEPBXB	41	1A723
0020	0B90	0150	120	8980	JCDKIF5G	12-DXSACE	FF41-SACEPBXB	41	1A325
002F	0CC0	01D0	130	8974	JCDJIF5G	12-DXSACE	FF40-SACEPBXP	40	1A333
0212	0CD0	0300	130	8974	JCDJIF5G	12-DXSACE	FF40-SACEPBXP	40	1B311
001F	0E00	0140	140	307	AD5JIFAF	0F-SXSACE	010A-SACEOSI	0A	1A757
002E	0E10	01C0	141	307	AD5JIFAF	0F-SXSACE	010A-SACEOSI	0A	1A301
0027	0E60	0190	146	313	AHFSIFAD	0F-SXSACE	FF0B-SACETRA	0B	1A655
0213	0E70	0310	147	313	AHFSIFAD	0F-SXSACE	FF0B-SACETRA	0B	1B343
0034	0F80	0220	164	409	--BUSY--	0F-SXSACE	FF27-SCALSVL	27	1B431
0211	0F90	02F0	165	409	--BUSY--	0F-SXSACE	FF27-SCALSVL	27	1B735
0035	1200	0230	204	415	--BUSY--	0F-SXSACE	FF28-SCALSVT	28	1B463
0036	1210	0240	205	415	A2QYIFAJ	0F-SXSACE	FF28-SCALSVT	28	1B631
000F	1520	00A0	254	511	JYLWIFAD	12-DXSACE	FF4C-SACEN7	4C	1A657
001E	1530	0130	254	511	JYLWIFAD	12-DXSACE	FF4C-SACEN7	4C	1A725
0010	1F20	00B0	413	367	ANPKIFBF	68-ESVCCEA	FF20-ISVCE	21	1A311
0011	1F30	00C0	414	367	ANPKIFBF	68-ESVCCEA	FF20-ISVCE	21	1A343
0201	25A0	0280	517	361	ANPJIFAG	6E-EDTCEH	FF1E-IPTMN7	1F	1B357
0202	25B0	0290	518	361	--BUSY--	6E-EDTCEH	FF1E-IPTMN7	1F	1B325
0200	3EA0	0270	917	379	--BUSY--	6D-EDTCEL	FF25-DCASTCE	24	1B331
0203	3EB0	02A0	918	379	ANPMIFAD	6D-EDTCEL	FF25-DCASTCE	24	1B663
0030	7D20	01E0	1917	295	ACDJIFCF	6C-DSCENS	FF08-JLTCE	06	1B813
0031	7D30	01F0	1917	295	ACDJIFCF	6C-DSCENS	FF08-JLTCE	06	1B833
0032	7D40	0200	1918	295	--BUSY--	6C-DSCENS	FF08-JLTCE	06	1B701
0033	7D50	0210	1918	295	ACDJIFCF	6C-DSCENS	FF08-JLTCE	06	1B745
0000	9A80	0010	2152	6800	ANN7IFAH	6C-DSCENS	FF12-JISMTCE	14	1A401

1.2　软件结构

S1240程控交换机软件采用全分布方式，即软件都分布在各个硬件模块的CE中。软件系统由许多独立的软件模块组成，可根据不同类型交换局的不同要求来配置。在交换机扩容增加性能时，可重新装载新的软件，发生故障时，各模块内的软件也可以重新装入。

1.2.1　S1240软件环境

S1240局用交换机，主要应用于长途局、长市合一局、汇接局和市话局。S1240交换机软件是一种开放式结构，可根据不同用户的要求重新修改。S1240软件包括数据和程序，不同类型的交换局(如市话局、长途局)，其程序部分基本相同，而数据部分则每个局不同，只要改变局数据和用户数据就能改变交换局的各种功能或信令方式。

S1240系统软件分为操作系统、数据库系统、通信支持系统、呼叫处理系统、系统维护、系统监控6个子系统。

(1) 操作系统

操作系统主要包含以下软件单元：操作系统核心、网络管理、输入/输出、人机通信软件、装载与初始化控制等。

(2) 数据库系统

数据库系统包括数据装载段(DLS)、数据库管理系统(DBMS)。

(3) 通信支持系统

通信支持系统主要包括通信设备和信令适配、内部信令处理、计费处理、接入单元、网管单元、分组交换、No.7信令处理等。

(4) 呼叫处理系统

呼叫处理系统包括呼叫处理与新业务、呼叫服务。

(5) 系统维护

系统维护包含以下软件：设备维护、状态和告警控制、用户线和中继测试、测试信令分析和测试单元管理。

(6) 系统监控

系统监控部分由监控软件(话务统计和性能监测)与其相应的扩展软件组成。

S1240软件系统的最小单元是软件模块，软件模块是用来实现一定功能的程序，采用CHILL语言、POL语言和汇编语言编写。软件模块按功能分配给不同的硬件模块，每一个软件模块的初始化都是由操作系统控制完成的。

S1240系统软件生成后一般拷贝在光盘或磁带上，称为系统光盘或系统装载带(SLT)，通过磁盘重建(Disk Build)将系统光盘或系统装载带(SLT)上的软件拷贝到交换系统磁盘(Disk)上。在S1240程控交换机中，程序和数据都以文件的形式存放在厂家提供的新开交换局系统光盘和已运行交换局制作的系统后备光盘上，这些软件文件包括通用程序装载段(GLS)、覆盖程序装载段(GOS)、数据装载段(DLS)、补丁装载段(PLS)。

在系统启动即系统初始化时，系统磁盘(Disk)上的 GLS、DLS 软件文件将被装载至各模块内存中。其中 GLS 采用多级信道级联装入，主要是需要经常执行而长期驻留在 CE 存储器里的 FMM、SSM、OS、DBMS 等，每个 CE 都有一个 GLS，所有功能相同的模块即同类型的模块有相同的 GLS，PLS 和 GLS 一起装入 CE 中；DLS 一般是分别装入，主要是 User Data 和 Data Base Data，每个 CE 都有一个 DLS，不同类型模块的 DLS 含有不同的数据，在同类型模块中只有配对模块和主/备用模块才有相同的 DLS。S1240 交换机软件装载过程如图 1-19 所示，CE 存储器划分如图 1-20 所示。

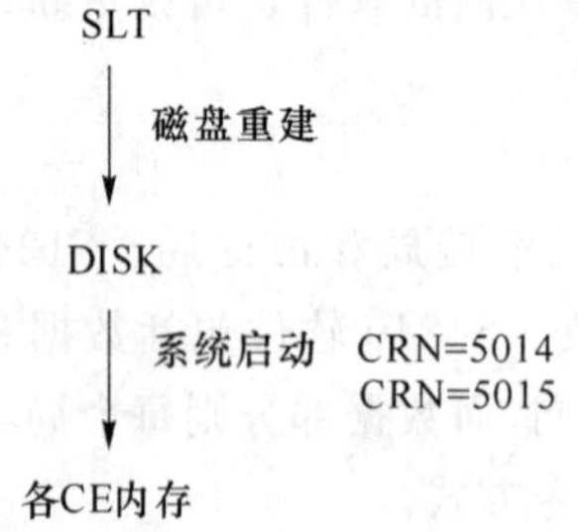

图 1-19　S1240 软件装载

补丁区
数据库区
覆盖保留区
数据段区
代码段区
用户缓冲区和堆栈区
消息缓冲区
ROM 区

图 1-20　CE 存储器划分

S1240 内部采用的软件技术主要有：有限消息机(FMM)、系统支持机(SSM)、操作系统(OS)和数据库(Data Base)。

1.2.2　有限消息机

1. FMM 定义和特点

FMM(有限消息机)是 S1240 交换机应用软件的一个最基本的软件模块，采用 CHILL 语言编写，不同功能的 FMM 分布在系统的各个硬件模块中。FMM 有以下特点：

① 从外部看 FMM 是一个黑盒子，功能完全由它接收与发送消息的顺序来定；

② FMM 只有在被激活后才能运行；

③ 每个 FMM 具有有限的多种状态，状态间可以转换。

FMM 由过程定义和过程数据组成，过程定义即公用程序，过程数据就是过程工作所需要的数据。过程定义使用相关过程数据执行程序的过程，称为一个进程(Process)。

FMM 按逻辑可分为两部分：即监控部分和应用部分。监控部分是单进程的；应用部分可以是单个或多个进程，负责执行 FMM 实际功能，负责创建和释放数据区。

FMM 按工作性质可分为单进程 FMM、多进程 FMM 和单进程多设备 FMM。

(1) 单进程 FMM

单进程 FMM 由一个进程定义和一个进程数据组成，单进程 FMM 执行的时间很短，如图 1-21(a)所示。例如，PATED FMM 是单进程 FMM，用来对用户所拨打号码的字冠进行分析，以确定该次呼叫是本局呼叫还是出局呼叫。

(2) 单进程多设备 FMM

单进程多设备 FMM 只有一个进程定义，进程数据有若干个，并且数目固定，结构相同，如图 1-21(b)所示。例如，SMD FMM 是单进程多设备 FMM，用来对一组用户电路进行监视和硬件驱动。

(3) 多进程 FMM

多进程 FMM 包含两个部分：监控部分和应用部分。监控部分是一个单进程，有一个进程定义和一个进程数据，用来监视 FMM 的功能和运行，需要时，建立应用进程，并对分配给 FMM 的所有资源进行管理；应用部分有多个进程，每个进程都有一个进程定义和一个进程数据，这些应用进程能同时启动，完成 FMM 的功能，应用进程在完成任务后自动终止，如图 1-21(c)所示。例如，CFCS FMM 是多进程 FMM，用来控制呼叫建立和业务实现。

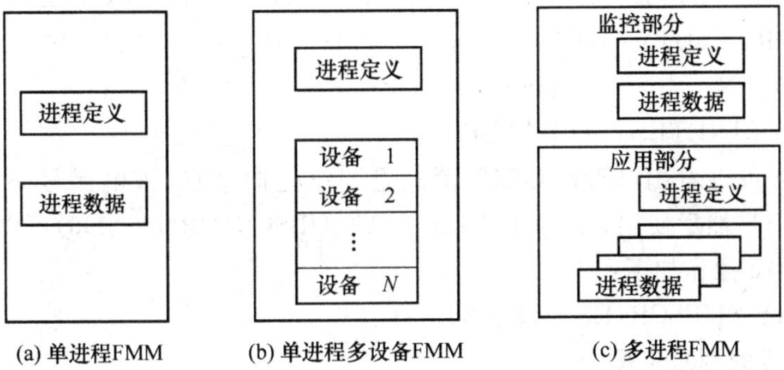

图 1-21　FMM 结构

2. 消息

FMM 之间只能通过消息(MSG)来进行通信，消息分为基本消息(Basic Message)、定向消息(Directed Message)和复合消息(Complex Message)。

基本消息由一个进程发往一个不指定的目标进程，操作系统将负责确定目标进程的位置；定向消息由一个进程发往一个指定的目标进程。基本消息和定向消息的长度和格式是固定的，称为标准消息。当一个消息要发送时，消息将被放进一个 64 字节的消息缓冲区，消息缓冲区由消息头和消息体两部分组成，其中，消息头占用 16 字节，存放包括消息类型、长度、发送路径等操作系统数据；消息体占用 40 字节，存放发送进程和接收进程处理的数据信息，如图 1-22所示。

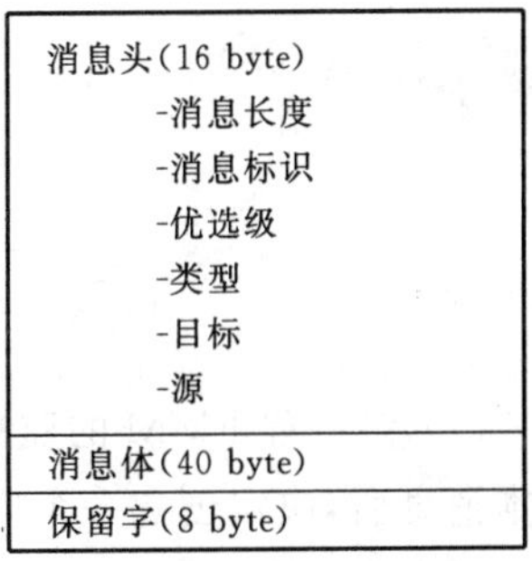

图 1-22　消息结构

操作系统发送路由有：

① 在本 CE 内部发送消息；

② 通过虚拟路径(VP)发送到其他 CE；

③ 通过数据链路发送到其他 CE；

④ 通过用户控制路径(UCP) 发送到其他 CE。

复合消息用于更高一级 FMM 之间的通信，例如在一次呼叫中相同的消息可能要发送多次，而且消息的格式也会变化。一个复合消息由一组消息块组成，每个消息块包括消息块标识、长度指示和消息内容本身部分。

接收和发送消息的基本规则：

(1) 监控进程可发送/接收基本消息和定向消息；

(2) 应用进程只能接收定向消息，但可发送基本消息和定向消息。

例 1-6　本局普通模拟用户 DN＝K′5800030 摘机呼出时产生的第 1 个消息。已知 VP＝H′01E0 对应某 ASM 模块(NA＝H′0030)。

```
0000＞AC 30
0030＞TRC MSG 9832T
0030＞COL
MSG  NAME  TYPE  SRC_PID    SND_BY    DST_PID    RCV_BY     TIME
9832 ORIG  (DT)  01E0_0010  0086_EVH  01E0_9806  0F26_SUP  08:17:37.11
     B_TN        = 001F
     B_LINETEST  = FALSE
```

从上述报告可以看出，9832_ORIG 消息是一个定向消息，该电话号码对应的设备码 EN＝H′0030&31。然后使用人机命令 DISPLAY-SUBSCR(CRN＝4296)可以查找本次呼叫的主叫用户号码，操作如下：

＜DISPLAY-SUBSCR:EN＝H′0030&31.

3. 应用进程的创建步骤

应用进程的创建如图 1-23 所示。

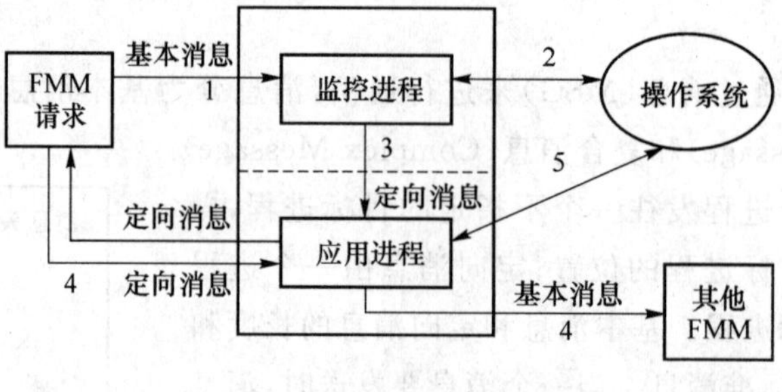

图 1-23　应用进程的创建

(1) 多进程 FMM 的监控进程接收来自其他 FMM 或 SSM 的请求消息，监控进程收到基本消息后，决定创建一个应用进程以处理消息中包含的请求。

(2) 监控进程通过操作系统的服务来创建这个应用进程。这个新进程从创建起被赋予一个标识，这是被监控进程了解的。

(3) 由于监控进程已经知道所创应用进程的标识，从这时起它将发送一个定向消息给该应用进程。这个消息中包含监控进程从基本消息中接收的全部信息。

(4) 应用进程从收到的定向消息中读取信息并开始执行。执行后的结果或者是发送一个消息给别的进程，或者是发送一个定向消息给发送第一个基本消息的进程。从现在起，源进程通过定向消息与这个应用进程通信。需要注意的是，应用进程只能接收定向消息。

(5) 当应用进程完成任务后，它将通知操作系统，分配给它的资源(进程数据)也被释放。

4. 基壳系统

在 S1240 EC74 版交换机中为了克服 FMM 软件单元的局限性，应用了基壳系统(SBS)，基壳系统包含一个 Shell 和一组实体(Entity)，如图 1-24 所示。

基壳系统有如下规则：

① 只有 Shell 能够接收来自其他软件单元的 S12 消息；

② Shell 和实体(Entity) 都能向其他 FMM 发送消息；

③ 实体之间通过 Shell 进行通信；

④ 实体之间、Shell 与实体之间采用内部消息；

⑤ Shell 和实体共享数据。

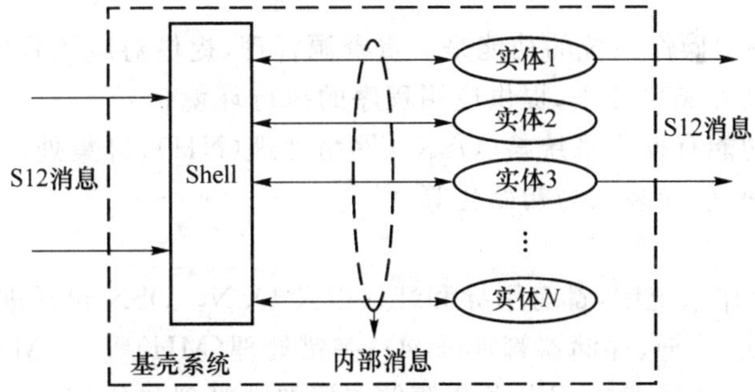

图 1-24　基壳系统

1.2.3　系统支持机

SSM(系统支持机)是实时性很强的软件，为了使其响应快，采用汇编语言编写。SSM 主要用于与硬件相关、重复次数多的工作，例如 ASM 模块中的 LCRC DH SSM 中负责驱动用户电路和铃流板硬件的接口程序。一个 SSM 可包括一个或几个过程(Procedure)，即接口过程、中断过程、时钟过程和事件处理过程，如图 1-25 所示。

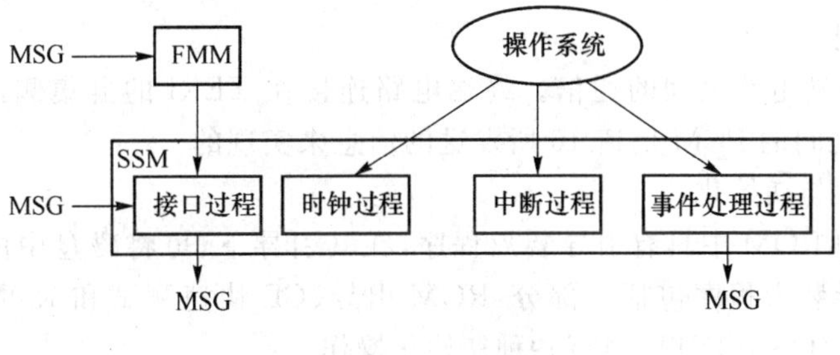

图 1-25　SSM 结构

(1) 接口过程

SSM 的接口过程由 FMM 进程通过过程调用来激活，其作用相当于 FMM 的一个子程序，执行后其控制权交还给调用进程，同一个 SSM 中可以存在不同的接口过程。接口过程也是唯一能被 FMM 调用的过程。

(2) 时钟过程

SSM 的时钟过程定期运行，主要用于用户线和中继线扫描电路，其特点是在中断关掉情况下运行，而且只能用 OS 调用。

(3) 中断过程

SSM 的中断过程在硬件中断发生时执行，当外设产生一个中断时，由 OS 中的 PM 进行管理并启动调度执行中断驱动程序。中断过程是仅仅在需要时才执行的程序,并且不能处于等待状态和发送或接收消息,后续工作则留给事件处理过程来进行处理。

(4) 事件处理过程

在时钟过程和中断过程发生的事件,由于来不及处理,由事件处理过程继续完成。该过程运行时允许中断,允许发送消息。

1.2.4 操作系统

S1240 交换设备中操作系统的功能是负责资源管理,提供对应用程序执行的支持,它将应用程序与处理机硬件隔离开来,提供应用程序的执行环境。

操作系统主要功能有操作系统核(OSN)、网络处理(NH)、群集处理(CH)、终端接口子系统(TIS)、I/O 管理、引导装入与初始化等。

(1) 操作系统核

在每个 CE 的操作系统中,都有引导和装入以及 OSN。OSN 包括进程管理(PM)、消息处理(MH)、时限服务(TS)、存储器管理(BM)、差错处理(MH)等。PM 控制 FMM 和 SSM 的调度和执行,并负责进程支援;BM 负责存储器资源的管理和分配;TS 负责时限要求处理和管理以及通用软件定时支援;MH 用于 FMM 之间的通信;EH 用于处理 CE 中所有软件和硬件差错。

(2) 终端接口子系统

TIS 控制同 TERI 硬件直接有关的动作,包括读取和分析 TERI 的硬件事件,建立 TERI 发送信道或接收信道同信息组 RAM 之间的连接。

(3) 网络处理

NH 是一组支援在 TERI 网络侧动作的过程,包括建立到另一 CE 的通路和产生到目的地的选择命令。

(4) 群集处理

CH 负责同终端电路之间的通信。终端电路连接在 TERI 的群集侧,两者之间的通信主要是通过它们之间的 PCM 信道 16 所发送的信息来实现的。

(5) 引导装入与初始化

在每个 CE 的 ROM 中具有引导装入程序,在其引导下,可将磁盘中的程序装入到 CE 的 RAM 中。引导装入程序包括三部分:ROM 引导、CE 快速测试和 ROM 再启动。ROM 在启动结束后进入 OSN_INIT,执行各种初始化操作。

FMM、SSM、OS 之间通信如图 1-26 所示。

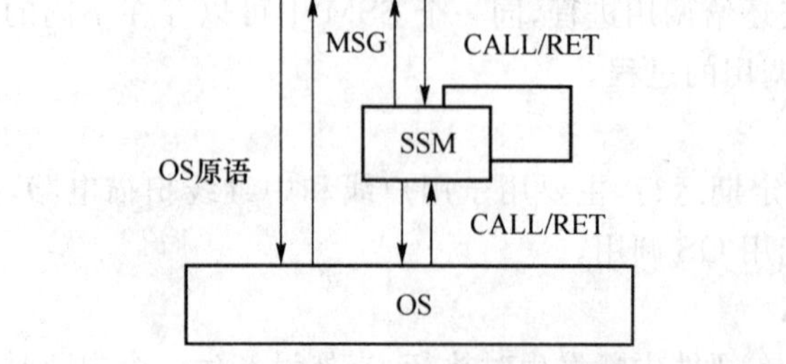

图 1-26 FMM、SSM 及 OS 之间通信

1.2.5　数据库

数据库(Data Base)是由计算机管理的记录保存系统，存储有相互关系的数据，供被特许的用户用简便的方式存取。数据库类型有层次模型、网络模型、关系模型。数据库中存放的是结构化的数据，模式是数据库中数据的结构和特征的描述。

1. 数据库在 S1240 交换机中的应用

S1240 交换机需要存储大量数据，S1240 交换机应用软件处理多种多样数据类型，数据库系统的主要作用是能随时提供数据并保存数据。S1240 交换机数据不是集中存放，而是分散在系统的所有 CE 中，每个 CE 内存中包括数据库的一部分，称为数据装载段(DLS)，每个 CE 内数据库的控制软件称为数据库管理系统(DBMS)。

S1240 交换机中数据库由 DLS 和 DBMS 组成，如图 1-27 所示。

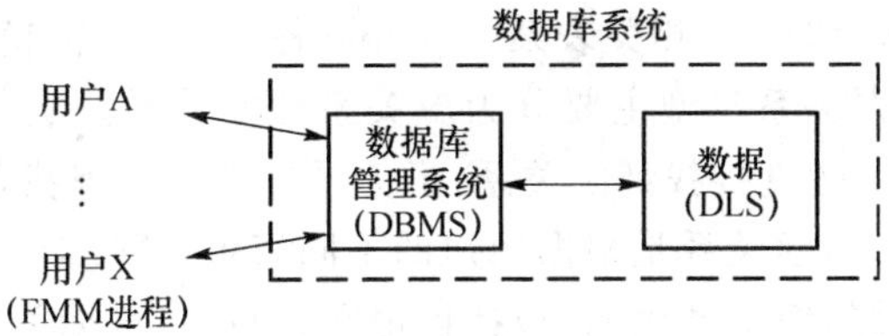

图 1-27　数据库在 S1240 中的应用

DLS 用于存放数据，由于 S1240 交换机中数据库是分散的数据库，因此每个 CE 内存中 DLS 只包含整个数据库中的一部分数据，DLS 根据各个 CE 中处理机的需要由 P&L 模块控制装载到相应的 CE。S1240 交换机的数据可分为系统数据、CDE 数据和 CAE 数据。系统数据是交换机中各软件模块所固有的数据；CDE 数据称为用户设计工程或中国设计工程，如编号制度、计费制度、新业务、CCS 定义等数据；CAE 数据称为用户应用工程，如局间路由、局间信令、DN、EN 等数据。各 CE 的 DLS 是从这 3 个数据集中选出，对所选数据进行结构性描述，并由 GLS 映像文件指出各 DLS 在内存中的起始地址(MP：1A)形成的。

DBMS 是在计算机技术中建立、维护、使用数据库所需的一系列程序，既管理数据的物理结构，也管理数据的逻辑结构。DBMS 主要由数据库控制系统(DBCS)、数据库安全系统(DBSS)和数据库组织系统(DBOS)组成。

S1240 交换机中数据库系统主要性能有：共享数据；对外屏蔽数据的实际物理组织；减少数据冗余；监控数据的稳定性；增强数据标准化；支持数据的安全性即可恢复性；保持数据的完整性；支持系统的模块化结构。

2. 数据结构

S1240 交换机采用关系型数据库，并且是分散的数据库。数据的基本形式是二维表，也称相关表(REL)，即 Tuple(元组)×Domain(域)。

相关表(REL)具有以下特性：每个 Tuple 都有一个关键域(Key Domain)唯一标识它的各个记录；关键域必须是开始的一个或连续几个 Domain；REL 中 Tuple 和 Domain 的次序无关紧要；REL 中没有冗余的元组，即不会有两个完全相同的 Tuple。

例 1-7 显示主叫用户业务类型相关表 R_OLCOS。

使用人机命令 DISPLAY-TUPLE CRN＝379。

<DISPLAY-TUPLE:REL＝″R_OLCOS″,NA＝H′30.

D_TN_DK＝0001

D_LCE_ID＝7D20

D_DNE_BCG＝000FFFFF3801

D_PABX_ID＝0000

D_TONE_MAP＝0000

D_INT_CAUS＝00

D_OR_MEASG＝00

D_OLCOS＝0B00

其中,D_TN_DK 和 D_LCE_ID 这两个 Domain 为关键域(Key Domain)。可使用人机命令 MODIFY-TUPLE CRN＝378 对相关表某一 Tuple 各个 Domain 值进行修改。

S1240 交换机的数据关系类型主要分为虚关系和实关系。实关系是指由软件定义、物理上存在即在 CE 内存中能直接找到的关系;虚关系是指为了查找数据快速简便、物理上不存在但逻辑上存在的关系,虚关系是根据用户的不同需求,通过对实关系进行重新构造而成的,即在实关系基础上重新组织产生的,包括再定义关系、多目标关系、过程关系。一个相关表可以是分布的、同时又是重复的,即分布重复关系。

S1240 交换机各个 CE 内存中,数据关系按物理存放分为唯一存放关系、重复关系、分布关系。对于每个实关系,实际存放数据分为主区(PA)和辅区(SA),PA 和 SA 的结构是相同的,但长度不同。在 PA 或 SA 中,常驻内存关系由元组域(TA)、关系信息域(RIA)、元组信息域(TIA)、更新计数器(UCA)、存储信息域(SIA)组成。

通常 Tuple 存放在 PA 中,当 PA 溢出时,才存入 SA 中,PA 中 Tuple 按关键域(Key Domain)递增顺序存放,SA 中 Tuple 随机存放,因此 PA 中 Tuple 采用二分法查找,SA 中 Tuple采用顺序查找法查找。

S1240 交换机其他关系类型有:

① 配对模块;

② 快速访问关系,由于没有关系信息域 TIA、UCA、SIA 这些控制域,大大加快关系的访问速度;

③ 直接存储关系,不需通过 DBCS 而是以索引方式直接访问;

④ 快速指针关系,关系的内存地址直接从 R_FAST_PTR 中取出;

⑤ 压缩关系;

⑥ 隐式分布关系。

3. DLS

在 S1240 交换机数据库中分为实 DLS(Real DLS)和磁盘 DLS(Disk DLS)。

Real DLS 是指一个 CE 中常驻内存的所有相关表组成的 DLS,即实际装载到 CE 中的 DLS。每个 CE 中都有一个 DLS,只有配对模块和主/备用模块才有相同的 DLS,Real DLS 的 DLS-ID 从 1 开始,一个 Real DLS 的逻辑记录长度为 2 044 字节。为保证数据安全,在系统磁盘(Disk)上也有 Real DLS 的拷贝。

Disk DLS 指非常驻内存数据(Overlay Data),即磁盘数据文件,一个 Disk DLS 的逻辑记录长度为 2 048 字节，需要时调入 CE 内存一可覆盖区（Overlay Area）任意一个空闲 2 K 字节长度的 Block 中。

DLS 用于存放数据，包括 User Data 和 Data Base Data。User Data 是指局数据、用户数据和其他数据等，如 R_OLCOS；Data Base Data 是指目录（DIR）、辞典（DIC）和表格（TABLE）等，主要数据库控制数据有：

MP	主指针
R_DLSHD_V4 (4721T)	DLS 首
R_GDIR_V4 (4723T)	全局目录
R_LDIR_V4 (4726T)	本地目录
T_LDIC	本地字典
T_RDIR T_RDIC	再定义目录、字典
T_MDIR T_MDIC	多目标目录、字典
P_PDIR	过程目录

一个模块的 DLS 起始地址总是存放在 MP:1A 位置。

R_GDIR_V4 中 D_RTYPE1 说明关系类型 1：

D_RTYPE1＝00 本地实关系
01 本地再定义关系
02 本地多目标关系
03 本地过程关系
04 全局关系
05 唯磁盘关系
06 出错指示

4. DBMS

DBMS 主要由数据库控制系统、数据库安全系统和数据库组织系统组成。每个 CE 内都有一个 DLS 和 DBCS；DBSS 不是每个 CE 内都有，如在 P&L 模块中有 DBSS 程序（包括 ROLLBACK、DUT、SEC FILE 等）；DBOS 是 Overlay 软件，需要时从 Disk 调入内存。在 P&L 模块中 DBMS 工作原理如图 1-28 所示。

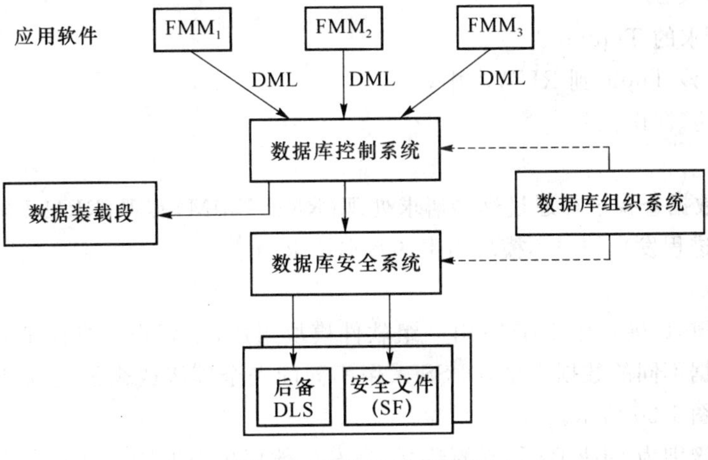

图 1-28　DBMS 工作原理

DBCS 是应用程序与数据库之间的接口，执行数据读/写操作，当用户（如 FMM）需要数据时，必须使用 DML 命令向 DBCS 请求；DBSS 支持数据的修改操作，保持数据的一致性和安全性；DBOS 负责 PA/SA 的重组和配置。

(1) DBCS

DBCS 作为数据库与应用程序的接口，应用程序直接将数据访问请求传送给 DBCS。DBCS 由一组软件模块组成，包括数据库控制系统核(DBCSN SSM)、远端请求处理(RRH FMM)、重复关系同步处理器(RRSH/RRSYNCH FMM)、本地数据更新控制器(LUC FMM)。

用户工作区(UWA)是 FMM 和 DBCS 的通信区，FMM 激活时指定，进程结束时，消失。用户工作区(UWA)由公共区域(C)、条件域(Q)、修改域(M)、关系用户工作区(RUWA)、关系表组成。以本 CE 的数据查找为例说明 DBCS 工作原理，如图 1-29 所示。

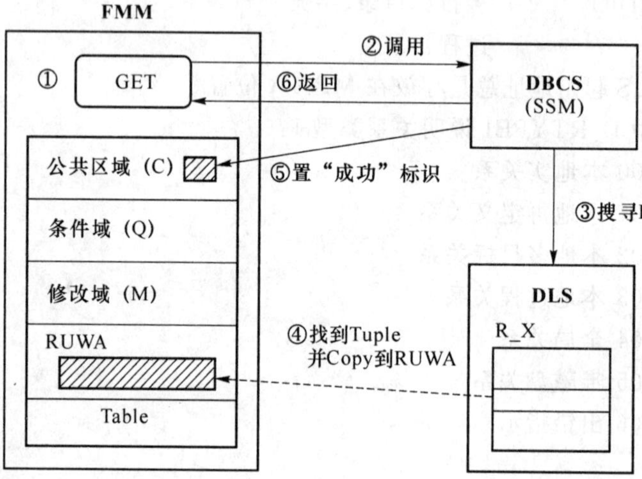

图 1-29　查找数据过程

本 CE 数据查找过程：

① 请求 DB，填写参数；

② 调用 DBCS；

③ 搜索请求的 Tuple；

④ COPY 该 Tuple 到 RUWA 中；

⑤ 置“成功”标识；

⑥ 返回。

不同 CE 数据查找过程通过远端请求处理(RRH FMM)实现，RRH FMM 用来接收来自其他模块的进程发来的对本模块当中的数据请求。

(2) DBSS

DBSS 是 P&L 模块中 DBMS 由一组软件模块组成，主要作用是保护系统数据不被丢失或破坏。根据不同的数据类型，DBSS 采用不同的安全等级或恢复机制，S1240 交换机数据安全等级如图 1-30 所示。

对于安全级别为 Disk Backup 的数据，当发生数据更新时除了在内存以及磁盘上进行修改外，有时需要在安全文件上作记录，安全文件 LFIL-ID＝7～13。

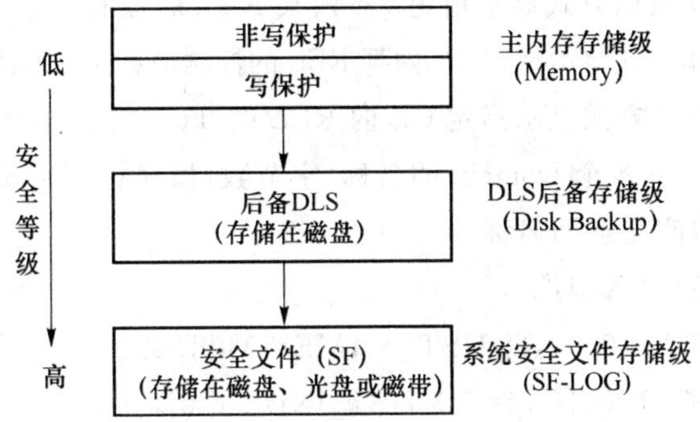

图 1-30　S1240 数据安全等级

S1240 交换机数据恢复机制基于数据库安全系统，当交换系统发生故障时，可以根据安全文件记录或交换局制作的系统后备光盘的内容进行数据恢复，一般分为前向恢复和后向恢复。

(3) DBOS

DBOS 主要功能是支持 PA/SA 的重新组织，负责数据库系统的初始化和对数据库系统进行扩充。DBOS 是 Overlay 软件，平时并不驻留在 CE 的内存中，需要时从 Disk 调入内存。DBOS 重组 PA/SA 过程如图 1-31 所示。

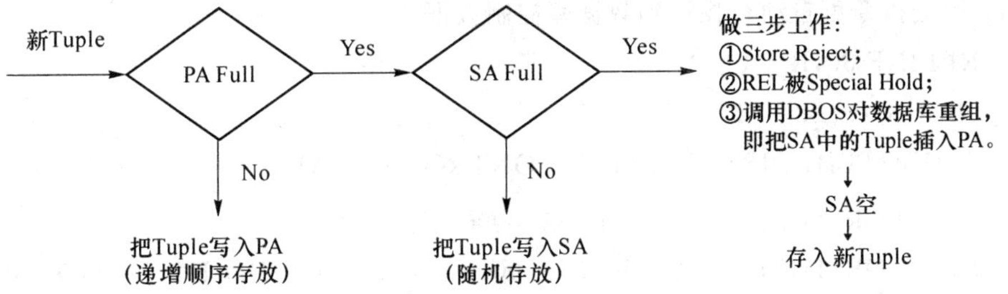

图 1-31　DBOS 重组 PA/SA

5. 数据查找实例

相关的操作命令如下：

DSIPLAY-TUPLE	CRN＝379
MODIFY-TUPLE	CRN＝378
REMOVE-TUPLE	CRN＝377
CREATE-TUPLE	CRN＝376
COUNT-TUPLE	CRN＝436
DSIPLAY-RELATION	CRN＝438
ABORT-DSIPLAY-RELATION	CRN＝439
DSIPLAY-DISK-TUPLE	CRN＝483
MODIFY-DISK-TUPLE	CRN＝486
DSIPLAY-DISK-RELATION	CRN＝497

相关的宏命令(MACRO)如下：

:RELINF,以内存数据方式显示指定 CE 内某 REL 的控制信息(DIR、DIC、RIA 等)；

:RELINFO,以文本方式显示指定 CE 内某 REL 的控制信息(GDIR、LDIR、LDIC、RIA 等)；

:DISPREL,以 Byte 方式显示指定 CE 内 REL 的 Tuple 值(部分或所有 Tuple)；

:DOMS,显示 Tuple 各个 Domain 的名称、字节数、模式、虚 Domain 等。

例 1-8 查找并修改交换局名称。

```
<379:1="R_HST_EXCH".
```

得到 D_HST_INDX=0001,D_HST_NAME=MODEL。

```
<378:1="R_HST_EXCH",2="D_HST_INDX"&0&"1",
     3="D_HST_NAME"&0&"CSCTC",NA=H'C,ECHO.
```

例 1-9 用两种方法方法查找本地实关系 R_OLCOS 的数据库控制数据。

以某 ASM 模块(NA=H'30)的本地实关系 R_OLCOS 查找过程为例，

```
>:IDS N,30
 NA   LCE  VP   DLS  GLS GLSNAME  CE-FUNC     APT        GPT  POS
0030 7D20 01E0 1917 295 ACDJIFCF 6C-DSCENS FF08-JLTCE  06   1B813
>R R_OLCOS          >R R_GDIR_V4         >EVA 1917T
1976: R_OLCOS       4723: R_GDIR_V4      077DH 1917T
```

(1) 用宏指令可自动查找得到数据库控制数据

```
>:RELINF 30,R_OLCOS
R_OLCOS  07B8  (1976T)
DISTRIBUTED, DISTRIBUTION CONTROL LOCAL

GDIR  :WOR D5EE : 00D8 = 07B8 0900 0320 0024
LDIR  :WOR D650 : 0320 = 07B8 0000 0402 0700 DD4F 2171 0005 076C
       WOR D650 : 0330 = 038A FFFF FFFF 0000 0000 0000 0000 0000
LDIC  :WOR D500 : 0402 = 0000 D202 0000 D102 0000 8106 0006 C102
       WOR D500 : 0412 = 0008 8102 000A 0101 000B 0101 000C 8102
RIA   :WOR DD4F : 0700 = 0208 000E F8F4 0080 0080 0080 0210 0000
       WOR DD4F : 0710 = 0000 7D20
LDIR  :WOR D650 : 0340 = 07B8 0040 0402 0700 DDC1 2171 0006 0693
       WOR D650 : 0350 = 038A FFFF FFFF 0000 0000 0000 0000 0000
LDIC  :WOR D500 : 0402 = 0000 D202 0000 D102 0000 8106 0006 C102
       WOR D500 : 0412 = 0008 8102 000A 0101 000B 0101 000C 8102
RIA   :WOR DDC1 : 0700 = 0208 000E F8F4 0080 0080 0080 0210 0000
       WOR DDC1 : 0710 = 0000 7D30
DISHD :WOR D63A : 0024 = 0102 0001 0ED6 FFFF 0402 FFFF
DID   :WOR D500 : 0ED6 = 0002
DISTRIBUTED VIA LCE, INFO NOT LOCAL
```

(2) 用人机命令可人工查找得到数据库控制数据

第 1 步：根据主指针(MP)查找 DLS 起始指针是 D500。

```
    >AC 30
0030>WRI MP
    407E:0000
0030>WOR 407E:1A
    WOR 407E:001A = D500
```

第 2 步：根据 DLS-ID＝1917T(077DH)查 R_DLSHD_V4 得到 R_GDIR_V4 在 R_LDIR_V4的目录位置是 D650:0420。

```
<379:1="R_DLSHD_V4",2="D_DLSID"&0&"077DH",NA=H'30.
        D_DLSID=077D
        D_DLS_VR=0100
        D_PROC_MOD=00
        D_TYPE_GLS=03
        D_STA_MATE=81
        D_NBR_OVT=00
        D_NUM_RECG=0001
        D_OFF_CIHG=0726
        D_NUM_RECL=0002
        D_OFF_CIHL=0554
        D_OFF_GDIR=0420
        D_OFF_LDIR=0460
        D_SEG_LDIR=D650
        D_OFF_HTAB=0440
        …
```

第 3 步：根据 R_GDIR_V4 (RID＝1273H)查 R_LDIR_V4 得到 PA 地址是 D5EE:0000，RIA 地址是 D5EE:04A0。

```
<379:1="R_LDIR_V4",2="D_RID"&0&"1273H",NA=H'30.
        D_RID=1273
        D_NUM_PART=0000
        D_OFF_LDIC=055A
        D_OFF_RIAP=04A0
        D_SEG_PA =D5EE
        D_FILE_ID=2171
        …
```

第 4 步：根据 R_OLCOS(RID＝07B8H)查 R_GDIR_V4 得到 R_OLCOS 在 R_LDIR_V4 的位置是 D650:0320。

```
<379:1="R_GDIR_V4",2="D_RID"&0&"07B8H",NA=H'30.
        D_RID=07B8
```

D_RTYPE1＝00

D_RTYPE2＝09

D_DEST_1＝0320

D_DEST_2＝0024

第 5 步：根据 R_OLCOS 查 R_LDIR_V4 得到 R_OLCOS 的 PA 地址是 DD4F：0000，RIA 地址是 DD4F：0700，LDIC 地址是 D500：0402。

<379：1＝"R_LDIR_V4"，2＝"D_RID"&0&"07B8H"，NA＝H'30.

D_RID＝07B8

D_NUM_PART＝0000

D_OFF_LDIC＝0402

D_OFF_RIAP＝0700

D_SEG_PA＝DD4F

D_FILE_ID＝2171

…

第 6 步：根据 LDIC 数据确定 R_OLCOS 中各 DOMAIN 的定义。

>：DOMS 30，R_OLCOS

R_OLCOS 07B8 (1976T)

DOM	DOMNAME	OFF	RUWA	SZ	ACC-METH	ALIG	MODE	MODE-GDMH	ACCESS
0001	D_TN_DK	0000	0000	02	11010010 -> WORD	WORD	INTEGER	INDEX	VIRTUAL
0002	D_LCE_ID	0000	0002	02	11010001 -> WORD	WORD	INTEGER	SEQ	VIRTUAL
0003	D_DNE_BCG	0000	0004	06	10000001-> WORD	BYTE	STRUCT	SEQ	
0004	D_PABX_ID	0006	000A	02	11000001-> WORD	WORD	INTEGER	SEQ	
0005	D_TONE_MAP	0008	000C	02	10000001-> WORD	BYTE	STRUCT	SEQ	
0006	D_INT_CAUS	000A	000E	01	00000001-> BYTE	BYTE	RANGE	SEQ	
0007	D_OR_MEASG	000B	000F	01	00000001-> BYTE	BYTE	RANGE	SEQ	
0008	D_OLCOS	000C	0010	02	10000001-> WORD	BYTE	STRUCT	SEQ	

以上查找结果可以通过以下操作验证。

<379：1 ＝"R_OLCOS"，NA＝H'30.

D_TN_DK＝0001

D_LCE_ID＝7D20

D_DNE_BCG＝000FFFFF3801

D_PABX_ID＝0000

D_TONE_MAP＝0000

D_INT_CAUS＝00

D_OR_MEASG＝00

D_OLCOS＝0B00

>：DISPREL 30，R_OLCOS

R_OLCOS 07B8 (1976T)

REL PART SEG：OFFLDIC NRTUP NRUSE NRSTO NO SECOND-AREA

```
--------------------------------------------------------------------
07B8   0000   D500：0402   0080   0080   0080
--------------------------------------------------------------------
DOMAIN 02=VIRTUAL DOM = 7D20
TUP0001=DD4F:0000 =00 0F FF FF 38 01 00 00 00 00 00 00 0B 00
TUP0002=DD4F:000E =00 0F FF FF 38 03 00 00 00 00 00 00 08 00
TUP0003=DD4F:001C =00 2F FF FF 38 01 00 00 00 00 00 00 08 00
TUP0004=DD4F:002A =FF FF FF FF 00 00 00 00 00 00 00 00 08 00
TUP0005=DD4F:0038 =00 4F FF FF 38 01 00 00 00 00 00 00 08 00
TUP0006=DD4F:0046 =00 5F FF FF 38 01 00 00 00 00 00 00 08 00
TUP0007=DD4F:0054 =00 6F FF FF 38 01 00 00 00 00 00 00 0A 00
TUP0008=DD4F:0062 =00 7F FF FF 38 01 00 00 00 00 00 00 08 00
TUP0009=DD4F:0070 =00 8F FF FF 38 01 00 00 00 00 00 00 08 00
……
```

习　　题

1. 画出 S1240 J 型机的硬件结构图。
2. S1240 市话交换机应配置哪些硬件模块？S1240 长途交换机应配置哪些硬件模块？
3. S1240 交换机中终端模块由哪些部分组成？说明各个部分的主要功能。
4. 简述 TERI 的内部结构和外部特性。
5. 画出 NA=H′0201 模块对应的 DSN 的网络结构简图，并标出 DSE 和 LINK 的 NA。
6. DSN 内部建立的通路类型有哪几种？
7. ASM 主要配备哪些电路板？ASM 为什么要采用交叉互助连接？
8. DTM 与 IPTM 的功能有何区别？
9. CTM 具有哪些基本功能？SCM 具有哪些基本功能？
10. P&L 主要由哪些电路板组成？分别实现哪些功能？
11. SCALSVL/T 主要完成哪些功能？
12. S1240 软件系统是如何构成的？
13. S1240 交换机内部采用了哪些软件技术？
14. 什么是 FMM？FMM 分为哪几种类型？
15. 什么是 SSM？SSM 包括哪些过程？
16. 试解释 S1240 交换机的 CDE 数据和 CAE 数据。
17. S1240 交换机内部消息(MSG)分为有哪几种类型？
18. 说明 S1240 交换机中数据库的基本特性。
19. 什么是 DBMS？说明组成 DBMS 各部分功能。
20. 什么是 DLS？DLS 中主要有哪些数据库控制数据？
21. 试描述本 CE 的数据查找过程。

22. 如果 DSE 的接收端口 7 从 CH_{13} 中连续两次收到"00"规约，它将清除由接收端口 7，CH_{13} 的建立路由，此说法______。

A. 正确　　B. 错误

23. S1240 最多连接______个 CE。

A. 512　　B. 1 024　　C. 6 144

24. 建立模块之间网络通路的选择命令是由______生成的。

A. AS　　B. GS　　C. CE

25. 从理论讲，模块在 DSN 中的最大网络地址是______。

A. H'FFFF　　B. H'7FFF　　C. H'F73F

26. 模块 H'C 的光驱的 DEVID 是______，默认的 LDEV 是______。

A. 1&C&1　4 020　　B. 1&C&2　4 020　　C. 2&C&1　4 120

第 2 章 S1240 呼叫处理

呼叫处理是程控交换机的基本功能，S1240 程控数字交换机为了完成每个模拟用户或数字用户的呼叫接续过程，需要各种硬件模块和驻留在这些硬件模块中的软件模块相互配合。本章主要介绍 S1240 EC74 版交换机本局呼叫接续过程、相关软件模块和消息流程。

2.1 概述

2.1.1 呼叫类型

在呼叫建立过程中，呼叫类型有本局呼叫、出局呼叫、入局呼叫和转接呼叫。

1. 本局呼叫

当主叫用户直接在本交换机内找到被叫用户，称为本局呼叫，如图 2-1 所示。

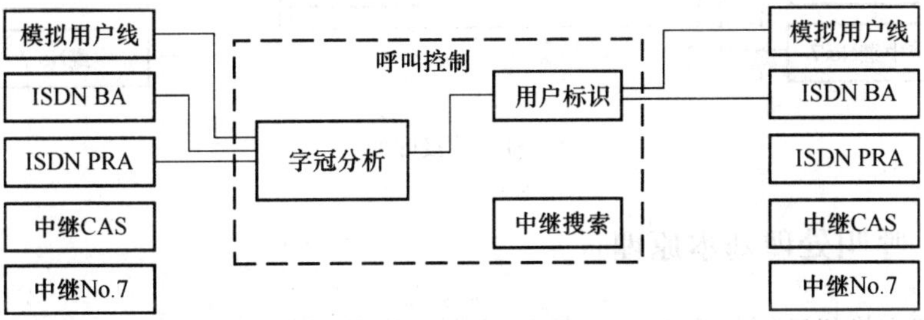

图 2-1　本局呼叫

2. 出局呼叫

当用户呼叫的结果是访问到达中继模块上，称为出局呼叫，如图 2-2 所示。

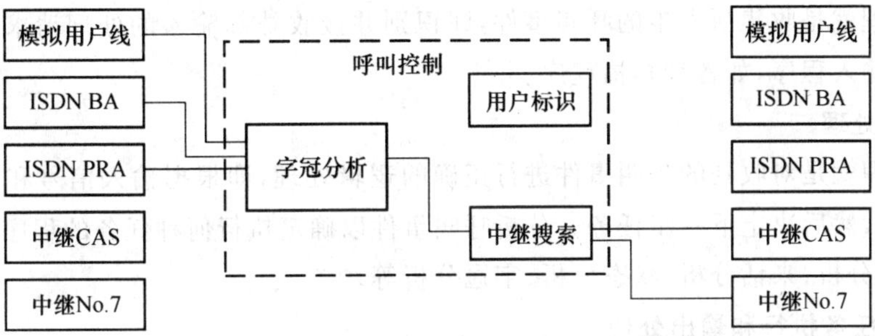

图 2-2　出局呼叫

3. 入局呼叫

当经过入中继进来的呼叫在本局找到被叫用户，称为入局呼叫，如图 2-3 所示。

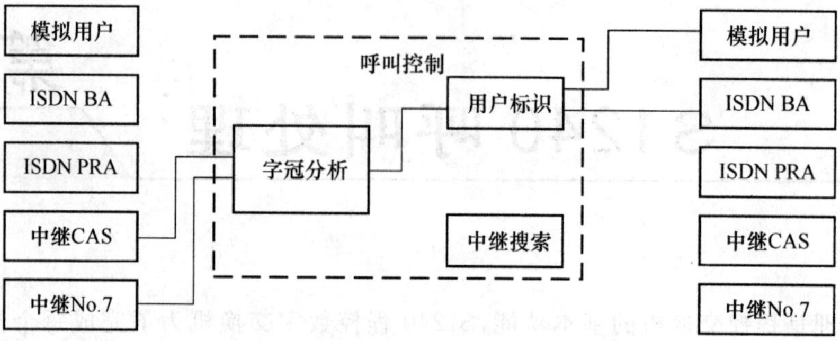

图 2-3 入局呼叫

4. 转接呼叫

经过本局转接访问下一交换机，称为转接呼叫，如图 2-4 所示。

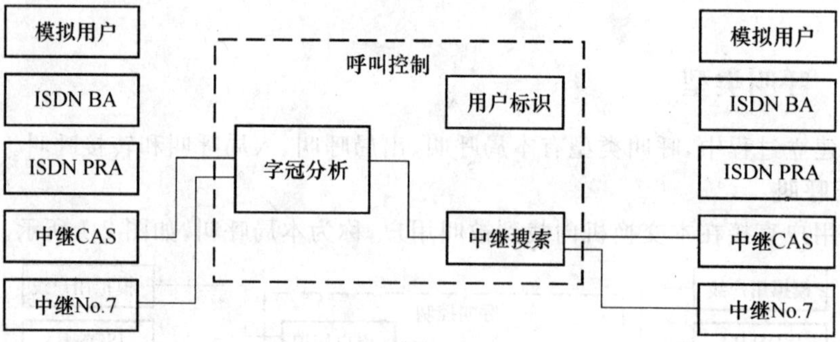

图 2-4 转接呼叫

2.1.2 呼叫处理基本原理

程控数字交换机呼叫处理基本过程包括输入处理、分析处理、内部任务执行和输出处理。

1. 输入处理

输入处理就是收集所发生的呼叫事件，即识别并接收外部输入的处理请求。输入处理的程序称为输入程序，如各种扫描程序。

2. 分析处理

分析处理就是对收到的呼叫事件进行正确的逻辑处理，即根据输入信号和当前状态进行分析、判别，然后决定下一步任务。分析呼叫事件以确定执行何种任务的程序称为分析程序，包括去话分析、来话分析、状态分析、字冠分析等。

3. 内部任务执行和输出处理

内部任务执行和输出处理就是根据分析处理结果，向硬件或软件发出要求采取动作的命令。控制状态转移的程序称为任务执行程序，在任务执行中，与硬件动作有关的程序作为独立的输出程序。在任务的执行过程中，中间夹着输出处理，所以任务执行又分为前(始)后(终)两部分，如图 2-5 所示。

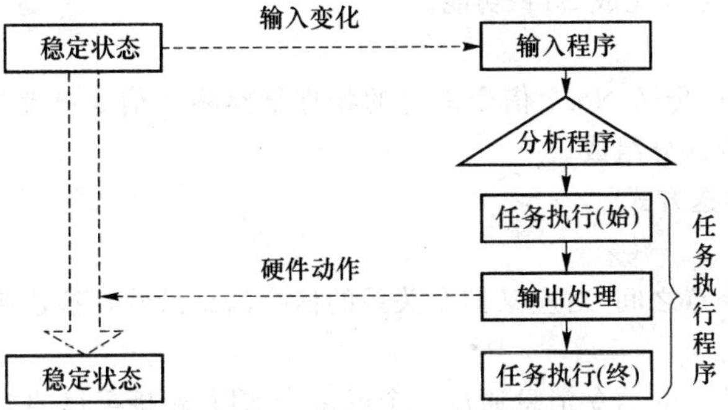

图 2-5　呼叫处理基本程序

2.1.3　No.7 信令网

No.7 信令网是通信支撑网，是通信网向综合化、智能化方向发展不可缺少的基础。随着 No.7 信令技术的发展，准直联信令网将取代直联信令网，ISUP 信令逐步替代 TUP 信令。

No.7 信令网与电话网既是两个相互独立的网路，它们之间又存在着密切的关系。我国信令网与电话网的对应关系示意图如图 2-6 所示。

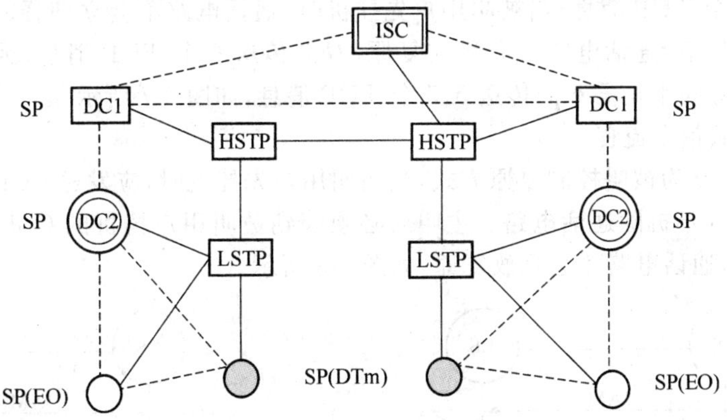

图 2-6　信令网与电话网的对应关系示意图

1. 基本定义

(1) No.7 信令网

本质上是一个专用于传送 No.7 信令消息的数据网，是具有多种功能的业务支撑网。它由信令点(SP)、信令转接点(STP)以及连接它们的信令链路组成。

(2) 信令点

通信网中提供 No.7 信令功能的节点称为信令点。信令点是 No.7 信令消息的源点和目的地点，也是通信网中交换和处理 No.7 信令消息的节点，如交换局、网管中心、业务控制点等。

(3) 信令转接点

某信令点不是 No.7 信令消息的源点和目的地点，只完成 No.7 信令消息转发功能的节点称为信令转接点。STP 是在信令网中将 No.7 信令消息从一个信令点转接到另一个信令点的信令转接设备。STP 可分为独立型 STP 和综合型 STP,其中综合型 STP(STPSP)既可以完成 SP 功能又可以完成 STP 功能。

(4) 信令链路

连接各个信令点、传送 No.7 信令消息的物理链路称为信令链路。信令链路由信令数据链路和信令终端两部分组成。

2. No.7 信令传送方式

(1) 直联方式

指两个邻接信令点之间,对应某信令关系的信令消息沿着直接连接的信令链路传送。

(2) 非直联方式

指对应某信令关系的信令消息通过一个或多个 STP 转接至目的地。

(3) 准直联方式

指信令消息路由预先确定且固定,是非直联模式的特殊情况。TUP 消息采用话路确定方式,两条信令链路分别按奇数信道和偶数信道进行负荷分担。

3. TUP 信令流程

(1) 市话呼叫信令流程

TUP 信令市话呼叫一般采用成组发码方式,即初始地址消息(IAM)包括全部被叫号码。

① 呼叫市话用户信令流程

市话用户之间的呼叫为主叫控制复原方式,当主叫用户先挂机时,通话电路会立即释放,双向传送 5 个 TUP 消息;当被叫用户先挂机时,通话电路不会立即释放,超过再应答时延(一般为 90 秒)后,通话电路才会释放复原,双向传送 6 个 TUP 消息,因此,一次成功的 TUP 信令市话呼叫平均需双向传送 5.5 个 TUP 消息,如图 2-7 所示。

② 呼叫特服信令流程

呼叫 119、110 为被叫控制复原方式,当主叫用户先挂机时,应发送 CCL 消息,此消息仅表示主叫挂机,并不拆除通话电路。主叫局必须等到被叫用户挂机的 CBK 消息到来后,才发送 CLF 消息,通话电路才会释放复原,如图 2-8 所示。

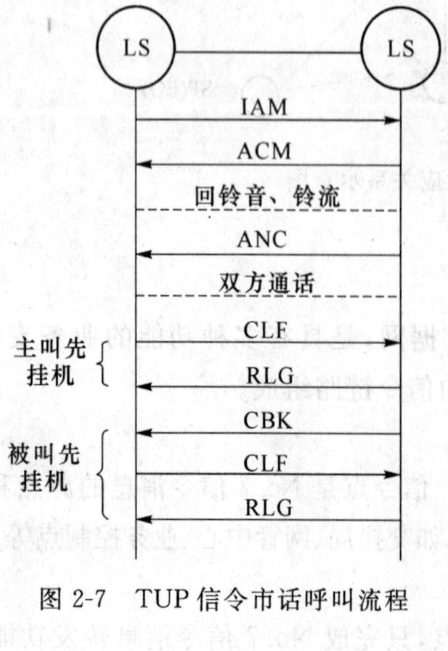

图 2-7 TUP 信令市话呼叫流程

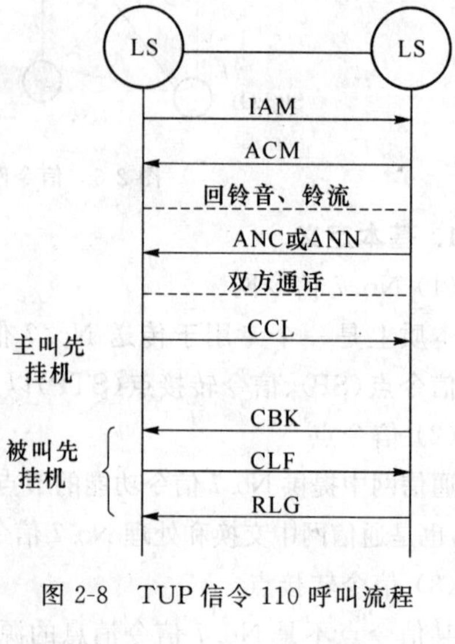

图 2-8 TUP 信令 110 呼叫流程

(2) 长话呼叫信令流程

为了加快长话呼叫的接续速度，TUP 信令长话呼叫一般采用重叠发码方式，即初始地址消息为 IAI 只包括被叫号码的最少有效位(长途区号)，并不包括全部被叫号码，剩余的号码由 SAO/SAM 发送，如图 2-9 所示。

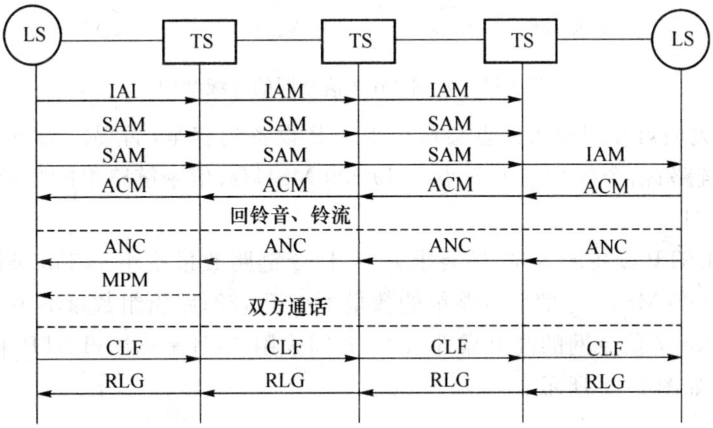

图 2-9　TUP 信令长话呼叫流程

4. ISUP 信令流程

ISDN 的用户线信令采用 1 号数字用户信令(DSS1)，ISDN 的局间信令可以采用 ISUP 信令。ISDN 电路交换呼叫建立的一般信令过程如图 2-10 所示。

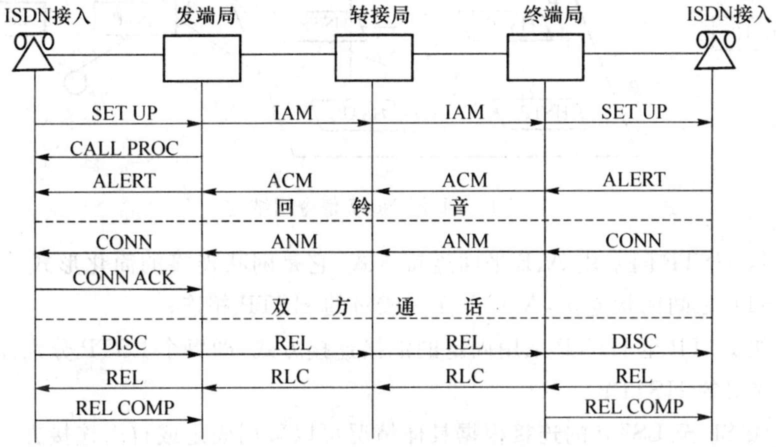

图 2-10　ISUP 信令基本呼叫流程

5. 我国 No. 7 信令网

(1) 信令网结构

我国 PSTN、ISDN 的 No. 7 信令网采用 3 级等级结构，如图 2-11 所示。

其中，HSTP 对应主信号区，每个主信号区设置 1 对 HSTP，以负荷分担方式工作，HSTP 采用独立型 STP；LSTP 对应分信号区，每个分信号区设置 1 对 LSTP，同样以负荷分担方式工作，LSTP 可采用独立型 STP，也可采用综合型 STP，即 STPSP。

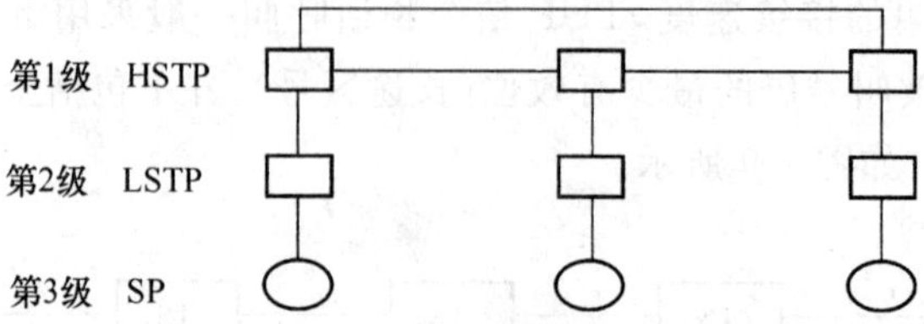

图 2-11 我国 No.7 信令网的等级结构

HSTP、特大城市和规模大的省会城市 LSTP 设备的容量，暂要求如下：信令链路数量不小于 512 条链路；信令处理能力不小于 80 000 MSU/s；信令链路组的数量不小于 256；路由区不小于 1 024。

一般城市 LSTP 设备的容量，暂要求如下：信令链路数量不小于 256 条链路；信令处理能力不小于 40 000 MSU/s；信令链路组的数量不小于 128；路由组数量不小于 512。

为了保证 No.7 信令网的高可靠性，HSTP 间采用 A、B 平面网，LSTP 采用分区固定连接方式，其结构如图 2-12 所示。

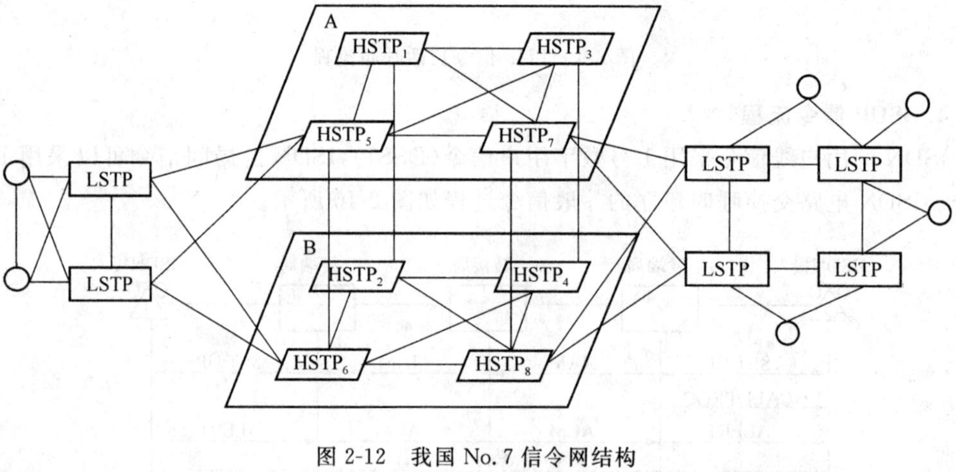

图 2-12 我国 No.7 信令网结构

① 第 1 级 HSTP 间采用 A、B 平面连接方式，它是网状连接的简化形式。A 和 B 平面内部各个 HSTP 之间网状连接，A、B 平面间成对的 HSTP 相连；

② 第 2 级 LSTP 至 HSTP 采用固定的汇接连接方式，即每个 LSTP 分别连接到分布在 A、B 平面内成对的 HSTP；

③ 第 3 级 SP 至 LSTP 的连接根据具体情况可以采用固定或自由连接方式；

④ 每个 SP 至少应连接至两个 STP(HSTP 或 LSTP)，若连接至 HSTP，应分别固定连接至 A、B 平面内成对的 HSTP；

⑤ 大、中城市本地 No.7 信令网原则上应采用 2 级信令网，它相当于我国 3 级信令网的第 2 级 LSTP 和第 3 级 SP。

(2) 信令点编码

信令点编码(SPC)根据是信令消息的起源点还是目的地点可分别称为源信令点编码(OPC)和目的地信令点编码(DPC)。国际网中的信令点编码由 ITU-T 统一规定采用 14

位。我国国内信令网采用 24 位全国统一的编码计划。

每个信令点编码由主信令区编码、分信令区编码、信令点编码三部分组成。主信令区编码以省、自治区、直辖市为单位编排，见表 2-1；分信令区编码以每省、自治区的地区、地级市为单位编排；国内信令网的每个信令点都分配一个信令点编码。

表 2-1　主信令区编码分配

省、自治区、直辖市及港澳地区名称	主信令区编码（十进制）	主信令区编码（十六进制）	省、自治区、直辖市及港澳地区名称	主信令区编码（十进制）	主信令区编码（十六进制）
1 北京	01	01	18 湖南	18	12
2 天津	02	02	19 广东	19	13
3 河北	03	03	20 广西	20	14
4 山西	04	04	21 海南	21	15
5 内蒙古	05	05	22 四川	22	16
6 辽宁	06	06	23 贵州	23	17
7 吉林	07	07	24 云南	24	18
8 黑龙江	08	08	25 西藏	25	19
9 江苏	09	09	26 陕西	26	1A
10 山东	10	0A	27 甘肃	27	1B
11 上海	11	0B	28 青海	28	1C
12 安徽	12	0C	29 宁夏	29	1D
13 浙江	13	0D	30 新疆	30	1E
14 福建	14	0E	31 台湾	31(暂定)	1F(暂定)
15 江西	15	0F	32 香港	32(暂定)	20(暂定)
16 河南	16	10	33 澳门	33(暂定)	21(暂定)
17 湖北	17	11			

(3) No.7 信令链路名称及定义

我国 No.7 信令网中有 A 链路、B 链路、C 链路、D 链路、E 链路、F 链路，它们所处的位置如图 2-13 所示。

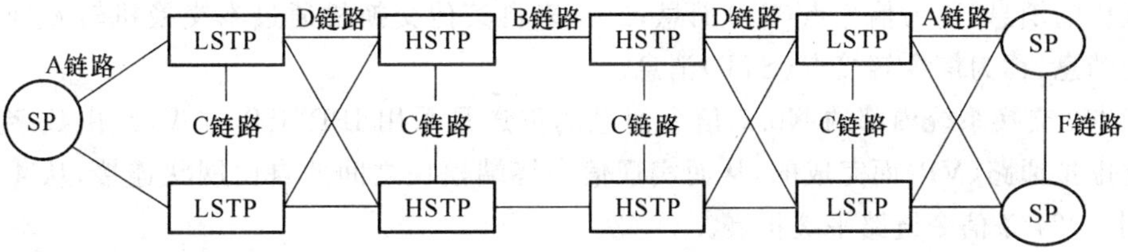

图 2-13　No.7 信令链路定义

我国 No.7 信令网中各种类型链路的定义如下。

A 链路：SP 点接入 STP 的信令链路；

B 链路：同平面 STP 之间的信令链路；

C 链路：同对 STP 之间的信令链路；

D 链路：LSTP 与 HSTP 之间信令链路；

E 链路：SP 点接入非所属信令区 STP 之间的信令链路；

F 链路：SP 点之间的直连信令链路。

STP 节点的信令链路数量仅包括 A、B、C、D 链路。

2.1.4 S1240 No.7 信令系统

S1240 程控数字交换机通过全分散控制交换系统实现 No.7 信令功能，在 No.7 信令软件设计中成功采用了内部信息包规程(IPP)工作方式。S1240 No.7 信令系统具有稳定可靠、维护方便、信息容量大和易于扩容等特点，在国家骨干通信网上得到广泛的应用，同时 S1240 No.7 信令系统软件也在不断升级换代，从 5X 版到 EC72 版、EC74 版，增加了对智能网业务和 ISDN 业务的支持，增强了对 No.7 信令消息的处理能力。

1. S1240 No.7 信令系统结构

S1240 No.7 信令系统由 No.7 信令终端模块(如 IPTMN7、HCCM、CCSM)、No.7 信令的辅助控制单元(SACEN7)和应用模块(如 DTM)组成，如图 2-14 所示。

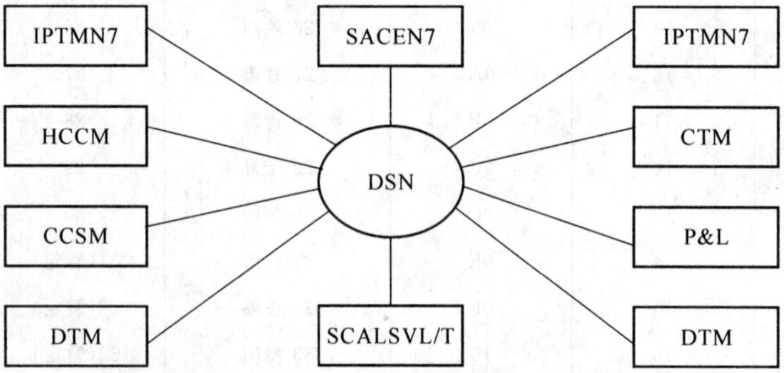

HCCM：高性能公共信道模块　　CTM：时钟和信号音模块
CCSM：公共信道信令模块　　SACEN7：No.7辅助控制单元
IPTMN7：综合信包中继模块(No.7)　　SCALSVL/T：呼叫服务辅助控制单元(用户/中继)
P&L：外设及装载模块　　DTM：数字中继模块

图 2-14 S1240 No.7 信令系统结构

由 No.7 信令终端模块处理的消息信号单元分为两类：一是由本交换机产生或终止在本交换机的消息，称为信令点(SP)消息；二是来自其他交换机通过本交换机转发到另一信令点的消息，称为信令转接点(STP)消息。

S1240 交换系统内部的 No.7 信令消息的传送是采用 IPP 工作方式，经由数字交换网络建立虚拟通路(VP)而完成的，从而实现信令终端模块之间的自由网状连接，从 4 条信令链路到 1 024 条信令链路平缓扩展。

HCCM 和 CCSM 只具有 No.7 信令功能，IPTMN7 同时兼有 No.7 信令功能和中继功能。就信令功能而言，每个 HCCM 有 8 条信令链路，每个 CCSM 有 16 条信令链路，每个 IPTM 有 4 条信令链路，对 No.7 信令消息的处理能力，每个 IPTM 为 540 MSU/S，每个 HCCM 为 8×700 MSU/S。IPTMN7 和 CCSM 主要用于 SP，HCCM 主要用于 STP。

2. S1240 No.7 信令模块

No.7 信令模块主要完成 MTP 第 1 级数据链路功能，第 2 级信令链路功能和第 3 级信令消息处理功能。S1240 系统中主要使用两种类型的信令终端模块：HCCM 和 IPTMN7。

(1) HCCM

HCCM 模块由 1 块 MCUB 板和最多 8 块 SLTA 板（信令链路终端板，类型 A）组成，如图 2-15 所示。HCCM 为 No.7 信令链路提供信令终端，每块 SLTA 板处理 1 条 No.7 信令链路，独立完成消息处理过程，即消息的鉴别、分配和选路。每个 HCCM 可以提供 8 条信令链路。

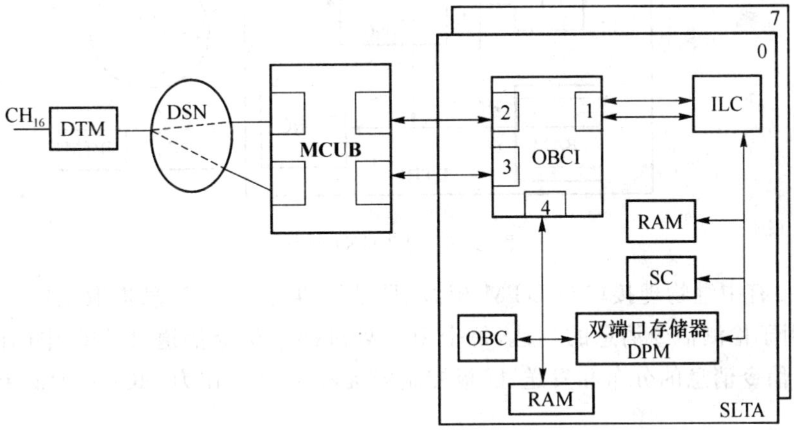

图 2-15 HCCM 结构

信令信道（习惯上用 CH_{16}）由中继进入 DTM，经过数字交换网络交换，进入 HCCM 的 MCUB，再由与 SLTA 板对应的一个固定信道送入信令链路终端板（SLTA）中。

在 SLTA 板中，这个固定信道通过 OBCI 的交换，送给综合链路控制器（ILC）。当 ILC 发现信令消息到达时，就把信令消息存入一个 RAM 中，然后由信令控制器（SC）对收到的信令消息进行校验，即进行 No.7 信令的第 2 层分析，处理完后把信令消息送入一个双端口存储器（DPM）中，并通知随板控制器（OBC）。OBC 到 DPM 中读取信令消息，完成 No.7 信令第 3 层功能，如果信令消息的目的地在本交换局，OBC 将信令消息送往相应话路所在 DTM；如果信令消息的目的地不在本交换局，OBC 则将信令消息送往负责发送信令消息的 SLTA 板，该 SLTA 板可能在本 HCCM，也可能在另一个 HCCM，最终由该 SLTA 板将信令消息通过信令信道发送到目标所在交换局。

由此可见，HCCM 的 MCUB 主要负责信令链路的维护与管理，而不参与消息的处理。HCCM 的消息处理是由 SLTA 板独立完成的，来自于信令数据链路的消息信号单元（MSU）通过半永久连接由 DTM 到达 SLTA，由 ILC 完成 MSU 的定界、定位以后，由信令控制器对 MTP 第 2 级进行处理。最后通过双端口存储器将 MSU 传至板上控制器，由板上控制器直接完成对 MSU 的鉴别、分配和选路等 MTP 第 3 级的消息处理功能。

(2) IPTMN7

IPTMN7 模块由 1 块 MCUB 板和 1 块 DTRI 板（数字中继板，类型 I）组成，如图 2-16 所示。IPTMN7 能够提供 4 条信令链路和 31 条中继话路，因此该模块既能提供信令终端模块的功能，又能提供中继模块的功能。No.7 信令链路将发送本身所在 PCM 系统、以及其他 PCM 系统所有信道的信令消息。

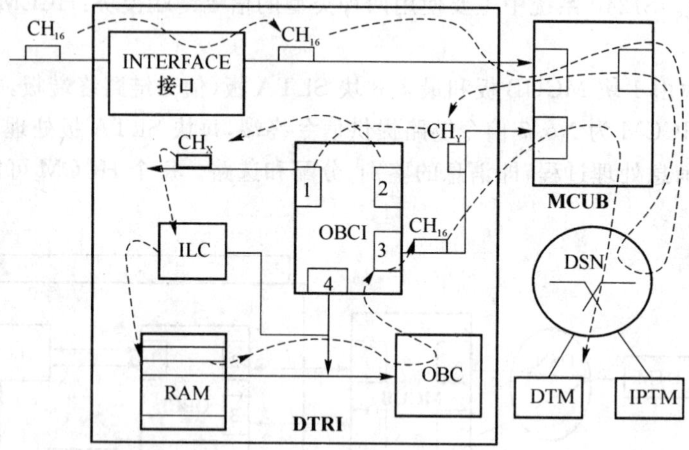

图 2-16 IPTMN7 结构

DTRI 中有中继物理接口与 DTM 相似，只是不再有 CAS 信息提取功能。DTRI 中有两个 ILC，用于检测信令消息的到达，每个 ILC 处理两个信令信道，DTRI 中的随板控制器(OBC)负责信令消息的分布和发送，随板控制器接口(OBCI)作为 MCUB、ILC 和 OBC 之间的接口。

由于信令消息可能来自 IPTM 模块所的中继，也可能从其他中继模块进入，再经 DSN 送入负责 No.7 信令处理的 IPTM。为了使信令处理方式更通用，携带信令消息的 CH_{16} 直接经中继进入处理信令的 DTRI，也必须经过 TI 交换，选面级的反射，再回到该 IPTM 模块，这称为信道 16 环路(CH_{16} Loop)。

带有信令消息的 CH_{16} 经 MCUB 的 TI 进入 OBCI，再到达一个 ILC。当 ILC 检测到信令消息后，将信令消息送入一个存储器(RAM)作初步处理，处理结束后通知 OBC。OBC 再到 RAM 中读取信令消息，判定信令消息的目的地后，或者将信令消息经 OBCI，MCUB，DSN 送往相应话路所在的 DTM，或者将信令消息送往负责向目标所在交换局发送信令消息的 IPTM 中，此时 IPTM 所完成的是信令转接点(STP)的功能。

3. S1240 No.7 信令功能实现

第 1 级　数字信令数据链路功能有两种方式实现：一种是 64 Kbit/s 的数字数据链路，它是经 DSN 和 DTM 所建立的可交换的半永久通路，接至 PCM 的一个时隙，在每个数字中继模块(DTM 或 IPTM)中，除 CH_0 以外的任何一个 CH 均可用作信令数据链路，习惯上用 CH_{16}。该通路用人机命令以数据方式建立或删除；另一种是 2 Mbit/s 的高速数字数据链路。独立型 STP 信令数据链路接口可以是 2 Mbit/s 的接口，也可以采用 64 Kbit/s的接口。

第 2 级　信令链路功能由 No.7 信令终端模块(HCCM、CCSM、IPTMN7)的信令终端硬件和固件实现。信令链路由信令终端和信令数据链路组成，它实际上是可交换半永久的一个时隙(信道)，即信令终端通过交换后连接预定的 DTM 的一个时隙(信道)。

第 3 级　信令网功能包括信令消息处理和信令网管理。其中信令消息处理由 No.7 信令终端模块(HCCM、CCSM、IPTMN7)的软件实现;信令网管理由 SACEN7 模块的软件实现。

第 4 级　用户功能主要由装载了对应的应用软件包的模块完成。如 TUP 和 ISUP 主要由 DTM 和 SCALSVL/T 中的软件实现。

2.1.5　呼叫处理接续过程

1. 发端交换局呼叫接续过程

发端交换局处理的呼叫有本局呼叫和出局呼叫,对于一个来自使用双音多频话机的模拟用户的呼叫主要阶段如图 2-17 所示,图中左边分支代表本局呼叫,右边分支代表出局呼叫,本次呼叫是本局呼叫还是出局呼叫在字冠分析后得出。

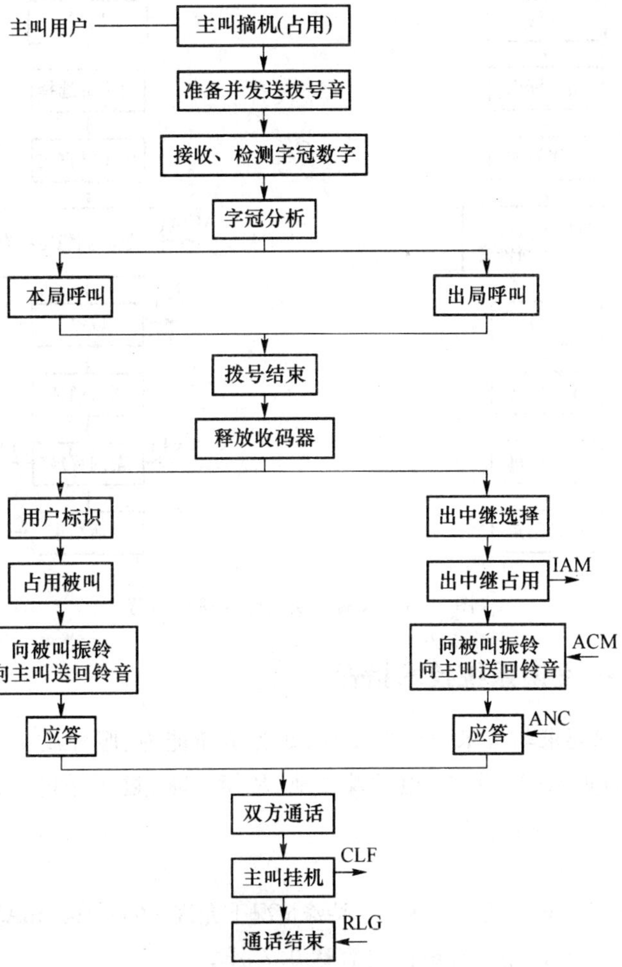

图 2-17　发端交换局呼叫阶段流程图

本局呼叫和出局呼叫相同的阶段有:在字冠分析前主叫摘机检测、准备并发送拨号音、接收字冠数字阶段;拨号结束和释放接收器阶段。

对于采用 No.7 信令的出局呼叫,在图 2-17 中也给出了 No.7 电话呼叫信令过程。

2. 入端交换局呼叫接续过程

入端交换局处理的呼叫有入局呼叫和转接呼叫，对于呼叫源于一条中继的呼叫主要阶段如图 2-18 所示，图中左边分支代表入局呼叫，右边分支代表转接呼叫，本次呼叫是入局呼叫还是转接呼叫在字冠分析后得出。

对于采用 No.7 信令的入端交换局，在图 2-18 中也给出了入局呼叫占用由来自另一个交换局的 IAM 表示。

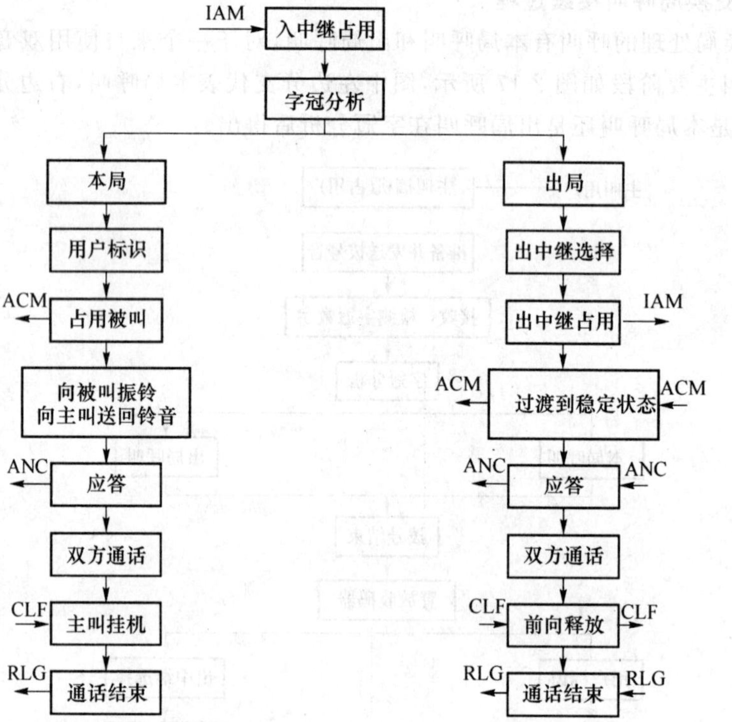

图 2-18 入端交换局呼叫阶段流程

2.1.6 S1240 交换系统技术指标

S1240 系统技术要求与技术指标主要有：话务负荷能力、服务质量指标、接口特性及传输要求、交换机的时钟和同步要求、电源及接地、环境要求、过压保护与抗干扰、硬件设计要求、软件设计要求、运行与维护等。

1. 用户线

允许用户环路电阻(包括话机)1 900 Ω，特殊情况下允许 3 000 Ω；40 mA≥馈电电流≥18 mA；绝缘电阻≥20 000 Ω；允许用户线线间电容达 0.7 μF。

2. 电源电压

额定工作电压为－48 V，实际工作电压为－53.5 V，允许工作电压为－43.2～－57 V。

3. 接地

30 以上机架≤1 Ω，1～8 机架≤10 Ω。

4. 局间信令方式

局间中继可采用随路信令方式(R2、No. 5、中国 1 号信令)和公共信道信令方式(No. 7 信令 TUP/ISUP)。

5. 铃流和信号音

铃流源为(25±3)Hz 正弦波,输出电压有效值(75±15)V,振铃采用 5 秒断续,即 1 秒送、4 秒断。

信号音源为(450±25)Hz 或(900±50)Hz 正弦波,需要时可启用(1 400±50)Hz 和(1 800±50)Hz 正弦波。

6. 话务负荷能力

话务量>25. 6 Erl/TCE。

呼叫处理能力>1 536 BHCA/TCE。

7. 可靠性

系统中断在 20 年内不得超过 1 小时。

2.2 本局呼叫处理

S1240 交换设备可处理各种类型的呼叫,包括本局呼叫、出局呼叫、入局呼叫和转接呼叫。S1240 交换机本局用户之间的连接是通过交换机内部的数字交换网络来完成的。

2.2.1 本局呼叫处理硬件模块

本局呼叫处理涉及的硬件除数字交换网络外,主要有 5 个硬件模块:主、被叫用户所在的模拟用户模块(主叫 ASM、被叫 ASM)、服务电路模块(SCM)、普通用户标识 ACE 模块(SACELPUB)和呼叫服务 ACE 模块(SCALSVL)。

2.2.2 本局呼叫处理软件模块

在 S1240 交换设备中完成呼叫处理功能的软件模块分为 3 个平面:呼叫控制面、协议面(规约面)、连接面(链路面),如图 2-19 所示。

图 2-19　呼叫处理软件的 3 个层面

连接面软件模块的主要任务有群集处理、话路控制、不同需求的设备分配;协议面软件模块的主要任务是呼叫建立过程中的信令处理;呼叫控制面负责呼叫的建立和释放,是最高级的软件模块,主要任务有号码分析、路由选择、呼叫资源管理、新业务管理、用户业务的登记、激活、释放和抑制。

在 S1240 EC74 版交换机中,本局呼叫处理软件模块分布如图 2-20 所示。

本局呼叫处理主要涉及以下几个软件模块:用户模块设备处理系统支持机(SMD SSM)、用户模块设备处理有限消息机(SMD FMM)、本局用户标识有限消息机(LSIF FMM)、模拟用户信令系统有限消息机(LTSIG FMM/ATSIG FMM)、呼叫和业务控制系统有限消息机(CFCS FMM)、字冠分析及任务单元定义有限消息机(PATED FMM)、辅助资源 TCE 分配器有限消息机(ARTA FMM)、服务电路模块设备处理有限消息机(SCDH FMM)、服务电路模块设备处理系统支持机(SCDH SSM)。

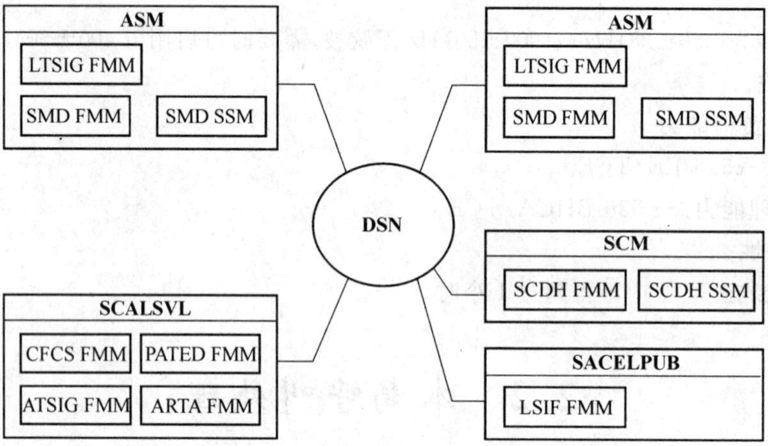

图 2-20 本局呼叫处理软件模块分布图

(1) 用户模块设备处理系统支持机(SMD SSM)

SMD SSM 分布在 ASM 中,用于完成对用户电路和振铃电路的驱动和扫描功能。

SMD SSM 主要包括用于扫描和检测硬件事件的时钟程序和事件处理器,还有负责驱动用户电路板(ALCN 板)和铃流电路板(RNGF 板)硬件的接口程序。

(2) 用户模块设备处理有限消息机(SMD FMM)

SMD FMM 分布在 ASM 中,是一个单进程多设备 FMM,FMMID=4244T(1094H)。SMD FMM 接收 SMD SSM 扫描所得到的电话呼叫事件,并将其传送给模拟用户信令系统(LTSIG FMM/ATSIG FMM);它还控制发出驱动命令,驱动用户电路和铃流电路,完成向用户馈电、振铃、测试等驱动任务。

(3) 模拟用户信令系统有限消息机(LTSIG FMM/ATSIG FMM)

LTSIG FMM 分布在 ASM 中,是一个单进程多用户 FMM,FMMID=3878T(F26H),负责终端模块 ASM 的信令处理功能。

ATSIG FMM 分布在 SCALSVL 中,是一个单进程多用户 FMM,FMMID=3879T(F27H),负责呼叫相关的信令处理功能。

(4) 呼叫和业务控制系统有限消息机(CFCS FMM)

CFCS FMM 分布在 SCALSVL 中,是一个多进程 FMM,FMMID=3643T(E3BH),负责处理:

① 来自用户的普通呼叫的建立;

② 来自中继的普通呼叫的建立;

③ 补充业务;

④ 智能网业务 SSP 功能接口。

(5) 字冠分析及任务单元定义有限消息机(PATED FMM)

PATED FMM 分布在 SCALSVL 中,是一个单进程 FMM,FMMID＝128T(80H),它由字冠分析和任务单元定义两个功能部分组成,如图 2-21 所示。

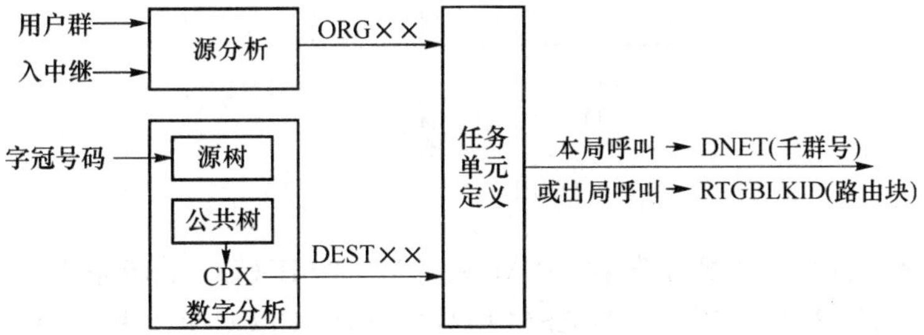

图 2-21　PATED 功能结构

字冠分析负责数字准备和分析,字冠分析结果有:

① 产生一个压缩字冠(CPX);

② 得到一个错误原因(CAUSE);

③ 需要更多的数字请求。

对于 CPX 或 CAUSE,将送往下一个功能部分做进一步的分析;在请求更多的数字的情况下,将回送一个消息给 CFCS,以接收来自主叫方更多的数字号码。

任务单元定义接收字冠分析后的 CPX 或 CAUSE,并搜寻为完成本次呼叫需执行的任务相关信息,主要包括:

- 目的地任务单元(DESTACC),用来定义呼叫的目的地或去向,例如本局呼叫、出局呼叫、特服呼叫、TTM 测试呼叫、智能网呼叫等;
- 呼叫计费任务单元(DESTCH),用于定义计费情况,由 DESTCHG 可以得到费率组和费率标识;
- 呼叫位长任务单元(DESTNBG),用来定义被叫用户电话号码长度,一般情况下,国内长途和国际长途是不等位长编号,其他都为等位长编号;
- 选择中继线任务单元(DESTSEL),用于定义出局呼叫时,收到多少位数字号码后开始选择中继线;
- 呼叫释放任务单元(DESTCTRL),用来定义控制电路释放的方式,包括主叫控制、被叫控制、互相控制(主叫和被叫控制)、互不控制(主叫或被叫控制)。

(6) 本局用户标识有限消息机(LSIF FMM)

LSIF FMM 分布在 SACELPUB 中,是一个单进程 FMM,FMMID＝129T(81H)。LSIF FMM 的主要功能是:将用户号码转换为主叫的服务类别和用户业务数据;将被叫号码转换为相应设备码,即 LCEID&TN;用于查找用户控制数据。

S1240 交换机在呼叫处理过程中将主叫用户号码和被叫用户号码分为千群号码

(DNET)、百号群(DNEH)和等效号码单元(DNEU)3 个部分。假设用户号码采用 7 位等长号码：$D_1D_2D_3D_4D_5D_6D_7$。

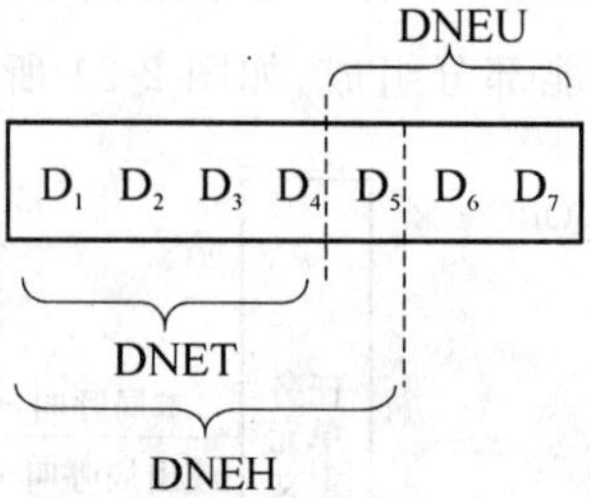

S1240 交换机用户数据分布在 ASM 和 SACELSIF(EC74 版细分为 SACELPUB/SACELBCG)中，如图 2-22 所示。在 ASM 中分布有：R_ELCCOL4，描述用户物理特性关系表；R_OLCOS，用于呼叫建立的用户数据关系表。在 SACELPUB/SACELBCG 中分布的主要是其他业务数据关系表：R_DNEHXLAT、R_DN_LSIF、R_COS_LNK_0～R_COS_LNK_8、R_SHR_COS、R_SHRBCOS、R_ABBR_INF、R_DICO_INF、R_CF_INF 等。

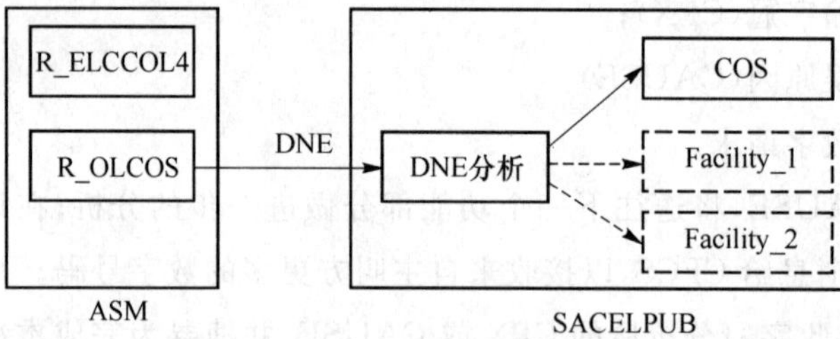

图 2-22 用户数据分布

LSIF FMM 把字冠分析及任务单元定义的结果与用户拨打的被叫号码中后 3 位号码即等效号码(DNE)相结合，通过访问数据库中的一些用户数据关系表，标识被叫用户，找到相应设备码(EN=LCEID&TN)、服务类别、业务数据等。

(7) 辅助资源 TCE 分配器有限消息机(ARTA FMM)

ARTA FMM 分布在 SCALSVL 中，是一个单进程 FMM，FMMID=992T(3E0H)。ARTA FMM 负责搜寻一个带有可用 DTMF 接收器或 R2 接收器/发送器的 SCM 模块，在呼叫建立时具体搜寻过程是 ARTA FMM 通过访问数据库关系表：R_DEV_TYPE、R_CURR_TCE、R_SVTCELST，为完成呼叫接续循环搜寻所需的空闲的 SCM 模块，并发送消息给选中的 SCM 模块，使之寻找一个空闲的 DTMF 接收器来接收主叫用户拨打的被叫电话号码。

(8) 服务电路模块设备处理有限消息机(SCDH FMM)

SCDH FMM 分布在 SCM 中，是一个单进程多设备 FMM，FMMID=44T(2CH)。SCDH FMM 和 SCDH SSM 一起控制 SCM 的硬件，用于控制分配、连接空闲的多频记发器信令接收器/发送器和 DTMF 接收器，并在使用完毕后控制释放接收器/发送器。

(9) 服务电路模块设备处理系统支持机(SCDH SSM)

SCDH SSM 分布在 SCM 中，SCDH SSM 用于驱动发送器电路和扫描接收器电路，接收来自用户的 DTMF 信号和来自中继的多频记发器信令，并将这些数字一个一个地送往高一级的信令系统。

除了上述本局普通模拟用户呼叫处理涉及的主要软件模块外，对 ISDN 数字用户呼叫处理涉及的 ISM 设备处理软件模块与 ASM 中的相同，则 SMD 既能处理模拟用户也能处理 ISDN 用户。

2.2.3　本局呼叫处理消息流程

呼叫处理消息流程说明呼叫的每个阶段各软件模块与硬件设备的相互配合，这些配合是通过 FMM 和 SSM 之间的消息发送和消息接收来完成的，在 S1240 交换设备的操作维护中，利用 MPTMON 跟踪消息或 FMM 的方法，可以了解呼叫过程的每一个环节，掌握有用的信息，有利于快速、准确地排除呼叫处理故障。

本局呼叫处理消息流程如图 2-23 所示。

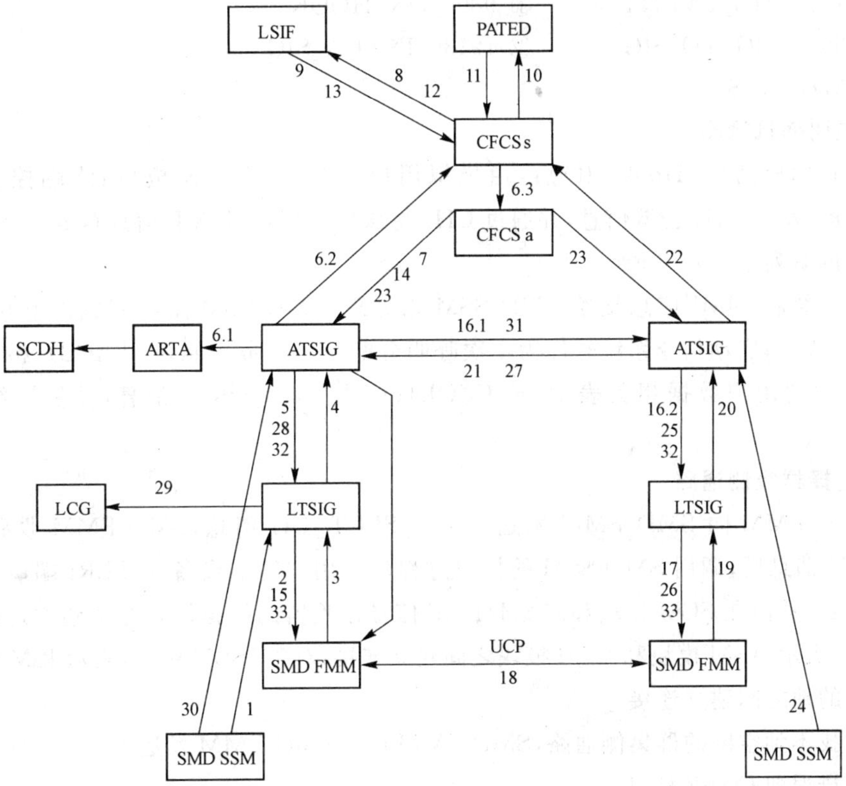

图 2-23　本局呼叫处理消息流程

本局呼叫处理主要消息如下：

① 9832_ORIG　　② 13739_SLCT_CH

③ 13740_CH_INFO　　④ 19131_LDSH_INTRA_SIG

⑤ 19130_INTRA_SIG　　⑥ 6.1 2980_SLCT_DEVI

6.2 18164_ACT_CFCS

6.3 18165_ACT_CFCS

⑦ 16151_CC_TO_SIG
⑧ 16047_DATA_REQ
⑨ 15424_DATA_RES
⑩ 16736_CC_TO_PAT
⑪ 16735_PAT_TO_CC
⑫ 16047_DATA_REQ
⑬ 15424_DATA_RES
⑭ 16151_CC_TO_SIG
⑮ 167_JOIN
⑯ 16.1 15987_SIG_TO_SIG
16.2 19130_INTRA_SIG
⑰ 13739_SLCT_CH
⑱ 2879_SETUP_SP
⑲ 13740_CH_INFO
⑳ 19130_INTRA_SIG
㉑ 15987_SIG_TO_SIG
㉒ 15992_SIG_TO_CC
㉓ 16151_CC_TO_SIG
㉔ 9828_RINGTRIP
㉕ 19130_INTRA_SIG
㉖ 167_JOIN
㉗ 15987_SIG_TO_SIG
㉘ 19130_INTRA_SIG
㉙ 3118_CHG_EVENT
㉚ 9891_ON_HOOK
㉛ 15987_SIG_TO_SIG
㉜ 19130_INTRA_SIG
㉝ 13788_RLS

1. 主叫摘机检测

当模拟用户摘机(Hook off)后，由模拟用户线路板(ALCN 板)向终端控制单元板(MCUA 板)发送 CH_0 告警信息，并通过 CH_{16} 将该失配指示(MMI)信息存放在 ASM 模块群集处理的队列中。

操作系统将 MMI 信息交给 SMD SSM 来处理，SMD SSM 主要完成以下几项工作：cross_over检查；启动信令系统软件为本次呼叫分配一个业务控制块(TACB)；检查描述用户物理特性的用户数据相关表 R_ELCCOL4；产生 9832_ORIG 消息，并发送给 LTSIG FMM。

2. 选择群集侧通路

LTSIG FMM 向 SMD FMM 发送 13739_SLCT_CH 消息，SMD FMM 收到 13739_SLCT_CH 消息后，调用 SMD SSM 的接口过程建立用户终端设备和 TERI 端口之间的一条双向通路，从而在 SCM 模块和需要 DTMF 信号接收器的模拟用户之间建立通路。对于模拟用户，表示 ASM 模块和 SCM 模块之间建立连接；对于 ISDN 用户，表示 ISM 模块与通往呼叫目的地之间建立连接。

如果找不到空闲的群集侧通路，SMD FMM 向 LTSIG FMM 发送 13740_CH_INFO 消息里包含错误即 CASE 信息。

3. 选择 SCALSVL 模块

根据 Load Sharing 的情况，选择负责本次呼叫处理的 ACE 模块即选择 SCALSVL，然后由 LTSIG FMM 向 ATSIG FMM 发送 19131_LDSH_INTRA_SIG 消息，ATSIG FMM 检查交换机状态，准备建立呼叫的数据即 R_OLCOS。

4. 选择 DTMF 接收器

ATSIG FMM 向 ARTA FMM 发送 2980_SLCT_DEVI 消息，ARTA FMM 在 SCM 模块中寻找到空闲的接收器，向主叫用户送出拨号音，并向该模块的 SCDH FMM 发送 2881_

SLCT_DEVI 消息。

5. 激活 CFCS

在 S1240 EC74 版交换机中，为了加快呼叫处理速度，激活 CFCS 与选择 DTMF 接收器是同时进行的，ATSIG FMM 向 CFCS FMM 发送 18164_ACT_CFCS 消息，启动 CFCS，检查与主叫用户号码相关的数据。

6. 主叫分析

CFCS FMM 向 LSIF FMM 发送 16047_DATA_REQ 消息，LSIF FMM 根据该消息中主叫用户号码的千群号和后 3 位号码在数据库中提取该主叫用户的用户数据文件，为以后的呼叫接续做准备。

7. 接收数字

主叫用户听到拨号音后开始拨号，主叫用户所拨打的被叫号码(DTMF 信号)由 SCM 模块内的 DSPA 板接收并存放在用户存储器内。当交换机接收到第 1 位号码后，SCDH FMM 控制切断主叫侧的拨号音。

信令系统软件将所接收到的字冠数字通过 15992_SIG_TO_CC 消息送往 CFCS FMM，CFCS FMM 再将字冠数字通过 16736_CC_TO_PAT 消息送往 PATED FMM，由 PATED FMM 进行字冠分析。为了加快呼叫处理速度，在字冠分析的同时接收剩余号码。

8. 字冠分析

字冠分析与接收剩余号码是同时进行的。交换机对接收的字冠数字进行分析来定义任务代码和相应的目的任务类型(本局呼叫、出局呼叫、新业务、智能网呼叫等)。如果是本局呼叫就可得到 LOCAL&DNET(千群号)。

9. 被叫分析

主叫用户拨号完毕，释放 DTMF 接收器，进入被叫分析阶段。被叫分析的原理与主叫分析的原理相同，字冠分析与被叫分析一起共同确定呼叫的目标。如果字冠分析的结果是本局呼叫，则 CFCS FMM 向 LSIF FMM 发送 16047_DATA_REQ 消息来得到本局被叫用户的服务数据，从而确定被叫用户的物理位置即 LCE_ID&TN。

10. 通知占用被叫、连接主叫

被叫 ASM 模块的标识(LCE_ID)被送往信令系统软件，相关消息有 16151_CC_TO_SIG、167_JOIN、15987_SIG_TO_SIG、19130_INTRA_SIG 等。

11. 连接被叫，向被叫振铃，向主叫送回铃音

在被叫 ASM 模块中，由 LTSIG FMM 向 SMD FMM 请求一个信道，建立被叫端群集侧通路和 DSN 网络连接，这样在主叫侧和被叫侧的设备处理器之间将建立一条用户控制路由(UCP)。主叫侧设备处理器还将把该 UCP 与主叫 ASM 模块的群集侧通路连接，向被叫振铃，向主叫送回铃音，进入稳态。进入稳态后，CFCS FMM、LSIF FMM 和 PATED FMM 都要释放，以后的应答和释放则由信令软件负责。

相关消息有 13739_SLCT_CH、2879_SETUP_SP、13740_CH_INFO、19130_INTRA_SIG、15987_SIG_TO_SIG、15992_SIG_TO_CC、16151_CC_TO_SIG 等。

12. 被叫应答,双方通话

当被叫摘机后,通过被叫 ASM 模块的硬件检测机制进行摘机识别,原理主叫摘机检测相同,建立主叫用户与被叫用户的通话路由,双方进入通话状态。相关的消息有 19130_INTRA_SIG、167_JOIN、15987_SIG_TO_SIG、19130_INTRA_SIG。

当被叫用户应答后,立即启动计费,即被叫应答消息送往主叫侧的 LTSIG FMM 向计费软件 LCG FMM 发送 3118_CHG_EVENT 消息。通话过程由信令软件监视主、被叫用户的状态。

13. 通话结束,通路释放

由于模拟用户普通呼叫采用主叫控制复原方式,如果主叫先挂机,通话电路立即复原,停止计费,向被叫送忙音;如果被叫先挂机,启动再应答时延监视电路,超时后通话电路复原,停止计费,向主叫送忙音。下面以主叫先挂机说明通路释放过程:

当主叫用户挂机后,通过主叫 ASM 模块的硬件检测机制进行挂机识别,原理与主叫摘机检测相似。挂机识别事件由主叫 ASM 模块的 SMD SSM 处理后产生 9891_ON_HOOK 消息送往本模块的 ATSIG FMM,发送 15987_SIG_TO_SIG 消息至被叫 ASM 模块的 ATSIG FMM,并通过 19130_INTRA_SIG 和 13788_RLS 转发给主叫和被叫 ASM 模块的 LTSIG FMM 和 SMD FMM,驱动 DSN 、TERI 及主叫 ASM 模块/被叫 ASM 模块的用户电路复原,被叫被置为空闲状态,从而完成通路释放。

2.3 出入局呼叫处理

S1240 交换机与交换机之间的连接是通过 PCM 来完成的,局间信令可以是随路信令(CAS)、No. 7 信令。CAS 采用 R2 信令,No. 7 信令采用 ITU-T 国际标准。在 S1240 EC74 版交换机中,处理 R2 信令主要是 DTM 模块或 IPTM 模块,处理 No. 7 信令主要是 IPTM 模块或 DTM 模块+IPTM/HCCM 模块。

2.3.1 出入局呼叫处理硬件模块

目前,S1240 交换机局间中继信令主要采用 TUP/ISUP 信令。

出局呼叫处理涉及的硬件除数字交换网络外,主要有 9 个硬件模块:主叫用户所在的模拟用户模块(主叫 ASM)、服务电路模块(SCM)、普通用户标识 ACE 模块(SACELPUB)、呼叫服务 ACE 模块(SCALSVL/SCALSVT)、出中继话路和信令链路所在的数字中继模块(DTM 或 IPTM)、中继资源管理 ACE 模块(SACETRA)、No. 7 信令模块(IPTMN7 或 HCCM)。

入局呼叫处理涉及的硬件除数字交换网络外,主要有 8 个硬件模块:被叫用户所在的模拟用户模块(被叫 ASM)、普通用户标识 ACE 模块(SACELPUB)、呼叫服务 ACE 模块(SCALSVL/SCALSVT)、出/入中继话路和信令链路所在的数字中继模块(DTM 或 IPTM)、中继资源管理 ACE 模块(SACETRA)、No. 7 信令模块(IPTMN7 或 HCCM)。

转接呼叫处理涉及的硬件除数字交换网络外,主要有 6 个硬件模块:呼叫服务 ACE 模块(SCALSVT)、出、入中继话路和信令链路所在的数字中继模块(DTM 或 IPTM)、中继资源管理 ACE 模块(SACETRA)、No. 7 信令模块(IPTMN7 或 HCCM)。

2.3.2　出入局呼叫处理软件模块

在 S1240 EC74 版交换机中，No. 7 信令出入局呼叫处理软件模块还有 TCDH SSM、TCDH FMM、TRC FMM、TRA FMM、ASIG FMM、TSIG FMM 等，分布如图 2-24 所示。

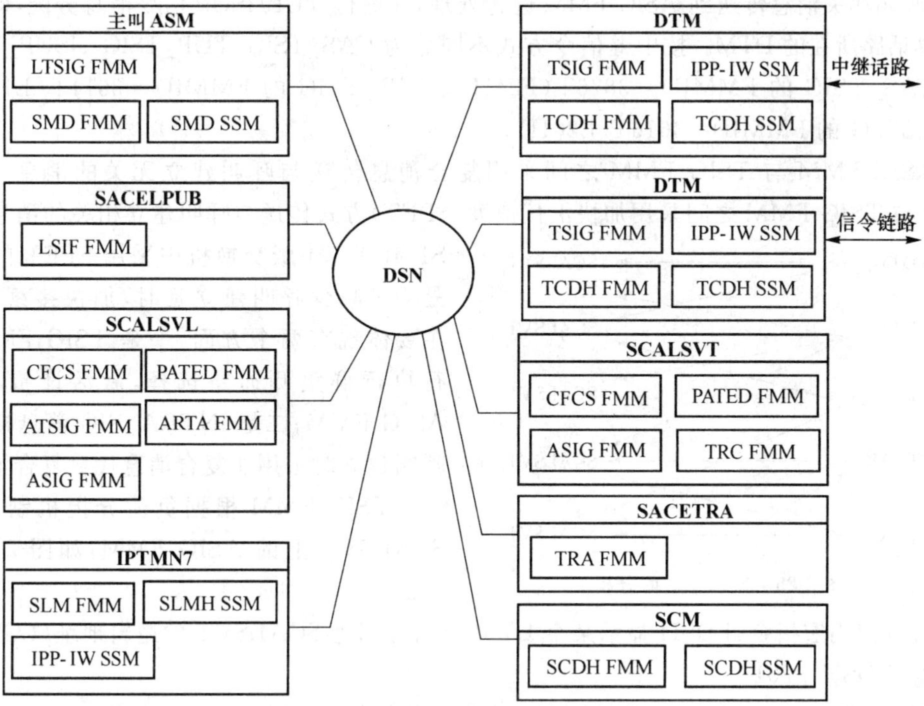

图 2-24　出入局呼叫处理软件模块分布

（1）DTM 设备处理有限消息机（TCDH FMM）

TCDH FMM 分布在 DTM 中，是一个单进程多设备 FMM，FMMID＝370T（172H），负责选择、占用一条空闲的中继。

（2）DTM 设备处理系统支持机（TCDH SSM）

TCDH SSM 分布在 DTM 中，用于扫描和驱动中继电路。

（3）中继资源协调有限消息机（TRC FMM）

TRC FMM 分布在 SCALSVT 中，是一个单进程 FMM，FMMID＝983T（3D7H），根据字冠分析所得的路由块标识选择一条路由和可使用的中继群。

（4）中继资源分配有限消息机（TRA FMM）

TRA FMM 分布在 SACETRA 中，是一个单进程 FMM，FMMID＝982T（3D6H），根据 TRC FMM 选定的中继群，通过访问一些数据库关系表，查询中继群中空闲中继的数量，并检索出对应中继线所在 DTM 的 LCEID。

（5）信令系统有限消息机（ASIG FMM/TSIG FMM）

ASIG FMM 分布在 SCALSVT 和 SCALSVL 中，是一个单进程 FMM，主要负责出入局的基本呼叫控制，并打包和解包 TUP/ISUP 信令消息内容。按中继信令方式不同分为 TUP/ISUP_ASIG 、CAS_ASIG，其中 TUP/ISUP_ASIG 的 FMMID＝3612T（E1CH）、

CAS_ASIG 的 FMMID＝3877T(F25H)。出局呼叫由 SCALSVL 中的 ASIG FMM 负责 TUP/ISUP 信令过程，入局呼叫由 SCALSVT 中的 ASIG FMM 负责 TUP/ISUP 信令过程。

TSIG FMM 分布在 DTM 中，是一个单进程 FMM，主要负责处理 No.7 中继电路监视消息，将呼叫相关消息传送到 ASIG FMM 进行处理，并进行 TUP/ISUP 信令消息分配，即寻找到中继话路所在的 DTM。按中继信令方式不同分为 CAS_TSIG、TUP_TSIG 、ISUP_TSIG，其中CAS_TSIG 的 FMMID＝3876T(F24H)，TUP_TSIG 的 FMMID＝3614T(E1EH)，ISUP_TSIG 的 FMMID＝3616T(E20H)。

ASIG FMM 与 TSIG FMM 之间采用复合消息传送与呼叫建立无关的消息；ASIG FMM 与 TSIG FMM 之间采用加快汇接速度(SPET)方式传送与呼叫建立相关的消息。在 S1240 EC74 版交换机中采用 SPET 的原因是为了减少呼叫建立延时，加快接续速度，主要体现在两个方面：一是 TSIG FMM 并行执行群集侧通路选择，激活计费，选择 ASIG FMM；二是 INTRA_SIG 消息接口在呼叫建立时采用非复合消息代替复合消息。

TSIG FMM 根据负荷分担机制，选择 SCALSVT 上的 ASIG FMM，如图 2-25 所示。

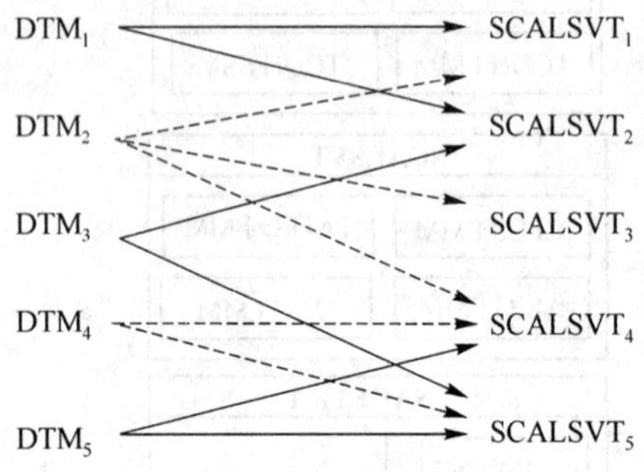

图 2-25　SACE 负荷分担

可以使用宏指令：LDSH 显示某个 DTM 负荷分担至 SCALSVT 的逻辑地址(LCEID)。

＞：LDSH　201

显示 NA＝H′201 的 DTM 和 SCALSVT 之间的负荷分担情况。

也可以使用宏指令：LDSH 将某个 DTM 负荷分担至 SACEORJ，然后进行消息跟踪。

＞：LDSH 201，3E

将 NA＝H′201 的 DTM 负荷分担到 SACEORJ(NA＝H′003E)。

(6) 信令链路管理有限消息机(SLM FMM)

SLM FMM 分布在 IPTMN7 中，是一个单进程 FMM，FMMID＝3746T(EA2H)，主要负责本地 No.7 信令链路状态监视、维护和链路测试，报告 No.7 信令链路状态变化。

(7) 信令链路消息处理系统支持机(SLMH SSM)

SLMH SSM 分布在 IPTMN7 中，主要完成 No.7 消息鉴别、分配和发送以及硬件接口功能。

(8) 内部信息包规程接口系统支持机(IPP-IW SSM)

IPP-IW SSM 分布在 IPTMN7 和 DIM 中，主要负责 No.7 消息在 DSN 内部以内部信包规程(IPP)规定的格式在模块之间传送。

2.3.3　出入局呼叫处理消息流程

在 S1240 EC74 长途局版本中，为了加快接续速度，采用加快汇接速度(STEP)机制以减少呼叫建立时间。

转接呼叫处理简要消息流程如图 2-26 所示，实际 TUP/ISUP 的出入局呼叫处理消息流程是非常复杂的。转接呼叫处理主要消息如下：

① 13445_SS7_IC_TRF_NB 或 13925_SS7_IC_TRF_UB
② 20903_LDSH_INTRA_SIG_UB　　③ 13739_SLCT_CH
④ 13740_CH_INFO　　⑤ 20901_INTER_SIG
⑥ 18161_ACT_CFCS　　⑦ 16151_CC_TO_SIG
⑧ 16151_CC_TO_SIG　　⑨ 16736_CC_TO_PAT
⑩ 16735_PAT_TO_CC　　⑪ 15500_TRM_RQST
⑫ 2856_SLCT_TCE　　⑬ 15449_TRM_RSLT
⑭ 15987_SIG_TO_SIG　　⑮ 20902_INTER_SIG_UB
⑯ 13739_SLCT_CH　　⑰ 13740_CH_INFO
⑱ 20902_INTER_SIG_UB　　⑲ 18462_SIG_TO_SIG
⑳ 15992_SIG_TO_CC　　㉑ 13446_SS7_OG_TRF_NB
㉒ 19130_INTRA_SIG

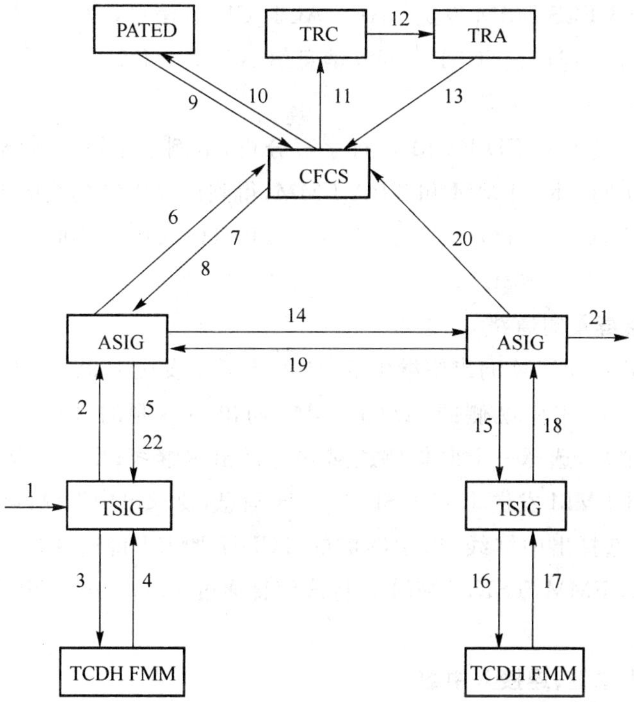

图 2-26　转接呼叫处理简要消息流程

1. 入中继占用

TSIG FMM 从信令终端模块的 SLMH SSM 接收到存放在 IPP 消息中的 IAM 消息，占用入中继。

在信令链路上接收到的 No.7 信令消息对应的内部消息是 13445_SS7_IC_TRF_NB 或 13925_SS7_IC_TRF_UB，包含 SSF、SI、OPC、CIC、标题码等信息。

2. 选择 SCALSVT 模块

入中继侧 TSIG FMM 向 ASIG FMM 发送 20903_LDSH_INTRA_SIG_UB 消息，TSIG FMM 根据负荷分担机制，选择 SCALSVLT 上的 ASIG FMM。

ASIG FMM 将一些参考信息作为证实消息回送 20901_INTER_SIG 消息给 TSIG FMM。

3. 选择入中继群集侧通路

入中继侧 TSIG FMM 向 TCDH FMM 发送 13739_SLCT_CH 消息，入中继侧 TSIG FMM 在选择 SCALSVLT 同时，要求 TCDH FMM 选择相应的入中继群集侧通路，并将该中继置忙。

入中继侧 TSIG FMM 对在信令链路上接收到的 IAM 消息进行解包，查找相关表数据，得到该中继线及所属中继群特性，同时为本次呼叫分配一个 TACB。

TCDH FMM 将选择到的群集侧通路信息回送 13740_CH_INFO 消息给 TSIG FMM。

4. 激活 CFCS

ASIG FMM 向 CFCS FMM 发送 18164_ACT_CFCS 消息，激活本模块的 CFCS FMM。

CFCS FMM 回送 16151_CC_TO_SIG 消息给 ASIG FMM。

5. 字冠分析

CFCS FMM 通过 PATED FMM 进行字冠分析，本例中字冠分析结果为出局呼叫，则 CFCS FMM 继续访问 TRC FMM 和 TRA FMM，得到出局中继模块的 LCE_ID。

主要消息有 6736_CC_TO_PAT、16735_PAT_TO_CC、15500_TRM_RQST、2856_SLCT_TCE、15449_TRM_RSLT。

6. 选择出中继群集侧通路

入中继侧的 ASIG FMM 向出中继侧的 ASIG FMM 发送 15987_SIG_TO_SIG 消息，要求在被叫端建立连接；出中继侧的 ASIG FMM 向出中继侧的 TSIG FMM 发送 20902_INTER_SIG_UB 消息，选择一个群集侧通路并选择出中继线；出中继侧的 TSIG FMM 向出中继侧的 TCDH FMM 发送 13739_SLCT_CH 消息，要求出中继侧的 TCDH FMM 选择一个群集侧通路并选择出中继线；出中继侧的 TCDH FMM 将选择信息通过 13740_CH_INFO 回送给 TSIG FMM，TSIG FMM 再将该信息通过 20902_INTER_SIG_UB 消息回送给 ASIG FMM。

7. 通知占用出中继、连接入中继

出中继侧的 ASIG FMM 向入中继侧的 ASIG FMM 发送 18462_SIG_TO_SIG 消息，告知选择到的出中继信息；同时出中继侧的 ASIG FMM 向 CFCS FMM 发送 15992_SIG_TO_CC 消息，告知选择到的出中继信息。

8. 转发 IAM 消息

出中继侧的 ASIG FMM 将重新打包 IAM 消息，经过 BAR SSM 向 SLMH FMM 发送 13446_SS7_OG_TRF_NB 消息，并通过 BAR SSM 进行 MTP 层的路由选择，然后发送到信令链路上；入中继侧的 ASIG FMM 向入中继侧的 TSIG FMM 发送 19130_INTRA_SIG 消息，告知该信息。

习　题

1. S1240 交换机本局呼叫相关的硬件模块有哪些?

2. S1240 交换机本局呼叫相关的软件模块有哪些?

3. S1240 交换机字冠分析可能的结果有哪几种?

4. S1240 交换机对一次本局内部呼叫的目的地任务单元定义是什么?如果是出局呼叫,其目的地任务单元定义是什么?

5. 对各种设备的处理,属于______的任务之一。

A. 呼叫连接面　　B. 呼叫规约面　　C. 呼叫控制面

6. 下面软件中,______是多进程 FMM。

A. SMD FMM　　B. CFCS FMM　　C. SCDH FMM

7. 在出局呼叫处理中,IAM 消息打包(PACK MSG)由______完成。

A. ATSIG FMM　　B. TSIG FMM　　C. ASIG FMM

8. 完成根据 TKG 选择 DTM 模块功能的软件是______。

A. TRC FMM　　B. TRA FMM　　C. TCDH FMM

9. R-OLCOS 存放的是______。

A. 用于建立呼叫的用户数据

B. 描述用户线物理特性的用户数据

C. 用户附加业务数据

第3章 S1240操作与维护

操作与维护是指通信运营商对一个已经投入运行的交换设备进行的作业,目的是保证交换机的正常工作,向用户提供满意的服务。操作与维护主要包括日常的操作作业和故障处理两部分。

S1240交换机具有全面的自我监控、自我诊断和自我恢复能力,能够保证硬件、软件故障对系统的影响降到最低限度。S1240交换机配置的例行测试和诊断测试程序功能完善,使用方便,对于故障处理十分有效。操作维护人员利用人机通信界面,通过人机通信终端键入相应的人机命令让系统完成某个具体的任务,如建立新的用户数据、修改呼叫局数据、安排统计作业等,系统接收或指定任务完成后,输出相应的报告通知操作维护人员。S1240交换系统的操作维护任务主要包括:交换机维护、用户管理、中继管理、I/O管理、局数据管理、计费管理、V5接口管理、IN管理、测量统计等。

3.1 交换机维护

S1240交换机的维护包括预防性维护和纠正性维护。预防性维护用于故障发生前找出潜在故障,如例行测试;纠正性维护就是故障处理,如诊断测试、更换电路板。

3.1.1 维护的基本概念

1. 安全块(SBL)

SBL是指从维护的角度能够完成一组功能的电路。SBL与硬件单元不完全是一一对应的,在某些情况下,SBL与硬件单元是一一对应的,而在另外一些情况下,SBL由若干硬件单元构成或者若干SBL构成一个硬件单元。

SBL可用4个参数来标识:交换机标识(EXCH);网络地址(NA);SBL类型(SBLTYPE);SBL号码(NBR)。

SBL的状态分为服务状态(IT)和非服务状态(FIT/EF/SOS/OPR/FLT/NEQ/PEQ/EQAWL等)。

一个硬件模块中的SBL是分层次的,最高级是CTLE(控制单元SBL)。

2. 替换件(RIT)

RIT是维护时所更换的最小硬件组件,一般情况下,一个RIT就是1块印刷电路板(PBA)。

RIT 可用 5 个参数来标识：交换机标识(EXCH)；列(ROW 或 SUITE)；机架(RACK)；分架(SHELF)；槽口(SLOT)。

3. 维修块(RBL)

RBL 是更换 RIT 时必须退出工作的最小数量的 SBL。

标识 RIT 的 4 个参数与 SBL 相同。

4. 设备(DEV)

DEV 是指从呼叫处理的角度能够完成一组功能的电路，即功能单元。

DEV 可用 4 个参数来标识：交换机标识(EXCH)；网络地址(NA)；设备类型(DEVTYPE)；设备号码(NBR 或 DN)。

3.1.2　SBL 的维护

1. 基本人机命令

基本人机命令，即诊断测试(DT)命令

DISABLE	CRN=6	功能：IT→OPR。
INITIALIZE	CRN=7	功能：OPR/FLT→IT。
TEST	CRN=11	功能：OPR→OPR。
VERIFY	CRN=14	功能：IT→OPR 和 OPR→IT。

2. 相关人机命令

DISPLAY-SBL-DATA	CRN=45	功能：显示 SBL 数据(状态及分布表)。
TRANSLATE	CRN=39	功能：显示 SBL、RIT、RBL 之间的转换。
REPAIR-START	CRN=7633	功能：将 RIT 对应的 RBL 置成 OPR 状态。
REPAIR-END	CRN=7634	功能：将 RIT 对应的 RBL 置成 IT 状态。
GO	CRN=53	功能：对 CRN=6、CRN=14 等命令的证实。

例 3-1　将 ASM 模块(NA=H′0030) 置成 OPR 状态。

<DISABLE:SBLTYPE=CTLE,NA=H′30,NBR=1,WTC=0.

<GO:SEQNBR=×,REPLAY=CONFIRM.

例 3-2　查找 IPTM 模块(NA=H′201)在机架上的位置。

<TRANSLATE:SBLTYPE=CTLE,NA=H′201,NBR=1,OPTION=SBLRIT.

3.1.3　CE 的维护

CE 的维护的人机命令如下：

SWITCH-OVER	CRN=5	功能：主用/备用 SBL 切换。
TAKE-OVER	CRN=38	功能：替换 SBL。
RESTART-CE	CRN=12	功能：CE 再启动。
ACE-RECONFIG	CRN=149	功能：ACE 重新配置(返回系统初始状态)。
REMOVE-TRAFFIC	CRN=279	功能：移去话务。
RESTORE-TRAFFIC	CRN=280	功能：恢复话务。
RELOAD-CE	CRN=7632	功能：CE 再装载。

例 3-3 对 P&L 模块(NA＝H′000C)再启动。

＜RESTART-CE:SBLTYPE＝CTLE,NA＝H′C,NBR＝1.

＜GO:SEQNBR＝×,REPLAY＝CONFIRM.

或

＞AC C

＞CE RES

注:对主用/备用方式的主用 CE 的再启动会引起主用/备用转换。

例 3-4 对 ASM 模块(NA＝H′0031)再装载。

＜RELOAD-CE:SBLTYPE＝CTLE,NA＝H′31,NBR＝1,WTC＝0.

＜GO:SEQNBR＝×,REPLAY＝CONFIRM.

或

＞AC 31

＞CE BOO

3.1.4 系统自动维护

(1) 关闭系统自动维护

＞:KILLMSG 2C,B30

＞:KILLMSG 2C,B31

(2) 开放系统自动维护

＞AC 2C

＞CE BOO

3.1.5 系统告警

DISPLAY-ACTIVE-ALARMS　　CRN＝19　　功能:显示系统中当前所有告警。

DELETE-ALARM　　CRN＝1189　　功能:删除系统中当前的告警。

注:CRN＝1189 命令仅删除告警标志,实际的故障(告警)仍然存在。

告警分配系统用来检测和收集 S1240 交换机运行过程中产生的各种软件、硬件故障,经维护软件处理后输出报告,并通过主告警盘(MPA)的告警灯和告警音,提醒维护人员及时处理解决。

例 3-5 显示系统中当前所有告警。

＜DISPLAY-ACTIVE-ALARMS.

根据告警对交换机的影响程度,分为紧急告警(URG)和非紧急告警(NURG)。

根据告警的不同功能范围分为:

(1) 外部告警,如用户线告警(ANSX)。

(2) 模块告警,如 DC/DC 转换器告警。

(3) 机架告警,如电源熔丝告警(ROFU)、CLTD 时钟告警(CTDC)等。

(4) 安全块告警,包括安全块的故障告警。

(5) 杂项告警,如中继传输告警(AIS、LFA、LMA、LIS、SLIP)等。

(6) 特种告警,如 No.7 信令链路失效告警(N7LK)。

3.1.6　例行测试

1. RT 基本概念

(1) RT 所需的硬件资源：DSN、测试连接单元(TAUC)、测试信号分析器(TSA)；

(2) RT 的对象是硬件设备，被测设备的状态为 IT；

(3) RT 应安排在低话务量时进行；

(4) RT 执行时，主用 DFCE 不能再启动/再装载，被测试模块也不能再启动；

(5) RT 由若干测试段组成。

2. RT 人机命令

START-RT	CRN＝452	功能：启动一个 RT。
STOP-RT	CRN＝453	功能：停止一个 RT。
CREATE-RT	CRN＝454	功能：创建一个 RT。
REMOVE-RT	CRN＝455	功能：取消一个 RT。
MODIFY-RT	CRN＝456	功能：修改一个 RT。
DISPLAY-RT-ELEMENTS	CRN＝457	功能：显示系统已创建的 RT 数据。
SUSPEND-RT	CRN＝458	功能：暂停一个 RT。
RESUME-RT	CRN＝459	功能：恢复一个 RT。

例 3-6　立即启动对 ASM 模块(NA＝H′0030)所有用户板的 RT。

<START-RT：TESTCAT＝RT，DEVTYPE＝ALCN，NA＝H′30，TSEGMENT＝ALL，21＝0，22＝1，23＝1&0&1.

3.1.7　用户线路测试

EXE-REQ-MT	CRN＝518	功能：完成对用户线路的测试。
APPLY-TRACE-TONE	CRN＝516	功能：施加跟踪音。

例 3-7　测试用户 DN＝K′5800005 的外线质量，并显示测试结果。

<EXE-REQ-MT：DN＝K′5800005，TSEGMENT＝11，VAL.

3.2　用户管理

普通模拟用户管理是一线一号，即一个设备码(EN)对应一个电话号码(DN)；ISDN 数字用户管理可以是一线一号或一线双号或一线多号称为多用户号码(MSN)，则一个设备码(EN)即一个 BA 可以对应多个电话号码(DN)。在 S1240 EC74 版交换机中，模拟用户线和 ISDN 用户线使用不同的人机命令创建。

3.2.1　基本人机命令

CREATE-ANALOG-SUBSCR	CRN＝4291	功能：创建一个新模拟用户。
CREATE-ISDN-SUBSCR	CRN＝4292	功能：创建一个新 ISDN 用户。
MODIFY-SUBSCR	CRN＝4294	功能：修改用户线特性及大部分特服业务。

REMOVE-SUBSCR　　　　CRN＝4295　功能：删除用户线所对应的数据。

DISPLAY-SUBSCR　　　　CRN＝4296　功能：显示用户线特性和相关数据。

例 3-8　修改 DN＝K′5800030 用户的话机类型为脉冲/双音频两用话机。

<MODIFY-SUBSCR：DN＝K′5800030，SUBSIG＝CBSET.

例 3-9　根据 DN＝K′5800068 用户的要求增加极性反转或 16 KHz 立即计费功能。

<MODIFY-SUBSCR：DN＝K′5800068，BLNGLEV＝1&IMMBIL.（极性反转立即计费功能）

或

<MODIFY-SUBSCR：DN＝K′5800068，PAYPHONE＝HM.（16 KHz 立即计费功能）

例 3-10　现有 DN＝K′5800000 用户申请拆机，已知该用户是 H′0030 模块的第 1 个终端，请完成拆机。

<REMOVE-SUBSCR：DN＝K′5800000，EN＝H′30&1.

例 3-11　现有模拟用户 DN＝K′5800060 申请装机，已知该用户是 H′0030 模块的第 61 个终端，请完成装机。

<CREATE-ANALOG-SUBSCR：DN＝K′5800060，EN＝H′30&61.

例 3-12　对欠费用户 DN＝K′5800020 进行呼叫拦截。

<MODIFY-SUBSCR：DN＝K′5800020，INTCP＝BADP.

3.2.2　电话用户附加业务人机命令

（以下操作是在双音频话机上进行）

1. 缩位拨号

缩位拨号允许用户用 1 位或 2 位数字来标识某个被叫。

CREATE-ABD-FACILITY　　CRN＝141

MODIFY-ABD-FACILITY　　CRN＝138

REMOVE-ABD-FACILITY　　CRN＝1420

DISPLAY-ABD-FACILITY　　CRN＝1390

例 3-13　现有用户 DN＝K′5800050 申请远端控制的缩位拨号新业务，请完成。

① 操作人员键入人机命令

<CREATE-ABD-FACILITY：DN＝K′5800050，ABDREPSZ＝20.

② 用户在话机上登记

*51*AN*DN#

其中 AN 为缩位数字，DN 为缩位数字代表的被叫号码。

③ 使用

**AN

2. 热线服务

立即热线：只能通过人机命令方法实现。

延迟热线：可通过人机命令方法或远端控制实现。

例 3-14　电话用户 DN＝K′5800030 申请与 DN＝K′5800050 建立立即热线新业务，请

完成。

＜MODIFY-SUBSCR：DN＝K′5800030，FDC＝FDCI&K′5800050.

例 3-15　现有用户 DN＝K′5800030 申请远端控制的立即热线新业务，请完成。

① 操作人员键入人机命令

＜MODIFY-SUBSCR：DN＝K′5800030，SUBCTRL＝ADD&FDCTO.

② 用户在话机上登记

∗52∗DN＃

DN 为指定的被叫号码。

③ 使用

用户 DN＝K′5800030 摘机后 5 秒钟内不拨号，呼叫接续至指定的被叫号码；在 5 秒钟内拨其他用户号码，则与普通呼叫相同。

3. 呼叫限制

呼叫限制功能可定义用户呼出的权限：紧急呼叫有权、市话呼叫有权、国内长途呼叫有权等。可设置为永久性呼叫限制或远端控制呼叫限制。

① 设置密码(password)

＜MODIFY-SUBSCR：DN＝K′×××××××，PASSWORD＝ADD&"8888".

② 操作人员键入人机命令

＜MODIFY-SUBSCR：DN＝ K′×××××××，SUBCTRL＝ADD&OCBVAR.

③ 登记

∗54∗KSSSS＃ 或 ∗54∗SSSS∗K＃

其中 K＝1 为紧急呼叫有权；K＝3 为国内长途呼叫有权；K＝4 为市话呼叫有权。

④ 取消

＃54∗SSSS＃

注：不同交换机的 K 值规定不完全相同。

4. 叫醒服务

① 操作人员键入人机命令

＜MODIFY-SUBSCR：DN＝ K′×××××××，SUBCTRL＝ADD&AC24HOUR.

② 用户在话机上登记

∗55∗HHMM＃

5. 免打扰服务

① 操作人员键入人机命令

＜MODIFY-SUBSCR：DN＝ K′×××××××，SUBCTRL＝ADD&DNDI.

② 用户在话机上登记

∗56＃

6. 呼叫转移

呼叫转移包括无条件转移、遇忙转移、无应答转移。其中无条件转移功能的实现如下：

① 操作人员键入人机命令

＜MODIFY-SUBSCR：DN＝ K′×××××××，SUBCTRL＝ADD&CFWDU.

② 用户在话机上登记

*57*DN＃

DN 为呼叫转移的指定电话号码。

7. 呼叫等待

① 操作人员键入人机命令

<MODIFY-SUBSCR：DN= K′××××××，SUBCTRL=ADD&CWTG.

② 用户在话机上登记

*58＃

8. 遇忙回叫

① 操作人员键入人机命令

<MODIFY-SUBSCR：DN= K′××××××，SUBCTRL=ADD&CCBS.

② 用户在话机上登记

*59＃

9. 恶意呼叫跟踪

(1) 实现方法 1

① 操作人员键入人机命令

<MODIFY-SUBSCR：DN= K′××××××，SUBCTRL=ADD&MCIRCL.

② 被叫用户在通话过程中按"R"键来激活。

(2) 实现方法 2

① 操作人员键入人机命令

<MODIFY-SUBSCR：DN= K′××××××，SUBCTRL=ADD&MCISC.

② 在通话过程中或主叫已挂机，被叫用户按"R"键，听拨号音后，键入 *33＃来激活。

10. 其他

如三方通话、会议电话等，在此不一一叙述。

3.3 呼叫局数据管理

呼叫局数据管理主要包括字冠分析管理、任务单元管理、中继管理等。

3.3.1 字冠分析和任务单元

1. 源的分析

DISPLAY-SCO-INFO CRN=791　功能：显示呼叫源信息，包括用户源和入中继源，如 TREE、ORGACC、ORGNBG、ORGCTRL、ORGCH 等。

MODIFY-SCO-INFO CRN=788　功能：创建/删除用户源，修改用户源或入中继源。

注：CRN=788 命令不能创建/删除中继源。中继源的创建/删除在创建/删除中继群时

自动产生和消除。

例 3-16　显示用户群 1 的所有呼叫源信息。

<DISPLAY-SCO-INFO:SCO=SUBSC,GRPNBR=1,NTRADDR=SUBSC,OPTION=ALL.

2. 字冠分析

DISPLAY-PATED-DEST	CRN=795	功能:显示源树或公共树上一个字冠的分析结果、故障原因(CAUSE)的分析结果等,如 CPX、DESTACC、DESTNBG、DESTCH 等。
MODIFY-PATED-DEST	CRN=715	功能:修改源树或公共树上一个字冠的分析结果、故障原因(CAUSE)的分析结果等。
MODIFY-PATED-LEVEL	CRN=792	功能:树的创建/删除/扩展/压缩等功能。

3. 任务单元

DISPLAY-RONTING-TASK	CRN=7473	功能:显示呼叫路由。
DISPLAY-PATED-TASK	CRN=712	功能:显示信令单元、计费单元、位长单元、呼叫释放、呼叫限制、选中继线等。
MODIFY-RONTING-TASK	CRN=7474	功能:创建一个新的 DESTACC,修改一个已存在的 DESTACC 信息。
MODIFY-PATED-TASK	CRN=709	功能:修改 DESTNBG、DESTSIG、DESTSEL、DESTRST 等相关参数。

例 3-17　显示一个出局字冠 PFX=K'021 的字冠分析结果,并查找该字冠目的地任务、位长任务、中继选线任务。

<DISPLAY-PATED-DEST:TREE=1,PFX=K'021,OPTION=ALL.

<DISPLAY-PATED-DEST:TREE=10,PFX=K'021,OPTION=ALL.

得到 DESTACC=21,DESTNBG=3,DESTSEL=13。

<DISPLAY-RONTING-TASK:DESTACC=21.

<DISPLAY-PATED-TASK:DESTNBG=3.

<DISPLAY-PATED-TASK:DESTSEL=13.

3.3.2　中继管理

1. 基本概念

中继管理即路由管理,用于字冠分析的结果是出局呼叫的情况。

如果是出局呼叫,交换系统将寻找出局路由块、子路由块、复合中继群/复合中继群列表、中继群、中继线。

S1240 EC74 版交换机中的中继路由层次结构如图 3-1 所示。

- 中继线(TK),是两个交换机之间的 PCM 连线,它依赖于路由块、子路由块、复合中继群/复合中继群列表、中继群、信令方式和承载量(BC)。

- 中继群(TKG),是指具有相同特性中继线的总合。中继线的特性主要是指:目的地、信令、方向、传输特性、传输频带等。
- 路由(ROUTE),是指连接两个直达局间所有中继群的总合。一个中继路由中可以包括入中继群、出中继群、双向中继群。
- 复合中继群(TKGCOM),从话务分配的角度,把若干个出中继群或双向中继群放在一个集合中,使得话务量可以按照约定的方式在该集合的中继群之间分配。
- 复合中继群列表(TKGCOML),从话务分配的角度,把若干个 TKGCOM 放在一个集合中,使得话务量可以按照约定的方式在该集合的 TKGCOM 之间分配。
- 子路由块(SRTGBLK),是指能够支持某一种 BC、SIGTYPE、TKGCOM/TKGCOML 的集合。
- 路由块(RTGBLK),是指能够达到某一个目的地所有 SRTGBLK 的集合。

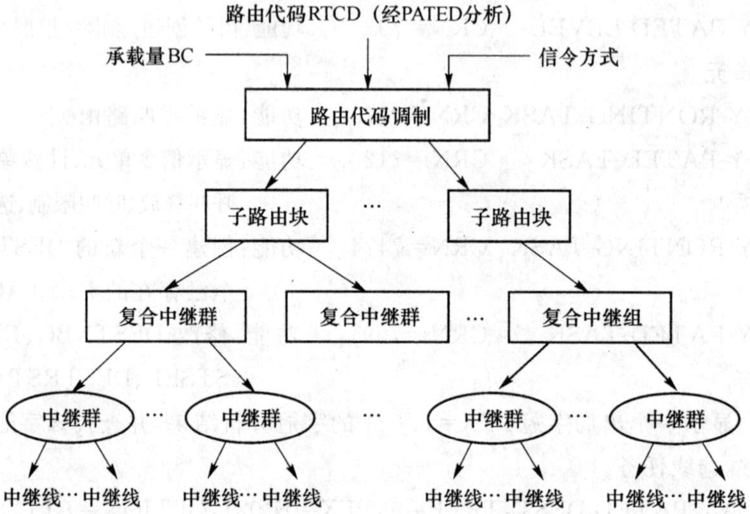

图 3-1　中断路由层次结构

2. 人机命令

① 路由(ROUTE)

CREATE-ROUTE	CRN=113
MODIFY-ROUTE	CRN=114
REMOVE-ROUTE	CRN=115
DISPLAY-ROUTE	CRN=116

② 中继群(TKG)

CREATE-TKG	CRN=1557
MODIFY-TKG	CRN=1558
REMOVE-TKG	CRN=1559
DISPLAY-TKG	CRN=1560
EXTEND-TKG	CRN=1561
REDUCE-TKG	CRN=1562

③ 复合中继群/复合中继群列表(TKGCOM/ TKGCOML)

CREATE-TKGCOM	CRN=5807
MODIFY-TKGCOM	CRN=5808
REMOVE-TKGCOM	CRN=5809
DISPLAY-TKGCOM	CRN=5810
CREATE-TKGCOML	CRN=5803
MODIFY-TKGCOML	CRN=5804
REMOVE-TKGCOML	CRN=5805
DISPLAY-TKGCOML	CRN=5806

④ 子路由块(SRTGBLK)CRN=1562

CREATE-SRTGBLK	CRN=5799
MODIFY-SRTGBLK	CRN=5800
REMOVE-SRTGBLK	CRN=5801
DISPLAY-SRTGBLK	CRN=5802

⑤ 路由块(RTGBLK)

CREATE-RTGBLK	CRN=5791
MODIFY-RTGBLK	CRN=5782
REMOVE-RTGBLK	CRN=5793
DISPLAY-RTGBLK	CRN=5794

例 3-18 建立一个 R2 信令的自环呼叫,设出局字冠为 K′023,出中继为 H′200&3,入中继为 H′203&3。

(1) 先创建出局侧局向,最简单的步骤如下。

创建顺序:ROUTE → TKG → TKGCOM → SRTGBLK → RTGBLK

① 创建中继路由

<CREATE-ROUTE:RTEID="LOOP_O".

② 创建中继群

<CREATE-TKG:TKGID="LOOP_O"&"LOOP_O",OG,RTEID= LOOP_O,REFTKG=SH_O,SIGTYPE=R2DIG4, LTRA=QUERY&1,HUNTING=SEQTL.

③ 在中继群中加入中继线

<SZE-TRUNK-OP:ENLIST1=H′200&3,19.

<EXTEND-TKG:TKGID=LOOP_O,ENLIST1=H′200&3&1&1.

<EXTEND-TKG:CONTROL=CONFIRM.

<RLSE-TRUNK-OP:ENLIST1=H′200&3.

④ 创建复合中继群

<CREATE-TKGCOM:TKGCMID="LOOP_O",TKGCHN=LOOP_O.

⑤ 创建子路由块

<CREATE-SRTGBLK:SRTGBLID="LOOP_O",TKGCCHN=LOOP_O.

⑥ 创建路由块

<CREATE-RTGBLK:RTGBKLID="LOOP_O",DEPCOMB1=SPEECH&ANY,SRTG-BLK1=LOOP_O.

⑦ 创建 DESTACC 指向刚建立的路由块

<MODIFY-ROUTING -TASK:CREATE,ACCINFO=OG&1,RTGBKLID=LOOP_O.

得到 DESTACC=×。

⑧ 修改字冠任务指针(联系电话号码字冠)

<MODIFY-PATED-DEST:TREE=10,PFX=K'023,DESTACC=×,OPTION=ALL.

(2) 再创建入局侧局向,最简单的步骤如下。

① 创建中继群

<CREATE-TKG:TKGID="LOOP_I"&"LOOP_I",OG, REFTKG=SH_I.

② 在中继群中加入中继线

<SZE-TRUNK-OP:ENLIST1=H'203&3,19.

<EXTEND-TKG:TKGID=LOOP_I,ENLIST1=H'203&3&1&1.

<EXTEND-TKG:CONTROL=CONFIRM.

<RLSE-TRUNK-OP:ENLIST1=H'203&3.

③ 检查、修改 DID 数据

<DISPLAY-PATED-DEST:PFX=K'023,OPTION=ALL.

得到 DESTDID=DID_×。

<DISPLAY-DID:SCO=SUBSC&1&NOTAPPL, DESTGRP=LOOP_O,DESTDID = DID_×,DETAIL=NORM.

<MODIFY-DID:SCO=SUBSC&1&NOTAPPL, DESTGRP=LOOP_O,DESTDID = DID_×,DGTFWDSN=3,TOC=ALL,DETAIL=NORM.

<MODIFY-DID:CONTROL=CONFIRM.

3.4 计费管理

3.4.1 费率管理

1. 费率区

MODIFY-CHARGING	CRN=765	功能:创建一个新费率区及对应的计费任务修改某个费率区的计费任务。
DISPLAY-CHARGING	CRN=796	功能:显示一个或所有费率区的计费任务。
MODIFY- TARIFF-ZONE	CRN=5103	功能:创建费率区与 ORGCH/DESTCH 对应关系,修改某一 ORGCH/DESTCH 对应的费率区,删除 DESTCH 与费率区对应关系。
DISPLAY-TARIFF-ZONE	CRN=5104	功能:显示某一 ORGCH/DESTCH 对应的费率区。

2. 费率定义

CREATE-CHARGING-TARIFF	CRN＝757	功能：创建对应一个 TARGRPID 的费率。
MODIFY-CHARGING-TARIFF	CRN＝758	功能：修改对应一个 TARGRPID 的费率。
REMOVE-CHARGING-TARIFF	CRN＝759	功能：删除对应一个 TARGRPID 的费率。
DISPLAY-CHARGING-TARIFF	CRN＝760	功能：显示对应一个 TARGRPID 的费率。

3. 时间调派表

CREATE-CHARGING-SCALE	CRN＝753	功能：创建一个费率组对应的时间调派表。
MODIFY-CHARGING-SCALE	CRN＝754	功能：修改时间调派表。
REMOVE-CHARGING-SCALE	CRN＝755	功能：删除某个费率组对应的时间调派表。
DISPLAY-CHARGING-SCALE	CRN＝756	功能：显示某个费率组对应的时间调派表。

3.4.2　计费日历表管理

CREATE-CHARGING-CALENDAR	CRN＝749	功能：创建假日日历表。
MODIFY-CHARGING-CALENDAR	CRN＝750	功能：修改假日日历表或星期日历表。
REMOVE-CHARGING-CALENDAR	CRN＝751	功能：删除假日日历表中的一天或全部。
DISPLAY-CHARGING-CALENDAR	CRN＝752	功能：显示假日日历表或星期日历表。
ACTIVATE-CHGTABLE-SWTCHOVR	CRN＝4224	功能：激活主用/备用计费表的切换。
DEACTIVT-CHGTABLE-SWTCHOVR	CRN＝4225	功能：取消主用/备用计费表的切换。

3.4.3　计费光盘制作

1. 市话计费光盘(汇总计费光盘)

① 激活汇总计费的记录输出

＜ACTIVATE-COUNTER-OUTPUT(6204)：DISK，CALLTYPE＝OMBBB.

② 在 DISK 上生成计费文件

＜MODIFY-CRM-CONFIG(164)：ACTIVATE，DISK，CALLTYPE＝MECCBB.

＜DISPLAY-DISK-FILE(268)：DEV＝DKA1，FILE＝803，RECSTART＝0，RECEND＝0.

③ 将计费文件 COPY 至光盘

<MOUNT-DISK(8339):LDEV=4020,VOLIDF="LOCAL".

<COPY-FILE(405):SRCDEV=DKA1,DESTDEV=4020,LFILID=803.

<UNMOUNT-DISK(7997):LDEV=4020.

2. 长话计费光盘(非 TP)

① 激活详细计费的记录输出

<ACTIVATE-RECORD-OUTPUT(6203):CALLTYPE=DBLNG,DISK.

② 将计费文件 COPY 至光盘

<MOUNT-DISK(8339):LDEV=4020,VOLIDF="TOLL".

<COPY-FILE(405):SRCDEV=DKA1,DESTDEV=4020,LFILID=800.

<UNMOUNT-DISK(7997):LDEV=4020.

③ 释放计费收集文件或记录文件

<RELEASE-CHARGING-FILES(5997):CALLTYPE=DBLNG.

<RELEASE-CHARGING-FILES(5997):CALLTYPE=DBLNG,FILETYPE=1.

3.5 I/O 管理

I/O 管理即外设管理,S1240 EC74 版交换局配置外设主要有:系统磁盘(DISK)、光盘(ODK)、维护终端、磁带(TAPE)、主告警盘(MPA)等,外设通过 P&L 与交换机进行通信。

3.5.1 操作终端

S1240 交换机配置的操作终端主要有两种:MMC 终端和 MPTMON 终端。

1. MMC 终端

MMC 终端分为主 VDU 终端、普通 VDU 终端和打印机终端,这些 MMC 终端都是通过人机通信电缆连接到 P&L 模块的 DMCA 板或 MMCA 板。S1240 EC74 版交换机最多可接 10 个 MMC 终端,其中通过 DMCA 板可接 2 个 MMC 终端,每块 MMCA 板可接 4 个 MMC 终端,每个 P&L 模块最多可选配置 2 块 MMCA 板,两个 P&L 模块之间用电缆复接。与 DMCA 板的 CH_1 固定连接的 MMC 终端称为主 VDU 终端,DMCA 板的 CH_2 通常接打印机。主 VDU 终端使用 OLISIM 操作系统软件联机,主要用于磁盘重建和系统启动,是每个交换局必须配置的操作终端。

2. MPTMON 终端

多进程测试监控器(MPTMON)是 S1240 交换机提供的一种非常独特而且功能强大的维护和测试工具,可用于交换机的日常维护和现场测试。MPTMON 终端是一个直接面向系统的工具,通过 MPTMON 终端可直接对 CE 内存进行操作,即在 CE 内存中直接读/写数据,因而它的功能比 MMC 终端要强大得多。在 S1240 EC74 版交换机中,MPTMON 终端除从部分模块 MCUB 板前端用适配器(Adapter)接出外,还可从部分模块 MCUG 板前端直接接出,如 SACELDC、SACECP、SACESVL、SCALSVT 等。可利用原来的 MMC 电缆改接成 9 针的插头。

3. 终端登录

在MMC终端上，启动人机通信软件OLISIM，联机后显示提示符，系统会询问进入的密码(Password)，输入正确的密码(如PW0001)后就可以键入人机命令(ORJ)进行操作与维护；在MPTMON终端上，启动人机通信软件HYCON，联机后显示提示符，进行MPT-MON或人机命令环境设置，系统会询问进入的密码(Password)，输入正确的密码(如CFDB、PW0001)后就可以键入宏指令(MACRO)或人机命令(ORJ)进行操作与维护。

S1240交换机的人机命令(ORJ)输入方式有直接命令输入方式(助记符或命令代码)和询问式命令输入方式。若带有参数，命令与参数之间通过冒号“:”隔开，参数与参数之间通过逗号“,”隔开，整个命令行以句号“.”结束。

3.5.2 后备光盘制作

后备光盘用于交换系统软件的备份，是交换机日常维护工作中的一项非常重要的工作，由于在S1240 EC74版交换机中用光盘替代了磁带、用光驱替代了磁带机，因而制作后备带称为制作后备光盘。

S1240交换机软件备份有3种，即有3种类型的后备光盘：系统装载部分(SLP)、数据装载部分(DLP)和SLPDLP。SLP包括程序文件和初始化文件；DLP包括系统初始化文件和数据库文件；SLPDLP包括系统磁盘上的所有信息。一般情况下，这3种后备光盘均不包括计费和统计文件。

光盘第一次使用时必须先进行格式化，格式化后分为0～7共8个分区，其中0区为程序区，1～7为数据区。为了保证安全，光盘具有2级数据保护：

① 硬件保护，利用光盘上的写保护开关实现；

② 软件保护设置，利用人机命令实现，一般情况下，后备光盘做好后，软件会自动写保护。

例3-19　试完成SLPDLP后备光盘的制作。

(1) 光盘格式化

<FORMAT-DISK(8337):LDEV=4020,VOLIDF="HN1240",PARTNBRR=8.

<CONFIRM-FORMAT(8338):LDEV=4020.

(2) 备份SLPDLP

<MOUNT-DISK(8339):LDEV=4020,VOLIDF="HN1240".

<START-DISK-BACK(8331):SLPDLP,SRCDEV=DKA1,DDEVSLP=DKA1P0,
SLPIDF="SLP",DDEVDLP= DKA1P1,DLPIDF=
"DLP".

<CONFIRM-FORMAT(8338):LDEV=4020.

注：在后备光盘制作过程中可用以下命令进行观察。

<CONTROL-DISK-BACKUP(8332):LDEV=4020,CNTRLTYP=STATUS.

(3) 查看已制作的后备光盘上的信息

<DISPLAY-PARTIT-DIR(6438):LDEV=4020.

<DISPLAY-LOGICAL-FILES(466):LDEV=DKA1P0.

<DISPLAY-LOGICAL-FILES(466):LDEV=DKA1P1.

3.6 V5 接口管理

V5 接口是本地数字交换机(LE)和接入网(AN)之间开放的、标准的数字接口,包括 V5.1 和 V5.2 接口。V5 接口属于业务节点接口(SNI),V5 接口示意图如图 3-2 所示。

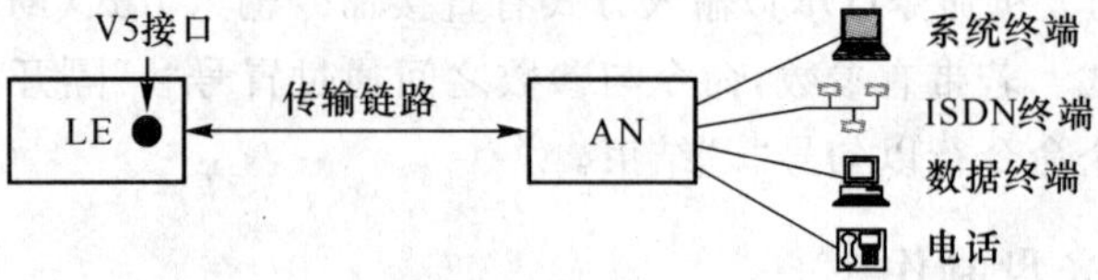

图 3-2 V5 接口示意图

3.6.1 V5 接入功能实现

一个典型的接入网系统示意图如图 3-3 所示,接入网系统主要包括光纤线路终端(OLT)、光纤网络单元(ONU)、接入网网管系统三大部分。

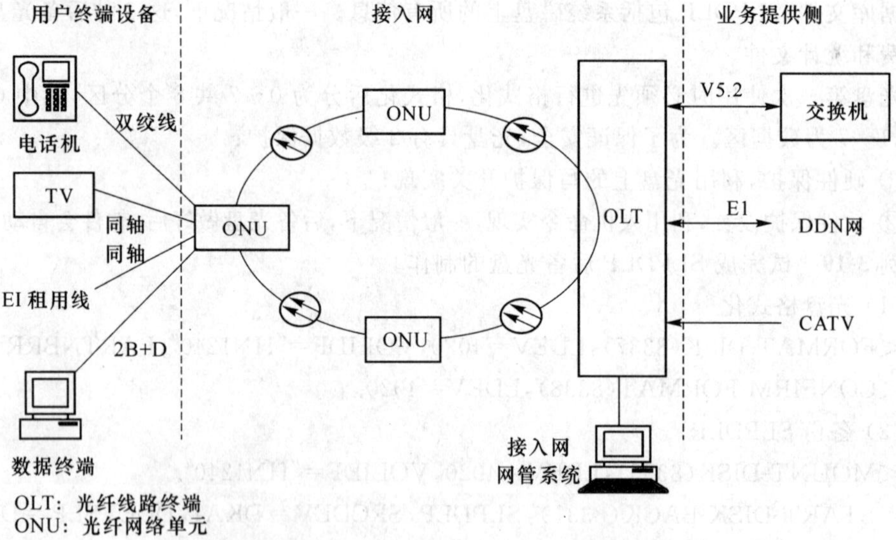

图 3-3 接入网系统示意图

1. 基本定义

(1) 用户端口

用户端口是指在 AN 中实现 V5 接入的物理端口,用来提供朝向用户的相关接口功能。用户端口由 V5 接口上相关协议使用的逻辑地址来编址。

用户端口和用户是一一对应的。在 AN 中,一个模拟用户或 ISDN 用户对应一个用户端口,每个用户端口有一个唯一的地址,模拟用户端口的地址称为 L3 地址,ISDN 用户端口的地址称为 EF 地址。在 S1240 交换机内部把 V5 接口规范上的用户端口称为虚接入。

(2) 主链路,次链路

主链路是指多链路 V5.2 接口中的一个 2.048 Mbit/s 链路,其 TS_{16} 上的物理 C 通路运载用于保护协议的 C 路径。在 V5.2 接口初始化时，主链路 TS_{16} 运载用于控制协议、链路控制协议和 BCC 协议的 C 路径。其他 C 路径也可以运载在主链路 TS_{16} 上。

次链路是指多链路 V5.2 接口中的一个 2.048 Mbit/s 链路，其 TS_{16} 上的物理 C 通路运载用于保护协议的 C 路径。在 V5.2 接口初始化时，作为主链路 TS_{16} 的协议和 C 路径的备用 C 通路。

(3) C 通路，物理 C 通路，逻辑 C 通路

C 通路是 V5.2 接口上指配作运载 C 路径的一个 64 Kbit/s 时隙，一般是 TS_{16}。C 路径是运载 V5 接口第 3 层协议的第 2 层数据链路。同一个 C 通路上可以同时有多个 C 路径，就像一条公路上可以有很多车道一样。

物理 C 通路是指已经分配用来运载 C 通路的 64 Kbit/s 时隙。在 V5.2 接口上的主链路和次链路总是物理 C 通路。

逻辑 C 通路是指配了 C 路径的 C 通路，同一 V5 接口中一个逻辑 C 通路具有唯一的一逻辑 C 通路标识(CCHNID)。

(4) V5 接口 ID，指配变量

V5 接口 ID(ITFID)是 V5.2 接口的标识码(24 bit)，每个交换机上可创建多个 V5.2 接口，ITFID 一般从 0 开始，每个接口可含数量不等的 E1 链路。

指配变量是用于 Q 接口的、对完整的指配数据集的唯一标识，一般采用默认值 0。

2. S1240 交换机上 V5 接口原理

S1240 EC74 版交换机安装 IPTMV52 模块和 SACECP 模块用于提供 V52 接口。IPTMV52 模块由 DTRI 板和 MCUB 板组成，一般成对配置，交叉互连，具有用户虚拟连接功能，即在 IPTMV52 模块内存中存放有远端接入网用户的用户数据。每个 IPTMV52 模块提供一条 2 Mbit/s 链路，32TS，控制最多 512 个 PSTN 用户或 256 个 ISDN 用户，每对 IPTMV52 模块控制最多 1 024 个 PSTN 用户。SACECP 模块由 1 块 MCUG 板组成，主要存放 V52 接口的软件功能模块(FMM/SSM)和相应的数据，实现 V5 接口管理功能，支持对 V5 接口进行操作维护的人机命令。

接入网设备的协议处理模块通过 E1 链路作为承载通道与交换机相连，它们之间通过 V5 协议实现业务对接，如图 3-4 所示。

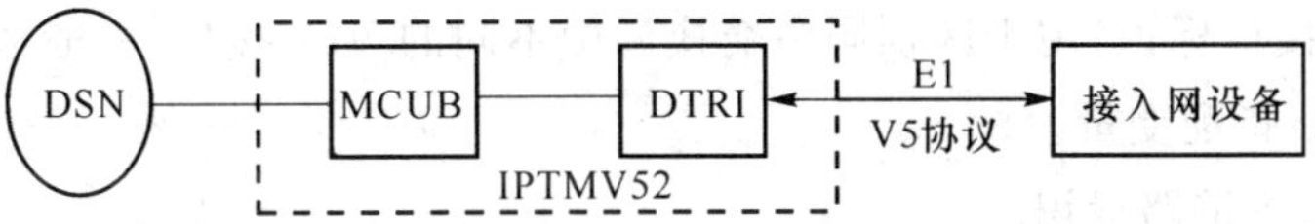

图 3-4　S1240 交换 V5 接口原理

通过接入网设备接入的用户与交换机本身的用户享有相同的服务，没有任何不同。并由交换机侧对接入网用户进行管理和计费。每个 V5 接口都有主、次链路传送双方的各种协议，要求双方有一致的通信通道标识相对应，V5 接口在 LE 侧和 AN 侧需要协商如下数据：V5 接口标识与变量(区分不同的 V5 接口)、链路标识(区分不同的 2M 链路)、逻辑通信通道标识(区分不同的逻辑 C 通道)、协议地址(区分不同的用户端口)及保护组

情况等。

3. V5 接入功能

V5 接入是指接入网设备通过 V5 接口与交换机对接，如上海贝尔的 S1240 交换机与 GA 接入通的对接。AN 设备可以具有一个或多个 V5 接口，能够连接到一个或多个 LE 上。V5 接口的连接必须遵守单归原则，即任何独立的 V5 接口(包括单链路的 V5.1 接口和多链路的 V5.2 接口)只能全部连接到一个 LE 上。每个 V5 接口都有各自的接口身份标识(接口 ID)。

V5 接入的物理层实现本地数字交换机和用户之间的物理连接，采用 2.048 Mbit/s 数字接口，中间加入的透明数字传输链路，能够很方便地与之相适配。

一个 V5.1 接口最多支持 30 个 PSTN 用户接入或 15 个 ISDN BA 接入。一个 V5.2 接口可支持几千个 PSTN 用户接入。

V5 接口的第 1 层和第 2 层功能即物理层和数据链路层功能，由 IPTMV52 模块的硬件实现；V5 接口的第 3 层功能即网络层又称协议处理层，由 IPTMV52 模块的软件实现，即协议处理软件以固件的方式存放在 OBC 中，主要是实现国内、国际标准规定的 5 个子协议。SACECP 模块实现 V5 接口管理功能，支持对 V5 接口进行操作维护的人机命令。

S1240 交换机的 V5.2 接入功能是在 S1240 交换机内 V5.2 接口的硬件和软件的支持下，通过一个公共参数即 L3 地址(ISDN 用户是 EF 地址)实现的，L3 地址是两者的公共参数。接入网设备(例如 GA 接入通)将所连用户的物理端口与 L3 地址对应，S1240 交换机将 L3 地址与用户号码对应，两者对接后，接入网设备的用户物理端口便与用户号码一一对应了，即由 S1240 交换机 V5 接口远端控制接入网设备所连接的用户电路。

1240 交换机将 L3 地址与用户号码对应是通过 3 条人机命令实现的：

CREATE-V5-VIRACC	CRN＝5606	功能：EN 与 L3 地址对应。
CREATE-ANALOG-SUBSCR	CRN＝4291	功能：EN 与 DN 联系(模拟用户)。
CREATE-ISDN-SUBSCR	CRN＝4292	功能：EN 与 DN 联系(ISDN 用户)。

3.6.2 V5 接口创建

1. V5 接口主要参数

ITFID：V5 接口标识，用于区别同一交换局中不同的 V52 接口，一般从 0 开始。

PROVVAR：指配变量。

PCMLNK1：主链路标识。

PCMLNK2：次链路标识，用于区别同一 V52 接口中不同的链路。每个接口可含数量不等的 2 Mbit/s 链路(1～16 条)，物理连接是 LE—AN 之间的一对 2 M 的同轴电缆(1 发 1 收)，则 1 条 PCMLNK 对应 1 个 IPTMV52 模块。

CCHNID：C 通路标识。

TS：C 通路所用时隙，缺省时为 TS_{16}。

L3ADDR：模拟用户端口的地址。

EFADDR：ISDN 用户端口的地址。

2. 人机命令

S1240 EC74 版 V5 接口管理的人机命令可分为下列几部分：

① V5 接口的创建、删除、显示、阻塞、解阻塞；

② PCM 链路数据的创建；

③ C 通路/C 路径的创建、删除和显示；

④ 虚接入的创建、删除、显示、阻塞、解阻塞；

⑤ 模拟用户和 ISDN 用户的管理。

(1) V5 接口管理命令

CREATE-V5-ITF	CRN＝5594
DISPLAY-V5-ITF	CRN＝5595
REMOVE-V5-ITF	CRN＝5596
BLOCK-V5-ITF	CRN＝5597
UNBLOCK-V5-ITF	CRN＝5598

(2) PCM 链路数据管理命令

CREATE-V5-PCMLNK	CRN＝6764
BLOCK-V5-PCMLNK	CRN＝6765
DISPLAY-V5-PCMLNK	CRN＝6766
REMOVE-V5-PCMLNK	CRN＝6767
UNBLOCK-V5-PCMLNK	CRN＝6737

(3) C 通路/C 路径管理命令

CREATE-V5-CCH	CRN＝5599
DISPLAY-V5-CCH	CRN＝5600
REMOVE-V5-CCH	CRN＝5601
CREATE-V5-CPTH	CRN＝5602
MODIFY-V5-CPTH	CRN＝5603
REMOVE-V5-CPTH	CRN＝5604
DISPLAY-V5-CPTH	CRN＝5605

(4) 虚接入管理命令

CREATE-V5-VIRACC	CRN＝5606
DISPLAY-V5-VIRACC	CRN＝5607
REMOVE-V5-VIRACC	CRN＝5608
BLOCK-V5-VIRACC	CRN＝5609
UNBLOCK-V5-VIRACC	CRN＝5610

(5) 用户管理命令

CREATE-ANALOG-SUBSCR	CRN＝4291
CREATE-ISDN-SUBSCR	CRN＝4292
MODIFY-SUBSCR	CRN＝4294
REMOVE-SUBSCR	CRN＝4295
DISPLAY-SUBSCR	CRN＝4296

注：V5.2 接口有两种含义：一是狭义地指 CREATE-V5-ITF 的 ITF；二是广义地指 ITF 及其所属 PCMLNK、CCH、CPTH、VIRCC 等。

3. V5 接口创建过程

(1) V5.2 接口创建步骤

① V5 ITF (接口)　　　　　　CRN=5594

↓

② V5 CCH (C 通路)(可选)　　　　CRN=5599

↓

③ V5 C-PATH (C 路径)　　　　CRN=5602

↓

④ V5 PCMLINK(链路)(可选)　　　CRN=6764

↓

⑤ V5 VIRACC (虚接入)　　　　CRN=5606

↓

⑥ V5 SUBS (用户)　　　　　CRN=4291

注：有 ISDN 用户时需要第②步，若只有 PSTN 用户时不需要第②步；在创建 V5 接口的同时创建了一个接口必需的 2 条 PCM 链路，如果需要更多 PCM 链路，则通过第④步依次增加。

(2) V5.2 接口数据配置过程

① 准备工作，如果不知道 IPTMV52 模块的网络地址，可以采用下面的方法查找需要用的 IPTMV52 模块及网络地址。

>:IDS T,IPTMV52

② 检查 IPTMV52 模块状态是否正常，如果各个安全块(SBL)状态均为 IT，说明该模块状态是正常的，否则，可通过以下命令对相关 SBL 进行操作维护，如果仍不能恢复工作，可能是硬件故障或软件数据有问题，需要检查硬件或软件数据。

DISABLE	CRN=6	功能：打死，即 IT→OPR。
INITIALIZE	CRN=7	功能：初始化，即 OPR/FLT→IT。
TEST	CRN=11	功能：测试，即 OPR→OPR。
VERIFY	CRN=14	功能：验证，即 IT→OPR、OPR→IT。

③ 选用一对 DLS 相同的 IPTMV52 模块作为主次链路模块，其中 LCEID 小的为主模块，LCEID 大的为次模块。

以下通过两个实例说明 S1240 EC74 版交换机从创建 V5 接口直到接入网用户能打电话进行数据配置的具体过程。

例 3-20　设一个 V5 接口有 2 条 PCM 链路(主链路、次链路)，且只有 PSTN 用户，2 个 IPTMV52 模块的网络地址为 NA=H′614 和 NA=H′622，试创建该 V5 接口的相关数据。

① 创建 V52 接口

<CREATE-V5-ITF：ITFID = 0，PROVVAR = 0，V5TYPE = V52，ACCNETID = ″GA″，PCMLINK1 = H′ 614&1，PCMLINK2 = H′ 622&2，HDLC1=H′614&1，HDLC2=H′622&1.

② 创建 C 路径(补创子协议)

<CREATE-V5-CPTH:ITFID=0,PATHTYPE=PSTN,CCHNID=1.

③ 创建虚拟用户接口

<CREATE-V5-VIRACC:ITFID=0,L3ADDR=1&&50,VCE=H′614.

④ 创建模拟用户

<CREATE-ANALOG-SUBSCR:EN= H′614&129,DN=K′6834100 .

一般情况下,V5 接口创建好以后,若接入网侧已经运行,接口将自动进入 FREE 状态。如果发现状态不正常,可以使用以下命令对创建好的 V5 接口进行激活操作:

<BLOCK-V5-ITF:ITFID=1.

<UNBLOCK-V5-ITF:ITFID=1.

注:只有 PSTN 用户,不需要第②步;在创建 V5 接口的同时创建了一个 V5 接口必需的 2 条链路,不需要第④步。

例 3-21　设一个 V5 接口有 4 条 PCM 链路,有 PSTN 用户和 ISDN 用户,IPTMV52 模块的网络地址分别为 NA=H′34、NA=H′35、NA=H′104、NA=H′105,选用 NA=H′34 和 NA=H′35 作为主次链路模块,试完成该 V5 接口相关数据的配置。

① 创建 V52 接口

<CREATE-V5-ITF: ITFID=1, PROVVAR =0, V5TYPE= V52, ACCNETID="GA",
PCMLINK1=H′34&0,PCMLINK2=H′35&1,HDLC1=H′34&1,
HDLC2=H′35&1.

② 增加 PCM 链路

一般情况下,增加的 PCMLINK 只要能承载话务即可。

<CREATE-V5-PCMLNK:ITFID=1,LKID=2,PCMCEIDF=H′104.

<CREATE-V5-PCMLNK:ITFID=1,LKID=3,PCMCEIDF=H′105.

若有较多 ISDN 用户时,则需增加可承载话务和 C 通路的 PCMLINK,为下一步创建和 C 通路作准备。

<CREATE-V5-PCMLNK:ITFID=1,LKID=4,PCMCEIDF=H′XXXX,HDLC=
H′XXXX&1.
(IPTMV52 模块)

③ 增加 C 通路

通过第①步已经在主链路上创建了一个主用 CCH,并在次链路创建了一个备用 CCH,若 ISDN 用户较少,则不需要再创建 CCH,目前 C 通路只能创建在 IPTMV52 模块的 TS_{16} 上。

<CREATE-V5-CCH:ITFID=×,LKID=×,TS= H′10,V5TYPE=V52.
(TS_{16})

<CREATE-V5-CCH:ITFID=×,LKID=×,TS= H′10,V5TYPE=V52,STANDBY.
(TS_{16})

此时的 CCH 是物理上的 CCH,仅表明提供了这种能力,只有指配了 C-PATH,才真正实现其功能。

④ 创建 C 路径(补创子协议)

<CREATE-V5-CPTH:ITFID=1,PATHTYPE=PSTN,CCHNID=1.
(创建 PSTN 模拟 C-PATH)

<CREATE-V5-CPTH:ITFID=1,PATHTYPE=ISDNDS,CCHNID=1.
(创建 ISDN D 通路信令)
<CREATE-V5-CPTH:ITFID=1,PATHTYPE=ISDNPS,CCHNID=1.
(创建 ISDN 分组交换 C-PATH)

⑤ 创建虚拟用户接口

创建 PSTN 模拟用户端口

<CREATE-V5-VIRACC:ITFID=1,L3ADDR=1&&50,VCE=H'34.

创建 ISDN 数字用户端口

<CREATE-V5-VIRACC:ITFID=1,CPATH=ISDNDS&1&ISDNPS&1,EFADDR =1&&8,ACCTYPE=ISDNBA,VCE=H'34.

⑥ 创建模拟用户

<CREATE-ANALOG-SUBSCR:EN=H'34&129,DN=K'88390000.

<CREATE-ISDN-SUBSCR:EN=H'34&1,DN=K'88399000,SUBGRP=10.

一般情况下,V5 接口创建好以后,若接入网侧已经运行,接口将自动进入 FREE 状态。如果发现状态不正常,可以使用以下命令对创建好的 V5 接口进行激活操作:

<BLOCK-V5-ITF:ITFID=1.

<UNBLOCK-V5-ITF:ITFID=1.

注:根据经验,BLOCK-V5-ITF(CRN=5597)命令执行后 1 分钟左右才能使用 UNBLOCK-V5-ITF(CRN=5598)命令,否则 UNBLOCK 不会成功。

3.6.3 V5 接口维护

1. GA 接入网系统

GA 接入通是上海贝尔公司生产的 AN 侧的接入网设备,与 S1240 交换机或其他提供标准接口的交换机相接,完成 V5 接入的接入网系统,如图 3-5 所示。

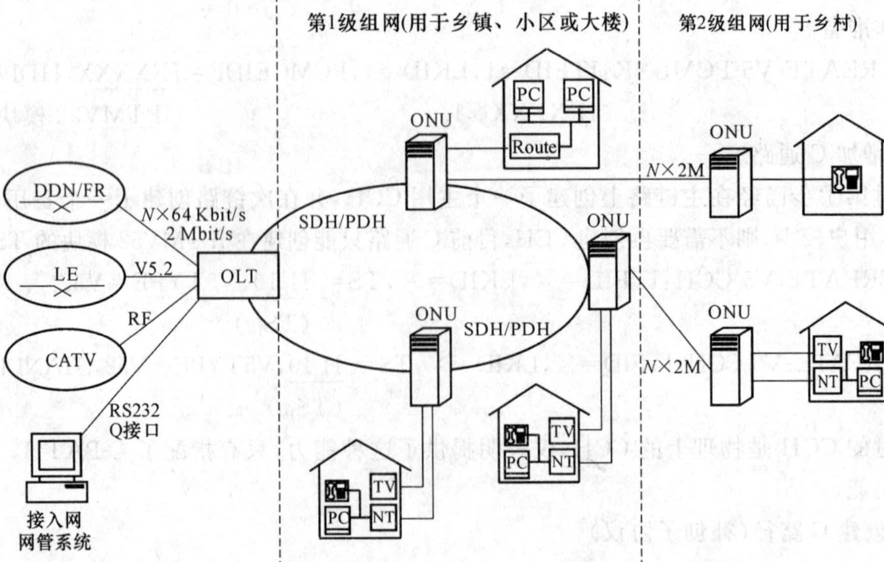

图 3-5 GA 系统结构

(1) 系统组成

GA 接入网系统主要由光纤线路终端(OLT)、光纤网络单元(ONU)、接入网网管系统组成,它们共同完成线路传输、业务接入和网络管理三大功能。GA 接入通一般由 GA-CU、CA-RU 两种机架构成,包括相应的功能模块、网管配线架、电源等。GA-CU 是 GA 局端单元,CA-RU 是 GA 远端单元。

光纤线路终端(OLT)是接入网局端设备,它是接入网提供多种业务的网络侧接口。通过该接口可以向用户提供 PSTN、ISDN、DDN、CATV、B-ISDN 等业务。OLT 内包含传输单元、CATV 单元、网络管理单元等模块。

光纤网络单元(ONU)是接入网用户端设备,包括光传输单元、用户接口单元、CATV 单元、监控单元等,而一次电源、配线架、蓄电池等作为可选项。ONU 可以向用户提供 PSTN、ISDN、$N\times64$ Kbit/s、E1 租用线、小于 64 Kbit/s 的子速率业务等。ONU 中监控单元完成对传输单元、用户接口单元、CATV 单元、动力与环境的实时监控。GA 中 1 个基本 ONU 单元可带 3808 线用户,假如用户需要更大容量的设备,可将 GA 系统基本 ONU 单元叠加起来实现。ONU 单元通过 Z 接口与普通电话机相连,通过 U 接口与 ISDN 终端相连。另外,它通过 ISDN 的 U 接口可以提供 DDN 接入,其中包括 Modem、MUX、Router 等设备。

GA 网管系统是上海贝尔开发的 NE(Net Explorer),主要包括控制台子系统、测量台子系统、环境与动力监控子系统、CATV 监控子系统等。NE 可在普通 PC 机上运行,采用中文图形界面,操作简单,容易掌握,只负责用户接入管理,业务数据由交换机侧处理。NE 的操作过程:双击 NE→进入 Net Explorer →双击接入设备→进入 GA 接入通→告警、MO 浏览、时钟管理、号线管理、V5 管理、线路测试、硬件测试、数据备份、连接设备等。

(2) 技术特点

① 全面解决方案,"三网合一",集业务、传输、配电、用户配线、网管于一体;

② 综合业务接入,普通电话(POTS)、ISDN、DDN、视像业务接入等;

③ 标准接口,提供 V52 接口、Q3 接口,既可与 S1240 交换机连接,也可与具有标准接口的其他交换机连接;

④ 独立工作能力,当传输中断是,内部用户仍可以实现呼叫;

⑤ 组网灵活,两级组网,内置传输,三级网同步,平滑扩容;

⑥ 集中网管,接入网网管系统能管理所有接入网设备,包括传输、一次电源、CATV、MDF、环境等。

(3) 业务应用

① 可取代 S1240 的远端用户单元(RSU/IRSU),通过 GA 接入通接入的用户与 S1240 交换机用户模块(ASM/ISM/MSM)直接接入的用户享有相同的服务,没有任何不同;

②适用于本地网的优化、撤点并网;

③适用于 FTTZ、FTTC、FTTB/FTTO 的应用。

2. HONET 接入网系统

HONET 综合业务接入网系统是深圳华为公司生产的 AN 侧的接入网设备,包括光纤线路终端(OLT)、光纤网络单元(ONU)和接入网络管理系统(AN-EMS),分别完成接入网的业务接口、传输和管理的三大功能。HONET 系统结构如图 3-6 所示。

(1) 系统组成

光纤线路终端(OLT)是局端语音、数据、图像等各种业务的汇聚点,提供支持 PSTN、ISDN 及多种业务的网络侧接口。OLT 的基本单元有 CATV 单元、传输单元、网络管理单元和业务接口与协议处理(SIPP)单元。

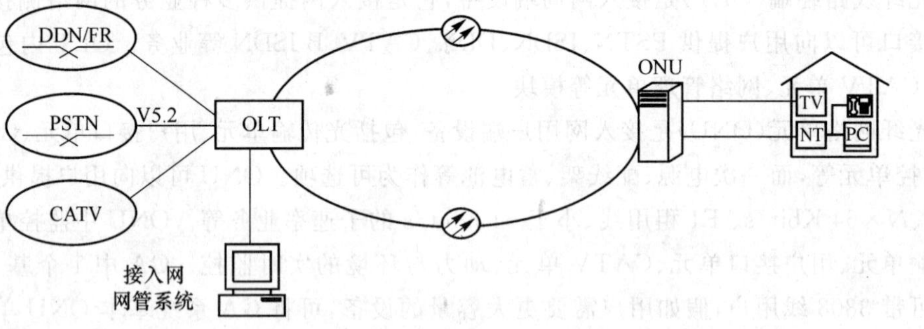

图 3-6 HONET 系统结构

光纤网络单元(ONU)是接入网用户端设备,包括光传输单元、用户接口单元、CATV 单元、监控单元等及内置一次电源、配线架、蓄电池等。HONET 系统可提供各种容量、适应不同环境的 ONU 产品:室内型 ONU,包括 ONU-128A、ONU-512A、ONU-1000A,分别可接 128 个、608 个、1 216 个 PSTN 用户;室外型 ONU,包括 ONU-512C、ONU-512D,其中 ONU-512C 采用空调制冷,适用于炎热地区,ONU-512D 采用密封保温,适用于寒冷地区。上述产品均可以配置成直接提供 V5 接口的 ONU。

HONET 网管系统由后管理模块(BAM)、工作站和告警箱组成,并包括 ONU 中的环境动力监控和用户测试单元。BAM 负责工作站与接入网设备之间的通信;工作站可在普通 PC 机上运行,提供各种业务数据。中文图形界面,并具有强大的帮助信息,操作简单,容易掌握。

(2) 技术特点

① 多种接入方式,HONET 广泛采用光纤接入、无线接入、铜缆接入、混合接入等多种接入技术。

② 综合业务接入,HONET 实现了语音、数据、图像综合业务接入,支持普通电话(POTS)、ISDN、DDN、视像业务接入等。

③ 接口丰富,HONET 提供 3 种与不同交换机互连方式:一是采用 V5 接口与具有 V5.1、V5.2 接口的任何交换机相连,例如 HONET 系统与 S1240 EC74 版交换机连接;二是可采用内部协议与 C&C08 交换机相连;三是利用信令转换架与与需要对接的其他交换机相连。

④ 组网灵活,HONET 接入网设备提供实现链形结构组网、树形结构组网、星形结构组网、环形组网、相切环组网、相交环组网等。

⑤ 实时监控,HONET 接入网网管系统能对动力环境、一次电源、蓄电池、配线架等进行实时监控。

（3）业务应用

① 实现 DDN 专线业务、视像业务的接入；

② 适用于本地网的优化、撤点并网；

③ 适用于 FTTZ、FTTC、FTTB/FTTO 的应用。

3. V5 接口维护

S1240 EC74 版交换机可以与上海贝尔 GA 接入网设备对接，也可以与华为 HONET 接入网设备对接。交换机与接入网设备对接时，两侧应相互协调才能正常建立 V5 接口连接，顺利实现交换机与接入网设备的对接。当出现交换机与接入网设备无法对接情况时，在交换机侧和接入网侧维护人员应分别使用人机命令、宏命令和接入网网管系统进行维护，有时还需要对 V5 接口消息进行跟踪。

（1）常用宏命令

:ALARM，显示链路的告警状态（可以看出 PCMLINK 有没有告警，检查物理上是否位连接好）。

:ITF，显示 V52 接口状态（接口状态正确时，ETSI-STATE 应为 S4-IN-SERV，包括所属LINK 、TCE、CH、DATALINK 状态）。

:CHN，显示 C 通路（C-channel）链路及 L1～L2 状态（L2-STA 在物理连接好的情况下，应为 AWAIT-EST 状态）。

:PTH，显示 C 路径（C-path）及保护组建立状态即 V52 子协议状态（接口状态正确时，所有的子协议都为 ESTABLISHED 状态）。

:LNK，显示 PCM 链路状态。

:CHKCE，检查 IPTMV52 整个模块用。

:L2TRC，跟踪 LE 和 AN 之间 MSG。

:L3TN，显示用户线状态（正常时 PSTN-L3-STATE 应为 TN-FREE-STATE）。

:LNKCTRL，显示链路控制状态。

:RELAYOBC，检查单个用户的数据问题（能否正确发送 V52PSTN 消息）。

:RELAYCE，检查单个用户的数据问题（能否正确受到 V52PSTN 消息）。

注：ETSI-STATE 表示 V52 接口可能出现的状态。

OOS，接口没有启动，可能处于阻塞状态。

SO-STARTUP，接口启动，正在建立数据链路（第 2 层）。

S1-VAR-ID，接口处于变量和接口 ID 标识过程。

2-WAIT-IDT，接口处于对主次链路和有 PSTN 的链路进行身份标识过程。

S3-REST1，接口处于 PSTN RESTART 过程。

S4-IN-SERV，接口处于活动状态。

5-WAIT2-ID，接口处于对其他链路的身份标识过程。

（2）V5 消息跟踪

1）V5 消息简介

① 数据链路子层的帧类型

I 命令（信息帧）：因为这个消息包含第三层的消息，就通常称之为第 3 层消息；

RR 命令/响应(接受准备好):在 C 路径处于工作状态时,当没有 I 帧消息发送时,定时用这个消息来表明 C 路径正常;

RNR 命令/响应(接受未准备好);

REJ 命令/响应(拒绝);

SABME 命令(置异步平衡扩展方式):当通信的一方准备好,并且收到对方的 SABME 消息时,发此消息予以确认,确认后,即表明相应的 C 路径已建立好,以后此路径上发 I 帧或 RR 帧;

DN 响应(切断方式):是向对端表示第 2 层处于拆线状态,无法执行多帧操作。

② 第 3 层消息

按协议类别分成 PSTN 协议、控制协议、保护协议、BCC 协议链路控制协议。所有这些第 3 层协议都是面积向消息的协议。每个消息由以下信息单元组成:协议鉴别语(1 个字节),L3 地址(2 个字节),消息类型(1 个字节),相关信息单元(长度依信息单元而定)。

在 S1240 EC74 版交换机中,与 V5 接口相关的消息主要有:

18361-V5-UPM-TO-BCC:用户管理程序发给 BCC 要求分配/解除分配时隙。

18365-V5-BCC-TO-UPM:BCC 返回 18361 的结果(完成或拒绝)。

20253-V5DL-DAT-REQ:交换机发给 AN 的消息(含 V52 信令协议)。

20259-V5DL-DAT-IND:AN 发给交换机的消息(含 V52 信令协议)。

2) V5 消息跟踪方法

在无 V5 测试仪表的情况下,有两种 V5 消息的跟踪方法:一是在交换机侧采用 TRC MSG 进行消息跟踪;二是利用接入网集中维护台的后台工具进行 V5 消息跟踪。

① LE 侧利用宏命令 L2TRC 跟踪第 2 层消息

>:L2TRC A

该操作能够观察出 LE 侧与 AN 侧收发消息的具体情况。

主要参数有 A(激活跟踪)、D(显示)、R(清除缓冲区)、O(停止跟踪)。

② LE 侧利用宏命令跟踪第 3 层消息

>TRC MSG 20253T,20259T

20253T 为 LE→AN 的消息。

20259T 为 AN→LE 的消息。

③ 利用接入网集中维护台的后台工具

(3) V5 接口维护实例

V5 接口维护是指维护人员通过更换硬件和修改数据等各种操作,保证 LE 侧和 AN 侧 V5 接入设备的正常运行,下面通过几个实例来说明如何对 V5 接口进行维护。

例 3-22 V5 接口对接联调(S1240 交换机与 GA)。

(1) 从母局 IPTMV52 模块的 DTRI 板连接到传输以及从接入点传输连接到 DTAA 板的 2 Mbit/s 线均要注意收发不能接错,不要接成鸳鸯线,若通过 DDF 转接,注意不要被环上。

(2) 线连好后,使用宏命令:LNK 看链路上是否有告警,若 ALARM 为 ON 表示有告警,若 ALARM 为 OFF 表示曾经有,但现在消除了。具体可使用宏命令:ALARM 检查,

＞:ALARM

若有 LIS 告警，说明 LE 侧未连 PCMLINK 或收发弄反；

若有 CR4-CTR-OVFL 告警，说明 PCM 已连，但未连好；

若有 LFA 告警，说明 PCM 电缆的芯和地接错。（正确方向是往背板看，左芯右地）

（3）链路上没有告警后，使用宏命令：CHN 检查主次链路状态，正常状态应为 L1 为 CONNECT，L2 为 AWAIT-EST，MON 为 OK。此时若 GA 运行正常，V5 接口应自行启动，否则使用 CRN＝5597/5598 命令 BLOCK/ UNBLOCK 该 V5 接口。若 L1 为 DISCON，说明第 1 层尚未连接。

（4）V5 接口状态正常后，首先拨打本地呼叫，在每个 IPTMV52 模块上试创 1 个用户，检查拨号音、振铃、通话是否正常，然后拨打长途呼叫，检查长途字冠局计费数据是否正确，若出现振铃后接听无音，说明信令通，但话路不通，则可能是主次链路收发接错。

例 3-23　AN 用户故障处理。

故障现象：

（1）AN 用户摘机没有拨号音或部分用户摘机听忙音；

（2）AN 用户呼入听忙音或无音；

（3）AN 用户只能单向通话；

（4）AN 用户传真机自动应答时不能接通。

故障分析：

整个接口的 AN 用户没有拨号音	→LE 内部 L3 地址与 DN 关系错乱
或部分 AN 用户摘机听忙音	或 LE 侧与 AN 侧用户端口状态不同步
AN 用户 PARKING	→AN 用户外线故障；
AN 用户假忙	→AN 用户板故障；
AN 用户阻塞或呼入忙音	→AN 用户数据未配置；
AN 用户传真机自动应答时不能接通	→LE 与 AN 信令配合异常。

处理方法：

（1）两边配合重启动。

（2）跟踪 V5 信令消息。

（3）使用宏命令或人机命令检查用户状态数据，判断存在的问题。

（4）若肯定是 S1240 交换机侧的问题，先使用宏命令＞：RESETUP NA，TN 再用相关人机命令 CRN＝5607/5610/4295/4291 处理。

例 3-24　V5 虚接入故障。

故障现象：

（1）创建单个模拟用户不成功；

（2）显示虚拟用户端口不存在。

故障分析：

虚接入数据有问题（TN＝129，L3ADDR＝1）。

处理方法：

（1）使用人机命令 CRN＝379 检查 R_V5_CNFIG（RID＝129T），根据显示的结果查出该 TUPLE 出错的 Domain（D_TN＝0081）。

(2) 使用人机命令 CRN=378 修改 R_V5_CNFIG 对应 Tuple 的错误 Domain。

(3) 用人机命令 CRN=5607 显示虚拟用户端口已存在。

(4) 用人机命令 CRN=4291 创建单个模拟用户成功。

3.6.4 V5 接口测试

V5 接口测试主要包括 V5 接口一致性测试和 V5 接口互连互通测试，这里介绍 V5 接口互连互通测试。V5 接口互连互通测试是为了能够实现 V5 接口在接入网和交换机中的实际应用，保证网络可靠运行，原则上，本测试应在 V5 接口一致性测试完成之后进行。

1. V5 接口测试方法和测试连接

V5 接口互连互通测试用来检测本地交换机和接入网设备所实现的 V5.2 协议是否符合标准规范的规定，是否具有 V5 协议的功能，包括 V5.1 接口互连互通测试和 V5.2 接口互连互通测试，主要完成对 V5 接口和网络的协议测试、性能测试和功能测试。现场测试是将测试仪表跨接在 V5 接口的 AN 与 LE 之间，监视 AN 与 LE 之间信令流程的方法进行的不中断业务测试，如图 3-7 所示。

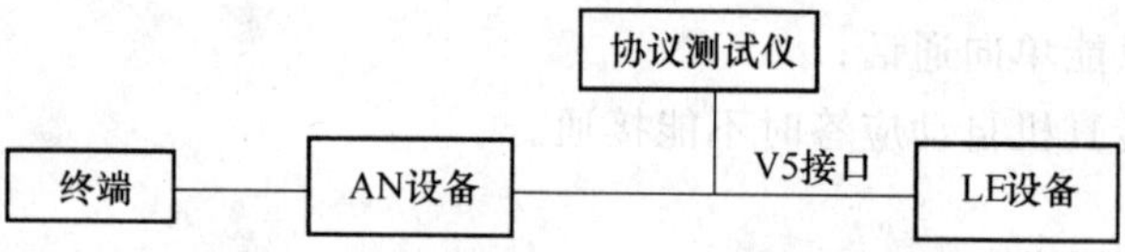

图 3-7 V5 测试连接

在实际工作中，若某 V5 接口出现故障，故障原因不明，当 LE 侧维护人员显示交换机 V5 接口各方面数据和状态均为正常，AN 侧维护人员在查看了接入网侧 V5 接口的相关数据也断定自己无异常时，需要对 LE 与 AN 之间互发的 V5 消息进行跟踪，并与正常情况下的消息流程进行比较，查找出故障原因。

2. V5 接口测试内容

V5.1 接口的测试项目有：V5.1 接口物理层测试，系统启动程序测试，PSTN 呼叫协议测试，控制协议测试，PSTN 业务功能测试以及 ISDN 业务功能测试等。

V5.2 接口的测试项目有：V5.2 接口物理层测试，系统启动程序测试，PSTN 呼叫协议测试，控制协议测试，链路控制协议测试，BBC 协议测试、保护协议测试、PSTN 业务功能测试以及 ISDN 业务功能测试等。

3.7 No.7 信令管理

S1240 EC74 版 No.7 信令系统的管理主要分为消息传递部分(MTP)、MTP 测试用户部分(MTUP)、电话用户部分(TUP)、ISDN 用户部分(ISUP)、信令连接控制部分(SCCP)和智能网应用部分(INAP)等。下面主要介绍 S1240 EC74 版 No.7 信令系统的 MTP 管理、SCCP 管理和 TUP 管理。

3.7.1　MTP 管理

1. 基本概念

(1) 信令链路、信令链路集、复合链路集

① 信令链路(Signalling Link)

- 各个信令点之间传送 No.7 信令消息的物理链路；
- 信令链路由信令数据链路和信令终端组成，如图 3-8 所示。

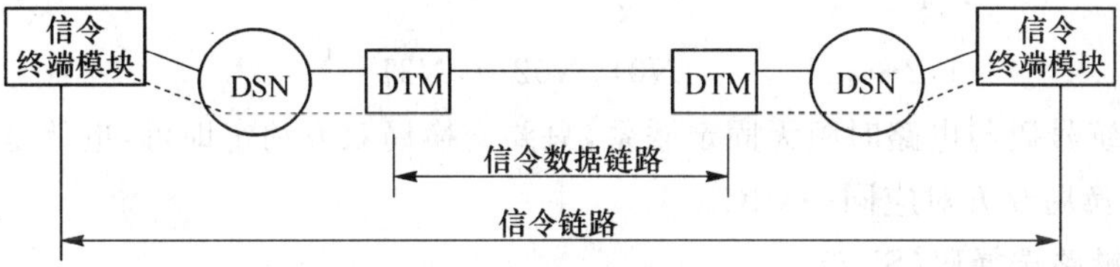

图 3-8　信令链路的构成

② 信令链路集(LKSET)

- 信令链路集是指连接两个信令点之间所有信令链路的集合，如图 3-9 所示；
- 一个信令链路集最多只有 16 条信令链路。

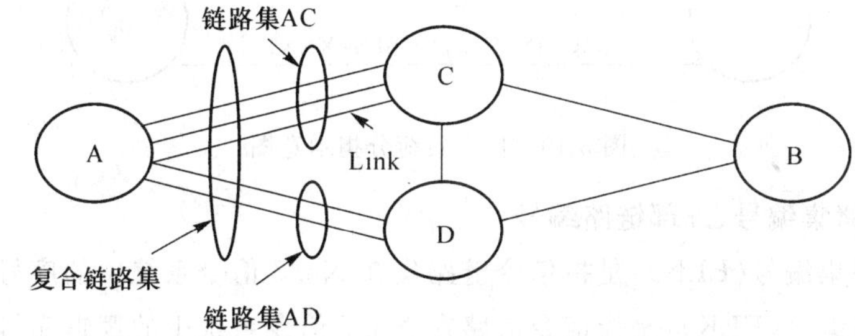

图 3-9　信令链路、链路集、路由、路由集

③ 复合链路集(Combined LKSET)

复合链路集是指到某一目的地交换局的信令话务可以由不同的信令链路集来分担，用于分担信令话务的信令链路集称为复合链路集。

(2) 信令路由、信令路由集

① 信令路由(Signalling Route)

信令路由是指信令消息到达相应目的地交换局必须经过的路径，是具有特定优先级、与相邻局相连的信令链路的集合。

② 信令路由集(Signalling Route Set)

信令路由集是指到达目的地交换局所有信令路由的集合。

信令链路、信令链路集、信令路由、信令路由集之间的关系如图 3-9 所示。

(3) 信令链路编码、电路识别码、信令链路选择码

① 信令链路编码(SLC)

SLC 用于标识局间信令链路在某一个 LKSET 中的编号。两个信令点之间的同一信令

链路，两端的 SLC 必须一致。SLC＝0～15。

② 电路识别码(CIC)

CIC 用于标识局间采用 No.7 信令方式的中继电路。CIC 为 12 bit，对于 2 Mbit/s 的数字通路，格式固定为 PCM 系统号码＋电路时隙编码，即：

PCM 系统	电路时隙	中继电路编序(CIC)
1	1,2 …,31	101,102…,131
2	1,2…,31	201,202…,231
⋮	⋮	⋮
N	1,2…,31	*N*01,*N*02…,*N*31

PCM 系统号码与电路时隙无固定联系，只要交换局双方约定即可，也就是说，对于同一电路时隙，交换局双方对应同一 CIC。

③ 信令链路选择码(SLS)

SLS 用于信令链路间的负荷分担和信令路由的负荷分担，每条信令链路承担相应的 SLS 的信令话务。SLS 采用 CIC 的最低 4 bit，SLS＝0～15。

SLC 与 SLS 之间的联系如图 3-10 所示。

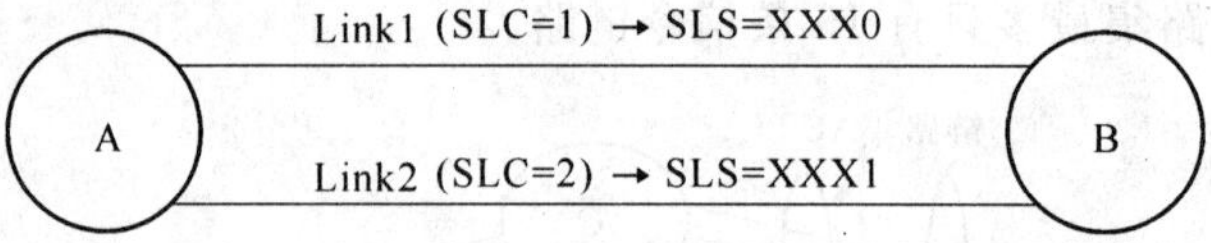

图 3-10　信令负荷分担示意图

(4) 外部链路集编号、外部链路编号

① 外部链路集编号(ELN)：是指信令链路集在 No.7 信令系统中的序号。

② 外部链路编号(ELK)：是指信令链路在 No.7 信令系统中的逻辑序号。

2. 人机命令

S1240 EC74 版 No.7 信令系统 MTP 管理的人机命令可分为下列几部分：

- 系统参数的修改和显示；
- No.7 信令点(目的地交换机)的创建、修改、删除和显示；
- No.7 信令链路集的创建、扩展、删除和显示；
- No.7 信令路由(集)的创建、修改、扩展、删除和显示；
- No.7 信令链路的业务状态管理；
- No.7 信令模块的创建、删除和显示；
- No.7 信令负荷分担的显示和修改。

(1) 系统参数的管理命令

MODIFY-N7PARM　　CRN＝234

DISPLAY-N7PARM　　CRN＝235

主要用途：CRN＝234 用于创建一个源信令点，即增加一个 No.7 信令网。CRN＝235 用于显示查找 OPC 的值和名称及 MTP 的其他系统信息。

例 3-25

· 查找本交换局的局名和 OPC

<DISPLAY-N7PARM：DETAIL=ALL.

· 创建/增加一个 No.7 信令网

<MODIFY-N7PARM：OPC=H′122001，SSF=NAT.

· 删除一个 No.7 信令网

<MODIFY-N7PARM：OPC=0，SSF=NAT.

(2) No.7 信令点(目的地交换机)的管理命令

CREATE-N7EXCH	CRN=223
REMOVE-N7EXCH	CRN=224
MODIFY-N7EXCH	CRN=225
DISPLAY-N7RTNG-TARGET	CRN=5334

主要用途：创建/删除一个新的/现存的目的地交换机数据；增加、修改和删除 DPC；显示目的地交换机数据。

例 3-26

· 创建 No.7 信令目的地交换机

<CREATE-N7EXCH：EXCHNAME="TEST"，EXCHTYPE=ADJ&SP，DEST1=
H′120201&NAT.

· 显示所有与本局通过 No.7 信令相连的对端局

<DISPLAY-N7RTNG-TARGET：EXCHNAME=ALL，DETAIL=ALL.

(3) No.7 信令链路集的管理命令

CREATE-N7-LKSET	CRN=5375
REMOVE-N7-LKSET	CRN=5376
EXTEND-N7-LKSET	CRN=5377
REDUCE-N7-LKSET	CRN=5378
DISPLAY-N7-LKSET	CRN=5379
CHANGE-N7LKSET-STATUS	CRN=5374

主要用途：创建/删除 No.7 信令链路集；对信令链路集增加或减少信令链路；改变信令链路集的状态；显示信令链路集的数据。

信令链路类型有：

DIRMOD，两个信令点之间的链路通过调制解调器相连；

IPTMGRD，两个信令点之间的链路通过地面数字电路相连(一端连接到 IPTM)；

IPTMSAT，两个信令点之间的链路通过卫星数字电路相连(一端连接到 IPTM)；

HCCMGRD，两个信令点之间的链路通过地面数字电路相连(一端连接到 HCCM)；

HCCMSAT，两个信令点之间的链路通过卫星数字电路相连(一端连接到 HCCM)；

CCSMGRD，两个信令点之间的链路通过地面数字电路相连(一端连接到 CCSM)；

CCSMSAT，两个信令点之间的链路通过卫星数字电路相连(一端连接到 CCSM)。

例 3-27

• 增加一条 No. 7 信令链路到一个现存的信令链路集中

<EXTEND-N7-LKSET:DEST=H′120207&NAT,CCMEN=H′201&2,DTMEN=H′201&1, SLC=1,LKTYPE=IPTMGRD.

• 显示某个信令链路集的数据

<DISPLAY-N7-LKSET: DEST1=H′120207&NAT.

• 激活某个信令链路集

<CHANGE-N7LKSET-STATUS :DEST=H′120207&NAT ,FUNCTION=ACTIVATE .

(4) No. 7 信令路由的管理命令

CREATE-N7RTES CRN=245
REMOVE-N7RTES CRN=246
EXTEND-N7RTES CRN=247
REDUCE-N7RTES CRN=248
MODIFY-N7RTES CRN=249
DISPLAY-N7RTES CRN=250

主要用途:创建/删除一个 No. 7 信令路由集;显示 No. 7 信令路由数据,如该信令路由集中所有信令路由状态、话务负荷分担表。

例 3-28

• 显示全部的信令路由状态和信令链路状态

<DISPLAY-N7RTES: DETAIL=MTPOVW,ALL.

• 显示某个信令路由集的话务负荷分担表

<DISPLAY-N7RTES:DETAIL=TRAFFIC,DEST=H′120207&NAT.

或

<DISPLAY-N7RTES:DETAIL=TRAFFIC,DEST="交换机名称"&NAT.

(5) 信令链路业务状态的管理命令

DISPLAY-N7LINK CRN=241
MODIFY-N7-LINK CRN=5380
CHANGE-N7LINK-STATUS CRN=220

主要用途:显示 No. 7 信令链路相关数据;改变信令链路的状态;修改信令链路参数。

例 3-29

• 显示所有与本局相连的 No. 7 信令数据链路和信令链路

<DISPLAY-N7LINK: DETAIL=CONFIG,CCMEN=ALL.

• 查看至某一局向所有 No. 7 信令链路状态

<DISPLAY-N7LINK:DETAIL=SWSTAT,DEST=H′120207&NAT.

或

<DISPLAY-N7LINK:DETAIL=SWSTAT,DEST="交换机名称"&NAT.

• 激活自环测试

<CHANGE-N7LINK-STATUS:DEST=H′120207&NAT,SLC=1,FUNCTION=ACTLOOP.

3.7.2　SCCP 管理

S1240 EC74 版 No.7 信令系统 SCCP 管理的人机命令包括对 SCCP 数据的显示、修改、删除和创建，具体命令如下：

CREATE-SCCP-DESTINF　　　CRN＝5880
CREATE-SCCP-ROUTING　　　CRN＝4409
MODIFY-SCCP-ROUTING　　　CRN＝4410
DISPLAY-SCCP-ROUTING　　　CRN＝4411
REMOVE-SCCP-ROUTING　　　CRN＝4408

主要用途：创建一个目的地指针，然后为该目的地指针分配一个全局码；创建 SCCP 用户；完成 SCCP 的静态负荷分担和动态负荷分担。

例 3-30

• 创建一个省内智能网 SCP 的目的码

<CREATE-SCCP-DESTINF：CREDIT＝1，VERSION＝WHITBOOK，NTERMDST＝H′120901&NAT，SSNTRL＝UNCHG，NTERMRTG＝RTGGLBT，NODETYPE＝NONTERM，NTERMACC＝1&3.

• 为新建 SSP 创建一个 SCCP 用户

<CREATE-SCCP-DESTINF：CREDIT＝1，NODETYPE＝TERM，SCCPUSER＝INALSSF&UNKNOW&1，SSNTRL＝UNCHG.

<CREATE-SCCP- ROUTING：CDNBRPL＝E164，CDNTRADD＝NAT，CDDN＝K′200，DESTIDX＝1.

<CREATE-SCCP- ROUTING：CDDEST＝H′120808&NAT，CDSSN＝INALSSF，DESTIDX＝3.

3.7.3　TUP/ISUP 管理

S1240 EC74 版 No.7 信令系统 TUP/ISUP 管理的人机命令可分为下列几部分：

• TUP/ISUP 中继群参数的修改和显示；
• TUP/ISUP 中继资源管理的人机命令。

具体命令见 3.3.2 节。

例 3-31　请完 S1240 交换机 TUP 改 ISUP 的操作。

① 创建 ISUP 路由

<CREATE-ROUTE(113)：RTEID＝″L_X1″.

② 创建 ISUP 中继群

<CREATE-TKG(1557)：TKGID＝″L_X_D1″，REFTKG＝参考的 ISUP 中继群名.

<MODIFY-TKG(1558)：TKGID＝″L_X_D1″，DEST＝对端局信令点编码，RTEID＝″L_X1″，LTRA＝H′FFFF&XX.

③ 将 ISUP 中继群加入到原来的复合中继群

<MODIFY-TKGCOM(5808):TKGCMID=TC_X,TKGCHN=INSERT&2&I_TEST.

④ 删除原有 TUP 中继电路数据

<REDUCE-TKG(1562):TKGID="L_X_B1",ENLIST1=H'XXXX&ALL,19.

<REDUCE-TKG(1562):31=3.

⑤ 修改中继模块类型

<MODIFY-DTM-DATA(7589):CEID=H'XXXX,LPT=DISUPTCE.

>AC XXXX

>CE BOO

⑥ 将删除的中继电路建立到新的 ISUP 中继群

<EXTEND-TKG(1561):TKGID="L_X_D1",ENLIST1=H'XXXX&ALL&XXX&X,20.

3.7.4 创建 No.7 新局向示例

下面以 TUP 新局向创建为例说明上述 MTP 管理命令和 TUP 管理命令的应用。

TUP 新局向创建步骤:

(1) 首先创建 MTP 部分数据;

(2) 再创建 TUP 部分数据;

(3) 最后创建字冠部分数据。

例 3-32 请完成如图 3-11 所示 TUP 新局向的创建。

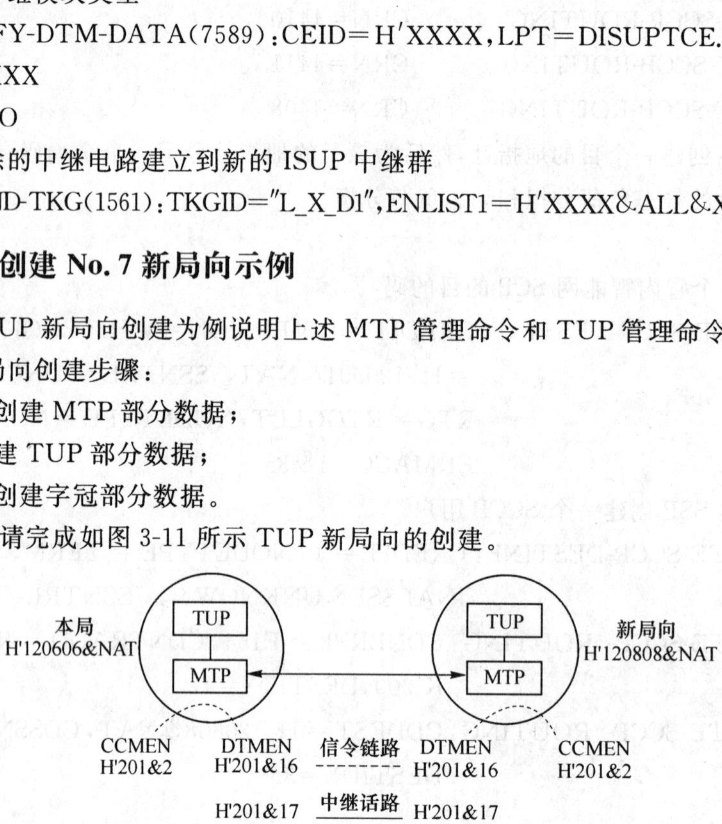

图 3-11 创建 No.7 信令新局向示例

本局的信令链路(SLC=1)是 IPTMN7(H'201)的信令终端(TN=2)连接至 PCM$_1$ 的 CH$_{16}$(TS$_{16}$)即 IPTMN7(H'201&16)。

出局字冠为 K'026,中继话路是 IPTMN7(H'201&17),OPC=H'120606,DPC= H'120808。

1. 首先创建 MTP 部分数据

创建顺序:N7EXCH→N7LKSET→N7LINK→N7RTES

(1) 创建新局向目的地交换机

<CREATE-N7EXCH(223):EXCHNAME="TEST",EXCHTYPE=ADJ&STPSP,
DEST1=H'120808&NAT.

(2) 创建 No.7 信令链路集

<CREATE-N7-LKSET(5375):DEST="TEST"&NAT.

得到 ELN=×。

(3) 建立 No.7 信令链路

① 先占用信令链路所对应的数据链路终端

<SZE-TRUNK-OP(117):ENLIST1=H'201&16.

② 加入信令链路

<EXTEND-N7-LKSET(5377):DEST=H'120808&NAT,LKTYPE=IPTMGRD,
CCMEN=H'201&2,DTMEN=H'201&16,SL
C=1.

得到 ELK=×。

③ 释放数据链路终端

<RLSE-TRUNK-OP(118):ENLIST1=H'201&16.

(4) 创建 No.7 信令路由

<CREATE-N7RTES(245):DEST=H'120808&NAT,ADJEXCH1="TEST".

(5) 激活已创建的 No.7 信令链路

<CHANGE-N7LINK-STATUS(220):DEST=H'120808&NAT,SLC=1,FUNC-
TION=ACTIVATE.

或

<CHANGE-N7LINK-STATUS(220):ELN=×,FUNCTION=ACTIVATE.

2. 再创建 TUP 部分数据

创建顺序：ROUTE→TKG→TKGCOM→SRTGBLK→RTGBLK

(1) 创建中继路由

<CREATE-ROUTE(113):RTEID="TEST".

(2) 创建中继群

<CREATE-TKG(1557):TKGID="TEST"&"TEST",BW,RTEID=TEST,REFTKG=
N7LP,SIGTYPE=N7NAT,DEST=H'120808&NAT,LTRA=
H'FFFF&30,HUNTING=LIFOFIFO&EVENCHN.

(3) 在中继群中加入中继线

<SZE-TRUNK-OP(117):ENLIST1=H'201&17,19.

<EXTEND-TKG(1561):TKGID=TEST,ENLIST1=H'201&17&117&1.

<EXTEND-TKG(1561):CONTROL=CONFIRM.

<RLSE-TRUNK-OP(118):ENLIST1=H'201&17.

(4) 创建复合中继群

<CREATE-TKGCOM(5807):TKGCMID="TEST",TKGCHN=TEST.

(5) 创建子路由块

<CREATE-SRTGBLK(5799):SRTGBLID="TEST",TKGCCHN=TEST.

(6) 创建路由块

<CREATE-RTGBLK(5791):RTGBKLID="TEST",DEPCOMB1=SPEECH&ANY,
SRTGBLK1=TEST.

3. 最后创建字冠部分数据

(1) 创建 DESTACC 指向刚建立的路由块

<MODIFY-ROUTING-TASK(7474):CREATE,ACCINFO=OG&1,R TGBKLID=TEST.

得到 DESTACC＝×。

(2) 修改字冠任务指针(联系电话号码字冠)

<MODIFY-PATED-DEST (715): TREE = 10, PFX = K′026, DESTACC = ×, OPTION＝ALL.

3.7.5 INAP 管理

在 EC74 S1240/SSP 中,主要通过 SACEIN 模块来实现智能网业务功能。SACEIN 模块采用负荷分担工作模式,SACEIN 模块除了完成 TCAP 和 INAP 功能外,还提供 SCCP 功能。

目前在国家智能网中,EC74 S1240/SSP 支持的智能网业务有:

记账卡呼叫业务(ABS)——字冠为 300,SSN 为 F2H;

虚拟专用网业务(VPN)——字冠为 600,SSN 为 F1H;

被叫集中付费业务(AFS)——字冠为 800,SSN 为 F3H。

例 3-33 显示 300830 业务数据。

<DISPLAY-PATED-DEST:TREE＝10,PFX＝K′300830,OPTION＝ALL.

得到 DESTACC＝483,DESTNBG＝6,DESTIN＝5。

<DISPLAY-RONTING-TASK:DESTACC＝483.

<DISPLAY-RATED-TASK:DESTNBG＝6.

<DISPLAY-RATED-TASK:DESTIN＝5.

<DISPLAY-IN-ADDRESS:SSP,TRGMNEM＝ABS.

<DISPLAY-IN-TRIGGER:SERVICE,TRGID＝1.

例 3-34 假设某 SSP 至 SCP 的信令业务需经过 STP_1 和 STP_2 转接,各个节点的信令点编码如图 3-12 所示,请在 SSP 中创建 300 业务数据。

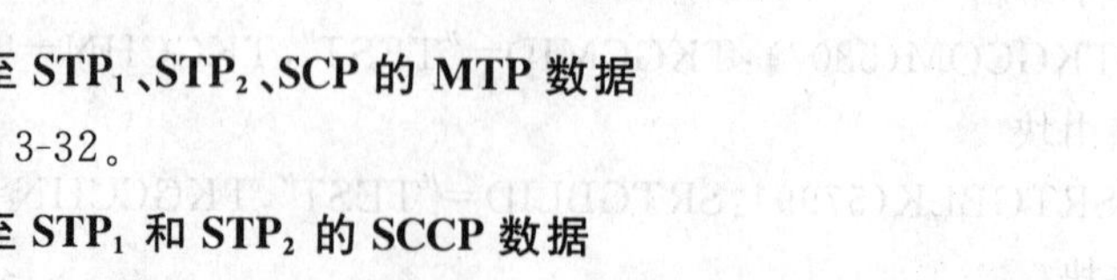

图 3-12 创建 IN 业务示例

1. 创建 SSP 至 STP_1、STP_2、SCP 的 MTP 数据

创建过程见例 3-32。

2. 创建 SSP 至 STP_1 和 STP_2 的 SCCP 数据

<CREATE-SCCP-DESTINF: CREDIT = 1, VERSION = WHITBOOK, NTERMDST = H′120101&NAT, SSNTRL = UNCHG, NTERMRTG = 0,NODETYPE＝NONTERM, NTERMACC＝1&3.

<CREATE-SCCP-ROUTING: CDNBRPL = E164, CDNTRADD = NAT, CDDN = K′300830,DESTIDX＝X.

<MODIFY-SCCP-ROUTING:DESTIDX=X,ALTDEST,CRENEW,CREDIT=1,VERSION =WHITBOOK,NTERMDST=H'120102&NAT，SSNTRL = UNCHG，NTERMRTG = 0，NODETYPE = NONTERM,NTERMACC=1&3.

<CREATE-SCCP-DESTINF:CREDIT=1,NODETYPE=NONTERM,SSNTRL= UNCHG,SCCPUSER=INALSSF&UNKNOWN&1.

<CREATE-SCCP-ROUTING:CDDEST = H'120201&NAT,CDSSN = INALSSF, DESTIDX=Y.

3. 创建 IN 业务数据

<CREATE-IN-ADDRESS:SCP,ADDRFRMT=GLBTIND4,TRLTYP=0,DIGITS =K'300830,ENCOD=BCD,NBRPL=E164,NTRADDR =NAT,TCAPBOOK=WHITEBOOK,CDADDRKEY= K'300830.

<CREATE-IN-TRIGGER:SERVICE,TRGID=1,TRGNAME="ABS",ADDRIND = VIACDKEY，ADDRMNVA = 1&6，SSNSCP = 242， ACMNEM=ACN_CS1_IDP,ACNEGFLG=TRUE,TRFAV=1.

4. 创建字冠部分数据

<MODIFY-PATED-TASK:CREATE,DESTIN=5,IN=ADD&ABS&3&REQUEST& CDADDR&NPROFDEP&NOIND&FALSE.

<MODIFY-PATED-DEST:TREE=10,PFX=K'300830,DESTIN=5,DESTCRTL =W,DESTNBG=Q.

3.7.6　No.7 信令维护

No.7 信令维护要点是根据系统报告、人机命令和 MPTMON 指令显示 No.7 信令系统状态，迅速确定故障的位置。一般从显示信令路由、信令链路和中继模块的状态入手，根据显示结果，判断故障是属于信令终端还是数据链路，故障是属于本交换机还是相连的交换机，然后予以排除。

下面以 S1240 EC74 版交换机为例说明 No.7 信令系统的维护。

1. No.7 信令链路维护

No.7 信令链路的维护从显示信令链路状态入手。常用两条状态查询命令(CRN=250 和 CRN=241)显示出信令路由和信令链路状态，也可用 MPTMON 指令显示。

(1) 了解 No.7 信令系统的全局工作概况，可键入以下命令：

<DISPLAY-N7RTES(250):DETAIL=MTPOVW,ALL.

显示系统所有方向的信令路由的状态和信令链路的状态。

(2) 如果需要进一步了解某条 No.7 信令链路的工作状态，可使用以下命令：

<DISPLAY-N7LINK(241):EXCHNAME="交换机名称",DETAIL=SWSTAT.

或

<DISPLAY-N7LINK(241):EXCHNAME="交换机名称",SLC=×,DETAIL=SWSTAT.

显示指定方向的每条链路的信令链路状态、业务状态、数据链路状态以及信令终端与数

据链路的连接关系。

(3) 根据上述显示的结果可以采取维护措施排除故障,见表 3-1。

表 3-1　No.7 信令链路状态和维护措施

信令链路状态	业务状态	数据链路状态	状态说明/维护措施
ACTIVE 工作	IT 有业务	正常	正常工作状态。
ACTING 待工作	NOTRF 无业务	正常	系统内部正常,处于定位等待状态,与相关交换机联系处理。
		故障	PCM 传输告警,检查与 DTM 相连的传输设备在 PCM、DTM 上进行自环,分段检查。
OOS 故障	NOTRF 无业务	—	主用/备用 SACEN7 同时装载后的状态或信令模块(HCCM、IPTMN7)故障,如正在装载,可使用 CRN=220(DEACT/ ACTIVATE)命令闭/放一次链路使之恢复正常。
ACTIVE 工作 ACTING 待工作	NOTRF 无业务 NOTRF 无业务	—	该状态几乎不可能出现(正在倒回时除外),是一种软件运行障碍,可使用 CRN=220(DEACT/ ACTIVATE)命令使之恢复正常。
ORJ-DIS ORJ 关闭	NOTRF 无业务	—	使用 CRN=220(DEACT)命令后的状态,应由 CRN=220(ACTIVATE)命令恢复。
MAI-DIS 维护关闭	NOTRF 无业务	—	安全块 N7TU 处于维护关闭后的状态(由于人工维护和自动维护),应用初始化命令即 CRN=7 恢复。
MAI-ORJ-DIS 维护 + ORJ 关闭	NOTRF 无业务	—	安全块 N7TU 处于维护关闭(由于人工维护和自动维护) + ORJ 关闭后的状态。
ACTIVE-LOOP 自环工作	NOTRF 无业务	—	使用 CRN=220(ACTLOOP)命令后的状态,表示本局工作正常,要由 CRN=220(DEACT/ ACTIVATE)命令恢复。
ACTIVE 工作 ACTING 待工作	INH 本端阻断 RINH 远端阻断	正常	远端或本地阻断。 在阻断端使用 CRN=220(UNINHIB)解除阻断;当链路集无其他可用链路时,阻断会自动解除。

2. No.7 信令中继电路维护

No.7 信令(TUP/ISUP)中继电路的维护同随路信令(CAS)中继电路的维护是一样的。

当出现工作异常时,可以通过 CRN=45 命令显示 DTM 的安全块(SBL)状态,根据显示结果分析确定故障所在,然后采用进行诊断测试(CRN=11 或 CRN=14)、停用(CRN=6)、初始化(CRN=7)、转换(CRN=39)命令等进一步定位排除。如果安全块状态正常,应检查传输系统是否有告警。

中继电路的的闭塞(BLOCK)分为内部闭塞(由本交换机产生)和外部闭塞(由远端交换机产生)两种。

闭塞解除是由闭塞发起端完成的。如出现个别中继电路闭塞，应检查是否存在软件障碍或信令配合问题，如双向电路的同抢占用处理方法是否一致，是否对通过本交换机转接的呼叫采用了不合理的信令方式(如采用了端到端的方式)等。

3.7.7 No.7 信令测试流程

1. 检测 No.7 信令系统硬件、固件、SBL、告警

- SACEN7、IPTM/HCCM 的 SBL 状态；
- IPTM/HCCM 固件状态；
- 信令终端状态。

2. 检测 No.7 信令链路

- 使用人机命令创建 N7EXCH→N7LKSET→N7LINK→N7RTES → 激活信令链路；
- 若 Link 无法 ACTIVE，在两端作 ACTLO OP，若正常，查看两端 SLC 是否一致。

3. 检测 No.7 中继话路

(1) 使用人机命令 CRN＝136 或 CRN＝117、118 检查中继线状态。中继线状态应为 AVFREE，如果为 BLOCK，一端 BLOCK，需把 DTM 初始化/再装载，两端 BLOCK，在排除其他可能情况下，检查 CIC 是否一致，若一致，修改 R_EN_ARRAY、R_TKG_PTR。

(2) 使用 MPTMON 指令检查设备状态。

4. 检测 No.7 信令消息

- 使用 MPTMON 指令对 No.7 信令消息进行跟踪和分析；
- 使用 No.7 信令测试仪表对 No.7 信令消息进行跟踪和分析。

习　　题

1. S1240 交换机的操作维护任务主要包括哪些？
2. 什么是 SBL？什么是 RIT？标识 SBL 和 RIT 的参数分别是哪些？
3. 显示 S1240 交换系统中当前所有告警的操作应如何实现？
4. 呼叫转移附加电话业务可以有哪几种情况？
5. S1240 交换机模拟电话用户的装机和拆机操作如何实现？
6. S1240 交换机如何查出摘机呼叫的电话用户号码？
7. 如何立即启动 NA＝H'0030 模块所有用户板的例行测试？
8. S1240 EC74 版交换机的中继路由管理分为哪几个层次？
9. 显示一个出局字冠 PFX＝K'027 的字冠分析结果，并查找该字冠目的地任务的操作应如何实现？
10. 显示 S1240 交换机某模块上各条中继线状态的操作应如何实现？
11. 查找出局字冠 PFX＝K'021 的中继路由结构的操作应如何实现？
12. 试完成 S1240 交换机的市话计费光盘的制作。
13. 查找出局字冠 PFX＝K'021 的计费控制数据和费率的操作应如何实现？
14. S1240 交换机软件备份有何意义？如何制作 SLPDLP 后备光盘？

15. S1240 EC74 版交换机如何实现 V5.2 接入功能?
16. 简述 S1240 交换机创建 V5 接口的主要步骤。
17. S1240 EC74 版交换机定义的信令链路类型有哪些?
18. 在 S1240 No.7 信令管理参数中,CIC、SLS、SLC、ELN、ELK 分别是什么含义?
19. 简述 S1240 交换机创建 No.7 信令 MTP 部分数据的主要步骤。
20. 在 S1240 交换机中,创建 TUP 新局向的主要步骤有哪些?
21. 在 S1240/SSP 中,创建智能网业务的主要步骤有哪些?

第 4 章 S1240 软硬件调试

一个 S1240 交换局在现场割接运行之前，需要经过安装、硬件测试和软件测试。在立架、布线等安装工作完成后，经局方确认空调、电源条件已具备，开始交换机硬件测试和软件调试工作，称为开局。

4.1 硬件测试

4.1.1 硬件测试环境和原理

硬件测试的目的是检测硬件故障。这些故障可能是电路板(PBA)、后板(BPA)、电缆(CABLE)、跳线(WIRES)等引起的，也可能是与电源有关的，无论是何种硬件故障，必须在软件测试之前排除，确保交换机运行在高质量的硬件环境下。

S1240 交换局是由各种类型的机架组成，安插在机架各分架上的电路板(PBA)和后板(BPA)是基本结构单元。S1240 交换机各模块之间、DSN 各级各平面之间、各个机架之间的通信连接通过印刷电路、跳线和电缆实现。

硬件测试有两种类型：脱机测试(OFF-LINE)和联机测试(ON-LINE)。脱机测试主要针对新开局，联机测试主要用于交换机扩容测试。

S1240 交换机硬件测试环境如图 4-1 所示。

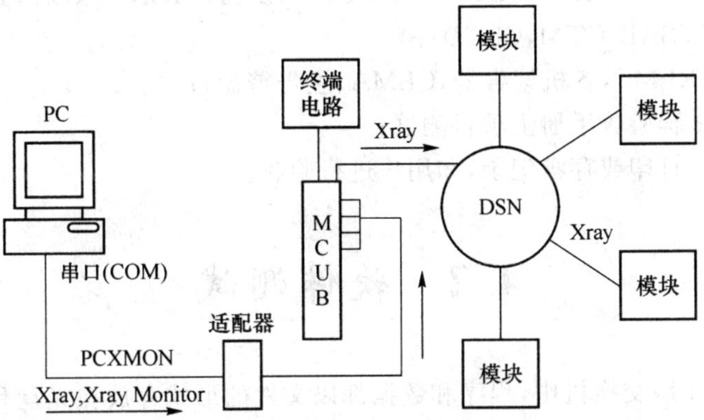

图 4-1　S1240 交换机硬件测试环境

在硬件测试时,测试终端(PC 机)通过模块控制单元 MCUB 板前端提供的串行接口进入交换机,访问交换系统的每个硬件单元,包括 DSN、时钟和信号音分布网、告警分布网及模块。这样就可以从测试终端(PC 机)把各种测试程序装载到交换系统的不同单元中,控制程序的执行,接收系统的反应和运行结果,从而检测出故障位置。

硬件测试相关软件:

- PCXMON,是测试人员和交换机之间的界面;
- Xray 程序,是所有测试程序的总称,各硬件单元都有自己测试用的 Xray;
- Xray Monitor 程序,是一个监控程序,用于控制 Xray 程序中的各测试段的执行,并在发现故障的情况下决定下一步的动作。

4.1.2 硬件测试的步骤和内容

(1) 准备阶段

测试人员在硬件测试前应准备好:一是测试使用的程序软盘、机架文件和数字万用表、冲放电器等工具;二是检查安装质量,包括电源是否准备就绪、电路板的型号和位置是否正确,以防上电出现意外;三是查工程安装文件,贴各硬件模块网络地址。

(2) 上电

在上电之前,需要检查各机架是否短路;把所有机架的空气开关置于 OFF(朝下)位置;检查正极、负极电缆的连接情况;用告警灯对电源架电容进行充电。

当准备工作做好后,通知电力室送电,交换机的标准工作电压为-48 V,负载加上以后一般为-53.5 V 左右。

(3) 连机

在连机前,需要把 PCXMON、Xray 程序、该局结构数据等软件装载到测试终端(PC 机)的硬盘中。当所有机架上电成功后,连适配器(Adapter)至主测模块的 MCUB 板。主测模块 MCUB 板只剩第 1 个灯亮时,在测试终端(PC 机)上执行 PCXMON,开始连机,从测试终端装载 PCXMON 到主测模块。

(4) 测试

连机成功以后,测试人员利用 PCXMON 开始测试,各硬件单元测试顺序如下:

- DSN 网络(TERI-AS,AS-ST1,ST2-ST3,VERCATION,CROSS LINK);
- 时钟分布(TSAB,CTM,CLTD);
- 告警分布(RLMC,各机架告警,CLMA、主告警盘);
- 其余参照工程验收手册上项目测试;
- 将测试结果打印或存盘记录,和用户进行验收。

4.2 软件测试

在 S1240 EC74 版交换机中,程序和数据都以文件的形式存放在光盘和 Disk 上,硬件调试结束后,首先要进行磁盘重建(Disk Build),将厂家提供的系统盘或交换局制作的系统后备盘上的软件拷贝到交换系统磁盘(Disk)的过程;然后通过系统启动(System Start)将系统磁盘上的软件装载至各模块内存。

4.2.1　软件测试步骤

磁盘重建和系统启动是交换机最高级别的操作维护动作，会引起交换系统中断，只有在交换机新开局、扩容局现场测试，软件版本更新，重新装入补丁程序和系统磁盘出现不可恢复的故障时才可进行。

软件测试主要步骤如下：

(1) 磁盘重建；

(2) 系统启动；

(3) 系统设置和状态检查；

(4) 完成应抛的 DUR；

(5) 例行测试；

(6) 功能测试；

(7) 制作全盘后备光盘；

(8) 现场验收和工程移交。

4.2.2　磁盘重建

磁盘重建是软件测试的第 1 步，把程序(SLP)和数据(DLP)从系统光盘输入至交换机的磁盘。可在联机(ON-LINE)和脱机(OFF-LINE)两种状态下进行。

1. 准备工作

(1) 检查 P&L 模块 MCUB 板和 DMCA 板的位置，完成主 VDU 终端与 DMCA 板串行接口 CH1 的连接。

C 侧：DMCA　　POS

　　CH1　　06：12BA01

　　CH2　　06：12BA12

D 侧：DMCA　　POS

　　CH1　　06：44BA01

　　CH2　　06：44BA12

(2) 主 VDU 终端开机，用 OLISIM 软件联机。

设置相应参数：速率为 1 200 Baud，偶校验，数据 7 bit，检验 1 bit，串行通信口 1 或 2。

(3) 对运行局可用 CRN＝7916/8339/6438/466 检查光盘信息。

2. 在 OFF-LINE 状态下的磁盘重建

以 D 侧 Build SLPDLP 为例。

(1) 将光盘插入 D 侧光驱中。

新开局使用厂家提供的系统光盘，已运行交换局使用最近做的系统后备盘。

(2) 拔出 C 和 D 侧 P&L 模块的 MCUB、DMCA 板，再顺序插入 D 侧 DMCA 、MCUB 板，使 D 侧进入 POWER ON 状态，而 C 侧保留。

(3) D 侧 P&L 自检结束后，进入 BOOTSTRAP 状态，主 VDU 屏幕上出现“B?”，此时维护人员可选择：键入“O”，表示从光盘 Build 到磁盘。

(键入“Y”，表示从磁带 Build 到磁盘)

(4) 屏幕上显示卷标。

HN

B>

键入“Y”,表示格式化磁盘。

(键入“S”，表示不格式化磁盘，适用于 Build DLP)

(5) 显示光盘上每一分区内容。

```
00  2000-10-01  11:02:23  SLP:HN-SLP  HNYD
01  2000-10-01  11:44:07  DLP:HN-DLP  HNYD
02
03...
```

B>RESTORE DATA? (“Y; ” “/ ” “N;”)>

键入“Y;”。

如果是 Build DLP ,则显示

B>(MIN=“1;” MAX=“7;” END =“ * ”) >

键入“1;”。

因为厂家提供的系统光盘和交换局制作的系统后备光盘通常把 SLP 做在 0 分区,DLP 做在 1 分区。

(6) P&L 将首先装载使 P&L 工作所需的数据和程序,屏幕显示所装载的文件。

B>GLS:202/0

B>DLS:201/1

B>PLS:205/0

B>UPLS:204/0

B>RDLS:16/1

(7) 这几个文件传送完毕后系统产生一个过渡时期报告(INTERIM RESULT) RRN =8324,从报告中可知需传送文件的数量:NUMBER OF FILES TO BE COPED=××××。

(8) 然后进入传送文件状态。

这时 D 侧光驱的指示灯会交替变化,但与 EC72 不同,在 EC74 中不会显示传送的每个文件的相关信息。

Disk Build 结束后,系统产生一个最终报告(FINAL RESULT RRN=8324),从报告可知已传送的文件数量:NUMBER OF FILES COPED=××××,此时 P&L 的 MCUB 板 LED 为上、下两个灯闪亮状态。

(9) 重新装载 D 侧的 P&L。

用人机命令或宏指令(MACRO),也可拔插 D 侧 P&L 的 MCUB、DMCA 板(先取出系统光盘)。D 侧 P&L 激活后,其 MCUB 板 LED 为 3 个灯快速闪亮状态。

3. 在 ON-LINE 状态下的磁盘重建

以 D 侧 Build DLP 为例。

在 ON-LINE 状态下,可让主用(ACTIVE)的 P&L 模块保持工作状态,重建备用(STANDBY)的 P&L 模块的 Disk。

(1) 检查所 Build 的 P&L 模块是否处于备用状态,如果不是用 CRN = 5 进行 SWITCH-OVER。

＜SWITCH-OVER：SBLTYPE＝CTLE，NBR＝1，NA＝H′C，WTC＝0.

(2) 用 CRN＝6 和 CRN＝53 打死(DISABLE)所 Build 侧(H′D)的 Disk，使其处于 OPR 状态。(此时 P&L 的 MCUB 板 LED 为最上面一个灯长亮状态)

＜DISABLE：SBLTYPE＝CTLE，NBR＝1，NA＝H′D，WTC＝0.

＜GO：SEQ＝xxxx，REPLY＝CONFIRM.

(3) 用 CRN＝7 实现文件传送。

将光盘插入 D 侧光驱中，Build 时不需要格式化磁盘，则加入参数 NOFORMAT。

＜INITIALIZE：SBLTYPE＝CTLE，NBR＝1，NA＝H′D，NOFORMAT，LOADSRC ＝OPTDISC，PARTNBR＝1.

BUILD 时需要格式化磁盘，则去掉参数 NOFORMAT。

＜INITIALIZE：SBLTYPE＝CTLE，NBR＝1，NA＝H′D，LOADSRC＝OPTDISC，PARTNBR＝1.

产生报告 RRN＝52，可知 ACTION STARTED，EXECUTION DELAYED。

此时 P&L 的 MCUB 板 LED 由全部熄灭→上面两个灯闪亮→上、下两个灯闪亮状态，D 侧光驱的指示灯会交替变化。然后开始传送文件。与 OFF-LINE 不同，无 RRN＝8324 报告，也不知道需传送文件的数量。

(4) Disk Build 完成后，P&L 模块处于 INIT 状态。

CTRL＋BREAK

PASSWORD＜PW0001/

DESTINATION＜PLCE B

＜PLCE-BOOT.

P&L 模块进入 BOOT 状态，但不会从 Disk 装载。因为此时 P&L 模块处于 OPR 状态(用 CRN＝45 命令检查 D 侧的 P&L 模块处于 OPR 状态)。

(5) 初始化 P&L 模块(先取出光盘)。

简单的方法：先拔出 C 侧的 P&L 模块的 MCUB、DMCA 板，再拔/插 D 侧的 P&L 模块的 MCUB、DMCA 板，使 D 侧的 P&L 模块处于激活(IT)状态。

用 CRN＝7 命令，有两种情况：

① 从网络装载

＜7：SBLTYPE＝CTLE，NBR＝1，NA＝H′D.

② 从自身 DISK 装载

＜7：SBLTYPE＝CTLE，NBR＝1，NA＝H′D，HARDINIT.

两者区别在于从网络装载不做硬件初始化，从自身 Disk 装载时，需做硬件初始化，而且要与另一侧进行同步。命令执行过程中，可在 MPTMON 终端上用以下宏指令看到 H′D 处于 Loading 状态。

＞：CEID

4.2.3　系统启动

系统启动即系统初始化，目的是将系统磁盘(Disk)上的软件通过数字交换网络(DSN)装载到相应模块，主要包括通用程序装载段(GLS)、程序补丁装载段(PLS)和数据装载段(DLS)。在 EC5X 中只有普通方式，在 EC72 中可采用普通方式和 TONE BUS 方式，在

EC74 中只能采用 TONE BUS 方式。

1. TONE BUS 方式

LOAD-EXCHANGE　　　　　　　CRN＝5014

CONFIRM-LOAD-EXCHANGE　　CRN＝5015

例如，

<LOAD-EXCHANGE：FASTTEST,OBCLOAD.

<CONFIRM-LOAD-EXCHANGE.

2. 普通方式

SYSTEM-START-UP　　　CRN＝502

CONFIRM-START-UP　　CRN＝503

例如单侧启动，

<SYSTEM-START-UP：1＝0.

（<SYSTEM-START-UP 502:1＝1.双侧启动）

<CONFIRM-START-UP.

系统启动结束后，系统产生一个最终报告(FINAL RESULT)，RRN＝4134。

TOTAL	CE COUNT:47
LOAD	CE COUNT:47
FAILING	CE COUNT:0
UNREACHABLE	CE COUNT:0
LOAD/RELOAD	TIME:798 SEC

常见问题处理：

① 若一侧的光驱或 Disk 故障时，在进行 Disk Build 前需要重新连接背板后的扁平电缆。例如，从 C 侧的光盘 Build 到 D 侧的 Disk。

② 若光盘出现取不出的问题，常见情况是没有卸下光盘，执行 CRN＝7997。也可能是光驱的工作电源不正常，可拔/插光驱后板的电源线。

③ 检查光驱工作是否正常，简单的方法是插入光盘，执行 CRN＝7916。若是成功报告表明光驱工作正常，若是不成功报告表明光驱有故障。

④ 系统启动时，对已运行局若想保留 MPTMON 终端正常工作，可使用宏指令

>：KILLMSG 6，190T

4.2.4　系统设置和状态检查

1. 设置系统时间

正确设置当前的系统时间，通过修改日期和时间的人机命令实现。

SET-DATE　　CRN＝510

SET-TIME　　CRN＝505

例如，

<SET-DATE:DATE＝ YYYY&MM&DD，DSTIME＝FALSE.

<SET-TIME:TIME＝16&01.

如果局名不合适，可用人机命令修改局名。

<DISPLAY-TUPLE(379):1＝"R_HST_EXCH".

得到,D_HST_INDX=0001,D_HST_NAME=HN。

<MODIFY-TUPLE(378):1="R_HST_EXCH", NA=H'C, 2="D_HST_INDX"&0&"1",
3="D_HST_NAME"&0&"HNYD".

2. 检查模块状态

检查所有模块是否都 ON-LINE，对没有 ON-LINE 的模块进行单个装载。若装载不成功，应进行处理。检查到有模块在 Restart/Reload 时，可以检查分析 7439 报告。

4.2.5 DUR

根据设备生产商的要求和各个局的实际情况,完成应抛的 DUR 即灌入所需要的经过校验的 DUR。在现场测试时,如果发现大量数据出现问题或者交换局要求改变较多的局数据和用户数据时,现场测试人员需要制作 DUR。

下面简单介绍一下 DUR 的概念及 DUR 的制作方法:

1. 标准 DUR 的格式

① DUR 的描述部分。

② DUR 的主体部分。主要指令:MOD、MAL、DEL、STO。

2. DUR 的制作

做 DUR 的方法:参考已有的标准 DUR。

例如,DYJR180F. DUR 得到 DUR (DYABC01. DUR)。

① 编辑一个 DUR 文件。

C>DUFFIX>COPY DYJR180F. DUR DYJABC01. DUR

C>DUFFIX>KEDIT DYJABC01. DUR

② 建立一个 STEER 文件(扩展名为. STR)。

C>DUFFIX>KEDIT JQQ. STR

写入 DYJABC01。

③ 转换. STR 文件为. DUF 文件。

C>DUFFIX>DUFFIX

出现菜单,键入

5

3

JQQ

然后退出菜单,检查 JQQ. DUF 文件已自动生成。

用 HYCON 联机。

>BDR 1200T

④ 建立 PC 机 ←→ MPTMON。

C>DUFFIX>PATCON

出现提示,键入

1

1200

Y

⑤ 把 DUR 写入 H′C 或 H′D 的 DISK 文件。

>WRI JQQ. DUF　1032，　116

DISKID FILEID

注：DISKID 可以是 1、2、1032；FILEID 可以是 115～119。

⑥ 联机执行 ORJ。

<7678：IMPLEMENT＝Y，DUR＝"DYJABC01"，FILEID＝116.

或

<7678：IMPLEMENT＝Y，ALLDURS＝Y，FILEID＝116.

注：MANAGE-DURS　　CRN＝7678

4.2.6　例行测试

对交换机内的数字交换网络、时钟、服务电路模块（SCM），用户板（ALCN）等进行例行测试，发现交换机的潜在故障和问题。

4.2.7　功能测试

功能测试是对交换设备的基本呼叫处理功能、新业务功能和其他功能的检查。键入并执行相关的人机命令，逐项进行验证，主要包括：

（1）验证本局电话，中继呼叫（R2-R2，R2-No. 7，No. 7-No. 7）功能。

拨打本局呼叫、拨打出局呼叫、拨打入局呼叫，检查呼叫处理是否正常；

拨打本地电话、拨打长途电话，检查呼叫接续是否正常。

（2）验证用户特服，小交换机（PABX），商务通信组（BCG），ISDN，智能网呼叫功能。

拨打本地特服号码、电话新业务、ISDN 电话，检查呼叫接续是否正常；

拨打智能网业务接入码并进行电话呼叫，如 200、300、800 等，检查呼叫接续是否正常；

检查交换机内小交换机（PABX）、商务通信组（BCG）基本数据和业务数据的建立情况，并拨打电话验证。

（3）验证计费功能，制作计费带。

主要检查交换机内的计费数据和各种计费功能的实现，检查计费的准确性（市话，长话）。包括汇总计费（BULK-BILLING）；详细话单计费（DETALL-BILLING）；小交换机（PABX）、商务通信组（BCG）的计费；记账电话卡（200、300）呼叫计费等。

完成市话计费带（盘）的制作；完成长途计费带（盘）的制作。

（4）验证测量统计功能。

登记话务量统计，观察接通率，中继可用率正常。包括各种测量统计的人机命令和测量统计报告。

（5）检查两侧文件是否同步。

检查 H′C 和 H′D 的 DISK 文件同步情况，使用宏指令

>：RFSL

（6）验证告警功能

检查告警检测功能，用 CRN＝19 命令显示告警数据；检查机架告警、列架告警是否正常；检查验证主告警盘（MPA）的告警灯和告警音是否正常。

- 制作全盘后备光盘。

维护人员在做好系统后备光盘后，必须确定后备光盘是否可用。

- 按工程验收手册逐项和用户验收。
- 工程移交，完成现场软硬件调试。

习　　题

1. 简述 S1240 交换机硬件测试过程。
2. S1240 交换机软件测试的主要步骤有哪些？
3. S1240 交换机在什么情况下需要进行磁盘重建？
4. 简述 S1240 EC74 版交换机的系统启动方式。

第二篇　EWSD程控交换设备

德国西门子(SIEMENS)公司生产的EWSD数字程控交换机是用于公共通信网络的功能强大而又灵活的数字电子交换系统，它的技术结构是以西门子公司在通信、计算机、元器件领域中丰富的经验为基础的。从1981年进入国际市场以来，由于系统的可靠性高、成本效益好，以及能为电话用户提供丰富的功能，该系统在许多国家享有良好信誉。EWSD交换机的硬件及软件设计均采用模块化、透明化的设计思想，其特点是应用了具有局部控制功能的分布式处理机，并采用协调处理机来控制共有的功能。EWSD交换机的这种结构使其能灵活地运用于各种不同容量、性能、业务范围及网络环境中，广泛应用于本地网端局、广域虚拟用户交换机、本地汇接局、长途汇接局、移动端局、移动汇接局、关口局、智能网SSP、独立STP以及各种混合局等。

EWSD V15是西门子数字程控交换机在中国应用的最新软件版本，作为同时能够引入语音、数据综合类业务的全业务平台，EWSD V15版从2002年开始在中国使用，发展迅速。EWSD V15版大幅提升呼叫处理能力，呼叫处理器CAP的数量从V11的最大6个扩展到最大10个，处理能力也从V11版的180万BHCA增加到500万BHCA；EWSD V15版交换机支持大容量的交换网络SND，交换网络端口达到24万，最大话务量负荷达到10万Erl，SND交换网采用的是单T的结构，内部线路采用全光网络结构，交换矩阵的速率达到920 Mbit/s，是真正的无阻塞交换网络，SND具有集成度高，功耗小的优点，满装时用5个机柜就能提供24万中继，相比较而言，V11版交换网络SNB用10个机柜仅提供6万中继；V15版引入SSNC，提供强大的信令处理能力，能实现32个多信令点编码，最大可提供1 500条信令链路，包括2 Mbit/s高速信令链路，以及完善的路由网管控制功能，处理能力为100 000 MSU/s；EWSD V15版交换机提供丰富实用的电话附加业务，如增强型黑白单、IP电话接入码预置等，并支持固话彩铃业务的软件平台。

EWSD交换机能使电话网发展成为一个终合业务数字网。能按照用户要求可靠、经济地同时交换和传输话音、数据、报文及图像业务。EWSD对各种性能的实现均符合ETSI及ITU-T所制定的国际规范及标准。

第5章

EWSD 系统概述

EWSD 交换机的软硬件系统都采用模块化结构，其特点是应用了具有局部控制功能的分布式处理机，并采用协调处理机来控制共有功能，利于设计、调测、安装和维护，容易扩充，修改方便，适应性强。为了提高可靠性，在系统的多数单元中采用了冗余配置方式。

5.1 EWSD 系统结构

5.1.1 传统型 EWSD 系统结构

传统型 EWSD 数字交换系统硬件结构主要由接入接口模块、公共信道信令模块、协调处理模块和交换网络模块组成，如图 5-1 所示。

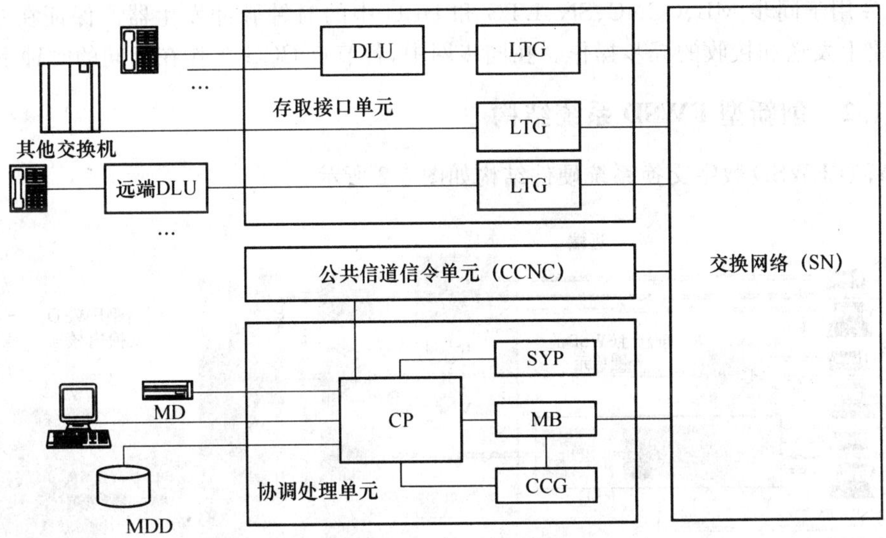

图 5-1 传统型 EWSD 系统结构

EWSD 程控交换系统主要包括下列单元：

(1) 数字线路单元(DLU)

DLU 作为数字集线器。传统 DLU 数字线路单元通过 4 条 2 Mbit/s PDC 与两个 LTG

相连。电话用户(模拟电话用户和 ISDN BA)连在 DLU 上。

(2) 用户/中继线群(LTG)

LTG 可连接 4 条 PCM30 系统(2 Mbit/s),用于连接其他交换机、DLU 和 PBX。每个 LTG 使用 8 Mbit/s 高速通路连接到双备份的交换网上。LTG 内含组处理器(GP),可加载 ISUP、TUP、CENTREX、ISDN、V5.2 等各种信令软件,负责中继的提供和连接数字线路单元(DLU/RDLU)。

(3) 交换网络(SN)

SN 在 8 Mbit/s 高速通路上为单独的用户通道建立连接,连接于 LTG 与 LTG 之间、NO.7 信令通道与公共信道信令控制器之间、从 LTG 到 CP 之间的消息信道(MCH)。SN 是双备份,从 CP 接收设置指令,在两侧 SN 建立并行的话音通道连接。完成 64 Kbit/s 时隙的电话交换。

(4) 公共信道信令控制器(CCNC)

CCNC 负责信令部分有关处理和信令链路的提供;CCNC 为 No.7 信令消息提供保证、信令消息分配和消息选路功能。CCNC 与 SN 之间最多可连接两条 8 Mbit/s 高速通道,并以此直接分别接入 No.7 信令通道。CCNC 使用消息信道(MCH)与 LTG 之间的用户部分进行通信。

(5) 协调处理机(CP)

CP 主要完成基本的呼叫处理和协调系统其他部分的工作,其内部采用独特的任务分担的冗余备份方式,具有很高的可靠性。CP 经消息缓冲器(MB)连接 SN 和 LTG 的控制单元。MB 经 8 Mbit/s 高速通路连接到 SN 上。CP 还连接到 CCNC 的控制单元,用于转接去 LTG 相关用户部分的 No.7 信令消息。CP 提供连接硬盘、磁带机、MOD、本地操作终端 OMT 及网络管理中心/后处理中心的操作/数据通讯接口。CP 还可连接用于告警显示的系统面板显示 SYP。

(6) 中央时钟发生器(CCG)

CCG 用于同步 MB、CCNC、SN、LTG 和 DLU 中的时钟脉冲发生器。保证在 8 Mbit/s 高速通路上发送和接收的同步操作。在同步网中,各节点 CCG 工作在相同的时钟下。

5.1.2 创新型 EWSD 系统结构

创新型 EWSD 数字交换系统硬件结构如图 5-2 所示。

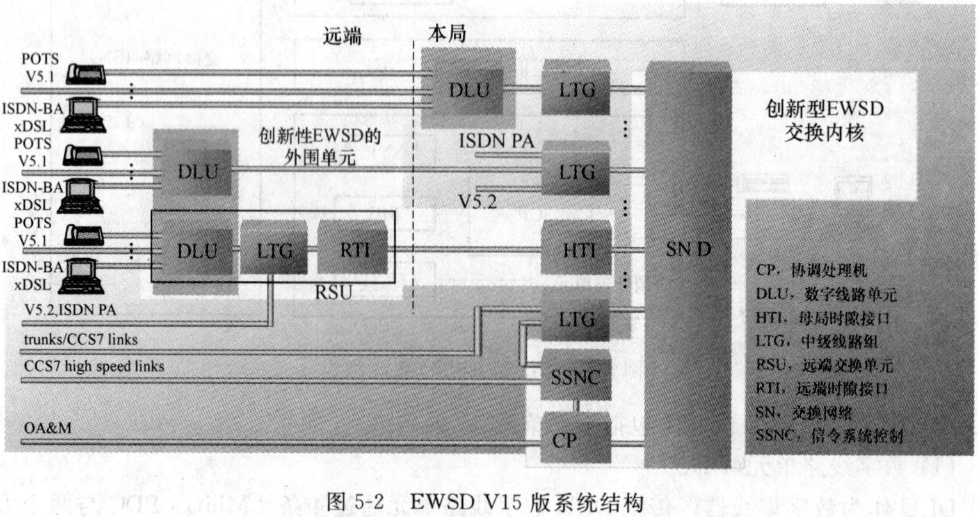

图 5-2 EWSD V15 版系统结构

创新型 EWSD 数字交换系统即 EWSD V15 版交换机支持新型无阻塞的交换网络 SND、信令单元系统 SSNC、远端交换单元 RSU 以及新的消息缓存器 MBD、数字线路单元 DLUG、用户/中继线群 LTGP。

5.1.3　EWSD 机架结构

EWSD 机架结构如图 5-3 所示。

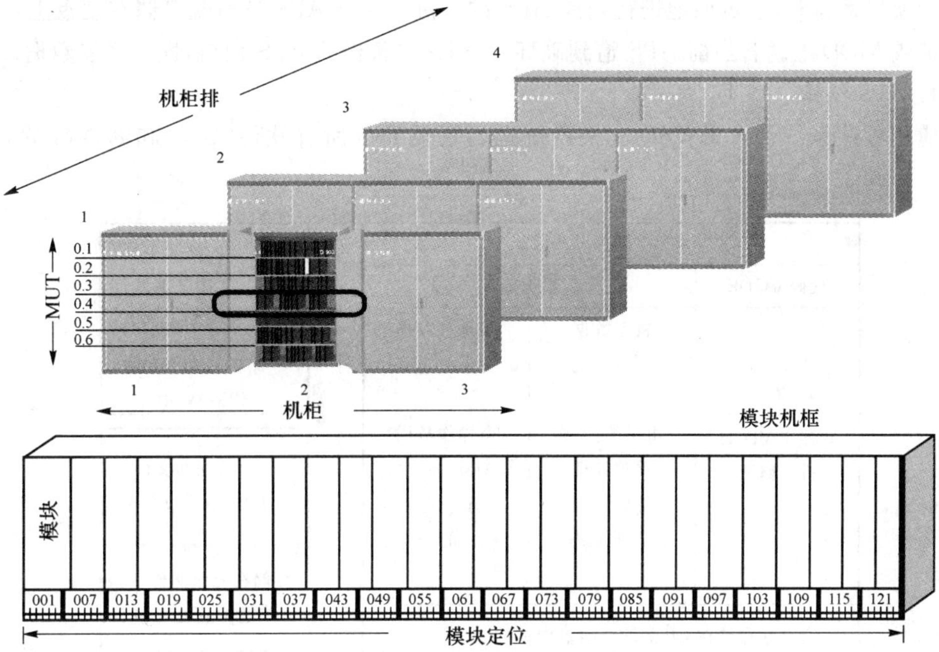

图 5-3　EWSD 机架结构

（1）机柜排(Rackrow)

（2）机柜(Rack)

（3）机框(Frame)位于机柜中，每个金属框即为一个 Frame。不同机框之间或与外部设备之间均通过电缆连接。在一个机框中可水平安装一层或二层模块，每一层都称为 Shelf。EWSD 中层(Shelf) 编号从 0 开始，方式为自上而下、自左而右。机框用“MUT”标识，自上而下顺序编号。

（4）硬件模块插放在机框中，模块排以字母 A 或 C 标识，以便在多排模块机框中找到模块。模块排中的模块位置以“MOLOC”标识，印在机框的金属横梁上。

（5）采用插头式背板电缆。电缆长度根据实际需要而定。

（6）EWSD 使用带电池的中央供电系统为设备供电(48 V 或 60 V DC)。

5.1.4　EWSD 应用软件系统

应用程序系统(APS)由所有操作 EWSD 交换机的软件构成，即 EWSD 各系统单元控制单元的所有程序和数据库。APS 所有软件都存储在 CP 的磁盘上。另外，各系统单元的软件以驻留软件形式存储在各自控制单元的内存单元中。

某个版本的基本 APS 必须能适应任何网络运营商的需求，根据与网络运营商的谈判合同所要求的性能范围，产生客户 APS。基本 APS 中没有数据库，客户 APS 加上数据库形成交换机专用 APS。APS 数据库可分为半永久性数据和暂态数据。

APS 升级仅用于在已运行的交换机上安装新版本 APS。如果是新局，不存在此情况。在交换机正常运行期间装载完整的新版 APS，装载完之后，呼叫处理切换到新版本的 APS 仅需很短的中断时间。

交换机运行时，应定期地进行当前 APS 的备份。这些 APS 备份既存储在硬盘上，又存储在磁带或 MOD 上。若当前 APS 遭到破坏，可用这些备份的 APS 启机，恢复系统数据。

1. APS 结构

应用程序系统包含 EWSD 交换系统运行所需要的所有软件（SW）和固件（FW），如图 5-4所示。

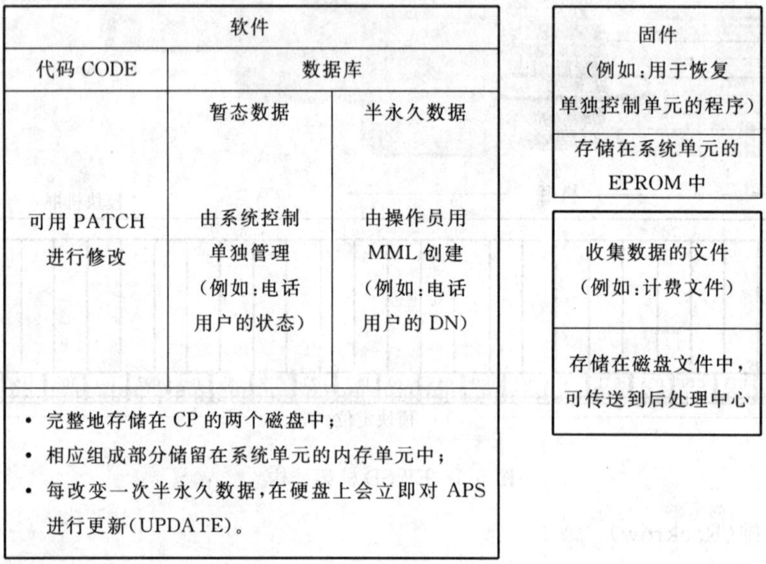

图 5-4　EWSD APS 结构

APS 由 CHILL 语言或汇编语言编写。APS 存储并运行在不同的地方，EWSD 中各单元的 APS 存储位置如图 5-5 所示。

（1）协调处理器（CP）的 SW 包括数据、驻留 SW 和可加载 SW。驻留 SW 用于对时间要求严格的程序，如呼叫处理、操作系统等；可加载 SW 存于磁盘，若需要，可反复加载，它用于对时间要求不严格的应用，例如管理、配置等。CP 中的 FW 用于引导系统，即在 SW 未加载的情况下运行。

（2）交换网（SN）含有 FW，HW 自我监督、话音通路连接等应用。

（3）LTG 含有 SW 和 FW。SW 存于磁盘，在 LTG 配置和 LTG 恢复期间进行加载，包括运行 LTG 的代码和数据，如端口应用、LTU 等。FW 的使用同 CP 一样，用于引导 LTG。

（4）公共信道网络控制（CCNC）包含 FW 和由代码/数据构成的 SW，用于 CCNC 中的路由选择功能或消息分配，以使消息被送到相应的用户部分。

（5）DLU/DSU 包含 SW 和 FW。SW 用于 DIU 端口的存储等。FW 用于 DLU 启动和

紧急情况时独立服务的呼叫处理。

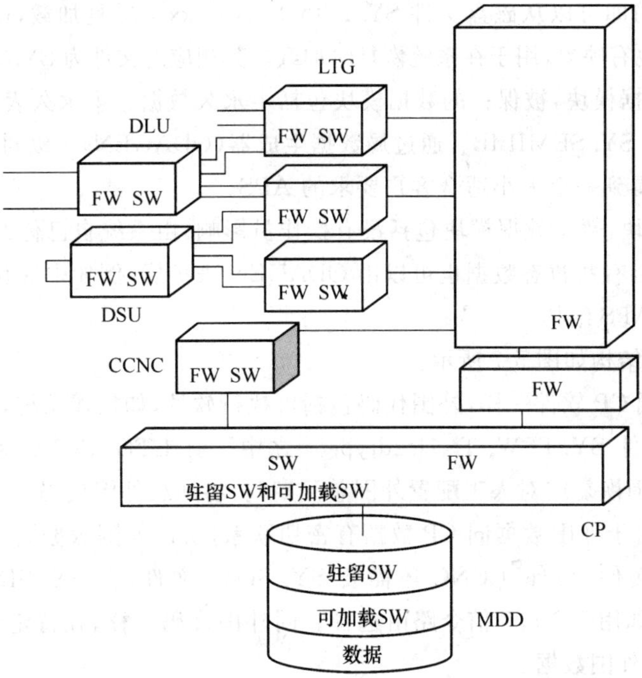

图 5-5　EWSD 中各单元的 APS 存储位置

（1）CP 中的 APS 结构

CP 中的 APS 结构如图 5-6 所示。

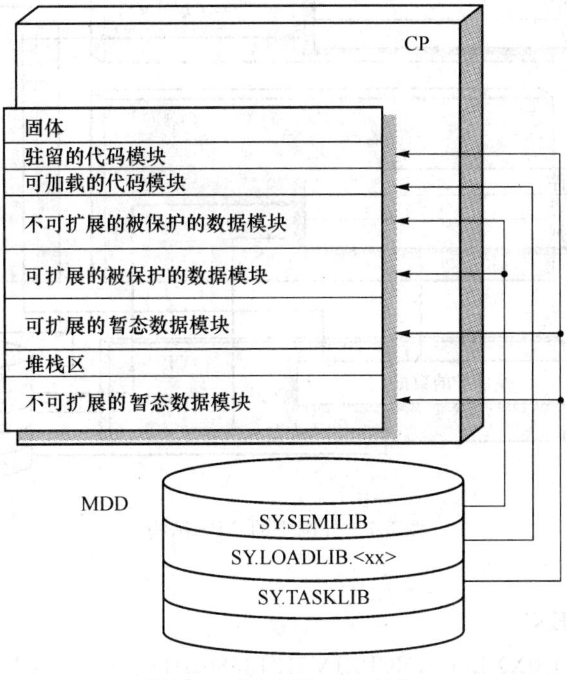

图 5-6　CP 中的 APS 结构

① 代码模块,代码模块包括可执行程序,如管理软件、呼叫处理软件、安全保护软件等,这些软件是可加载的即可以从磁盘文件 SY. LOADLIB.＜xx＞反复加载,也可以是驻留的。驻留软件在磁盘中也有映象,用于在系统恢复时加载。其相应的文件为 SY. TASKLIB。

② 被保护的数据模块,被保护的数据模块包括半永久数据。半永久表示该数据可被修改,这种更新文件为 SY. SEMILIB。通过局数据生成器(ODAGEN)可以对多数数据模块进行扩展。这样就可得到一个大小适合客户要求的 APS。

③ 暂态数据模块,暂态数据模块包括没有操作员影响,由系统自己修改的数据,相应文件为 SY. TASKLIB,有些暂态数据也可以由 ODAGEN 来扩展,例如中继和用户的状态。

(2) 外围中的 APS 结构

外围中的 APS 结构如图 5-7 所示。

① 外围代码,同 CP 软件一样,外围代码包括可执行软件,如操作系统,呼叫处理等。代码模块存于磁盘文件 SY. PSW. T＜loadtype＞之中。有 LTG、CCNC 和 IOP:SCDP 的"PSW"文件。在外围恢复或对人工配置外围单元期间,将加载外围代码。

② 外围数据,由于外围数据同 CP 数据有密切联系,所以外围数据同 CP 数据(被保护的数据)取自相同文件,另外,CCNC 还需要 SY. SIMP 文件,在 SY. SIMP 文件中含有 CCNC专用的数据,如用于 No. 7 信令路由选择。同外围代码一样,在特定级别的恢复或配置命令期间,将加载外围数据。

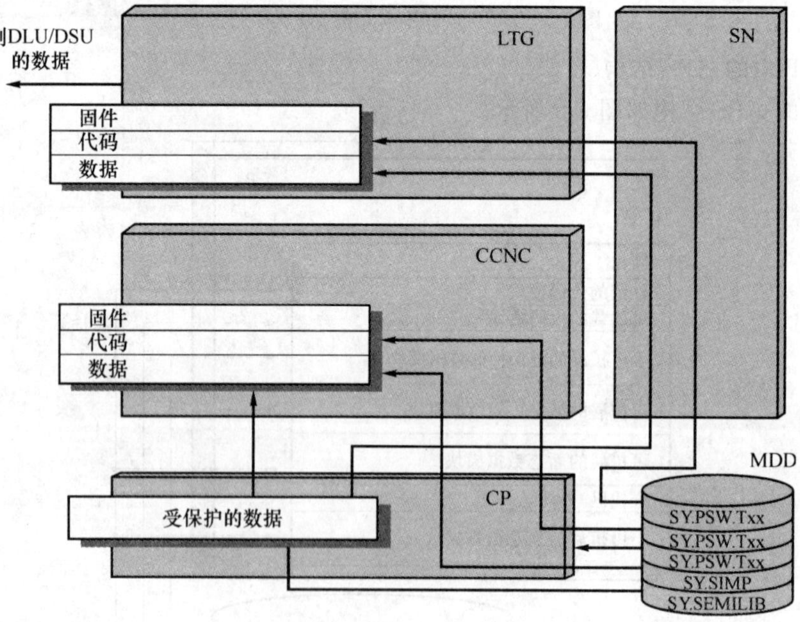

图 5-7 外围中的 APS 结构

2. APS 文件

(1) 显示 APS GEN

HCSXX/AD386D20XXE/CHNCBZ1V51313686/013 04-07-27 09:29:57

4594 TH2502/CUSTOMER 3080/02067

```
DISPGEN;
EXEC'D
NAME OF CURRENT GENERATION: 51332200（当前 GEN 号为 51332200）
LIST OF GENERATIONS:
HISTORY  GENNAME  VALIDITY  GCS  FILES  CREATION  DATE  SET  REFGEN
-------------+----------------+-------------+------+---------+---------------+----------+------+-----------
ODAGEN   51332200   VALID   0   13   05-02-01  23:31:09  4  51332100
BACKUP   51332214   VALID   0   13   05-06-10  15:59:23  5  51332200
GOLDEN   51332212   VALID   0   13   05-05-25  09:10:38  1  51332200
END TEXT JOB 5581
```

(2) 显示 APS GEN 文件

```
HCSXX/AD386D20XXE/CHNCBZ1V51313686/013          04-07-27 09:30:57
4594          TH2502/CUSTOMER 3080/02067
DISPGEN:DISPL=FILES;
EXEC'D
NAME OF THE CURRENT GENERATION                  : 51332200
VALIDITY                                        : VALID
GCS                                             : 0
LIST OF ALL FILES OF GENERATION                 : 51332200
APSNAME                                         : WSAXBK1V
TOTAL SIZE OF GENERATION (PAGES)                : 222536
FILE:              POWERSET:   DISK 0:   DISK 1:   APSV:   FILESIZE:
-------------------------+---------------------+-------------+-------------+-----------+---------------
SY.LOADLIB.CA      H'00000010   VALID     VALID     5133       5699
SY.LOADLIB.MA      H'00000010   VALID     VALID     5133      12306
SY.PSW.T097        H'00000010   VALID     VALID     5133        402
SY.PSW.T098        H'00000010   VALID     VALID     5133       3048
SY.PSW.T100        H'00000010   VALID     VALID     5133        926
SY.PSW.T121        H'00000010   VALID     VALID     5133        246
SY.PSW.T004        H'00000010   VALID     VALID     5133      12059
SY.PSW.T030        H'00000010   VALID     VALID     5133      17146
SY.SEMILIB         H'00000010   VALID     VALID     5133      66659
SY.UPLOG           H'00000010   VALID     VALID     5133       6665
SY.TASKLIB         H'00000010   VALID     VALID     5133      71546
SY.LOADLIB.LA      H'00000010   VALID     VALID     5133      24743
SY.SIMP            H'00000010   VALID     VALID     5133       1091
END TEXT JOB 6781
```

EWSD 系统运行，最重要的 APS 文件如图 5-8 所示。

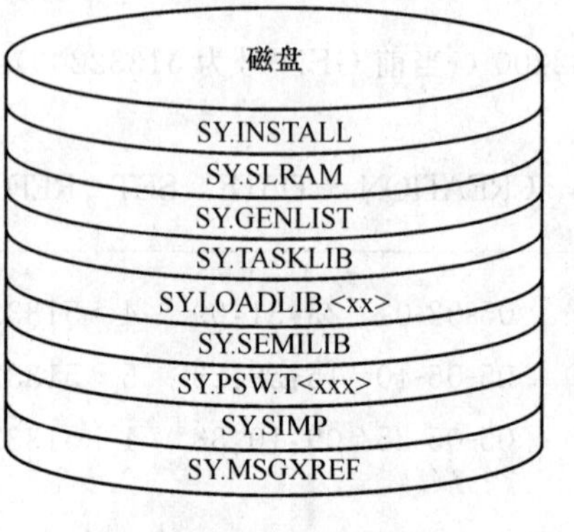

图 5-8 APS 文件结构

① SY. INSTALL

脱机程序，包括各种例行程序，用于格式化磁盘、为磁盘加标签、从光盘/磁带向磁盘传 APS、以及从磁盘向公共存储器加载，该文件不属于任一个 GEN。

② SY. SLRAM

脱机程序，用于从磁盘向公共存储器加载 TASKLIB 和 SEMILIB。

③ SY. GENLIST

磁盘上有效 APS Generation 的清单。

④ SY. TASKLIB

任务库(Task Library)含有全部驻留 CP 代码和暂态数据的初始值。

⑤ SY. LOADLIB. xx

可加载的进程库(xx=LA)、MML 命令语法(xx=CA)、输出格式(xx=MA)。

⑥ SY. SEMILIB

半永久数据库。

⑦ SY. PSW. Txxx

这些系统文件含有外围单元(如 LTG、CCNC、IOP 等)的代码。

⑧ SY. SIMP

该文件含有用于 CCNC 的半永久数据。

⑨ SY. MSGXREF

消息路由的交叉参考清单。

⑩ D9. VLRAL

移动专用文件：VLR allocation。该文件含有所有 VLR 用户漫游位置的清单。

⑪ SY. VSD. BACKUP

EWSD V15 版交换机在 V11 版的半永久性数据库的基础上，增加了一个新的数据库——VSD 数据库。用户的呼叫转移和话务限制信息都存储在这个独立的数据库中。V15 版记录用户的 SCI 数据，如用户呼叫转移、话务限制等信息都存储文件 SY. VSD. BACKUP 中。

EWSD V11 版交换机对 SCI 数据的处理方式：所有 SCI 必须经由 BAP 处理。由于用户数据在硬盘上是分散的，频繁的读写访问给硬盘带来很大的负担。每次 SCI 修改都同时记入 SY. SEMILIB 和 LOG 文件中，在系统升级和 ISTART2G 发生后，在执行 LOG 命令恢复完整的数据时耗费很长的时间。为了克服以上不足，V15 体系提供以下的功能：充分利用多处理器的处理能力、集中的数据库、采用新的升级机制、允许多个进程同时访问同一数据在数据库软件中，并发运行需要附加逻辑以保证所有看到的数据是一致的，并且所有对数据的修改以适当的顺序进行；BAP 和 CAP 都可以读取所有的用户控制输入数据，也就是说，不仅是只有 BAP 来处理 SCI 的工作，减轻了 BAP 的负担。

5.2 数字线路单元

数字线路单元(DLU)作为数字集线器，用于将用户连接到 EWSD 交换机。它可以连接普通用户、投币电话、用户交换机 PBX，也可以连接 ISDN 用户、小型数字用户交换机，还能通过 V5.1 接口连接接入网(AN)。DLU 可以装在交换机中，也可以用远端方式运行。

目前 DLU 的结构类型有 DLUA、DLUB、DLUD 、DLUG，其中 DLUG 为 EWSD V15 版交换机支持的最新硬件，在结构和连接特性上与传统硬件版本有较大区别。

5.2.1 DLU 结构

DLU 采用 DLUS，集成度高，并且内部有两套控制系统，可与两个 LTG 交叉相连，高可靠地确保系统的安全运行，传统 DLU 结构如图 5-9 所示。

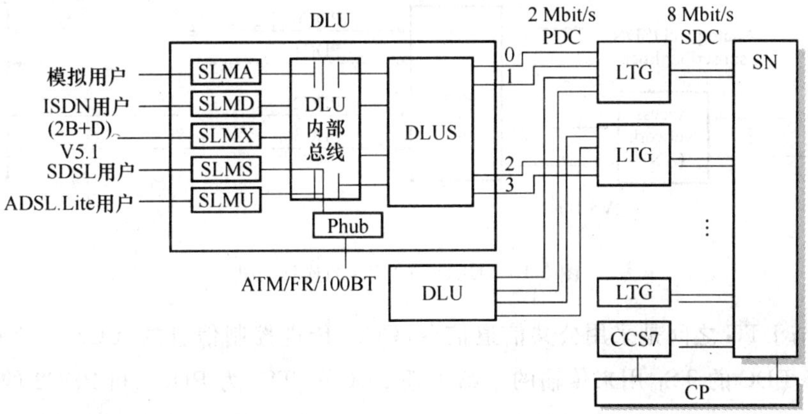

图 5-9　DLU 结构

(1) 连接用户类型

DLU 作为 EWSD 的用户连接模块，可以支持各种模拟连接和数字连接，其中模拟连接包括：带有脉冲拨号、按键拨号、呼叫计费显示的普通用户；投币电话；带/不带 DID 的小型用户交换机 PBX。数字连接包括：ISDN 基本接入；小型数字用户交换机；通过 V5.1 接口连接接入网(AN)。

(2) 连接用户容量

EWSD 可以根据实际使用情况配置 1～255 个 DLU 模块，传统 DLU 根据所使用的模块类型和所需话务量，可连接：最多大约 900 个模拟电话用户线路；最多大约 800 个数字电话用户线路(ISDN BA)；最多 32 个 V5.1 接口；模拟电话用户、数字电话用户和 V5.1 接口混接,但最多只能同时保持 120 路呼叫连接。

(3) EWSD 与 LTG 连接方式

DLU 一般使用 4 条数字基群载波(PDC)连接到 LTG,基于安全性考虑,EWSD 将两个 DLU 分别交叉连接到两个 LTG。对于安装在母局机房的本地 DLU,可以用 2 条 4 Mbit/s 的电缆代替 4 条 2 Mbit/s 的电缆连接到 LTG。每条 PDC 提供 30 条用户信道(每个 4 Mbit/s接口提供 60 条用户信道),每条用户信道都可以被 DLU 的任何一个用户使用,连接方式如图 5-10 所示。

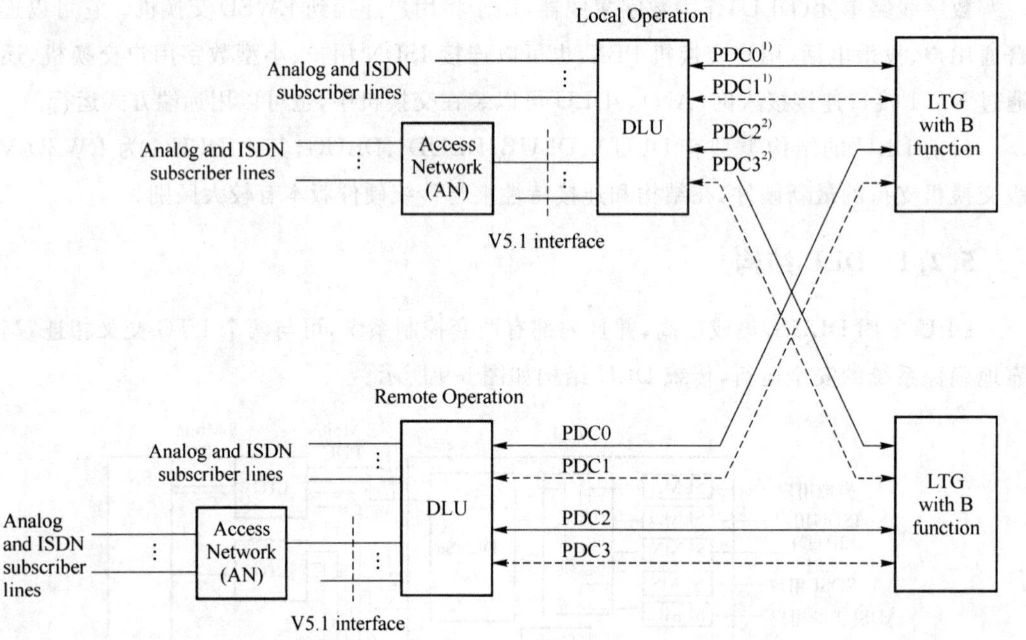

图 5-10 DLU 与 LTG 的连接方式

DLU 与 LTG 之间是采用公共信道信令(CCS)传送控制信息的,CCS 信令是通过第 1 条和第 3 条 PDC 的 TS_{16} 用来传输的。第 1 条 PDC 的 TS_{16} 为 PDC1 和 PDC2 的 60 条用户信道传输控制信息,第 3 条 PDC 的 TS_{16} 为 PDC3 和 PDC4 的 60 条用户信道传输控制信息。

对于本地 DLU 的 4 Mbit/s 接口,每条 4 Mbit/s 连接的 TS_{32} 用来传输 CCS。

(4) 远端 DLU 模块间的连接

远端 DLU 与母局之间通过传输设备进行连接,出于安全考虑,远端 DLU 配备有独立服务控制器,我们可以将最多 6 个远端 DLU 连接起来,组成一个远端控制单元(RCU),如图 5-11 所示。

如果 DLU 不能通过 PDC 的公共信道信令链路与至少一个 LTG 通信,则 DLU 处于紧急服务状态,例如到 LTG 的所有链路故障。独立服务控制器模块(SASC-E)处理 RCU 内的用户的信令和话音通道。在远端 DLU 处于紧急服务期间,其独立服务控制器 SASC-E 允许连在该 DLU 上的所有用户之间建立连接(DLU 内部话务)。对于 DLU 中采用按键式话机的用户,在紧急服务中,SASC-E 激活音频收号器,以便接收 DTMF 拨号。紧急服务不会给 DLU 中主要的用户操作带来任何限制。

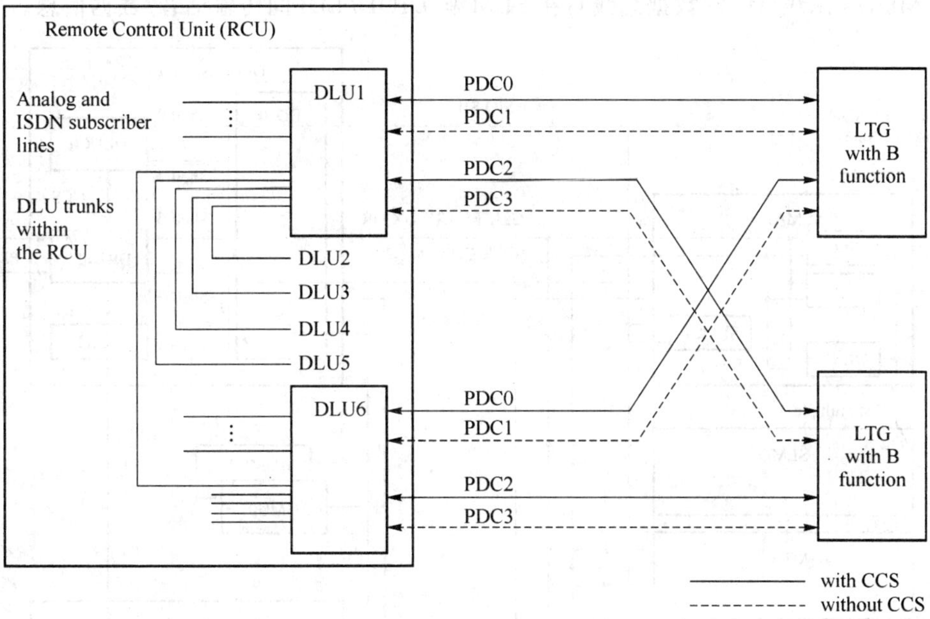

图 5-11　远端控制单元(RCU)的连接

5.2.2　DLU 的功能单元

DLUA 功能结构如图 5-12 所示。

(1) 中央功能单元

为确保可靠性并增加接通能力,DLU 的中央功能单元采用双备份,即系统 1 和系统 2。一个 DLU 系统包括 4 个部分:DLUC、DIUD、BD、CG。

① DLU 控制部分(DLUC)

DLUC 控制 DLU 内部功能序列、把信号分配到用户电路,并把用户电路的信号流进行集中。两侧 DLUC 以负荷分担的方式独立工作。如果其中一个故障,另一个将承担起全部工作。DLUC 是 DLU 内部控制总线到各层的起点。通过这条总线,DLUC 可以访问所有带微处理器的功能单元。被选中发送消息的单元被 DLUC 直接访问以传送命令和数据。DLUC 也可以完成测试、例行监测并发现错误。

② DLU 数字接口单元(DIUD)

DIUD 可通过两条 PCM30 或 PCM24 复用线将 DLU 与 LTG 相连,负责发送 DLUC 与 LTG 之间的控制信息。DIUD 还提供 4M 的本地 DLU 数字接口单元(DIU:LDID)。

DIUD 有两个接口,用于连接两条 PCM30(PCM24)或基群数字载波(PDC)。PDC 将 DLU 接到 LTGB、LTGF(B)、LTGG(B)、LTGM(B)或 LTGN(B);PCM24 不能用来连接 LTGM(B)。可用平衡或同轴电缆连接。

③ DLU 总线分配(BD)

BD 将用户线路模块连接到中央单元 DLUC 和 DIUD 或 DIU:LDID。每个 BD 通过控制总线、4 Mbit/s 总线和碰撞检测总线分配到 DLU 系统的某一侧。双备份的总线系统完成中央和外围功能单元间的通信。DLU 总线系统包括以下几个部分。

4 Mbit/s 总线(话音/数据总线):在 SLM 和 DIUD/LDI 间传输话音/数据信息。

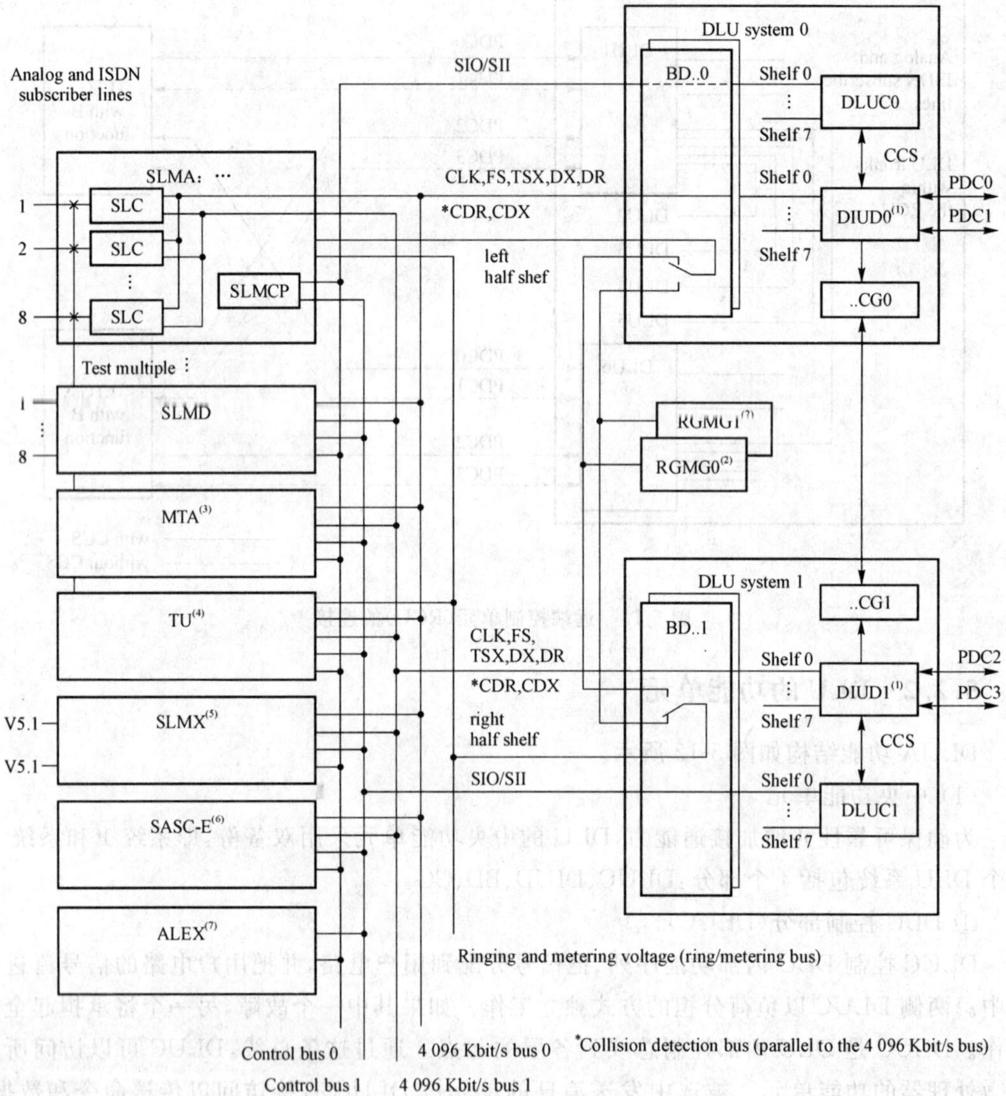

图 5-12 DLUA 功能结构图

控制总线:传输控制信息,如从 DLUC 到 SLM 的线路信号和命令以及从 SLM 到 DLUC 的线路信号和消息。

碰撞检测总线:当用 ISDN 基本接入的 D 通道传输分组数据时,需要使用双备份的碰撞总线。

④ DLU 时钟发生器(CG)

DLUA 中,时钟发生器在 BDCG 电路板中,DLUB 中采用单独电路板 GCG(组时钟发生器),时钟发生器生成 DLU 所需的 4 096 KHz 系统时钟和相应的帧同步信号,这些信号来自 PDC0 或 PDC2 再生的 2 048 KHz 线路时钟和其帧定位信号(FAS)。为确保可靠性，组时钟发生器为双备份。两个 CG 按主从原理工作。通常处于主用地位的时钟发生器为 ACT，另一个 CG 处在备份模式 STB。主时钟发生器为每侧 DLU 系统制定时间信号。如果主时钟发生器故障，系统切换到从属时钟发生器，它也可为每侧 DLU 系统制定时间信号。时钟发生器也可由操作员进行切换（开关位于 BDCG 或 GCG 的前面板上）。

(2) 振铃和计费脉冲发生器

在 DLUA 中所使用的用户电路板不能产生振铃电压，因此必须配置 RGMG 电路板。

在 DLUB 和 DLUD 中所使用的用户板均可产生振铃电压，一般不再需要配置振铃和计费脉冲发生器。但在某些特殊情况下，为满足需要外部振铃电压的模拟用户线路的要求，可选配 RGB 生成振铃电压和振铃同步脉冲。也可选配计费脉冲发生器（MGB）以满足需要外部计费脉冲的模拟用户线路提供计费脉冲。

(3) 外围功能单元

模拟用户线路模块（SLMA），用于连接模拟用户。

数字用户线路模块（SLMD），用于连接 ISDN 用户。

V5.1 接口（SLMX），用于连接接入网（AN）。

外部告警模块（ALEX）将外部告警（如电源故障）传送到网络节点，可对远端 DLU 的工作环境起监视作用。

独立服务控制器（SASC-E）在 DLU 处于紧急服务期间控制模拟用户和 ISDN 用户的呼叫建立和释放，并允许按键用户采用 DTMF 拨号。

(4) 测试单元

测试单元（TU）用于用户线路（包括用户终端、用户线路和用户线电路）的测试和测量。由两个模块组成：测试单元的功能测试模块（FMTU）和线路测量模块（LCMM）。TU 可以测量电压、电流、电阻和电容。

当 SLMA 集成线路测试功能 ILTF 时（如 SLMA：ITM、SLMA：ITF），不需要 TU 单元。实线测试接口（MTA）允许外部线路测试系统访问 DLUB 的模拟线路。

(5) 传输技术

如果必要，在 DLUD 中可直接装配不同的传输设备：

用于 16×2 Mbit/s 的光终端复用器（OMX16D）；

用于 2×2 Mbit/s 光纤的线路/网络终端（LTOD）；

用于 2×2 Mbit/s 铜缆的线路/网络终端（LTCD）。

5.2.3　DLU 的硬件配置

DLU 的传统硬件版本有 DLUA、DLUB、DLUD。这几个硬件版本的结构原理基本相同，不同版本的区别主要体现在硬件集成度方面。下面将对几种硬件版本做详细说明。

1. DLUA

DLUA 是 EWSD 最早的 DLU 硬件版本，因此在 SIMENS 早期提供的技术资料里也称之 DLU。DLUA 的集成度相对较低，只能支持 8 用户的用户板，每个 DLU 最多可连 952 个模拟用户或 928 个数字用户，可以保证每个用户 0.1 Erl 的话务量。DLUA 使用的机框主要有控制机框 F:DLU(A)和扩展机框 F:DLU(B),如图 5-13、图 5-14 所示。

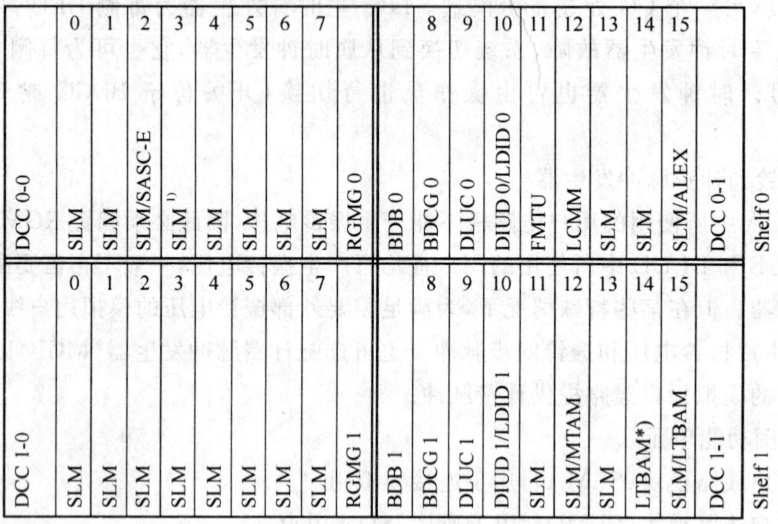

图 5-13 DLUA 控制框 F:DLU(A)

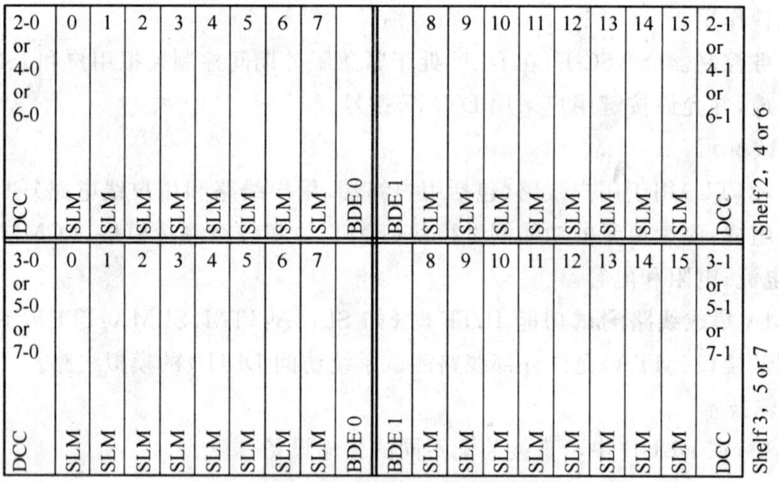

图 5-14 DLUA 扩展框 F:DLU(B)

控制机框 F:DLU(A)包括以下模块:

① 中央功能单元及总线分配:DLUC、DIUD、BDCG、BDB;

② 振铃和计费脉冲发生器:RGMG;

③ 测试单元:功能测试模块(FMTU)、线路和电路测试模块(LCMM);

④ 模拟用户模块:SLMA:COS,8 用户(需配备电源模块 DCCCR 或 DCCDC);

⑤ 数字用户模块:SLMD:B,8 用户(需配备电源模块 DCCDD);

⑥ V 5.1 接口模块:SLMX,2×32 用户;

⑦ 远端控制模块:SASC-E;

⑧ 外部告警模块:ALEX。

扩展机框 F:DLU(B)包括以下模块:

① 总线分配:BDE;

② 用户模块 SLMA:COS、SLMD:B(需配备相应电源模块)。

2. DLUB

DLUB 是 EWSD 第二代 DLU 硬件版本,其功能机构如图 5-15 所示。DLUB 的集成度相对较高,支持 16 用户的用户板,一个机架最多提供约 1 800 用户接入。

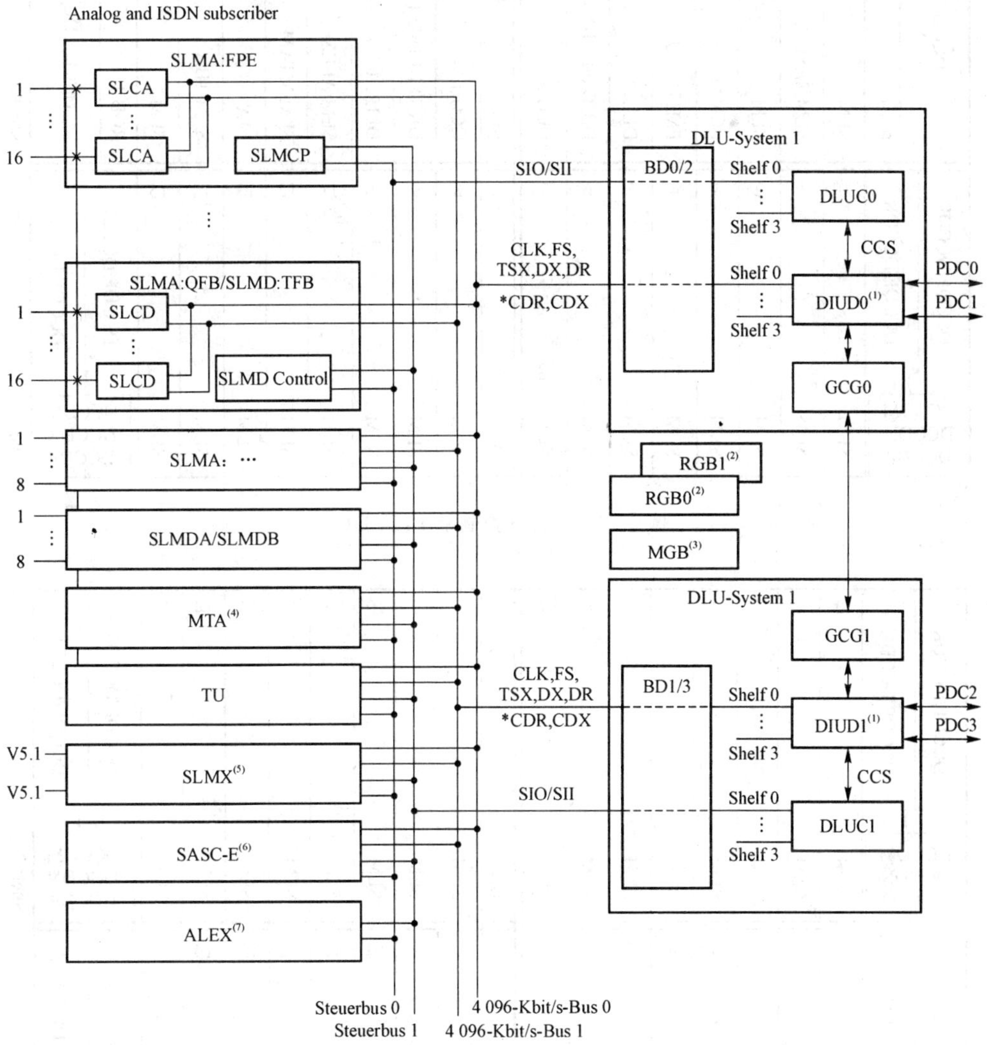

图 5-15　DLUB 功能结构图

DLUB 使用的机框主要有控制机框 F:DLU(D)和扩展机框 F:DLU(E)、F:DLU(F),如图 5-16、图 5-17 所示。

控制机框 F:DLU(D)包括以下模块:

① 中央功能单元及总线分配: DLUC、DIUD 或 LDID、GCG、BD。

② 振铃和计费脉冲发生器(可选):RGB、MGB。

③ 测试单元(SLMA:FPE 需要):FMTU、LCMM 。

④ 模拟用户模块：SLMA：FPE/SLMA：ITF/SLMA：ITM，16 用户；SLMA：CMRL，6 用户（有反极信号）。

图 5-16　DLUB 控制框 F：DLU(D)

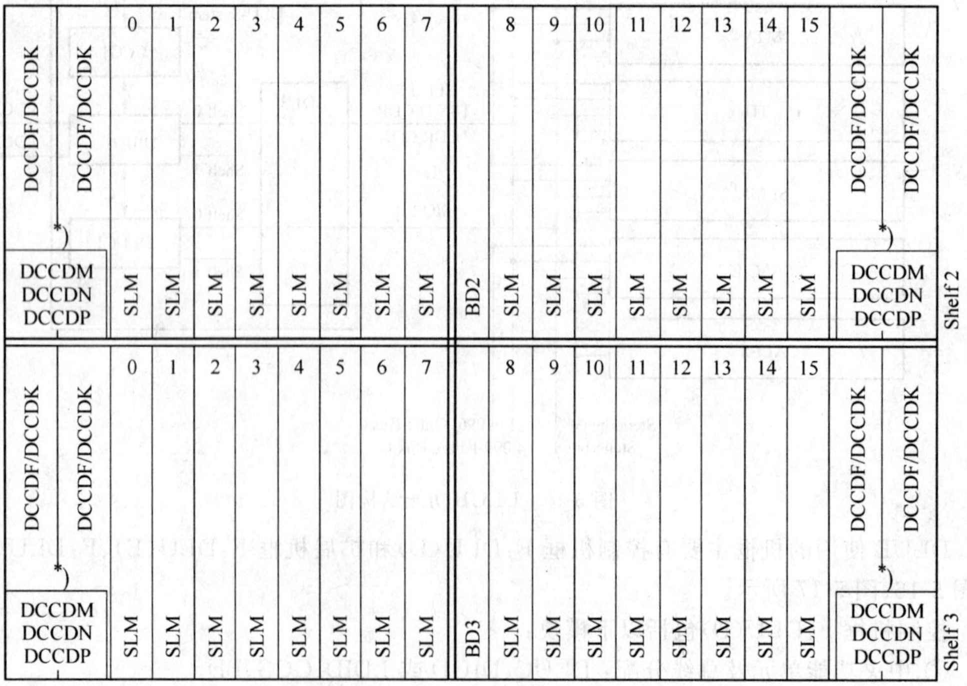

图 5-17　DLUB 控制框 F：DLU(E)

⑤ 数字用户模块：SLMD：QFB，16 用户（需配备相应电源模块）。

⑥ V 5.1 接口模块：SLMX，2×32 用户。

⑦ 远端控制模块：SASC-E。

⑧ 外部告警模块：ALEX。

扩展机框 F：DLU(E)、F：DLU(F)包括以下模块：

① 总线分配：BD；

② 用户模块 SLMA、SLMD(需配备相应电源模块)。

3. DLUD

DLUD 是 EWSD 第三代 DLU 硬件版本。DLUD 与 DLUB 的主要区别在于将中央功能单元集成在一块电路板 DLUS 上，支持 16 用户的用户板，一个机架最多提供约 1 800 用户接入。DLUD 使用的控制机框是 F：DLU(G)，如图 5-18 所示。

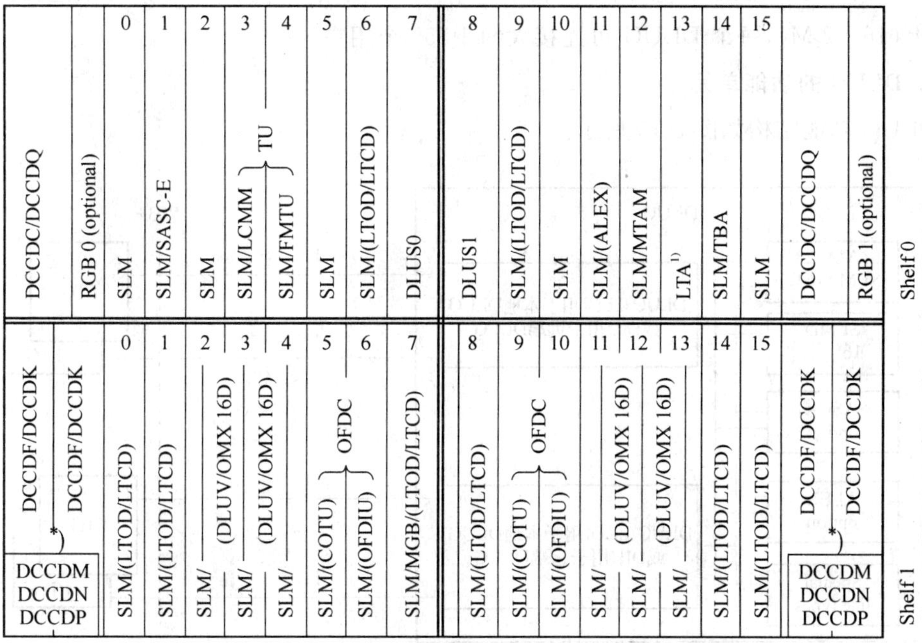

图 5-18　DLUD 控制框 F：DLU(G)

控制机框 F：DLU(G)包括以下模块：

① 中央功能单元及总线分配：DLUS。

② 振铃和计费脉冲发生器(可选)：RGB、MGB。

③ 测试单元 TU(SLMA：FPE 需要)：FMTU、LCMM。

④ 模拟用户模块：SLMA：FPE/ SLMA：ITF/SLMA：ITM，16 用户；SLMA：CMRL，6 用户(有反极信号)。

⑤ 数字用户模块：SLMD：QFB，16 用户（需配备相应电源模块）。

⑥ V 5.1 接口模块：SLMX，2×32 用户。

⑦ 远端控制模块：SASC-E。

⑧ 外部告警模块：ALEX。

扩展机框与 DLUB 所使用的相同 F：DLU(E)、F：DLU(F)，包括以下模块：

① 总线分配：BD；

② 用户模块 SLMA、SLMD(需配备相应电源模块)。

5.2.4 DLUG

EWSD V15 新硬件 DLUG 在结构上尽量与传统 DLU 硬件类型兼容，但是接入能力和话务量处理能力都得到了成倍的提高。DLUG 具有以下一些重要的改进性能：

① 在低话务量配置时(每个用户大约 0.1 Erl 话务量)，一个 DLUG 可以连接到 2 个 LTG 上(8×2 M)，每个 DLUG 可连接大约 1 900 个用户。

② 在高话务量配置时(每个用户大约 0.25 Erl 话务量)，一个 DLUG 可以连接到 4 个 LTG 上(16×2 M)，每个 DLUG 可连接大约 1 550 个用户。

1. DLUG 的功能单元

DLUG 功能结构如图 5-19 所示。

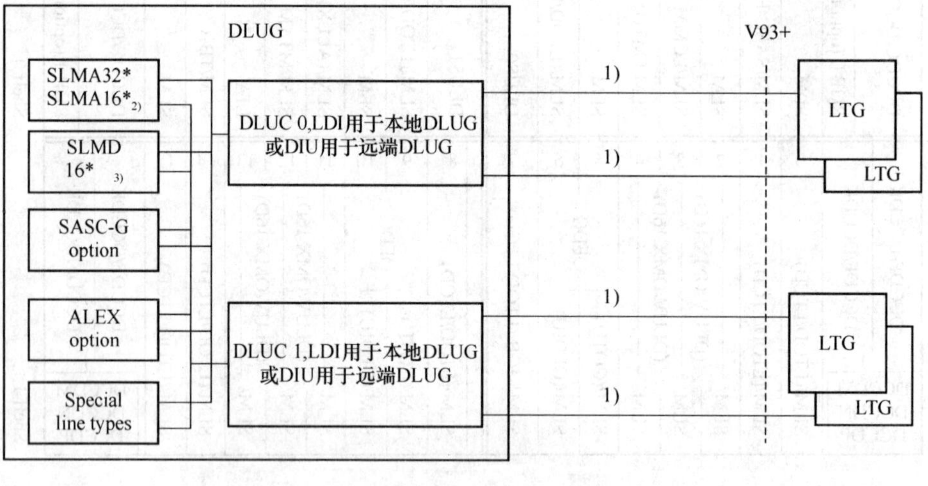

图 5-19 DLUG 功能结构图

2. DLUG 的硬件配置

控制机框 F：DLUG(A)、扩展机框 F：DLUG(B)包括以下模块：

① 中央功能单元：DLUC。

② 总线分配：BDG(每层 1 块，BDG0/2 接 DLUC0，BDG1/3 接 DLUC1)。

③ 模拟用户模块：SLMA：ITFG，32 用户；SLMA：ITHG，32 用户(带反极信号)。

④ 数字用户模块：SLMD：QFB，16 用户(需配备相应电源模块 DCCDx)。

⑤ DCC 池：DCCDR，最多安装 4 个，以支持所有激活端口(通常使用 3 个)。

⑥ 远端控制模块：SASCG。

⑦ 外部告警模块：ALEX。

⑧ V5.1 接口模块：DLUV(10×V5.1)。

⑨ 传输模块：OMX16D，LTOD，LTCD。

普通 DLUG 机框如图 5-20 所示。

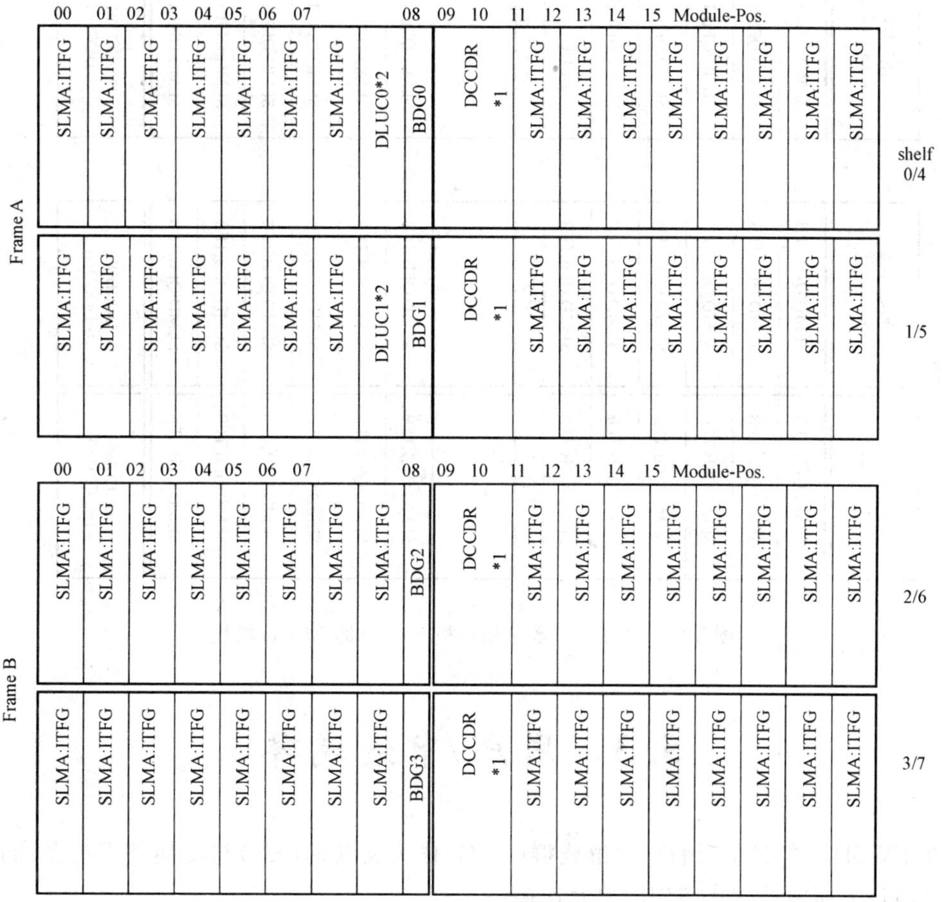

图 5-20　普通 DLUG 机框

带 ISDN 数字用户板 SLMD 的 DLUG 如图 5-21 所示。

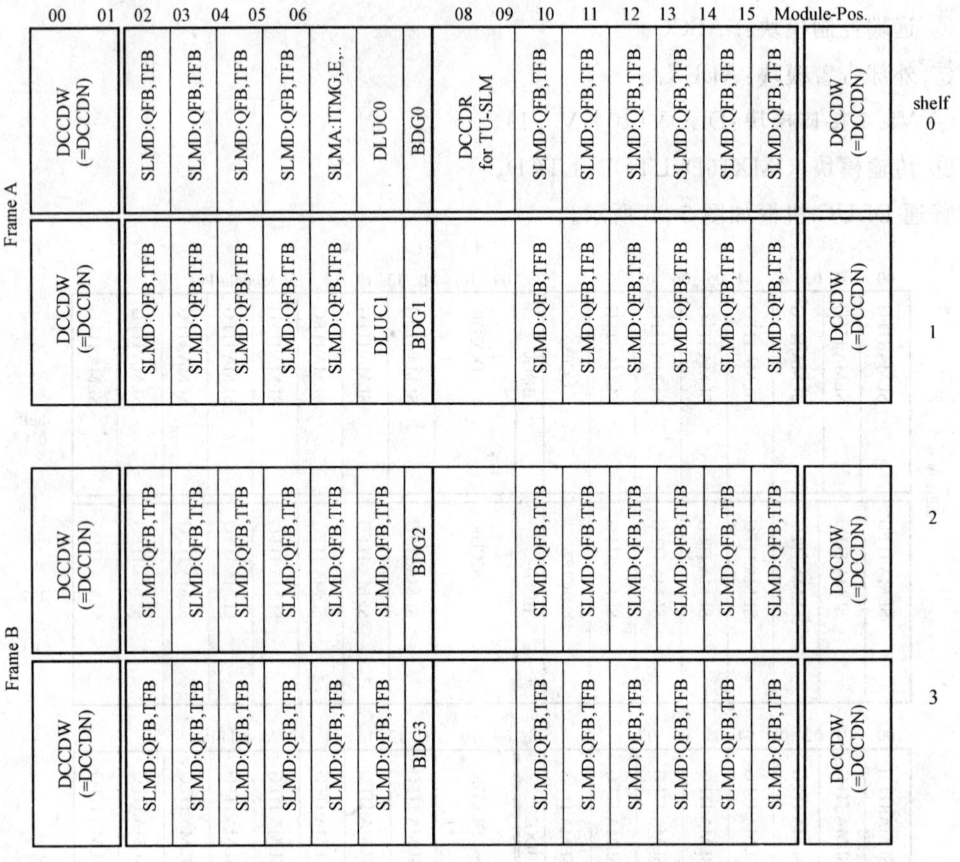

图 5-21　带 ISDN 数字用户板 SLMD 的 DLUG 机框

5.3　用户/中继线群

在 EWSD 交换机中，用户/中继线群(LTG)作为交换网(SN)与交换外围设备的接口，主要是通过下面两种方式与外围单元连接：

① POTS、ISDN BA、V5.1 AN 线路均通过 DLU 连接到 LTG；

② 数字中继线路以及 ISDN PA 线路直接通过 2 M 接口连接到 LTG。

LTG 完成分散的控制功能，从而减轻协调处理器(CP)的日常工作。根据各种线路类型和不同信令方式，可选择不同类型的 LTG。不同类型的 LTG 原则上具有相同的基本结构和基于相同原理的操作，但在一些硬件单元和组处理器(GP)中有特殊应用程序。

LTG 与 SN 之间由二次群数字载波(SDC)连接。LTG 与 SN 之间的传输速率为8 Mbit/s。每个 8 Mbit/s 复接系统有 127 个时隙，每个时隙 64 Kbit/s，这些时隙可用来传输用户信息和 No.7 信令信息，还有一个 64 Kbit/s 时隙用来传输 LTGs、CP 和 CCNC 之间的内部消息。

LTG 总是通过两侧交换网(SN0 和 SN1)发送和接收话音信息。每侧 SN 均接收相同的用 户信息。LTG 只把从 ACT(激活状态)一侧交换网来的话音信息分配到有关的用户。另一侧作为 STB(备份)，一旦 ACT 侧发生故障，可立即用来发送和接收当前用户信息。

5.3.1　LTG 的分类

(1) 功能分类

为了适应不同的线路类型和信令系统，有几种功能类型的 LTG 可供选择，每种类型带有专用的应用程序，决定一个 LTG 的连接能力。根据 LTG 的功能可以分为以下类型：

① 功能类型 B：连接 DLU、PBX、V5.2 接入网；

② 功能类型 C：带有 CAS、No.7 信令的中继、No.7 信令信道；

③ 功能类型 D：国际中继线，配置回波抑制或补偿器；

④ 功能类型 H：用于集合/分散来自 ISDN 用户的 X.25 数据分组的帧处理器。

(2) 硬件分类

随着 EWSD 产品的集成度不断提高，同时为了适应不同的功能，LTG 存在多种硬件类型。其中 LTGF、LTGG、LTGM、LTGN、LTGP 可以支持功能类型 B 和 C，LTGD 支持功能类型 D，LTGH 支持功能类型 H。

5.3.2　LTG 的功能单元

各种 LTG 类型均基于相同的内部结构，如图 5-22 所示。

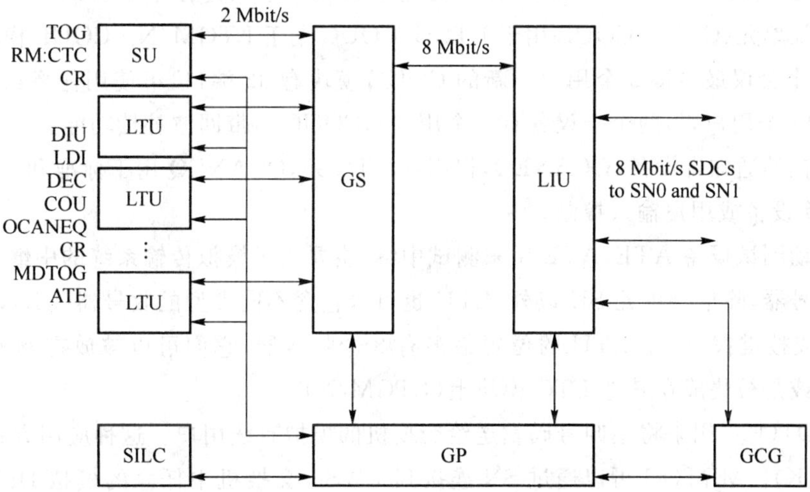

图 5-22　LTG 的功能单元

(1) 组处理器(GP)：GP 将来自外部网络节点的信息转换为系统的内部消息格式，并控制 LTG 内部的所有单元。

(2) 链路接口单元(LIU)：LIU 将 LTG 连接到两侧 SN(SN0 和 SN1)。LIU 将来自 GS 的 8 Mbit/s 复接总线转换为两个并行的 8 Mbit/s 的 SDC，并传送到 SN。反过来，它通过两个并联的 SDC 从 ACT 一侧的交换网接收用户信息后传递给 GS。LIU 还将从交换网接收的信息与 LTG 内部时钟同步，并馈送节点时钟到(8 192 KHz)到 LTG 的组时钟发生器。它从消息通道(TS_0)接收 CP 命令，然后转发到 GP。在相反的方向，LIU 传输 GP 消息到 CP。在每个连接建立后，LIU 借助于跨局校验(COC)检验交换网中的连接。为此，主叫方的 LIU 发送一个可由被叫一侧 LIU 反射回来的测试比特序列，如果发送和反射的比特序列是相同的，则所建立的连接被切换给用户。

(3) 组时钟发生器(GCG)：GCG 为 LTG 提供所需要的控制时钟。GCG 中的晶体振荡器通过一个锁相环始终同步于来自 LIU 中系统时钟的一个信号。

(4) 信令链路控制(SILC)：SILC 的功能类似于输入输出处理器。SILC 可用来连接许多信令链路，既可以处理 DLU 协议，也可以处理基群接入的 ISDN D 通道的 PA 协议。传输协议基于 HDLC 规程，在 LTG 侧，SILC 完成信令协议的第 2 层功能(同步、检错、纠错)，从而确保外围单元和 GP 间消息交换的安全可靠。

(5) 信号单元(SU)：SU 是 LTG 的一个逻辑单元，有可能包括下列子单元：

① 收号器(CR)，CR 接收和发现多频信号(DTMF、MFC-R2、MFC-R1)。

② 音频发生器(TOG)，TOG 为所有用户线路/中继单元(LTU)生成所需要的可闻音频信号和多频拨号 (MFC)所需的频率。

③ 用于一致性校验的接收器模块(RM:CTC)，RM:CTC 用于测试 CCS7 中继。

(6) 线路/中继单元(LTU)：LTU 是 LTG 的一个逻辑单元。不同的用途使用不同的模块。可能的模块类型如下：

① 数字接口单元(DIU)，DIU 用来连接 PDC 系统，如 PCM30 或 PCM24。

② 本地 DLU/DSU 接口(LDI)，LDI 通过 4 Mbit/s 载波连接本地 DLU/DSU。

③ 会议单元(COU)，COUB 用于 LTGG，COUC 用于 LTGM/N。COUB 模块可处理 4 个会议，每个会议最多接 8 个用户。新的 COUC 模块有 32 端口，可使用任意组合(例如一个会议有 14 个用户，另两个会议各有 9 个用户)，COUC 附带回波补偿功能。

④ 可控的通知音设备(OCANEQ，仅用在 LTGG)，OCANEQ 用于标准和个人通知音。它可由交换设备或用户输入控制。

⑤ 自动测试设备 ATE，ATE 用来测试中继，主要用于模拟传输系统的中继。

⑥ 收号器，除信号单元 SU 以外，LTU 也可以包含不同类型的收号器(CR)，例如，用于 MFC:R2 或按键拨号，在 LTU 的位置最多有 8 个收号器，它们可以被放在额外的模块上(LTGG)，或是被集成在其他 LTG 模块上(LTGM/N)。

⑦ MDTOG，用来将主叫号码发送给交换机的模拟有线用户。这种应用方式被称为频移键控(FSK)。MDTOG 可以通过 SN 连接到 EWSD 交换机中任意的模拟 DLU 端口(缓冲池方案)。

(7) 组交换(GS)：GS 是一个有 512 条信道的无阻塞空分-时分交换。GS 将 LTU、SU、LIU 和可选的 SILC 相互连接。每条信道的话音数据可以分 8 级衰减。最多可以完成 64 个会议(3 个用户和可闻音频)。

① B 类型 LTG 的 GS，除了到 LIU(8 Mbit/s)、到 SU(2×2 Mbit/s 到 TOG，2 Mbit/s 到 CR)和到 SILC 的连接以外，GS 还为 8 个 LTU 提供 8×32 端口。在 LTU0～7 的位置上可以安装多少个硬件模块取决于 LTG 硬件类型。剩下的 LTU 可用于不需要硬件的特殊应用。

②C 类型 LTG 的 GS，除了到 LIU(8 Mbit/s)、到 SU(2×2 Mbit/s 到 TOG，2 Mbit/s 到 CR)的连接以外，GS 还为 4 个 LTU 提供了 4×32 端口。这 4 个 LTU0～3 通常用做 DIU。

5.3.3　LTG 的硬件配置

1. LTGF

LTGF 是 EWSD 较早的硬件版本。LTGF 的集成度很低，每个 LTGF(A)机框只能安装一个 LTG，一个机架最多安装 6 个 LTG 模块，如图 5-23 所示。

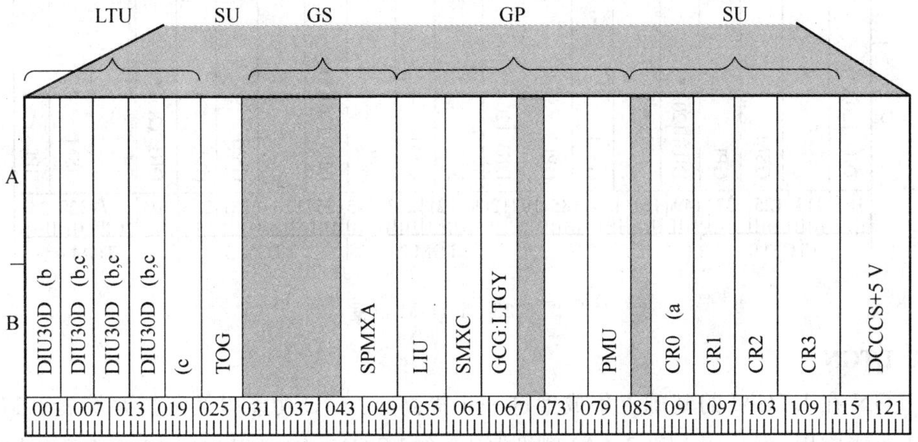

图 5-23　LTGF 机框

2. LTGG

LTGG 也是 EWSD 较早的硬件版本。LTGG 比 LTGF 的集成度较高，每个 LTGG(A)可以安装 2 个 LTG，一个机架最多安装 12 个 LTG 模块，如图 5-24 所示。

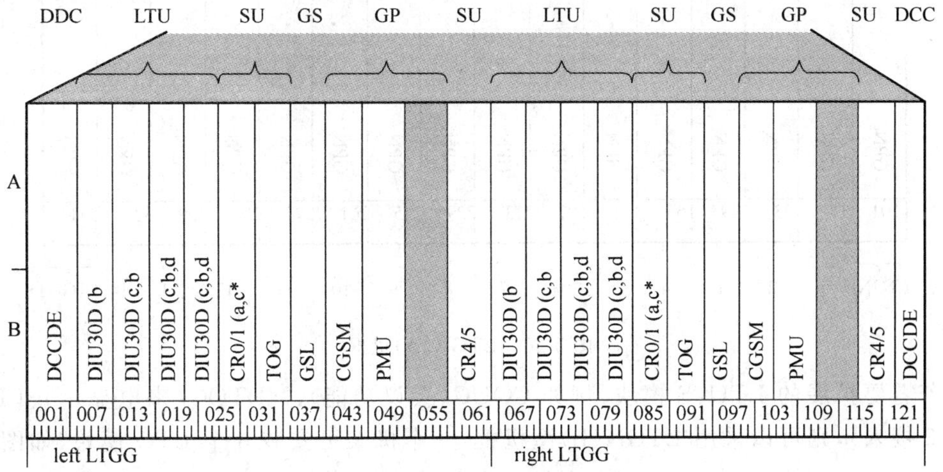

图 5-24　LTGG 机框

3. LTGM

LTGM 与 LTGF 相比集成度较高。每个 LTGM(A)可以安装 5 个 LTG，一个机架最多安装 30 个 LTG 模块，如图 5-25 所示。

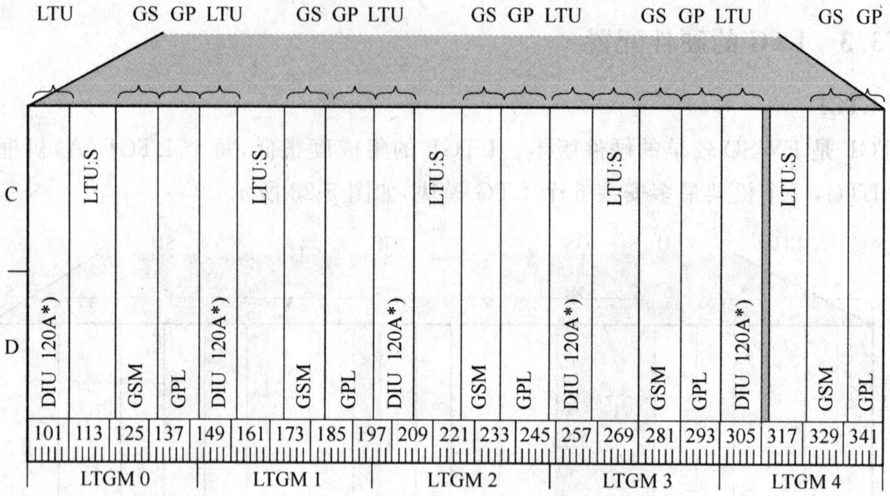

图 5-25　LTGM 机框

4. LTGN

LTGN 在 LTGM 的基础上集成度进一步提高，对于 C 功能以及不需要扩展 LTU：S 模块的 B 功能应用，可是用 LTGN(A)型机框，每个 LTGN(A)可以安装 16 个 LTG，如图5-26 所示。

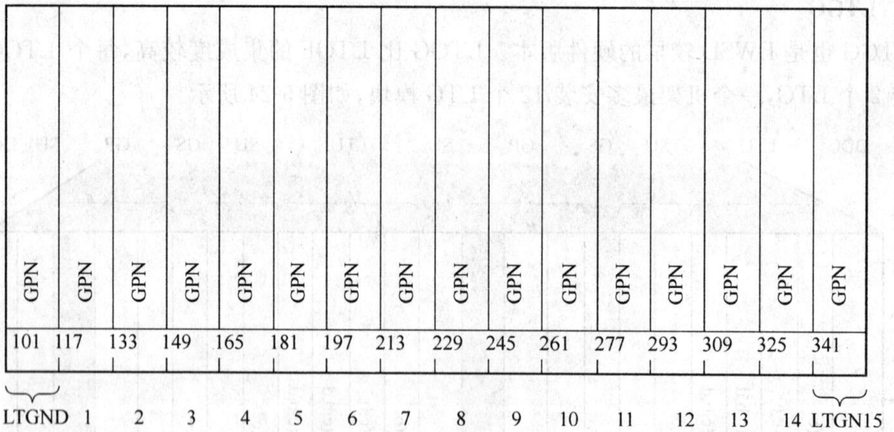

图 5-26　LTGN(A)机框

若需要扩展的 LTU：S 模块，例如 COUC(会议功能)、MDTOG(来电显示)、PHMA (V5.2 接入)，则可以采用 LTGN(B)型机框，一个机架可安装 8 个 LTG 模块，如图 5-27 所示。

5. LTGP

LTGP 是 EWSD V15 版交换机支持的新硬件，集成度非常高，每一块 GPP 电路板包括 4 个 LTG，每一个机框可以安装最多 8 块 GPP 或 GPS 电路板，即提供 32 个 LTG，如图 5-28 所示。

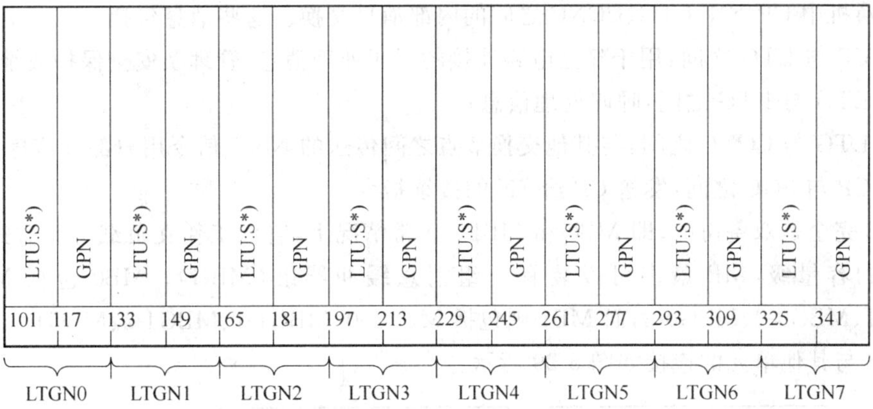

图 5-27　LTGN(B)机框

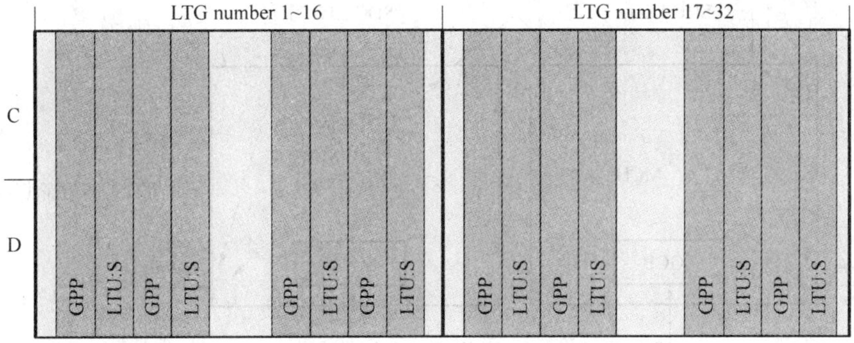

图 5-28　LTGP(A)机框

LTGP 与 SN 可以通过光口或电口进行连接，连接方式取决于 SN 的硬件类型。

① LTGP 和 SND 的 SNMUX(B)之间通过光口连接

4 个 GPP 模块的 16 个 SDC 经过双备份的 OPTOLINK 连接到 SN0 和 SN1，OPTOLINK用来连接背板模块 OFC(SN 的机框 F:SNMUXB 上)和背板模块 SNOPT(机框 F:LTGP 上)。光电转换发生在 OFC/SNOPT，每个 F:LTGP 有双备份的 SNOPT 模块，即 SNOPT0(16 条 SDC 的 OPTOLINK 去往 SN0)和 SNOPT1(16 条 SDC 的 OPTOLINK 去往 SN1)。SNOPT0/1 各自占用 4 个 SU 的插头位置。GPP 模块的 SDC 经过背板连接到相应的 SNOPT0/1，4 个 GPP 共用一对备份的 SNOPT。

② LTGP 和 SND 的 SNMUX(A)或 SNB 的 TSG 之间通过传统的电口连接

每块 GPP 也可使用电缆连接 SN，通常使用的 4 口电缆(每根电缆包含 4 个 SDC)。

为了简化传输网络的建设，在 LTGP 中还引入了 STMI 模块。STMI 集成有 STM-1 类型的 SDH 接口用于连接其他网络节点。

5.4　消息缓存器

在 EWSD 交换机中，消息缓存器(MB)属于网络节点的协调处理部分。MB 的工作是协调交换机中CP、SN、LTG、CCNC之间的内部消息交换。这些消息包括：

① CP与LTG之间：用于建立电路连接的呼叫处理消息、管理及安全保护或维护消息；

② LTG与LTG之间：呼叫处理信息；

③ LTG与CCNC之间：与其他交换节点之间传送的No.7信令用户部分信息；

④ CP与SGC之间：发送CP给SN的接续指令。

MB完全是双备份的，即MB0和MB1。正常情况下，它们工作在负载分担方式下。根据不同的容量级，MB最多可以装有4组消息缓冲器组（MBG）。MB0包括MBG0-0、MBG0-1、MBG0-2、MBG0-3，而MB1则包括MBG1-0、MBG1-1、MBG1-2、MBG1-3。

MB与其他单元的连接如图5-29所示。

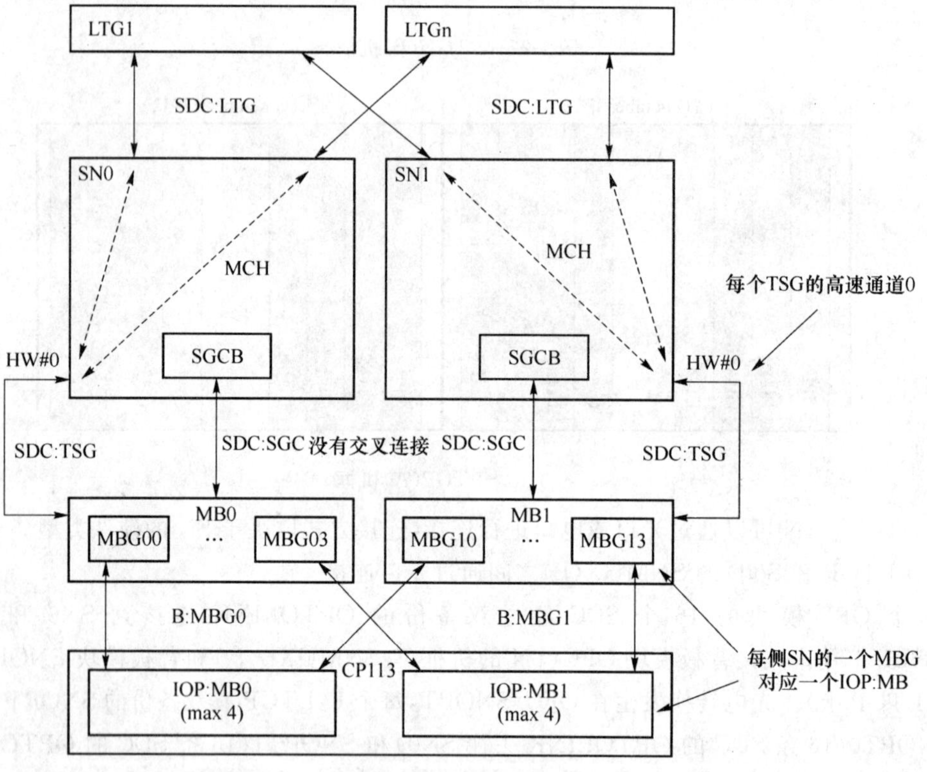

图5-29 MB与其他单元的连接关系

(1) MB到CP113的消息通路的连接

MBG0-x和MBG1-x交叉连接在CP113的IOP:MB上，如MBG0-0和MBG1-0同时连接在IOP:MB32和IOP:MB33上。它们之间使用的是8 bit并行接口。

(2) MB与LTG的消息通路的连接

MB通过8 Mbit/s的高速通道SDC:TSG0接到SN的每个TSG的HW＃0端口（每个TSG有64个端口，1～63端口用于连接LTG和CCNC），SN再将相应时隙通过固定的消息信道将其与每条SDC:LTG的MCH连接起来。

(3) MB与SGC的消息通路连接

MB通过8 Mbit/s的高速通道SDC:SGC连接到SN的每个TSG、SSG单元的SGC模块。因为 MB 与 SN 之间没有冗余连接，所以当某个 MB 发生故障时，相应一侧的交换网将无法访问。

5.4.1　MB 的功能结构

MB 最多由 4 个消息缓存器组(MBG)构成，MBG 的功能结构如图 5-30 所示。

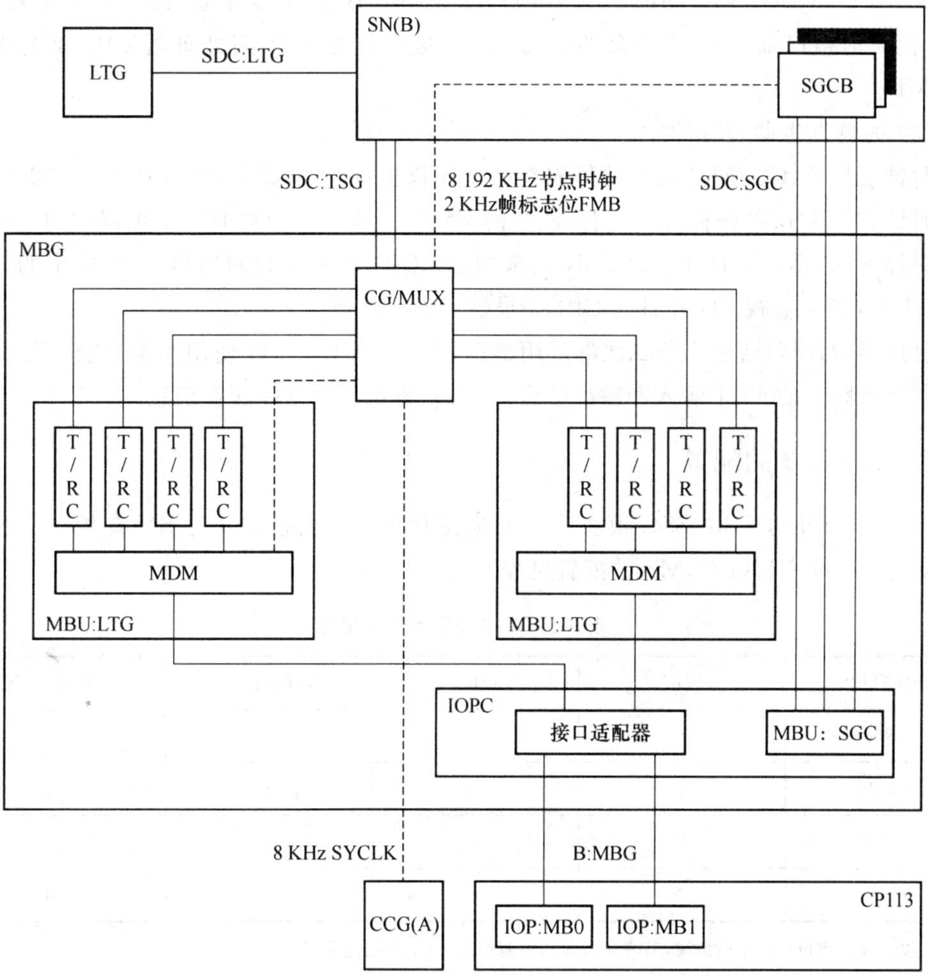

图 5-30　MBG 的功能结构

每个 MBG 由下列功能单元组成：1 或 2 个 MBU：LTG(用于 LTG 的消息缓存器单元)，1 个 MBU：SGC(用于 SGC 的消息缓存器单元)，时钟发生器(CG)，复用器(MUX)，连接 IOPMB 的接口适配器。其中 CG 和 MUX 集成在一块电路板上，MBU：SGC 与 IOPMB 接口适配器集成在一块电路板 IOPC 上。

(1) MBU：LTG

MBU：LTG 是指用于 LTG 的消息缓存器单元，最多包括 4 个发送/接收控制(T/RC)和 1 个消息分配模块(MDM)。T/RC 模块最多可用于 16 个线路/中继组(LTG)。这样 MBU：LTG 就可以使 EWSD 以 16 个 LTGs 为单位进行扩容。MBU：LTG 中的 T/RC 被连到消息分配模块。该模块把从 IOP:MB 来的消息分配给相应的 T/RC 模块，并且收集从 LTG 送给 T/RC 模块的消息，转给 IOP:MB。

(2) MBU:SGC/接口适配器

MBU:SGC 和到 IOP:MB 的接口适配器被集成在 1 个模块上，称为输入/输出处理器与控制(IOPC)。MBU:SGC 把呼叫接续命令传送给 SN 的 SGC，并且从 SGC 接收安全保护消息。1 个 MBU:SGC 同时接交换网的 3 个 SGCB，其中 2 个在 TSG 和 1 个在 SSG。IOPC 模块的接口部分通过冗余的、8 bit 并行接口连接到协调处理器 CP113 上相应的 IOP:MB。

(3) 时钟发生器/复用器

时钟发生器(CG)同复用器被集成在一个模块上(CG/MUX)。CG 产生 8 192 KHz 的节点时钟和 2 KHz 的帧标志位(用于同步的 FMB)。从 2 个中央时钟发生器中的 1 个接收同步时钟 SYCLK(8 KHz)。SYCLK 用来同步 CG 中产生的时间信号。MBG 中的第一个 MBU:LTG 负责监视 CG 并且向 CP113 报告产生的告警。

复用器(MUX)通过 2 条二次群复用链路(每个 MBU:LTG 使用 1 条)连接到 SN。它通过每条线路上的 63 个输入和输出信道，同相关的 63 个 LTG 交换消息。

5.4.2 MB 的配置

MBG 与 SN 的 TSG/SSG 模块采用对应连接方式，因此，MB 与 SN 有相应的容量级别。对应 SN 的容量级别，MB 的配置见表 5-1。

表 5-1 不同容量的 MB 配置

SN 容量	SGC	MBG	MBU:LTG	MBU:SGC
SN63	1	1	1	1
SN126	3	1	2	1
SN252	6	2	4	2
SN504	12	4	8	4

注：以上配置数量均指单侧情况，若考虑备份的两侧情况，以上数据应乘 2。

在 SN126(即 DE51)容量中，由于每侧 SN 有 TSG2 个，SSG1 个，所以共有 3 个 SGC，一个 MBU:SGC 可连接 3 条 SDC:SGC，分别连接 3 个交换组的 SGC。

SN63 到 SN252 的 MBG 配置如图 5-31 所示。

消息缓存器 MB 传统的硬件版本是 MB(B)，它通常与中央时钟发生器 CCG 和系统面板控制被安装在一个机柜里(基本机柜 R:MB/CCG)，其中 MB(B)又和 CCG 在一个机框机框 F:MB/CCG(B)里。因为 CCG 在一个 EWSD 交换局有且只有 1 对，所以一般来说只有第一对 MBG 所在的机框有 CCG 模块。如图 5-32 所示为 MBG 一侧的机框图，两侧完全对称。

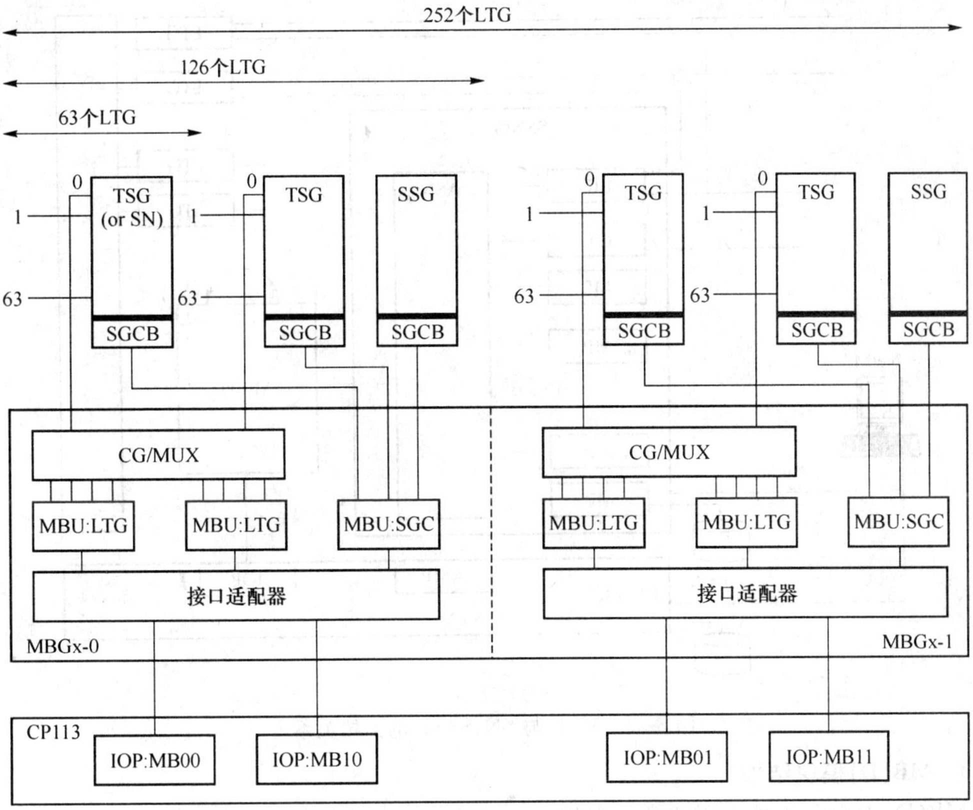

图 5-31 MB 的容量与 SN 容量的对应关系

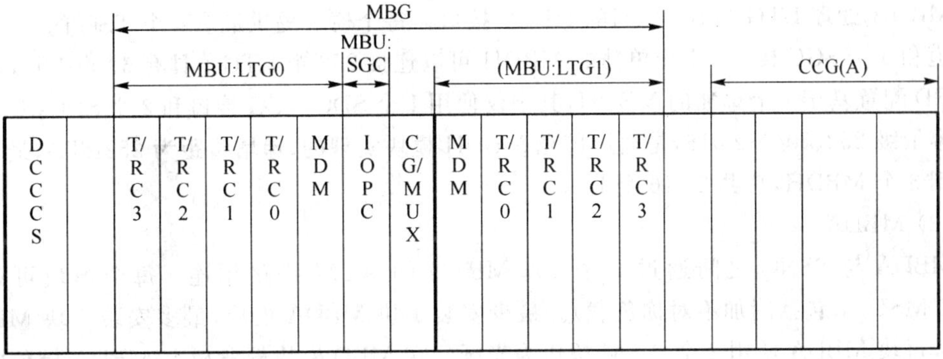

图 5-32 F:/MB/CCG(B)机框中 MBG 的配置

5.4.3 MB(D)

在 EWSD V15 版交换机中支持新硬件 MB(D)，MB(D)突破传统 MB(B)技术，可以和 SSNC、SND 配合，组成具有超强处理能力的网络节点。MB(D)除了与 CP 和 SN 有连接之外，还通过 AMX 接口直接与 SSNC 进行连接，如图 5-33 所示。

MB(D)还提供了很强的兼容性以支持 CCNC 和 SN(B)等硬件，传统的连接方式中，MB(D)可以完全取代 MB(B)的功能，称为将 MB(D)应用于 MB(B)模式。

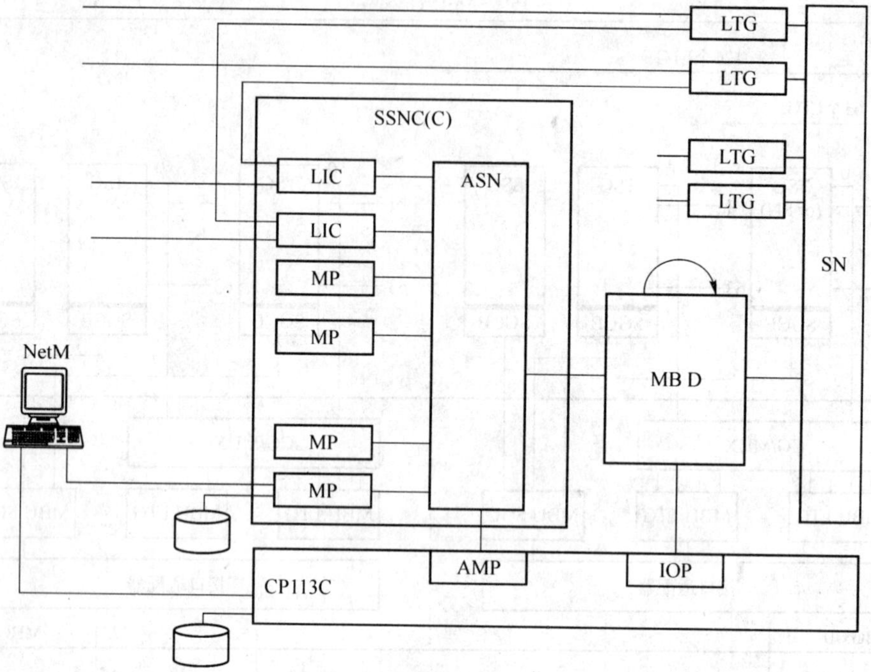

图 5-33 MBD 与 SN、SSNC 的连接关系

1. MB(D)模块结构

MB(D)中包含 4 种不同的模块类型：

(1) MBDH

MBDH 处理 LTG 与 SN 之间的 HDLC 接口。每个模块提供最多 4 个 TSG 的 LTG 消息通道和 6 个 SGC 接口。1 个单独的 MBDH 可以连接 252 个 LTG。具有 63 个 LTG 的最小 MBD 配置基于 1 个单独的 MBDH，其中仅使用 1 个 SDC：TSG 接口和 2 个 SDC：SGC 接口。容量级 252、504…2 016，是通过扩充 MBDH 模块实现的，递增步距为 252LTG，最多可扩充到 8 个 MBDH，总共 2 016 个 LTG。

(2) MBDA

MBDA 与 SSNC 之间通过 2 个 207 Mbit/s 的 ATM 线路相连。每个模块可处理 24 000 MSU/s(包括附加不对称负载)。最少安装 1 块 MBDA 模块，最多安装 5 块 MBDA 模块。每块 MBDA 使用 2 个 ATM 桥作为光纤。在 MBD 模块框背板上 MBDA 槽位的位置，每个桥由两个 FOTX 模块。它们被用于连接 SSNC-ATM 交换网的两侧。纤维光学发送接收器模块 FOTX 在光纤连接上的 ATM200 通道上使用电/光转换(Rx 和 Tx)。

(3) MBDC

MBDC 与 CP113C 的 IOP：MB 对最多有 7 个接口。在 CP113C 中最多可使用 4 个 IOP：MB 对。除了作为 CP 消息发送器的任务之外，在整个系统复位时，这个模块也可以控制 MB(D)。

(4) MBDCG

MBDCG 从 CCG 接收其时钟，并将时钟分配到 SN 模块，同时，也为各个 MB(D)模块提供 MB(D)系统时钟。使用 SN(D)时，MBDCG 将几个 SN 信令通道复用到 1 个 8 Mbit/s

接口(S3)。

所有模块是通过串行高速接口互连的,即所谓的 IBUS(内部总线)。IBUS 负责在 MB(D)中的整个通信传送,包括同侧和异侧 MB 的 MB 模块之间的通信,如图 5-34 所示。

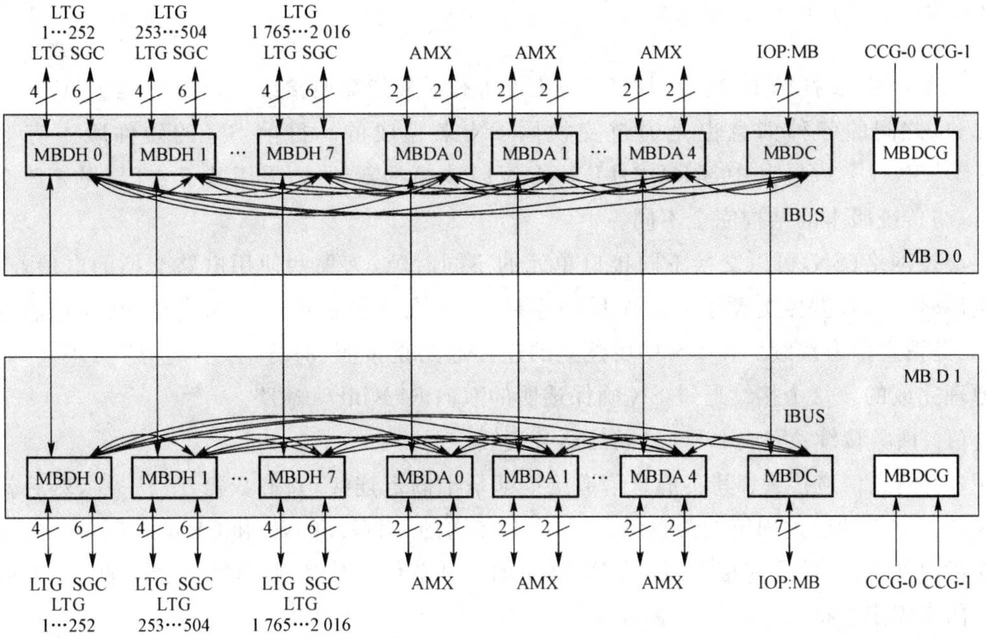

图 5-34 MB(D)模块内部结构

2. MB(D)硬件配置

MB(D)机框如图 5-35 所示,其中 MBDC 和 MBDCG 为集中局域模块,必须配置;MBDA模块的配置数量取决于 SSNC 中 No.7 信令的处理容量,一般情况是每个 MBDA 模块的消息处理能力为 24 000 MSU/s,若 SSNC 满配置,则 MBD 需配满 5 个 MBDA;MBDH 模块的配置数量则取决于 SN 交换网的容量,若小于 252 个 LTG,则只需要一块 MBDH 模块,对应不同的容量级别,504 个 LTG,配置 2 块 MBDH,1 008 个 LTG,配置 4 块 MBDH,2 016个 LTG,配满 8 块 MBDH。

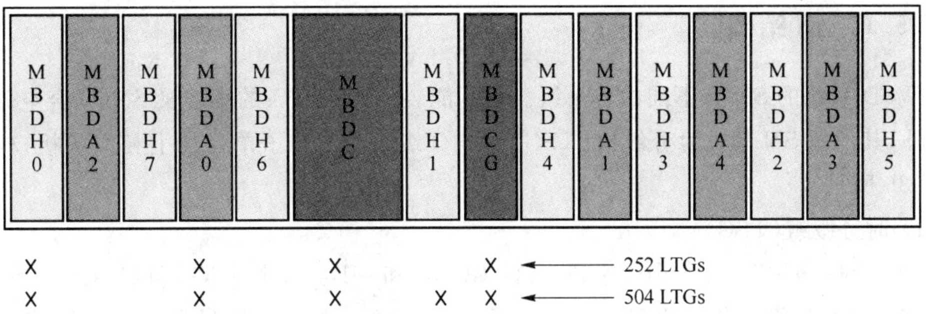

图 5-35 MBD 机框图

5.5 交换网络

在 EWSD 交换机中，交换网络(SN)负责所有话务的交换接续，同时 CP 与 LTG、CCNC 与 LTG 之间的各种消息也是通过交换网 SN 来完成的。目前 SN 的硬件版本有 SN、SN(B)、SN(D) 3 种，其中 SN(D)为 EWSD V15 支持的新硬件，采用基于 ATM 的矩阵交换技术，与传统版本的结构完全不同。

交换网络(SN)可以交换不同接口单元的不同时隙，为那些使用电路交换的电信业务，如电话、传真、数据传送等建立高质量的连接。SN 在交换机内完成两类功能：一是话务接续，二是消息信道接续。在 SN 中所建立的连接通路是按照“时分-空分-时分”(T-S-T)的交换原理完成的。每个接续通过 SN 确保透明的双向 64 Kbit/s 通路。

(1) 话务接续：完成 LTG 之间的话务接续。

(2) 消息信道接续：其实消息信道接续都是半固定连接，它们只需建立一次，然后就一直保持。它包括通过固定的消息信道(MCH)传送的 LTG、CCNC 和 CP 的控制单元之间的交换机内部消息，以及连接 LTG 的 PCM 中的 NO. 7 信令信道和 CCNC 之间的 No. 7 信令消息的半固定连接。

SN 是完全双备份结构(SN0 和 SN1)。在话务接续时，一侧是主用的(ACT)，另一侧是备用的(STB)。所有的呼叫都同时经过两侧 SN 的连接通路，而 LTG 仅将来自主用侧 SN 接收的用户话务消息连接到 PCM 链路，当主用的 SN 发生故障时，系统会切换到备用的 SN 而不造成呼叫中断。在消息信道接续时，SN 两侧采用的是负荷分担的方式进行连接，即一半的 LTG 通过 SN0 与 MB0 连接，另一半通过 SN1 与 MB1 连接，当任何一侧 SN 发生故障时，所有的消息通道通过另一侧进行连接。

SN 和其他功能单元的所有连接都使用比特率为 8 192 Kbit/s 的二次群数字载体 SDC(通常称为 8 Mbit/s 系统或总线)，传送 128 个标准的 64 Kbit/s 时隙(编号从 0～127)。

5.5.1 SN 结构

EWSD 系统的 SN 有不同的容量级。除了能装 63 个 LTG 的小容量 SN(联合空分时分级)以外，其他的 SN 都由时分级组(TSG)和空分级组(SSG)子单元加上相应的接口组成，如图 5-36 所示。

(1) 时分级组(TSG)

每个 TSG 通过双向的 SDC 连到 LTG、CCNC 和 MB。每个 TSG 可以连接 64 条 SDC。SN 最多配备有 8 组双备份的 TSG。每个 TSG 有一个交换组群控制器(SGC)，它有自己的 SDC 线路，通过 MB 接到 CP。SGC 从 CP 接收接续指令，用来建立速率为 64 Kbit/s、双向的、临时或固定的通路。SGC 在 TSG 中所建立的每条通路都是通过分别设定时分级模块(TSM)完成的。在 TSG 内部每个 TSM 连接着 8 条 SDC，并可以交换这些 SDC 上任意一个时隙的时间和空间的位置。

(2) 空分级组(SSG)

SSG 在同一个 TSG 或不同 TSG 的 TSM 之间连接呼叫通路。SN 最多配有 4 组双备份的 SSG。每个 SSG 都包括一个交换组群控制器(SGC),它通过 MB 连接到 CP。SGC 从 CP 接受到接续指令,用来建立速率为 64 Kbit/s、双向的、临时或固定的通路。SGC 在 SSG 中所建立的每条通路都是通过分别设定空分级模块(SSM)完成的。每个 SSM 可以对所连接的 SDC 上任意一个时隙的空间位置进行交换。

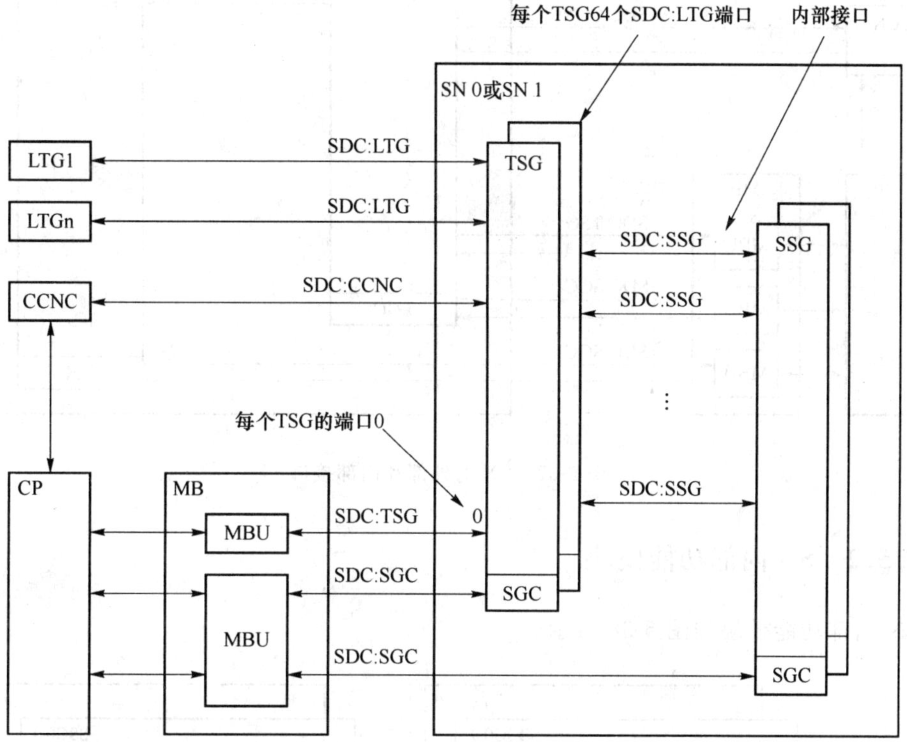

图 5-36　交换网结构

(3) 外部和内部接口

SN 的内部和外部接口是由下列速率为 8 Mbit/s 的各种二次数字载波 SDC 组成:

SDC:LTG 是 TSG 与最多 63 个 LTG 的接口,时隙 1 到 127 用于电路接续,时隙 0 作为消息信道,用于在 LTG 的 GP 控制单元与 CP 之间交换消息。除 TSG 的 0 端口必须作为连接 MB 的 SDC:TSG 以外,其他端口都可以用做 SDC:LTG。

1 或 2 条 SDC:CCNC 用于在 CCNC 和 PCM 链路的信令信道之间建立传递 CCS7 消息的通路。除了 0 端口(MB)以外,任何 TSG 端口都可以使用。

1 条 SDC:TSG 连接 TSG 与 MB,用来传输 CP 和该 TSG 上所有 LTG 之间的消息信道。每个 TSG 的 0 端口(HW0)用作 SDC:TSG。

1 条 SDC:SGC 连接 TSG/SSG 的 SGC 和 MB,用来传递 CP 给 TSG/SSG 的接续指令。

SDC:SSG 用来把 TSG 和 SSG 相互连接起来,如图 5-37 所示。

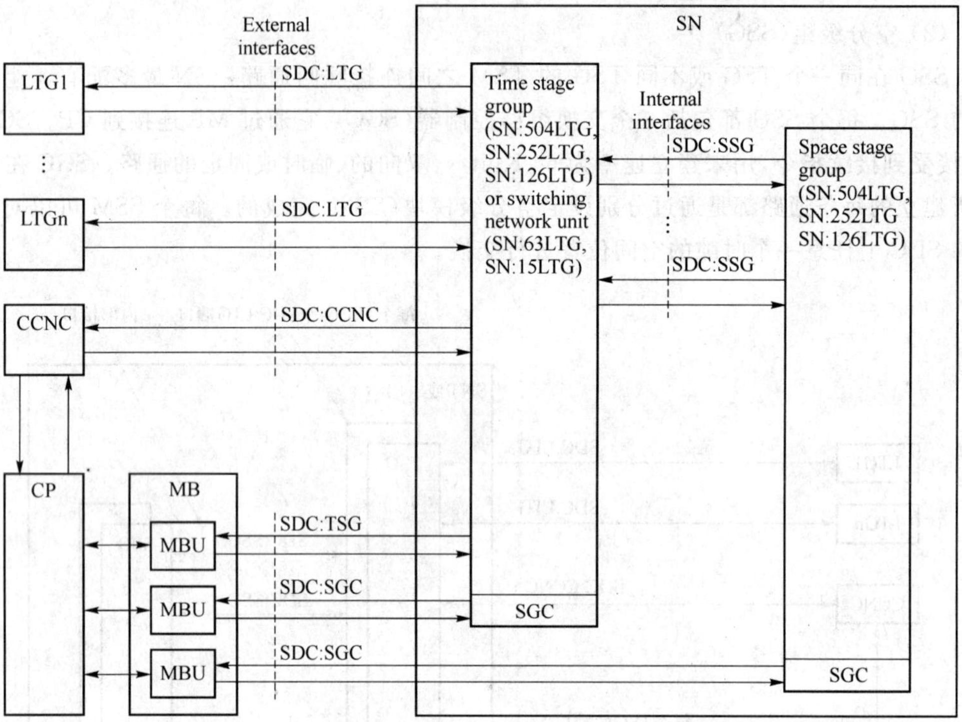

图 5-37　SN 的外部和内部接口

5.5.2　SN 内部功能模块

SN 内部功能模块如图 5-38 所示。

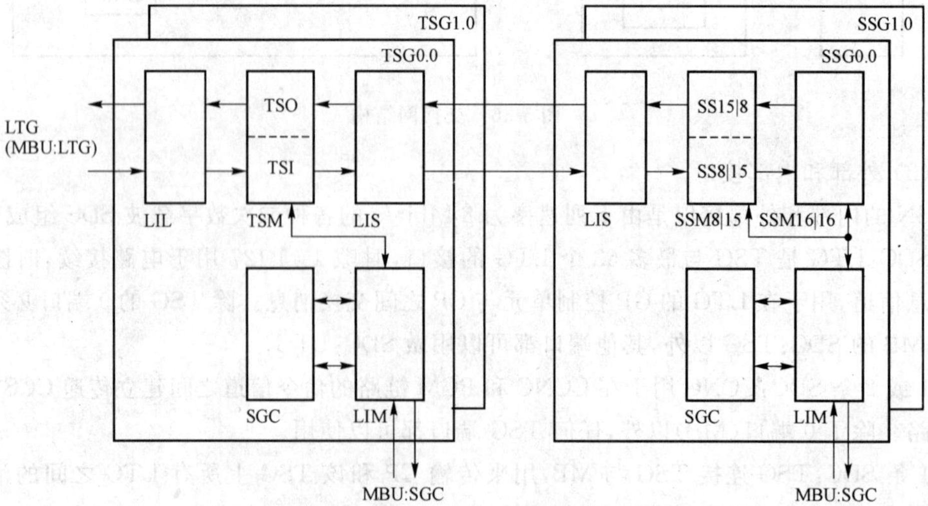

图 5-38　TSG 与 SSG 的内部功能模块

(1) 时分交换电路(TSC)

TSC 可以把所连接的 4 条 SDC:LTG 上的任何一个输入时隙交换到连接 SN 内部的 4 条 SDC 上的任何一个输出时隙。因为每条 SDC 都是双向的,所以一个 TSC 被分成 TSC 输入和 TSC 输出两部分。

(2) 接 LTG 的链路接口(LIL)

LIL 是到 LTG 的接口。每个 LIL 可提供 4 个 SDC:LTG 接口。它负责对 SDC:LTG 的传输时间进行均衡补偿。

(3) 空间交换电路 SS16|16

SS16|16 可以把所接的 16 条 SDC 中某条 SDC 上的任何一个输入时隙,交换到这 16 条 SDC 中任何一条 SDC 上的时隙号相同的输出时隙上去。

(4) 空间交换电路 SS8|15

SS8|15 一侧接有 8 条 SDC,而另一侧连接有 15 条 SDC。

每个 SS8|15 被分成两部分。其中一部分可以把一侧的 8 条 SDC 中某条 SDC 上的任何一个输入时隙,交换连接到另一侧 15 条 SDC 中任何一条 SDC 上时隙号相同的输出时隙。另一部分可以把一侧的 15 条 SDC 中某条 SDC 上的任何一个输入时隙,交换连接到另一侧 8 条 SDC 中任何一条 SDC 上时隙号相同的输出时隙。

(5) TSG 与 SSG 之间的链路接口(LIS)

SDC:SSG(TSG-SSG)通过 LIS 把 SSG 与 TSG 连接起来。每个 LIS 模块可提供 8 个 SDC:SSG 接口。该接口的作用是对每条 SDC 的传输时间进行均衡补偿。另外 LIS 还决定了哪侧 TSG(SN0 或 SN1)同哪侧 SSG(SN0 或 SN1)在一起工作。这一功能相当于 LTG 里的 LIU。

(6) 交换组群控制(SGC)

每个 SGC 控制 TSG/SSG 里的功能单元。它通过 SDC:SGC 与 CP 相互作用。

LIM 部件为 SDC:SGC 到 MB 提供接口功能。

5.5.3　SN 容量级别

在 EWSD 交换机开局时,SN 的容量是可以根据不同的规模进行建设,当实际话务量需求增加时,可以对 SN 进行容量级的提高。EWSD 将 SN 分为 4 个容量级:SN63(DE4)、SN126(DE51)、SN252(DE52)、SN504(DE54),它们分别对应最大的 LTG 数分别为 63、126、252、504。

由于每个 TSG 可以提供 63 个端口连接 LTG,因此,各容量级能够连接的 LTG 数量与 TSG 的数量成正比对应关系。SN126 每侧包括 2 个 TSG 和 1 个 SSG,SN252 每侧包括 4 个 TSG 和 2 个 SSG,SN504 每侧包括 8 个 TSG 和 4 个 SSG。EWSD 各容量级的 SN 具体规模见表 5-2。

表 5-2 SN 的容量级别

EWSD 交换机	SN126	SN252	SN504
可交换的话务量(Erl)	6 300	12 600	25 200
本地交换机用户线数	60 000	125 000	250 000
汇接交换机中继线数	15 000	30 000	50 000
SDC:LTGs 的最大数目	126	252	504
SDC:CCNC 的最大数目	2	2	2
用于交换消息的 SDC:TSG 的数目	2	4	8
用于设置通路的 SDC:SGC 的数目	3	6	12

5.5.4 SN 内部连线

传统的 SN 硬件版本有 SN、SN(B)两种，它们在功能结构上完全一致，只是 SN(B)与 SN 相比有较高的集成度。在 SN(B)中，各个功能单元被汇集到如下的模块上：

① 1 个 TSMB 模块包含有 2 个 TSC 及其 LIL 功能；

② 1 个 LISB 模块包含有在 TSG 中能提供 16 条 SDC 的 LIS 功能；

③ 1 个 SSM8B 模块包含有在 SSG 中的 2 个 SS8|15 及其 LIS 功能；

④ 1 个 SSM16B 模块包含 8 个 SS16|16 的功能；

⑤ 1 个 SGCB 模块包含有 LIM 和 SGC 的功能。

下面以 SN(B)为例，详细描述 TSG、SSG 内部以及之间的连接关系。

(1) TSG 内部连接

每个 TSG 最多可配置 8 个 TSMB 模块，即 16 个 LIL，可提供 16×4 共 64 个 SDC:LTG 接口(0 端口必须连接 MBU:LTG)。在与 SSG 连接的一侧，需配置 4 个 LISB 模块，可提供 4×16 共 64 个 SDC:SSG 接口，如图 5-39 所示。

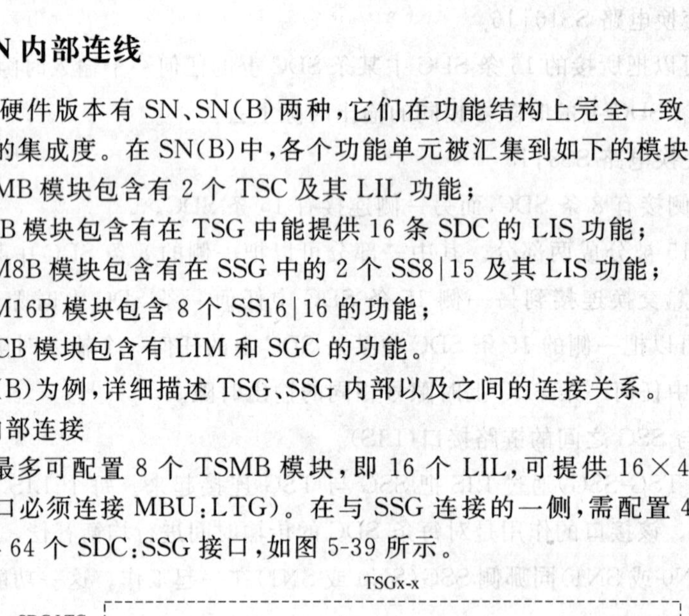

图 5-39 TSG 的内部连接

每个 TSG 中内部连接的规则：TSC 编号与相关的 LISB 端口编号相同；TSC 端口编号与相关的 LISB 编号相同。

（2）SSG 内部连接

每个 SSG 最多可配置 8 个 SSM8B 模块，即 16 个 LIS，可提供 16×8 共 128 个 SDC：SSG 接口。作为第 2 层空分交换，配置 2 块 SSM16B，可提供 2×8 共 16 个 SS16|16 交换模块，如图 5-40 所示。

每个 SSG 中内部连接的规则：SS8|15 编号与相关的 SS16|16 端口编号相同；SS8|15 端口编号与相关 SS16|16 的编号相同。

（3）TSG 与 SSG 的相互连接

TSG 与 SSG 的连接方法随 SN 的容量级别有所不同，如图 5-41、5-42、5-43 所示。

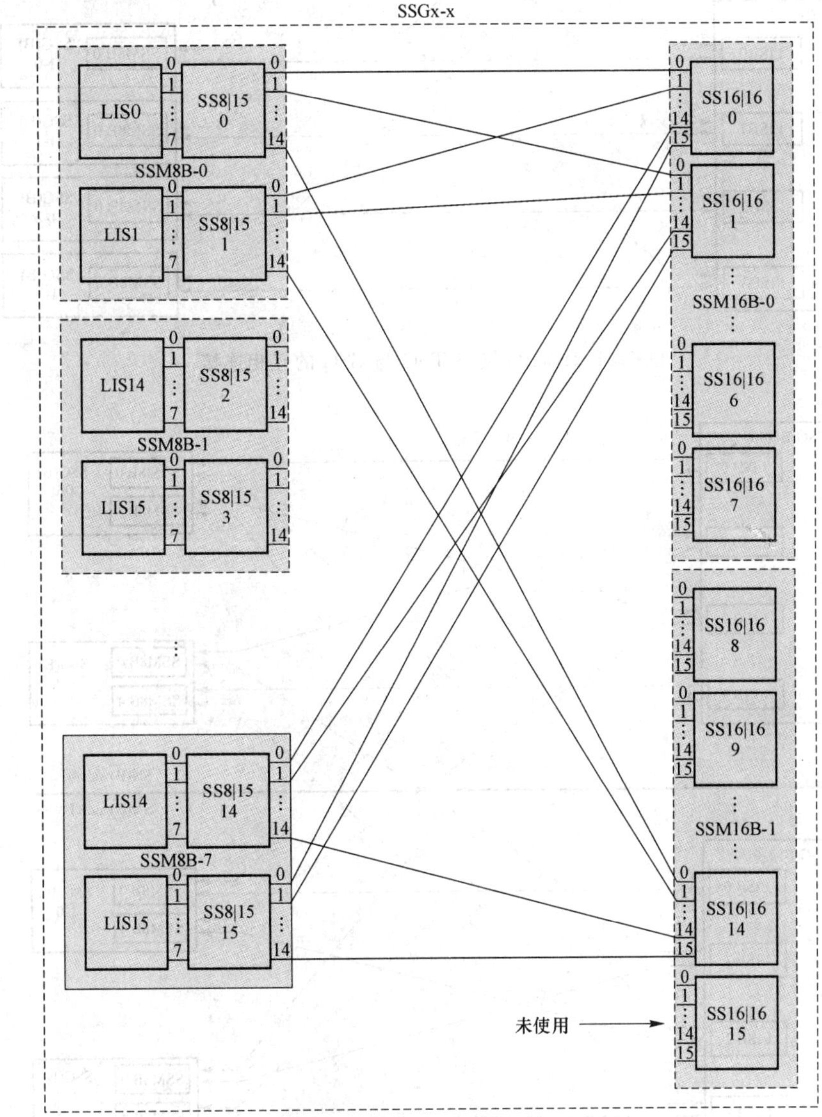

图 5-40 SSG 的内部连接

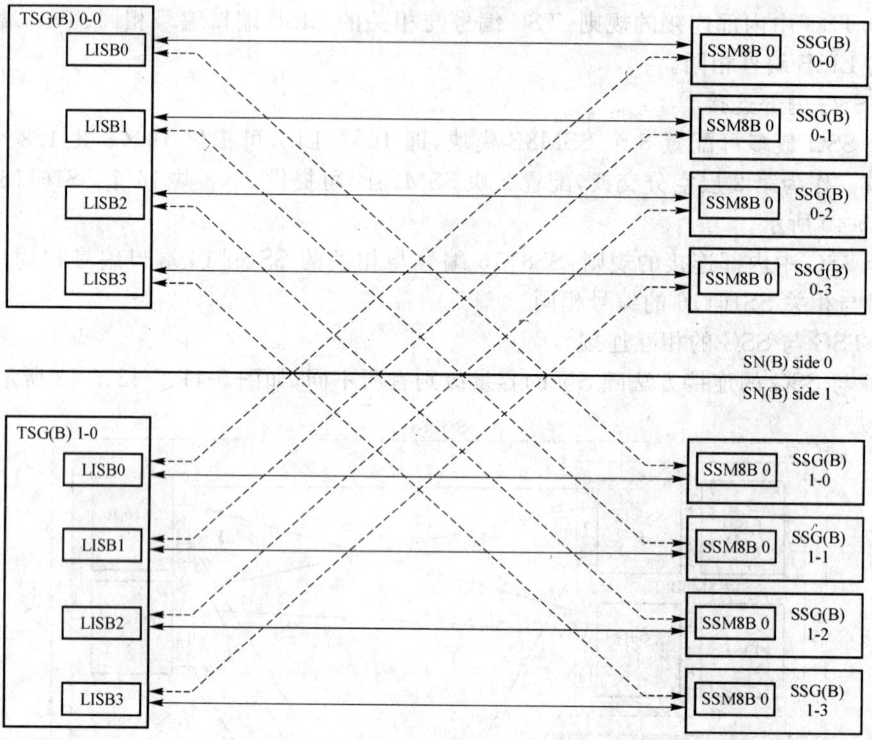

图 5-41　SN126 网络 TSG 与 SSG 的互相连接

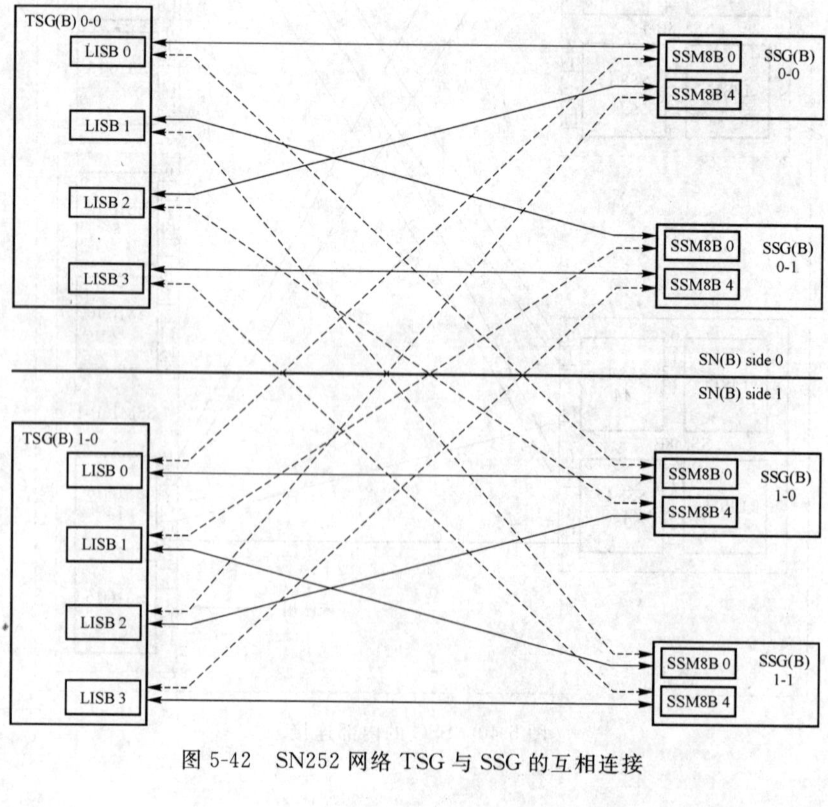

图 5-42　SN252 网络 TSG 与 SSG 的互相连接

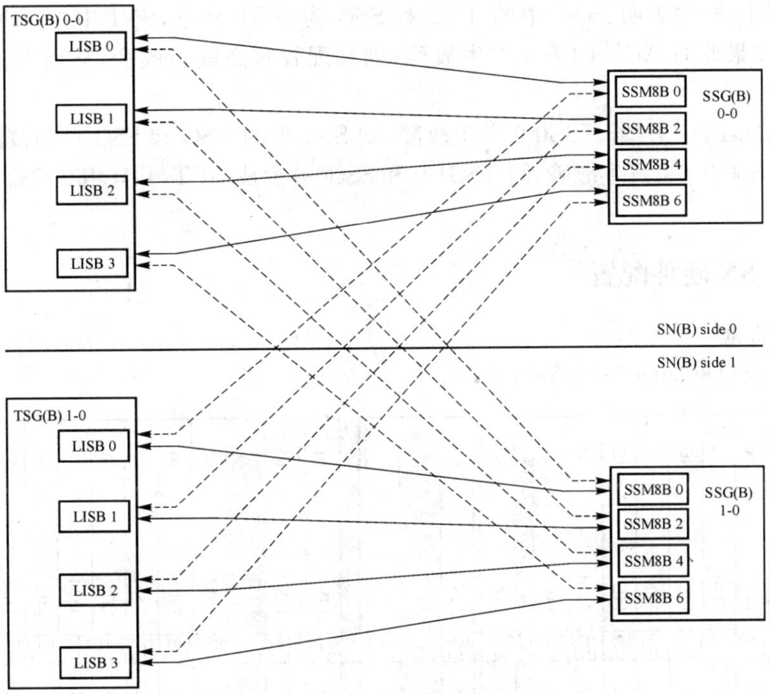

图 5-43　SN504 网络 TSG 与 SSG 的互相连接

5.5.5　SN 安全保护

SN 保护通路的连接关系和 LIS 切换开关位置如图 5-44 所示。

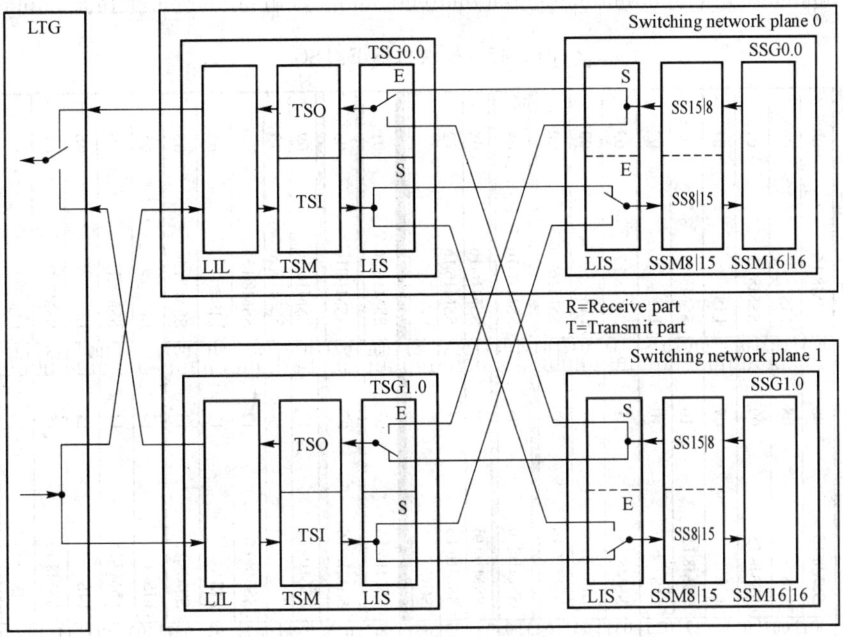

图 5-44　SN 的保护性切换

图中的 LIS 开关表明：SN0 中的 TSG 和 SSG 为 ACT 状态，SN1 中的 TSG 和 SSG 为 STB 状态。如果此时 ACT 的单元发生故障，则其配置状态就会改变，从而保证 LTG 继续工作。

保护性切换的例子：若 TSG0-0 发生故障，则 SN1 中的 TSG 和 SSG 自动被激活，SSG0-0 变成 STB；若 SSG1-0 也发生故障，则 TSG1-0 和 SSG0-0 变成 ACT，并且相互配合工作（交叉切换）。

5.5.6 SN 硬件配置

(1) SN 机框

SN 的模块机框如图 5-45、5-46 所示。

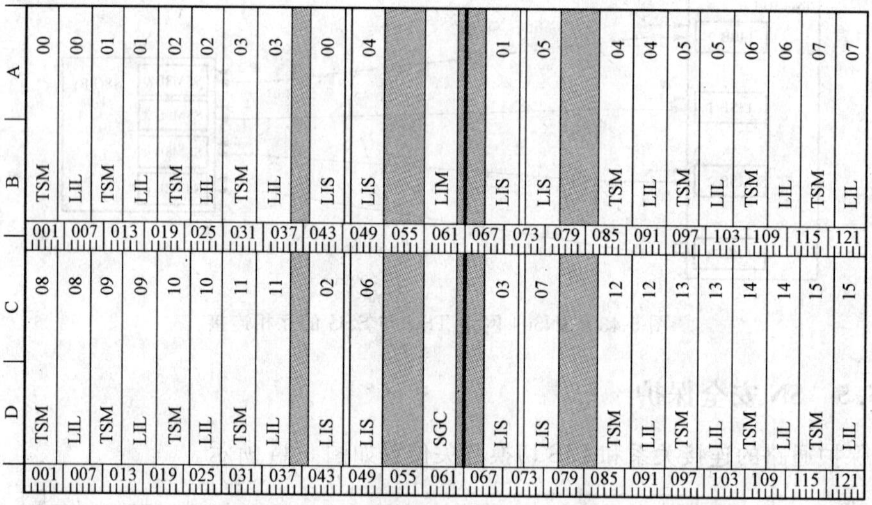

图 5-45 模块机框 F：TSG

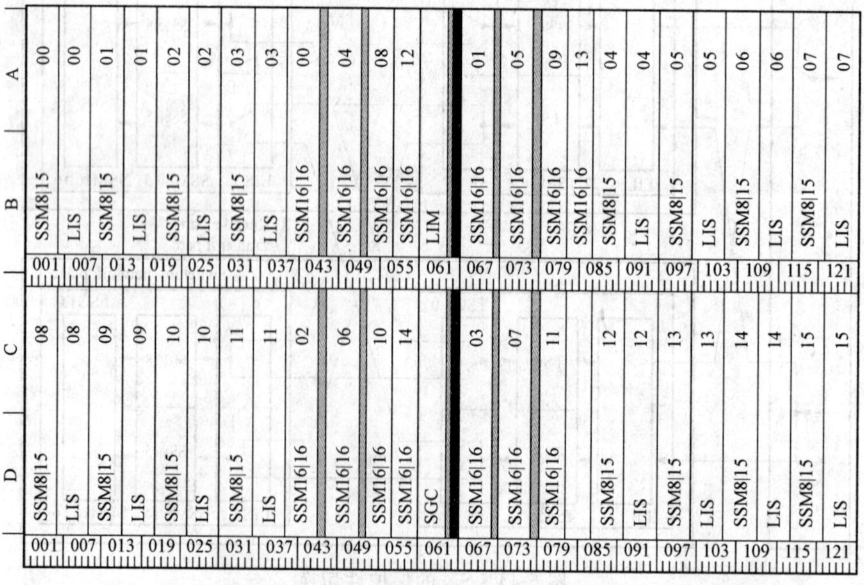

图 5-46 模块机框 F：SSG

(2) SN(B)机框

SN(B)的模块机框如图 5-47、5-48 所示。

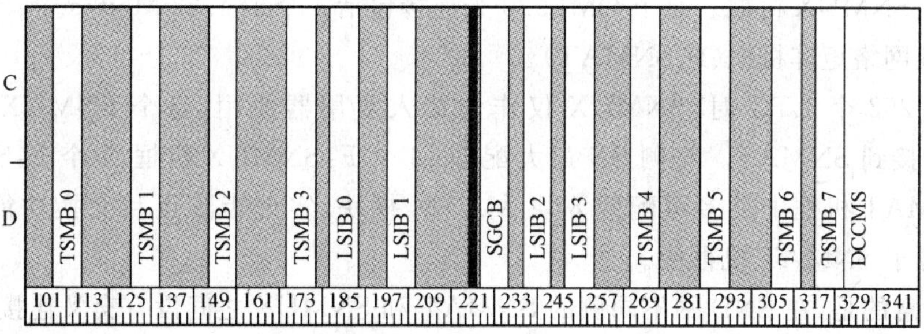

图 5-47 模块机框 F:TSG(B)

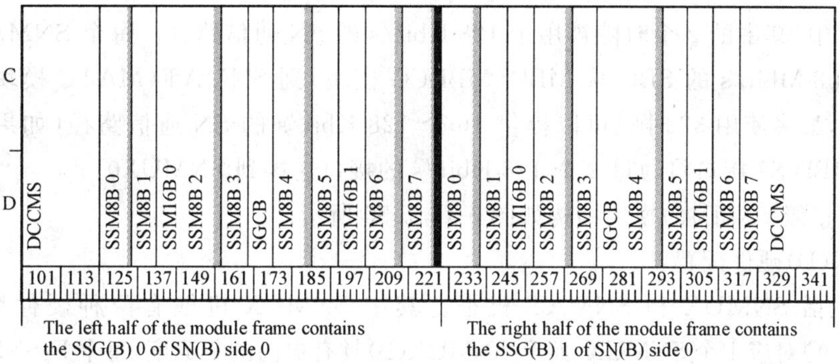

图 5-48 模块机框 F:SSG(B)

5.5.7 SN(D)

(1) SN(D)概述

SN(D)为 EWSD V15 版交换机提供一种新类型的交换网络。它在 SN(B)的基础上进行扩展,采用 ATM 交换技术,其交换原理基于网格状矩阵的单时分级交换单元,因此 SN(D)具有以下特点:

① 最多连接 2 016 个 LTG;

② 无阻塞设计(每条路径可以在任何时间被使用并且与其他路径无关);

③ 通过校验位永久性监视语音通信路径;

④ 具有很高的集成度;

⑤ SN(D)只能与 MB(D)配合使用。

(2) SN(D)功能结构

① 交换网复用器(SNMUX)

若 LTG 不超过 252 个,仅用 SNMUX 机框即可(每侧 SN 最多 2 个 SNMUX)。在这种情况下,SNMUX0 和 SNMUX1 完成全部的交换任务。

每个 SNMUX(A)机框中的最多 8 块 8M:LILD 模块连接到模块 M:MUXC 上,该模块上配有 16|16 的交换矩阵。每块 M:LILD 模块(到 LTG 的链路接口)最多可以连接 16 个

LTG。LILD0 和 LILD4 的第 1 个 LTG 连接的位置用于到 MBD。通过这种方式，每个 F:SNMUX(A)机框最多可以连接 126 个 LTG。当多于 126 个 LTG 时，需要使用 OML920 连接 2 个 F:SNMUX 机框。每个 OML920 光连接包括 4 个 184.32 Mbit/s。

② 交换网络矩阵机框(F:SNMAT)

当多于 252 个 LTG 时，SNMUX 仅作为接入复用器使用，每个 SNMUX 通过两个 OML920 连接到 SNMAT。每侧 SN 最大配置 16 个 F:SNMUX 机框，1 个 F:SNMAT 机框。在 SNMAT 机框中最多可配置 8 块 MATM 模块，实现矩阵点和交换功能。控制器 MATC 也位于 SNMAT 机框中。

需要注意的是，在 SND 网不同侧的 SNMAT 和 SNMUX 之间没有交叉连接。

CP 的设置命令经 MB(D)送到 SN(D)是通过两种接口。其中每个 SNMUX 有 2 个 MBD-S1 接口，即 8 Mbit/s 的 SDC 从 MBD(MBDH 模块)到 SNMUX(MUXC 模块)，在每个 MBD-S1 中，其中的 2 个时隙被用于 128 Kbit/s 的 SN 通信路径。每个 SNMAT 有 1 个 MBD-S3，即 8 Mbit/s 的 SDC 从 MBD(MBDCG 模块)到 SNMAT(MATC 模块)，在每个 MBD-S3 中，最多使用 32 时隙可以提供 16 个 128 Kbit/s 的 SN 通信路径(如果没有使用 SNMAT，MBD-S3 接口将通过 2 个 128 Kbit/s 的接口连接到 SNMUX0)。

不同容量级 SN(D)的模块结构如图 5-49、5-50 所示。

(3) SN(D)硬件配置

SND 包括 SNMUX 和 SNMAT 机框。其中 SNMUX 机框有两种硬件版本，每个 F:SNMUX(A)对应 1 个 SNMUX，而 F:SNMUX(B)具有更高的集成度，每个 F:SNMUX(B)包括 SN 两侧共 4 个 SNMUX，如图 5-51、5-52、5-53 所示。

SN 每侧只需要 1 个 F:SNMAT 机框，根据网络容量最多配置 8 个 MATM 模块。

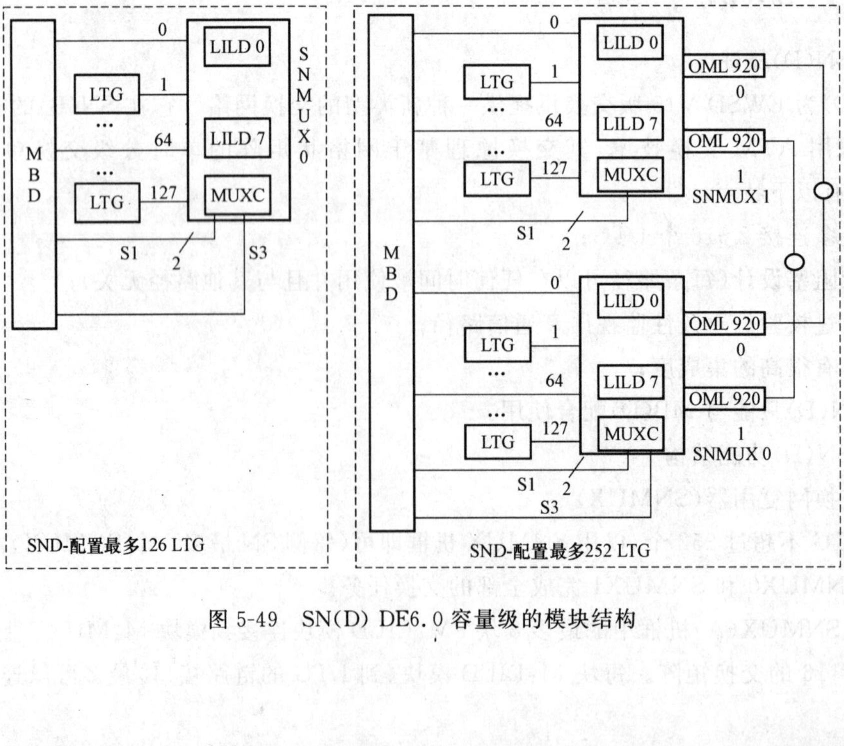

图 5-49　SN(D) DE6.0 容量级的模块结构

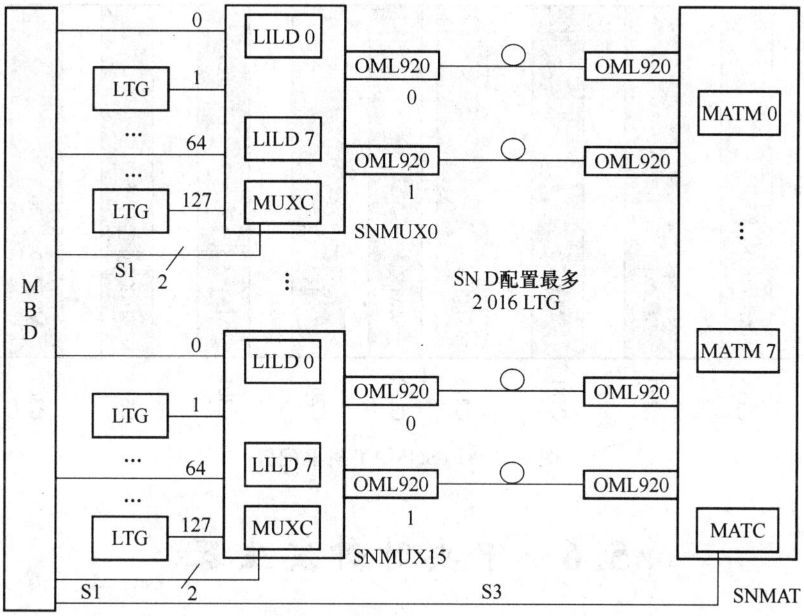

图 5-50　SN(D) DE6.1～DE6.8 容量级的模块结构

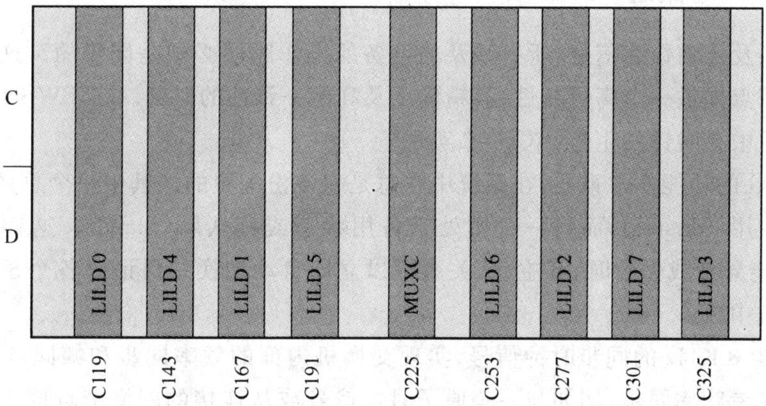

图 5-51　F:SNMUX(A)机框配置

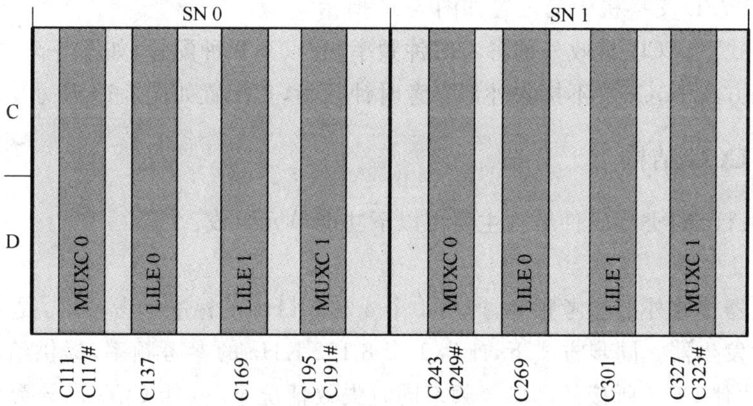

图 5-52　F:SNMUX(B)机框配置

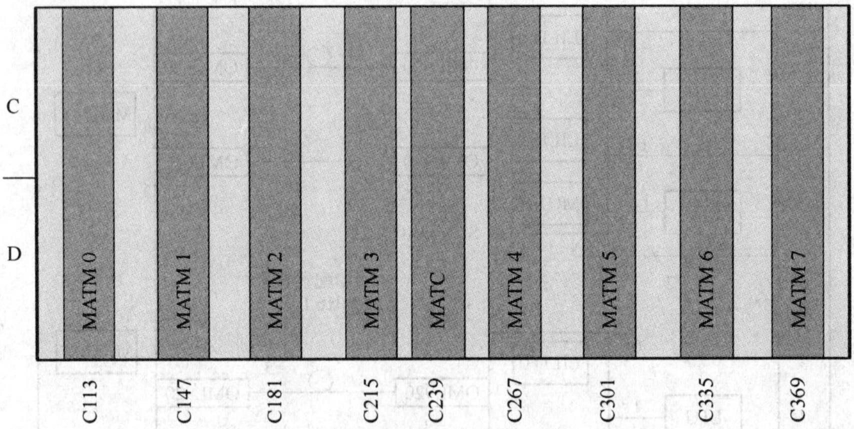

图 5-53 F:SNMAT 机框配置

5.6 中央时钟发生器

5.6.1 CCG 概述

为了交换及传输数字信息，所有涉及的设备的操作顺序必须是同步的。这需要为数字网络的所有节点提供一个高可靠性、高精确度及高度一致性的时钟。在 EWSD 交换机系统中这个工作由中央时钟发生器(CCG)来实现。

因为 CCG 的功能非常重要，在系统中它总是双备份配置的。其中一个总是处于工作状态并被称为主用(Master)，而另一个则处于备用状态或称从属(Slave)。这样确保当主用 CCG 发生功能异常或失效时，其主/从关系可以立即自动切换并保证为各个子系统提供的时钟信号不被中断。

CCG 产生 8 KHz 的同步时钟信号，实现交换机内部的频率同步和帧同步。CCG 通常保持与外部参考频率同步，例如与一个原子时钟信号或从连接的网络节点取来的一个普通的 PCM30 系统 2 Mbit/s 的时钟信号同步。

CCG 在 EWSD 交换机中的位置如图 5-54 所示。

在同步方式下，CCG 接收外部参考时钟频率，有以下几种配置，如图 5-55 所示。

在准同步方式下，CCG 不接收外部参考时钟频率，其配置如图 5-56 所示。

5.6.2 CCG 结构

常用的 CCG(A)类型硬件结构主要由以下功能单元组成：

(1) 时钟发生器

时钟发生器接收外部参考频率，产生 1 个 4 096 KHz 的标准参考频率，提供给时钟同步单元中的时钟发生器。同步方式下，产生 1 个 8 192 KHz 的参考频率，提供给伙伴 CCG 的时钟发生器，伙伴 CCG 所接外部参考频率同时失效情况下，伙伴 CCG 向该参考频率同步。准同步工作方式下，由处于 ACT 状态的 CCG 向处于 STB 状态 CCG 的时钟发生器提供 1

个 2 048 KHz 的参考频率。

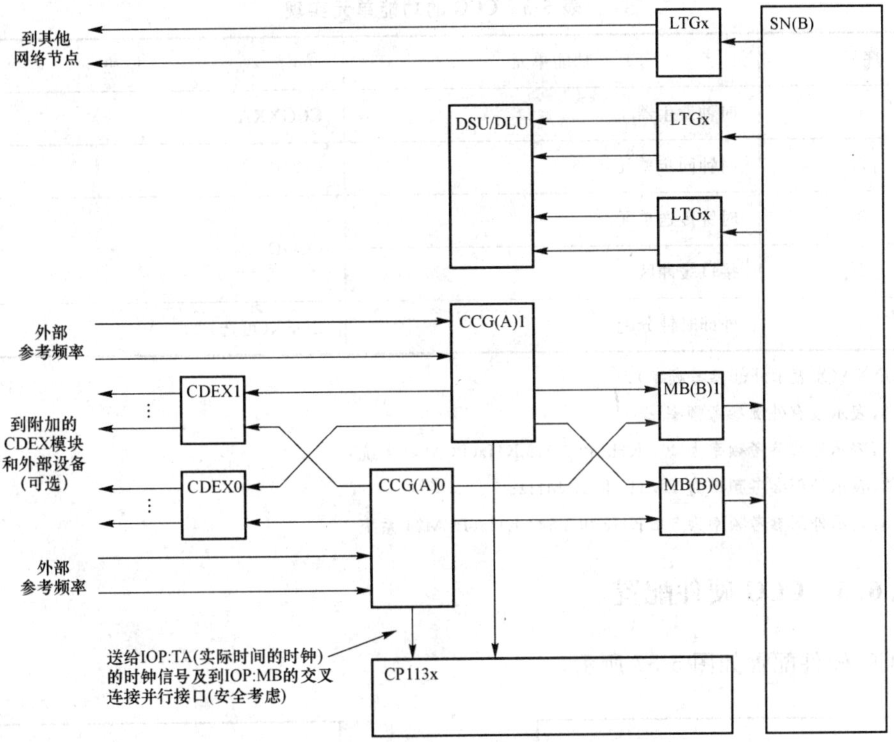

图 5-54　CCG 在 EWSD 交换机中的位置

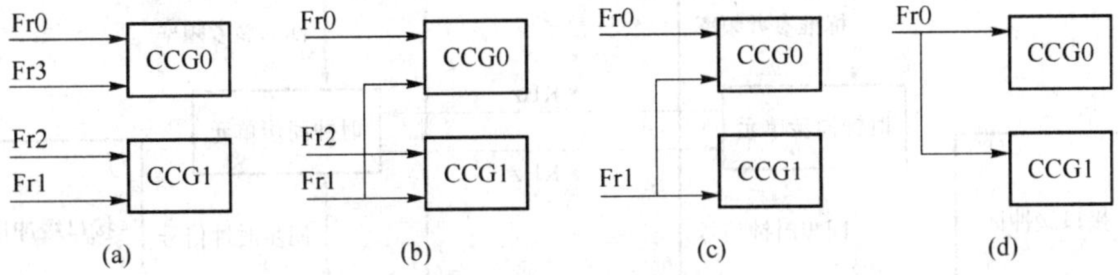

图 5-55　CCG 在同步方式下的配置

(2) 时钟同步单元

本身时钟发生器的晶振向标准参考频率 4 096 KHz 同步，产生 1 个 8 KHz 的同步时钟信号，提供给时钟传送单元。同时提供给伙伴 CCG 的时钟同步单元，相互监视，实现主备用转换，无须通过 CP。

(3) 时钟传送单元

将 8 KHz 的同步时钟信号传送到输出端。输出端分为 4 部分：①连接 MBG 的时钟发生器；②连接 CDEX 的时钟发生器；③连接 CP 中 IOP：TA 的时钟发生器；④预留。

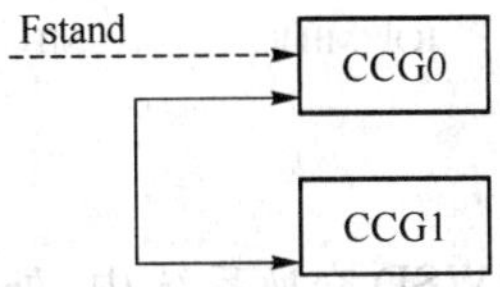

图 5-56　CCG 在准同步方式下的配置

(4) 接口缓冲区

将 CCG 内部总线结构向 CP 中 IOP：MB 的总线结构适配，进行数据和控制信息的交换。

CCG 的功能单元见表 5-3。

表 5-3　CCG 的功能单元实现

序号	功能单元	模块
1	时钟发生器	CCGXXA
2	时钟同步单元	CCGB
3	时钟传送单元	CCGD
4	接口缓冲区	
5	外部时钟分配	CDEX(可选)

CCGXXA(X 表示外部参考频率)：

X=0，表示没有外部参考频率；

X=1，表示外部参考频率为 300 KHz 和 2 048 KHz(PCM30 系统)；

X=2，表示外部参考频率为 5 MHz 和 10 MHz；

X=3，表示外部参考频率为 308 KHz 和 1 544 KHz(PCM24 系统)。

5.6.3　CCG 硬件配置

CCG 硬件配置如图 5-57 所示。

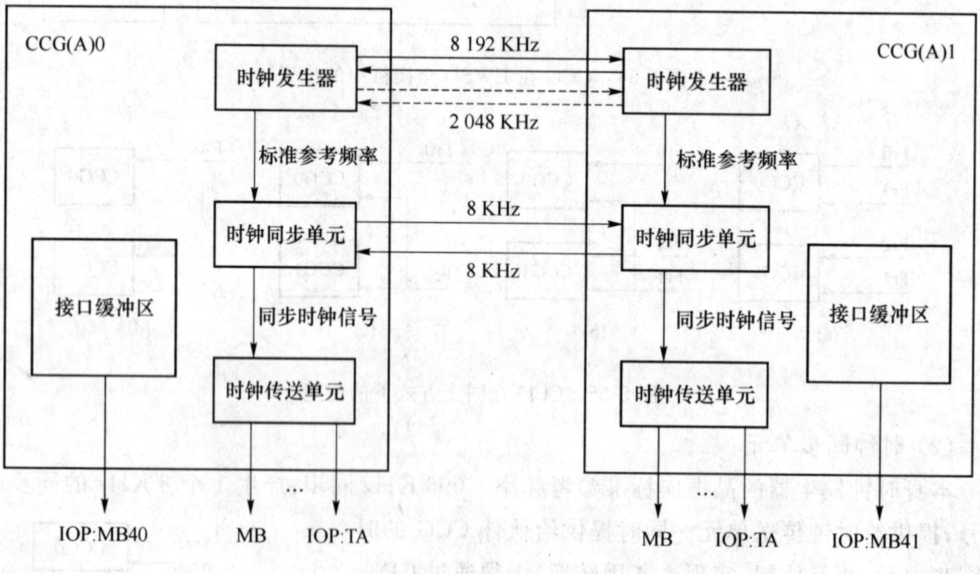

图 5-57　CCG 在 EWSD 交换机中的位置

EWSD 交换系统中，处于 ACT 状态 CCG 为主时钟，处于 STB 状态的 CCG 为备用时钟。

主/备时钟倒换操作命令如下：

CONF CCG：CCG=0，OST=STB；

CCG0　ACT→STB

CCG1 STB→ACT

在EWSD交换机中，主时钟路由是指处于ACT状态CCG正在使用的外部参考频率，其余外部参考频率为备用时钟路由。EWSD交换系统中，主/备时钟路由倒换时间为130秒。CCG0和CCG1所接外部参考频率全部失效的情况下，时钟信号可以保持17小时。

CCG的查询操作命令如下：

STAT CCG;

DISP CCG;

CCG的配置操作命令如下：

CONF CCG: CCG= ,OST= [,SUP=];

配置CCG时，不能直接把CCG配置到工作状态(ACT)，可以把当前处于工作状态的CCG单元配置到从属状态(STB)以实现ACT/STB(master/slave)状态倒换。同样，如果没有CCG单元处于工作状态，系统自动将首先配置成STB状态的CCG单元配置为ACT。当CCGxxA模块板被拔出并重新插入或电源出现故障后，不能立即配置CCG，因为模块必须预热，等待35分钟(准同步模式)或2小时(同步模式)后，再将其配置到STB状态。

上述查询操作命令报告如下：

```
HCS41/AD386D2015E/CHNCBZ1V51313686/103              05-07-21 17:29:17
0384        TH2511/VNET0001        3080/00229
STATCCG;                                                        EXEC'D
CCG-0   CCG-1
--------  --------
STB     ACT
END JOB 0384

HCS41/AD386D2015E/CHNCBZ1V51313686/103              05-07-21 17:29:24
0388      TH2511/VNET0001       3080/02810
DISPCCG;                                                        EXEC'D
STATUS AND ERROR INFORMATION  : CCG-0          CCG-1
------------------------------------------------------------------------------
REF. FREQUENCIES AT CCGXXA    : PRESENT        PRESENT
CCGXXA-MODULE                 : FAULT-FREE     FAULT-FREE
CCGXXA-PROCESSOR              : FAULT-FREE     FAULT-FREE
CCGB-MODULE                   : FAULT-FREE     FAULT-FREE
CCGB-PROCESSOR                : FAULT-FREE     FAULT-FREE
INTERFACE CCGXXA/CCGB         : FAULT-FREE     FAULT-FREE
CCGB MS-STATUS                : SLAVE          MASTER
CCGB CLOCK DISTRIBUTOR        : ENABLED        ENABLED
```

OPERATING STATE : STB ACT
REFERENCE FREQUENCY 0 : GOOD GOOD
REFERENCE FREQUENCY 1 : GOOD GOOD
USED REFERENCE FREQUENCY : 1 1
STATUS FREQUENCY STORAGE : NORMAL NORMAL
SYNCHRONIZATION STATUS : SYNCHRON 4 SYNCHRON 4
END JOB 0388

CCG 的配置操作命令报告如下：

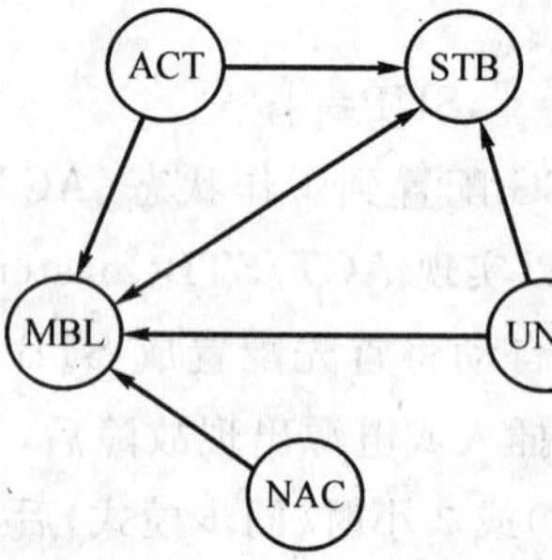

HCS41/AD386D2015E/CHNCBZ1V51313686/103 05-07-21 17:29:52
0390 TH2511/VNET0001 3077/06611
CONFCCG:CCG=1,OST=STB;
STARTING CONFIGURATION FOR CCG -1 FROM ACT TO STB
END TEXT 0390

HCS41/AD386D2 015E/CHNCBZ1V51313686/103 05-07-21 17:29:55
0390 TH2511/VNET0001 3077/06611
CONFCCG:CCG=1,OST=STB;
END OF CONFIGURATION FOR CCG -1 FROM ACT TO STB
END TEXT 0390

HCS41/AD386D2015E/CHNCBZ1V51313686/103 05-07-21 17:29:56
0390 TH2511/VNET0001 3076/06611
CONFCCG:CCG=1,OST=STB; EXEC'D
END JOB 0390

5.6.4 CCGE

在 EWSD V15 版交换机的传统和超强节点配置中，引入了新的硬件类型 CCGE 代替原 CCGA 完成整个交换系统时钟同步的控制功能。

CCGE 与 CCGA 同样的为数字网络的所有节点提供一个高可靠性、高精确度及高度一致性的时钟。保证了整个交换及传输数字信息，所有涉及的设备的操作顺序同步一致。与

CCGA 相比，CCGE 可通过扩展的 GPS 同步时钟接收设备与新的 GPS 全球卫星定位系统获取外部同步时钟，称为 SURPASS hiE9200 TDM，如图 5-58 所示。

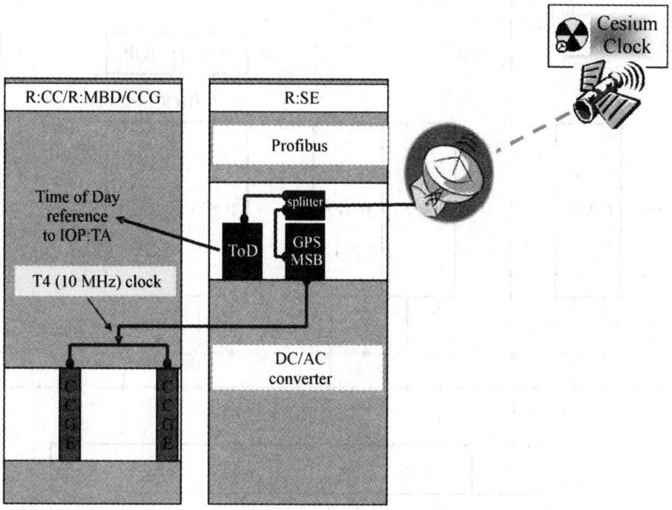

图 5-58　CCGE 获取外部同步时钟示意图

5.7　协调处理机

EWSD 的协调处理机(CP)有 CP112 和 CP113 两种，其中 CP112 用于小容量 EWSD 交换系统，CP113 用于中、大容量 EWSD 交换系统。实际应用最广的是型号为 CP113C 的交换机，因为它的规模可大可小，适应性强。CP113CR 用于紧凑型的交换机，由于容量较小，机框紧凑，一般应用于农村或集装箱的场合。下面主要介绍 CP113C。

5.7.1　CP 功能描述

CP 是 EWSD 交换机的核心，执行的功能具体包括以下 3 个方面：

(1) 呼叫处理

完成数字翻译、路由、计费区寻址、交换网中的通路选择、呼叫计费记录、话务数据管理、网络管理等工作。

(2) 操作和维护

完成来自/去往外部存储器(EM)的输入/输出、与操作维护终端(OMT/BCT)的通信、与操作维护中心(OMC)的通信等工作。

(3) 安全保护

完成自我监视、差错检测、故障处理等工作。

5.7.2　CP113C 结构

CP113C 结构如图 5-59 所示。

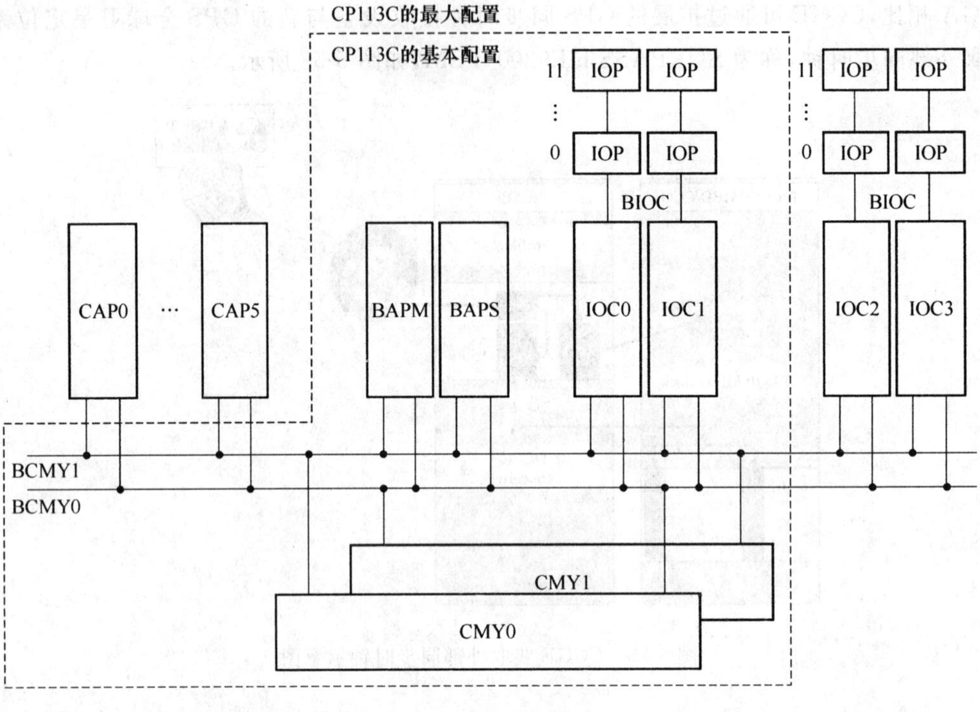

图 5-59 CP113C 的硬件结构(虚线内为 CP113C 基本配置)

CP113C 由下列功能单元组成:

(1) 基本处理器(BAP)

在 CP113 中有两个 BAP,双备份,负责维护任务和呼叫处理任务。其中一个为主用,执行所有的维护任务,如果需要,也执行呼叫处理任务;另一个为备用,仅执行呼叫处理任务。BAP 的主用/备用状态可通过 MML 命令即 COM BAP 改变,也可由系统自动改变。一般情况下系统每天自动改变主用/备用的状态。如果一个 BAP 出现故障,那么由剩下的另一个 BAP 替代其功能。

(2) 呼叫处理器(CAP)

CAP 仅负责呼叫处理任务,EWSD 的基本配置中可以不包括 CAP。EWSD CP113C 中最多 6 个 CAP,作为可选单元的 CAP 不能替代 BAP 的功能。

(3) 输入/输出控制器(IOC)

用作输入/输出处理器(IOP)的接口,最多 4 个 IOC。

(4) 公共存储器(CMY)

CMY 是 0 侧、1 侧双备份。

(5) 总线系统(BCMY)

BCMY 是双备份,位于 BAP、CAP、IOC 及 CMY 之间。

(6) 输入/输出处理器(IOP)

IOP 用于连接外部设备,主要有:

① IOP:MB,用于信息缓冲器的输入/输出处理器;

② IOP:TA,用于时间和告警的输入/输出处理器;

③ IOP:LAU,用于线路适配单元的输入/输出处理器;

④ IOP:UNI,用于操作和维护设备的统一的输入/输出处理器;

⑤ IOP:AUC,用于鉴权中心的输入/输出处理器,仅用于移动通信网络节点(D900)中。

在 CP113C 中用于操作维护(O&M)和数据通信外围设备有:磁带机(MTD);磁盘设备(MDD);光盘机(MOD);操作维护终端(OMT 或 BCT);到数据通信设备的数据链路或到具有 V. 24、V. 35、V. 36 接口和 BX. 25/X. 25 规程的数据终端设备的数据链路;维护面板(MP)。可以根据需要,通过增加相似的功能单元,对 CP113C 的基本配置进行扩容。这样就可以增加计算能力和内存容量,还可以增加呼叫处理外围和操作维护外围的连接,表 5-4 列出了目前可选的组合。

表 5-4　CP113 的最小和最大配置

单元	最小	最大
BAP	2	2
CAP	0	6
IOC	2	4
CMY(Mbytes)	64	1 024
IOP:MB	8	14
IOP:TA	2	2
IOP:UNI	2	8
IOP:SCDP	0	12
IOP:AUC*	2	7

注:* 用于某些移动网络的节点。

1. BAP、CAP 和 IOC

CP113C 中 BAP、CAP、IOC 使用相同的硬件模块即 PEX,相同的 PEX 硬件模块安插在不同的物理位置,特有的硬件功能就被激活。每个处理器 PEX 内部由下列部分组成:两个处理单元(PU);一个本地存储器(LMY);一个公共接口(CI);一个接输入/输出控制器总线系统(BIOC)的接口。BAP、CAP、IOC 结构如图 5-60 所示。

到 BIOC 的接口是 CI 的一部分,所以,在所有的处理器中均包含该硬件部分。只有用作 IOC 时,BIOC 才被激活。

(1) 处理单元

处理单元(PU)是双备份的。通过两个处理单元相互校验,可快速检测并处理错误,这样可防止错误的影响扩大。在正常情况下,PU0 永远作主用。在向内存写数据的周期中,总是由 PU0 发送数据,而在读周期中,两个 PU 均接收数据。处理单元的核心是一个微处理器,执行系统专用的软件程序和面向功能的用户软件程序。

(2) 本地存储器

非常重要的程序和只由单个处理器所需的数据被存放在处理器的本地存储器(LMY)中。该存储器只能由处理器自己寻址，在 IOC 中也可由 IOP 寻址。除本地存储器以外，还有快速 EPROM。它包含有硬件恢复、装载和诊断程序的固件及 IOC 固件。

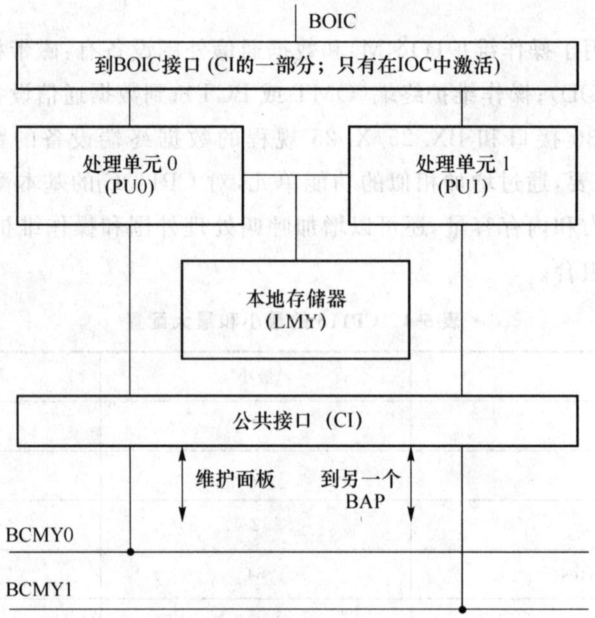

图 5-60　BAP、CAP 和 IOC 结构

(3) 公共接口

处理器通过公共接口(CI)连到两个公共存储器总线(BCMY)上。通过该接口执行所有到公共存储器(CMY)的访问及处理器之间的通信。还可以通过公共接口连接维护面板，用于系统检测和特殊的故障清除。

(4) 接输入/输出控制器总线系统的接口

接输入/输出控制器总线系统的接口(BIOC)只有在处理器被用作输入/输出控制器(IOC)时，才被激活。该接口是公共接口的一部分。到 BIOC 的接口将 IOC 的本地总线同用于输入/输出控制的总线系统连接起来。一个 BIOC 最多可连接 12 个输入/输出处理器。

2. BCMY

在 CP113C 中 BCMY 由 BCM、PIA、MTI 硬件模块组成。公共存储器总线(BCMY)将 BAP、CAP、IOC 相互连在一起，并将它们同公共存储器(CMY))相连接。BCMY 传送 CMY 中读写周期的数据和地址，并且处理处理器之间的通信。出于安全可靠的原因，BCMY为双备份。两个 BCMY 同步工作，处理相同的信息。在通常情况下，BCMY 可以各自独立工作。

BCMY 主要由下列功能块组成：处理器接口单元(PI)；BCMY 仲裁器；内存接口；总线时钟发生器。BCMY 为每个处理器(BAP、CAP 或 IOC)配一个处理器接口单元(PI)。通过 PI 将处理器连到 BCMY。PI 将处理器或 IOC 发送来的地址和数据，在恰当的时间发送到

BCMY，并将 BCMY 接收到的数据发送到处理器或 IOC。BCMY 仲裁器控制着接 BCMY 的各功能单元之间的数据传送，BCMY 仲裁器的结构分成处理器选择电路和组选择电路两部分。内存接口是 BCMY 与 CMY0、CMY1 之间的接口。在写操作时，经两个 BCMY 同时向两个公共存储器传送数据和地址。通过不同的设置，可定义由哪个 CMY 接收来自哪个 BCMY 的数据和地址。同样，在读操作时，两个 BCMY 均接收来自 CMY 的数据，然后在正确的时隙中将其传递给请求读数据的处理器。

在正常运行时，由 BCMY0 的时钟系统提供定时信号。该定时信号被传到另一个 BCMY 及所有处理器和 CMY 上。处理器与 BCMY 之间以异步方式工作。当处理器发送和接收 BCMY 上的数据时，通过 BCMY 送来的时钟进行同步。CMY0 和 CMY1 通过各自时钟线接收总线时钟，每个时钟线可被独立地切换到另一个 CMY 上(用于故障的保护措施)。CMY 通过 BCMY 时钟与 BCMY 同步工作。CMY 时钟系统仅在没有可用的 BCMY 时钟时用于 CMY 内部处理器。

3. CMY

CP113C 中 CMY 有 CMYC、CMYM 硬件模块组成。CMY 中存有所有处理器的公共数据库、IOP：MB 的输入和输出表以及 IOP 到 O&M 外围的通信区。CMY 是双备份的，以保证高可用性，所有处理器和输入/输出控制器(IOC)及 IOP 均可经 BCMY0、BCMY1 访问 CMY0，CMY1。正常运行时，两个 CMY 在同步周期下执行写和读周期。CMY 由内存控制和存储介质组成。

4. IOP

CP113C/CR 通过不同类型的 IOP 连接网络节点中的其他单元，如外部存储器、操作和维护终端或基本图形终端、操作和维护中心和计算机中心。具有两个输入/输出控制器(IOC)的 CP113C/CR 的输入/输出系统结构如图 5-61 所示。

(1) 用于消息缓存器的输入/输出处理器(IOP：MB)

IOP：MB 是 CP113C 同网络节点中的功能单元之间的接口。为了可靠运行，所有的子系统和功能单元都连到两个 IOP：MB。如果这两个 IOP：MB 中的一个出现故障，则由另一个 IOP：MB 独自承担数据交换功能。IOP：MB 所连的单元有：消息缓存器组(MBG)、中央时钟发生器(CCG)、公共信道信令网络控制(CCNC)、系统面板(SYP)。IOP：MB 的使用数量取决于交换网络(SN)大小。每对消息缓存器组需要两个 IOP：MB，分别接 SN0 和 SN1。

(2) 用于时间和告警的输入/输出处理器(IOP：TA)

IOP：TA 包含 CP113C 的硬件时钟和接收外部 告警的接口。IOP：TA 双备份的硬件时钟按照中央时钟发生器(CCG)提供的时钟进行同步。硬件时钟产生日期和以时、分、秒记录的时间。该时间显示在 IOP：TA 模块前的面板上。在 CP 范围内的机架内告警(如风扇告警)不属于某个功能单元。而是由 IOP：TA 接收这些告警，然后报告给 BAP 中安全保护软件。IOP：TA 最多为 5 个机架提供告警接口。

(3) 统一用于 O&M 设备的输入/输出处理器(IOP：UNI)

磁带机(MTD)、硬盘机(MDD)、光盘机(MOD)等外设可以通过 IOP：UNI 连接到

CP113C。光盘机作为存储介质可取代磁带机或作为磁带机的附加设备，以提高运行速度，尤其是减少了启机和备份时间。MOD 可以接在 MTD 和 MDD 所连的 SCSI 总线上。在 CP 的接口上，驱动 MOD 的方式同 MTD 一样。每个 IOP：UNI 最多可接两个 MOD/MTD。

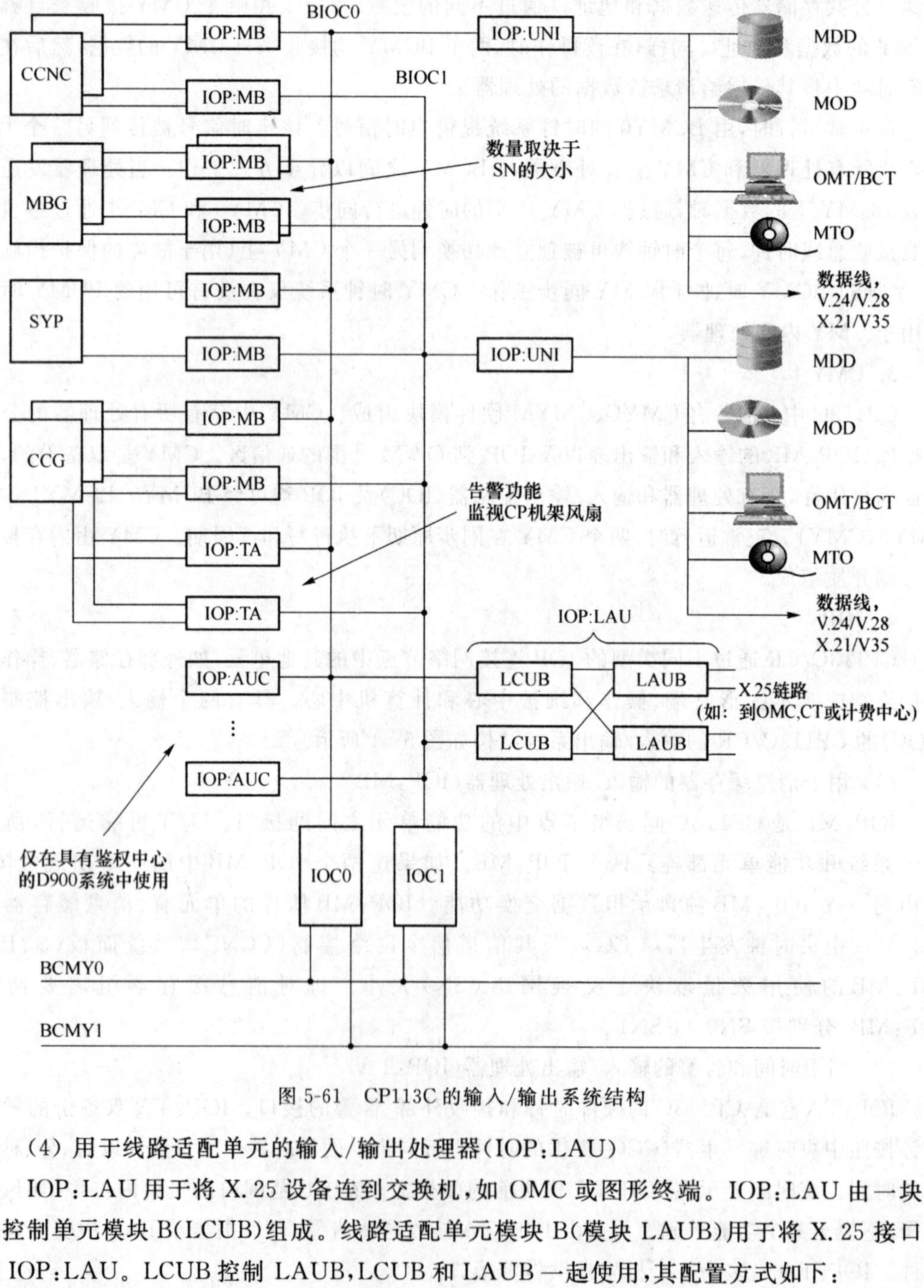

图 5-61　CP113C 的输入/输出系统结构

(4) 用于线路适配单元的输入/输出处理器(IOP：LAU)

IOP：LAU 用于将 X.25 设备连到交换机，如 OMC 或图形终端。IOP：LAU 由一块线路控制单元模块 B(LCUB)组成。线路适配单元模块 B(模块 LAUB)用于将 X.25 接口连到 IOP：LAU。LCUB 控制 LAUB，LCUB 和 LAUB 一起使用，其配置方式如下：

CONFIOP：IOP＝IOPLAU-0，OST＝ACT；　　(LCUB 模块即 IOPLAU)

CONFLAU：LAU＝0，OST＝ACT；　　(LAUB 模块即 LAU)

IOP:LAU 总是成对使用的，出于安全的原因，两个 LCUB 和两个 LAUB 是交叉相连的。一对 IOP:LAU 的一端分别连两个不同的 BIOC。

(5) 用于鉴权中心的输入/输出处理器(IOP:AUC)

只有当 CP113C 作为移动通信系统中的鉴权中心(AC)时，IOP:AUC 才被使用。在移动通信系统中，一旦移动用户在移动站点和网络中间建立呼叫，将检查该用户的授权，以便起到保护的作用。

5.7.3 CP113C 硬件配置

CP113C 的机框安装于 2 450 mm 高的标准机架中，如图 5-62 所示。

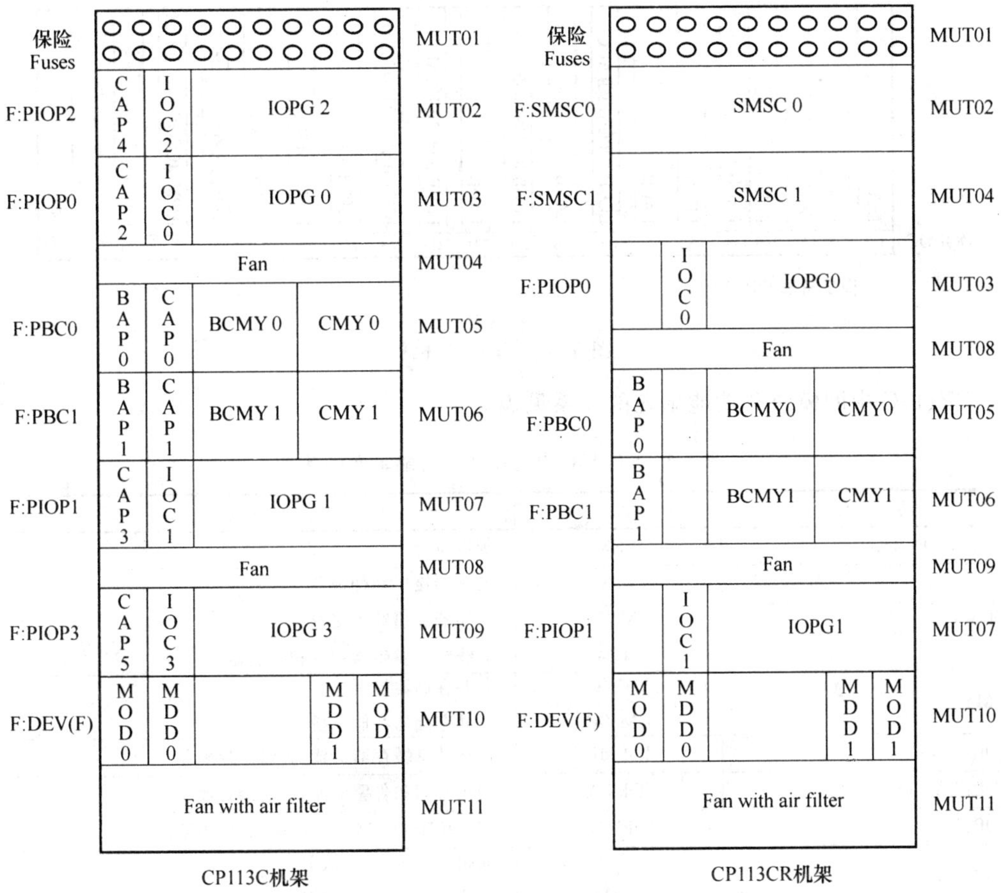

图 5-62　CP113C 机架图

CP113C 中采用了两种配置不同的模块机框和一个设备机框，如图 5-63 所示。

(1) 模块机框(F:PBC)，用于安装处理器(BAP，CAP)、公共存储器总线和公共存储器。

(2) 模块机框(F:PIOP)，用于安装处理器(IOC，CAP)和输入/输出处理器。

(3) 设备机框(F:DEV(F))，用于放置硬盘机、光盘机和供电设备。这些设备可像模块一样被推入机框。每个设备需要一个插入式电源。

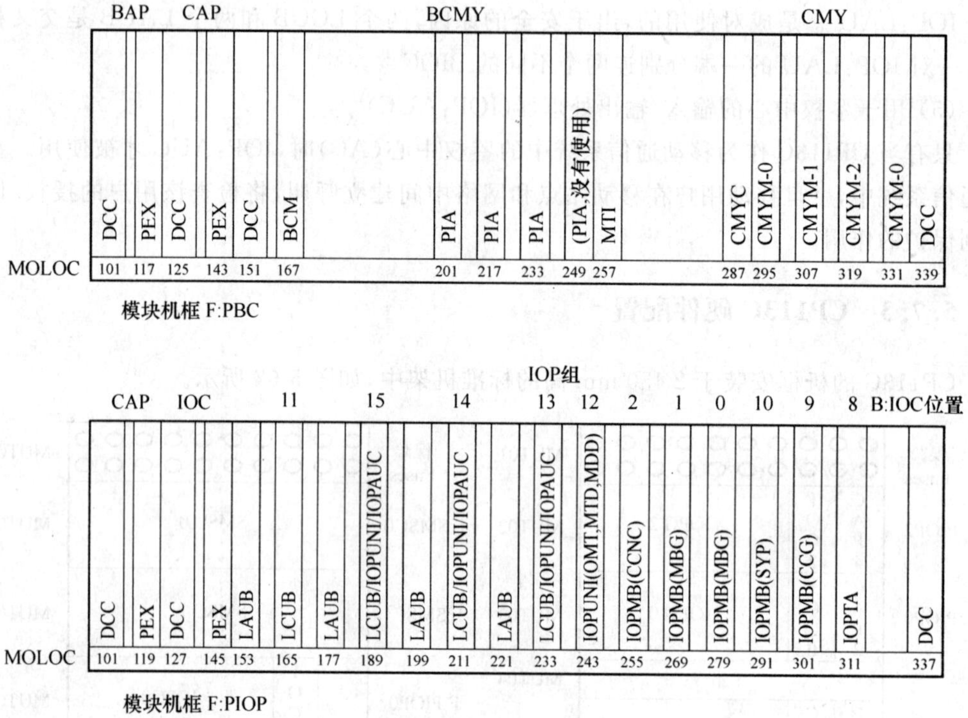

图 5-63 CP113C 机框

CP113C 中的模块及功能单元的关系见表 5-5。

表 5-5 CP113C 中的模块及功能单元的关系

功能单元	模块	名称
BAP、CAP、IOC	PEX	程序执行
BCMY	PIA	处理器接口和仲裁器
	MTI	存储器和追踪器接口
	BCM	总线时钟发生器和维护控制器
CMY	CMYC	公共存储器控制
	CMYM	公共存储器存储介质
IOP:MB	IOPMB	用于消息缓存器的输入/输出处理器
IOP:TA	IOPTA	用于时间和告警的输入/输出处理器
IOP:UNI	IOPUNI	统一用于 O&M 设备的输入/输出处理器
IOP:LAU	LCUB	线路控制单元,模块 B
	LAUB	线路适配单元,模块 B
IOP:AUC*	IOPAUC	用于鉴权中心的输入/输出处理器

注:* 只用于特定移动网络节点。

5.7.4 CP 维护命令

查询 CP 设备的操作命令如下:

STAT SSP :[UNITS=][,OST=];

DISP SSP ;

DISP IOC ：IOC= ；

DISP IOP ：IOP= ；

DISP CAP ；

DISP MD ；

DISPMTD ：MTD= ；

DISP MT ：{ VSN= ,MTD= } ；

DISP MOD ：MOD= ；

DISP MO ：{ VSN= ,MOD= } ；

DISP OMT ：OMT= ；

查询 CP 设备的部分报告如下：

```
HCSXX/AD386D20XXE/CHNCBZ1V51313686/013                04-7-27 09:29:39
4591        TH2502/CUSTOMER         3080/02056
STATSSP;                                                         EXEC'D
UNIT        OST             UNIT          OST            UNIT          OST
------------+----------     ------------+------------    --------------+----------
BAP-0       SPR             BAP-1         MAS            CAP-0         ACT
CAP-1       ACT             CAP-2         ACT            IOC-0         ACT
IOC-1       ACT             IOC-2         ACT            IOC-3         ACT
CMY-0       ACT             CMY-1         ACT            BCMY-0        ACT
BCMY-1      ACT
IOPMB-0     ACT             IOPMB-1       ACT            IOPMB-32      ACT
IOPMB-33    ACT             IOPMB-34      ACT            IOPMB-35      ACT
IOPMB-36    ACT             IOPMB-37      ACT            IOPMB-38      ACT
IOPMB-39    ACT             IOPMB-40      ACT            IOPMB-41      ACT
IOPMB-42    ACT             IOPMB-43      ACT            IOPUNI-0      ACT
IOPUNI-1    ACT             IOPTA-0       ACT            IOPTA-1       ACT
IOPLAU-0    ACT             IOPLAU-1      ACT            IOPLAU-2      ACT
IOPLAU-3    PLA             LAU-0         ACT            LAU-1         ACT
LAU-2       ACT             LAU-3         PLA
MDD-0       ACT             MDD-1         ACT            MTD-0         PLA
MTD-1       PLA             MOD-0         ACT            MOD-1         ACT
OMT-0       ACT             OMT-1         ACT            CSC-0         PLA
X25LINK-0   ACT             X25LINK-1     ACT            X25LINK-2     ACT
X25LINK-3   PLA             X25LINK-4     ACT
END JOB 4591

HCSXX/AD386D20XXE/CHNCBZ1V51313686/013                04-7-27 09:29:47
4593          TH2502/CUSTOMER         3080/08741
DISPSSP;                                                         EXEC'D
```

```
UNIT     PBI  MEMSIZE         FIRMWARE VERSIONS                        DATA
              PHYS  APS   B-PART        APS PART      APS PART      UP-TO-
                          (FE)PROM      FEPROM        IN APS        DATE
---------+------+-------+--------+-------------+-------------+-------------+--------
BAP-0     0    32    32    0508  0000   5133  0001   5133  0001    YES
BAP-1     2    32    32    0508  0000   5133  0001   5133  0001    YES
CAP-0     4    32    16    0508  0000   5133  0001   5133  0001    YES
CAP-1     6    32    16    0508  0000   5133  0001   5133  0001    YES
CAP-2     8    32    16    0508  0000   5133  0001   5133  0001    YES
IOC-0     1    32          0508  0000   5133  0001   5133  0001    YES
IOC-1     3    32          0508  0000   5133  0001   5133  0001    YES
IOC-2     5    32          0508  0000   5133  0001   5133  0001    YES
IOC-3     7    32          0508  0000   5133  0001   5133  0001    YES
CMY-0          512   512   2300         1900  0043   1900  0043    YES
CMY-1          512   512   2300         1900  0043   1900  0043    YES
BCMY-0                                  0020  0000   0020  0000    YES
BCMY-1                                  0020  0000   0020  0000    YES
END  JOB  4593

HCSXX/AD386D20XXE/CHNCBZ1V51313686/013                  04-7-27 09:29:57
4594     TH2502/CUSTOMER          3080/02067
DISPIOC:IOC=0;                                                    EXEC'D
IOC            :   IOC-0     PBI :   1
REDUNDANT IOC  :   IOC-1     PBI :   3
BIOC  IOP              BIOC  IOP                 BIOC  IOP
------+----------      ---------+-----------     ---------+----------
   0  IOPMB-32            1  IOPMB-34               9  IOPMB-40
  10  IOPMB-42            8  IOPTA-0               11  IOPLAU-0
  15  IOPLAU-2           12  IOPUNI-0
END JOB 4594

HCSXX/AD386D20XXE/CHNCBZ1V51313686/013                  04-7-27 09:30:13
4595       TH2502/CUSTOMER          3080/09149
DISPIOP:IOP=IOPMB-X;                                              EXEC'D
IOC  BIOC  IOP           OST   SUBST
----+-------+------------+-------+----------
2      2   IOPMB-0       ACT   IOPMB-1
3      2   IOPMB-1       ACT   IOPMB-0
0      0   IOPMB-32      ACT   IOPMB-33
```

```
1       0   IOPMB-33   ACT   IOPMB-32
0       1   IOPMB-34   ACT   IOPMB-35
1       1   IOPMB-35   ACT   IOPMB-34
2       0   IOPMB-36   ACT   IOPMB-37
3       0   IOPMB-37   ACT   IOPMB-36
2       1   IOPMB-38   ACT   IOPMB-39
3       1   IOPMB-39   ACT   IOPMB-38
0       9   IOPMB-40   ACT   IOPMB-41
1       9   IOPMB-41   ACT   IOPMB-40
0       10   IOPMB-42  ACT   IOPMB-43
1       10   IOPMB-43  ACT   IOPMB-42
END JOB 4595

HCSXX/AD386D20XXE/CHNCBZ1V51313686/013              04-7-27 09:30:31
4599          TH2502/CUSTOMER          3080/06749
DISPIOP:IOP=IOPUNI-X;                                          EXEC'D
IOC   BIOC   IOP           OST    LOADTP     FEPROM
----+-------+------------------+------------+--------------+-----------
0      12     IOPUNI-0    ACT     121         SYSTEM
1      12     IOPUNI-1    ACT     121         SYSTEM

HCSXX/AD386D20XXE/CHNCBZ1V51313686/013              04-7-27 09:30:48
4624            TH2502/CUSTOMER            3080/09149
DISPIOP:IOP=IOPTA-X;                                           EXEC'D
IOC   BIOC   IOP             OST   SUBST
------+-----------+--------------+----------+------------
0          8      IOPTA-0      ACT
1          8      IOPTA-1      ACT
END JOB 4624

HCSXX/AD386D20XXE/CHNCBZ1V51313686/013              04-7-27 09:31:34
4643          TH2502/CUSTOMER           3080/07092
DISPCAP;                                                       EXEC'D
CAP               PBI
-------------------+-------------
CAP-0                 4
CAP-1                 6
CAP-2                 8
END   JOB   4643
```

```
HCSXX/AD386D20XXE/CHNCBZ1V51313686/013                04-7-27 09:32:40
4719          TH2502/CUSTOMER           3080/08410
DISPMOD:MOD=X;                                                 EXEC'D
UNIT          IOP              SCSIADDR
---------------+--------------------+------------
MOD-0         IOPUNI-0         2
MOD-1         IOPUNI-1         2
END  JOB  4719

HCSXX/AD386D20XXE/CHNCBZ1V51313686/013                04-7-27 09:33:22
4735              TH2502/CUSTOMER           3080/06750
DISPOMT:OMT=X;                                                 EXEC'D
UNIT        IOP   CHAN BAUDRATE CONNECT HANDSHK FAULT INFORMATION
------------+-----------------+----------+-----------+-------------+---------+---------------------
OMT-0       IOPUNI-0     0        9600     DIRECT     YES
OMT-1       IOPUNI-1     0        9600     DIRECT     YES
END  JOB  4654
```

配置 CP 单元的操作命令如下：

```
CONF BAP ：[ BAP=] ,OST=[ ,DIAG= ] [ ,SUP= ] ;
COM BAP ;
CONF CAP ：CAP= ,OST= [,DIAG= ][,SUP=];
VCONF BCMY ：[ BCMY= ],OST= [ ,DIAG= ] [ ,SUP= ];
CONF CMY :[CMY= ] ,OST= [ ,DIAG= ] [ ,SUP=] ;
CONF IOC ：IOC= ,OST= [ ,DIAG= ][ ,SUP= ] ;
CONF IOP ：IOP= ,OST= ;
CONF IOPG ：IOC= ,OST= ;
CONF LAU ：LAU= ,OST= ;
CONF MDD ：MDD= ,OST= ;
CONF MOD ：MOD= ,OST= ;
CONF MTD ：MTD= ,OST= ;
CONF OMT ：OMT= ,OST= ;
```

注意：CONFIOPG 是一条非常危险的命令，因为不进行备份校验。这意味着可能使所有 IOC 上的所有 IOP 全被阻塞，从而导致启动 ISTART！该命令只有在同时诊断一个 IOC 上的所有 IOP 时才需要使用。

诊断 CP 组成部分之前，首先要将其配置成 MBL。由于主用 BAP(BAPM)不能被直接配置成 MBL 状态。所有首先执行 MML 命令 COMBAP;将主/备用 BAP 转换一下，然后再将新成为备用的 BAP(BAPS)配置成 MBL,再对其诊断。

诊断 CP 单元的操作命令如下:

DIAG BAP：[BAP=][,SUP=]；
DIAG BAP：[BAP=],REP=[,INT=][,STATCS=]；
DIAG CAP：CAP=[,SUP=]；
DIAG CAP：CAP= ,REP=[,INT=][,STATCS=]；
DIAG BCMY：[BCMY=][,SUP=]；
DIAG CMY：[CMY=][,SUP=][,ONEBIT=]；
DIAG IOC：IOC=[,SUP=]；
DIAG IOC：IOC= ,REP=[,INT=][,STATCS=]；
DIAG IOP：IOP= ；
DIAG IOP：IOP= ,REP=[,INT=][,STATCS=]；
DIAG IOPG：IOC= ；
DIAG LAU：LAU=[,SUP=]；
DIAG LAU：LAU= ,REP=[,INT=][,STATCS=]；
DIAG MDD：MDD=[,SUP=][,TA=]；
DIAG MDD：MDD= ,REP=[,INT=][,STATCS=][,TA=]；
DIAG MOD：MOD=[,SUP=][,LABELMO=]；
DIAG MOD：MOD= ,REP=[,INT=][,STATCS=]；
DIAG MTD：MTD=[,SUP=]；
DIAG MTD：MTD= ,REP=[,INT=][,STATCS=]；
DIAG OMT：OMT=[,SUP=]；
DIAG OMT：OMT= ,REP=[,INT=][,STATCS=]；

创建 CP 硬件的操作命令如下:

CR CAP：CAP= ,PBI= ；
CR IOC：IOC= ,PBI= ,IOCR= ,PBIR= ；
CR IOP：IOC= ,BIOC= ,IOP=IOPAUC-y；
CR IOP：IOC= ,BIOC= , IOP=IOPLAU-y ,IOPR= ,
　　BIOCR=[,LOADTP=][,LDPRTY=][,EAI=]；
CR IOP：IOC= ,BIOC= ,IOP=IOPMB-y ,SUBST= ；
CR IOP：IOC= ,BIOC= ,IOP=IOPUNI-y [,LOADTP=]；

5.7.5　CP113C 安全保护

CP113C 的可靠性是通过复杂的安全防护措施来实现的。重要功能单元的双备份已经为操作运行提供了有效的保护,除此之外,系统的软件和硬件还提供了各种各样的快速检错和纠错手段,有效的故障清除进程能帮助我们进行快速的错误清除。CP113C 的维护手册包含了相应的故障清除进程。

CP113C 的软、硬件采用了两级安全防护的概念,其功能可分为错误检测和错误处理,如图 5-64 所示。

安全保护监视器是 CP113C 的安全保护软件的一部分，包括呼叫处理外设的安全保护信息的统一接口，以及由它负责启动安全保护进程(如再启动、呼叫处理外设的安全保护)。

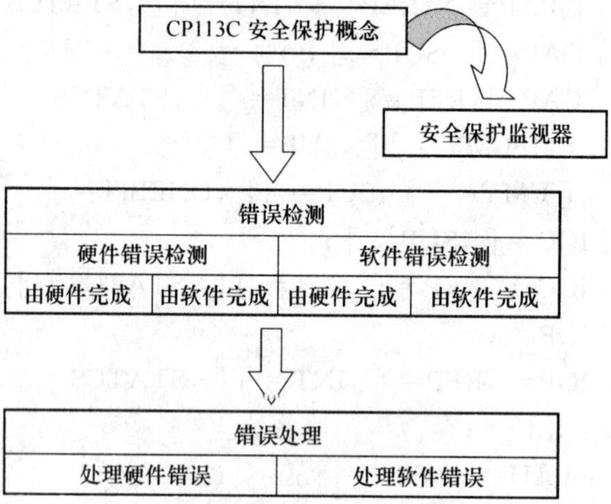

图 5-64　CP113C 安全保护

错误检测的目的在于检查并确认错误、提供错误原因的信息和在错误清除后确认错误消失。错误检查可分为软件和硬件错误的检测。错误检测可以由硬件和软件完成。

错误处理的目的在于根据不同的错误情况采取不同的措施，以保证系统能够立即恢复运行。错误处理分为软件和硬件的错误处理。硬件错误处理的第一步是错误的证实，不能被证实的错误，即偶发性错误如果其发生频率未超过某一特定门限值，将被系统容忍，任何统计性的错误将会有相应信息报告给操作人员。每一条信息都提供了可疑模块的名称，以便于进行立即的替换；软件错误处理的目的在于缓和错误影响，如果可能，在尽量小的影响系统运行的状况下，通过进程的重新启动或必要时数据和代码的重新装载来清除软件错误，程序自身的错误可通过在 APS 中加入正确的软件来清除。

5.8　No.7 信令网络控制

No.7 信令消息传送部分(MTP)负责两个交换机用户之间的 MSU 传送。包括：在物理信令网中建立信令链路；EWSD 中公共信道网络控制/信令系统网络控制(CCNC/SSNC)完成对信令网络的控制，CCNC/SSNC 形成 No.7 信令用户即 LTG 和信令链路之间的连接。

5.8.1　CCNC/SSNC 的功能

CCNC/SSNC 的主要功能如图 5-65 所示。

① 信令链路上的 MSU 差错控制是防止传输错误和监视信令网络；

② 在向对端交换机发送 MSU 时，选择信令链路；

③ 判别经信令链路收到的 MSU 是送给本交换机用户的，还是需要被转接给其他交换

机的 MSU；

④ 将从信令链路收到的 MSU 分配给相关的用户(LTG)。

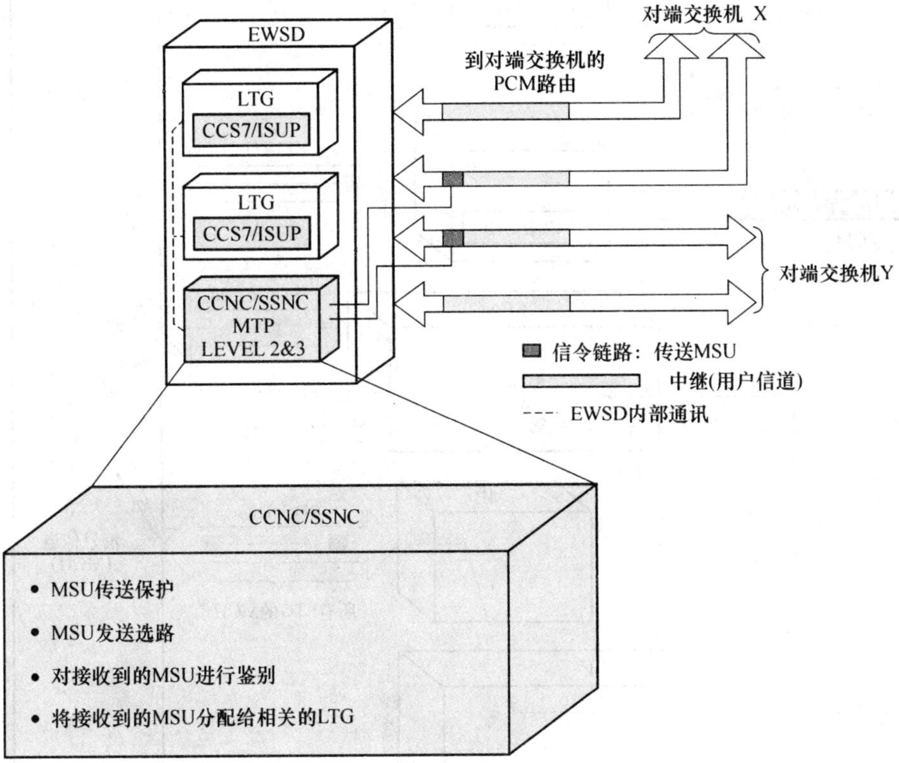

图 5-65　CCNC/SSNC 的功能

5.8.2　CCNC 在 EWSD 中的位置

No. 7 信令功能在小容量 EWSD 交换机中的实现是通过引入公共信道网络控制(CC-NC)模块来完成的，CCNC 在 EWSD 交换机中的位置如图 5-66 所示。

CCNC 主要完成 No. 7 信令中的 MTP 部分功能，而用户部分功能由线路中继群(LTG)和协调处理器(CP)完成。交换机经过 MTP 部分接入 No. 7 信令网，CCNC 则通过公共信道信令链路(CCSL)连接到 No. 7 信令网和交换机。输入输出处理器(IOP)提供 CCNC 与用户部分传送信令消息、数据和控制信息的接口，其中控制信息包括 MTP 的状态信息，它是在 No. 7 信令故障下由 CCNC 发送给 EWSD 用户部分的。CCNC 与 EWSD 之间通过两类接口来协助完成任务：

(1) 与信令链路的接口

所有的信令链路均是在 64 Kbit/s 的 PCM 时隙中透明的通路，并通过固定连接(NUC)从 LTG 经 SN 送给 CCNC。CCNC 最多可通过 2 条 SDC 连接到双备份的 SN 中。

(2) 与 LTG 中用户部分软件的接口

CCNC 与 CP 之间的接口连接可为 CCNC 和 LTG 用户之间传送 MSU，借此接口访问消息缓冲器(MB)，并经 MCH 向各个 LTG 传送 MSU。

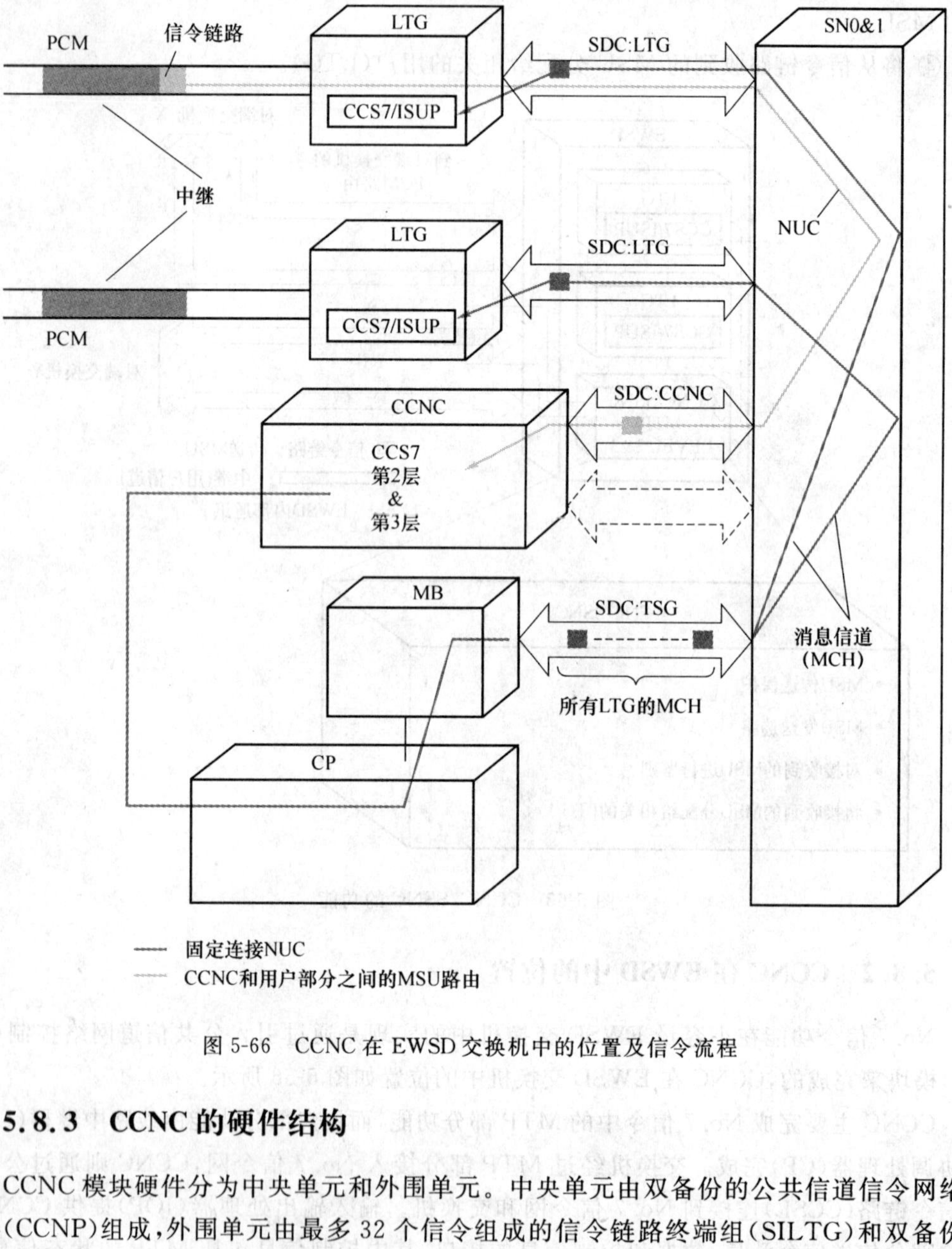

图 5-66 CCNC 在 EWSD 交换机中的位置及信令流程

5.8.3 CCNC 的硬件结构

CCNC 模块硬件分为中央单元和外围单元。中央单元由双备份的公共信道信令网络处理器(CCNP)组成,外围单元由最多 32 个信令组成的信令链路终端组(SILTG)和双备份的复分接设备(MUX)组成,如图 5-67 所示。

(1) 连接 SN 的 8 Mbit/s SDC 接口的双备份复用/分路系统(MUXM/MUXS)

双备份的复分接设备(MUXM)和交换机之间的中继共同提供 CCSL,即执行 MTP 第 1 级功能。MUXM 分为 0 侧和 1 侧,每侧的 MUXM 分别通过 8 Mbit/s 的 SDC 连至 SN0 或 SN1。MUXM 将 8 Mbit/s 的数据流拆分为 16 个 512 Kbit/s 的数据流,对应于 16 个 MUXS。MUXS 最大配置为 32 个,编号为 MUXS0,…,MUXS31。每个 MUXS 通过 2 个 512 Kbit/s 数据链路分别连至 MUXM 的 0 侧和 1 侧。MUXS 将 512 Kbit/s 的数据流分为 8 个 64 Kbit/s 的信道,对应 8 个 SILTD。

(2) 每条信令链路专门分配一个 SILTD 完成传输错误控制功能

信令链路终端(SILT)执行 MTP 第 2 级功能,包括:发送和接收控制;链路状态控制,即监视和控制 CCSL 的操作状态;拥塞控制,即检测和预防 CCSL 的过负荷;误码检测,即检测和纠正传送误码、监视传送质量、执行加帧定位和去帧定位的功能。CCSL 有两种链路:4.8 Kbit/s模拟链路和 64 Kbit/s 数字链路。CCNC 最多可有 256 条 CCSL。对于每条 CCSL 和 CCNC 中都有对应的 SILT,在最多 256 条 CCSL 中最多只有 254 个 SILT 通过复分接设备连到交换网络,另外 2 条作为内部通信的通道。8 个 SILTD 合放在一个 SILT 组中,并具有一个到双备份的 CCNP 的公共接口。

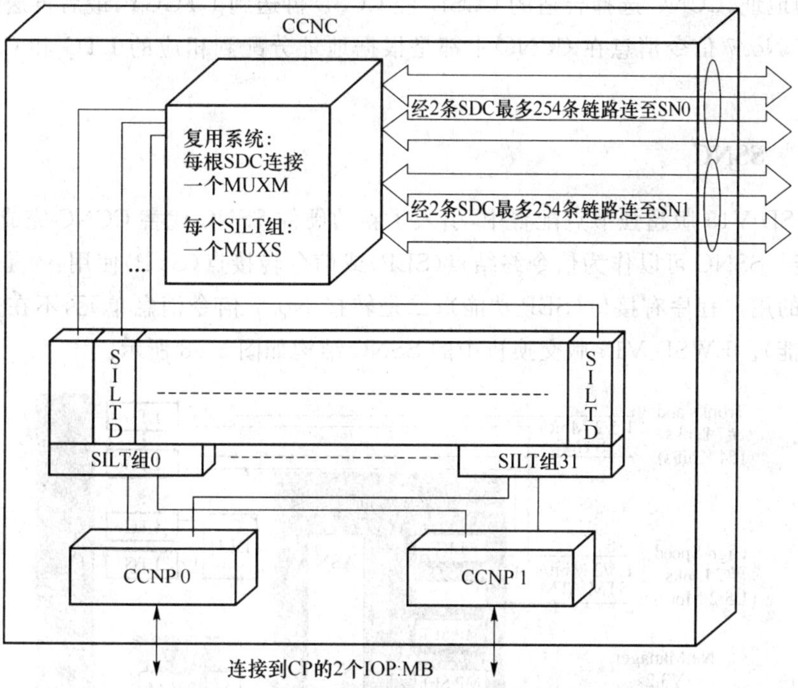

图 5-67　CCNC 模块硬件功能单元结构

SILTG 最大配置为 32 个,编号为 SILTG0,…,SILTG31。每个 SILTG 由 8 个 SILTD 和 1 个 SILTC 组成。CCNC 最大可以配置 254 个 SILTD,每 8 个 SILTD 编为 1 组,编号为 SILTD1,…,SILTD127,SILTD129,…,SILTD255,其中 SILTD0 和 SILTD128 空置,对应于 CCNC 连至 SN 的 SDC0 和 SDC1 的 TS0,该 TS 固定连至 MB,不能作为 NUC。CCNC 最大可以配置 32 个 SILTC,编号为 SILTC0,…,SILTC31,每个 SILTC 负责控制 8 个 SILTC。SILTC 通过两个 1.63 Mbit/s 的数据链路连至 CCNP 的 0 侧和 1 侧。

(3) 完成消息选路、消息鉴别、消息分配功能及与 CP 接口功能的双备份单元(CCNP0/CCNP1),工作于主/从模式。

CCNP 执行 MTP 的第 3 级功能,即消息路由功能、消息识别功能、消息分配功能、信令网管理功能、测试和维护功能。CCNP 除执行上述功能以外,还有下列功能:监视和控制 CCNC 的 SILT 单元;建立和修改 No.7 信令数据库;No.7 信令数据和设备号的转换(信息格式转换、定位);检测和预防 CCNC 过负荷;通知用户部分 No.7 信令点是否已接入。CCNP 采用双备份，一个主用，一个备用，若主用故障，立即启用备用处理机。复用系统和 SILTD 的数目根据连接到 CCNC 的信令链路数目进行适当配置。CCNP 分 0 侧和 1 侧，CCNP 由 SIPA、SIMP 和 CPI 部分组成。

5.8.4 CCNC 中 No.7 消息流程

EWSD 交换机利用 CCNC 实现 MTP 部分功能，在 No.7 信令网中既可作信令点（SP）也可作信令转接点（STP），SP 或 STP 功能可以通过人机命令选择。No.7 信令消息从用户部分 LTGCX 产生，经消息通道传送到消息缓冲器，然后经 IOP 和 CP 存储器到 CCNC。根据消息中的地址，CCNC 选择合适的 CCSL，经 CCSL 再送到 LTGCY，最后再送到目的地交换机。所有 No.7 信令消息在 CCNC 中都是根据地址分配到相应的 LTG 和 CP 的用户部分。

5.8.5 SSNC

在 EWSD V15 版超强节点配置中，引入了新的硬件 SSNC 代替 CCNC 完成 No.7 信令的控制功能。SSNC 可以作为信令终结点（SEP）或信令转接点（STP）使用：一是 No.7 信令网和 LTG 的用户程序有接口（SEP 功能）；二是转接 No.7 信令消息单元，不在交换机中处理（STP 功能）。EWSD V15 版交换机中的 SSNC 结构如图 5-68 所示。

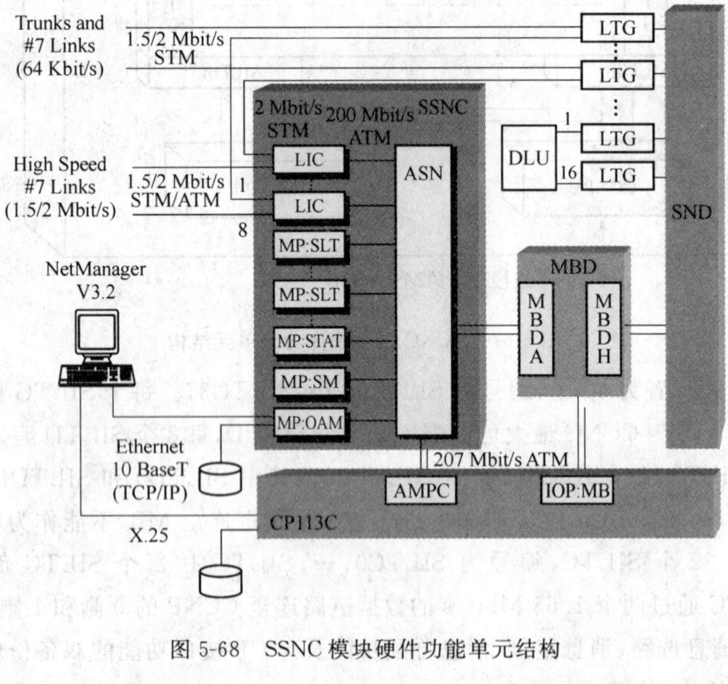

图 5-68 SSNC 模块硬件功能单元结构

SSNC 与 CCNC 一样负责完成 No.7 信令消息传递部分 MTP 的功能，SSNC 还支持 SCCP 功能，即为 MTP 的用户进行全局码翻译（GTT），并可作为本地号码可携带的服务器使用。与 CCNC 相比，SSNC 有自己的操作维护接口连接 NetM（Ethernet 接口使用 Q3 协议），而且有双备份的硬盘和光盘，所以 SSNC 可以作为脱离 EWSD 独立使用的信令转接点（也称 hiS700）。SSNC 与 CCNC 能力对比见表 5-6。

表 5-6　CCNC 与 SSNC 能力对比

项　目	CCNC	SSNC(V15 版)
在 STP 中 MSU 的吞吐量/秒	6 400	500 000
在 SEP 中 MSU 的吞吐量/秒	5 800	100 000
信令链路数	254	1 500

SSNC 负责 No. 7 信令话务的控制，提供 MTP、SCCP 和 OMAP 的信令协议功能。SSNC 可提供 32 个多信令点编码，解决了大中继群的问题；SSNC 还可以提供 2 Mbit/s 高速信令链路；在不同的网络及不同的网络运营者之间 SSNC 可作为接口使用，可提供 No. 7 信令黑白单以及 No. 7 信令消息记账等功能。

SSNC 是一个 ATM 平台，链路接口卡(LIC)、主处理器(MP)等都是连接在一个 ATM 交换网络(ASN)上。LIC 将来自于 1.5 M 或 2 M 的同步传输模式(STM)的 No. 7 信令网消息流转变成 207 Mbit/s 的内部 ATM 信元流，反之亦然。LIC 可以冗余配置，另外 LIC 还可以提供高速信令链路的接口。每个 LIC 可以提供 248 个信令通道或 8 个高速信令链路。MP 最多可有 50 个，其中 47 个作为信令链路终端(MP:SLT)，解决 No. 7 信令话务的增长；1 个用于信令管理(MP:SM)；1 个用于统计(MP:STATS)；1 个用于操作维护管理(MP:OAM)。由于具备了 MP:OAM，所以 SSNC 可以作为独立 STP 来使用，另外，MP:OAM 还可以提供 10base-T 的 Ethernet 接口，可连接相应的操作维护终端，从 CP 接管部分特定任务，将 OA&M 功能移至 SSNC 减少 CP 负荷。

如果将原有 EWSD 局进行升级引入 SSNC，则对 SSNC 的维护仍然可以继续使用 EWSD 原有的操作维护终端，只需进行软件的升级，此时来自 SSNC 的面向包交换的数据流和 CP 可接受的通信格式通过 AMPC(ATM 桥处理器，类型 C)相互转换，供升级后的操作维护终端使用。AMPC 属于 SSNC 的功能，但配置时需将其放置到 CP 的机柜中。

SSNC 与 CP 以及 MB 间通信均采用 207 Mbit/s 的光接口，MB 的类型为 MBD，它包含两部分模块 MBDA 和 MBDH。

每个 MP:SLT 最大可提供 60 条信令链路，整个 SSNC 最大可提供 1 500 条信令链路，系统总处理能力为 100 000 MSU/s。另外，MP 采用模块化设计，根据负载的增加和 No. 7 信令话务量，可灵活配置 MP 的数量及每个 MP 提供的信令链路数。

习　　题

1. 画出 EWSD 交换机的硬件结构图。
2. 如何显示 APS GEN？当前 GEN 是什么？
3. SY. SEMILIB 和 SY. SIMP 文件分别包含哪些内容？
4. DLU 有哪些类型？EWSD V15 版交换机采用哪种新型 DLU？
5. 简述 DLU 的中央功能单元及其主要功能。
6. 简述 DLU 的外围功能单元及其主要功能。

7. LTG有哪些类型？用户级DLU与哪种LTG相连？

8. 简述LTG的功能单元及其主要功能。

9. MB由哪些功能单元组成？EWSD V15版交换机采用哪种新型MB？

10. EWSD系统用于连接PA(30B+D)的是哪种单元？EWSD系统用于连接从其他交换机接来的PCM中继的是哪种单元？

11. 简述EWSD交换机的SN结构。LTG与SN之间的传输速率是多少？

12. 简述CP113C的基本配置。

13. CP通过IOP:UNI可访问哪些单元？在BAP出现故障时，CAP是否可以替代BAP工作？

14. 为什么在BAP、CAP和IOC中的PU都是双备份的？

15. No.7信令的4个功能级在EWSD交换机中如何实现？

16. EWSD交换机采用的控制方式是______。

A. 集中控制方式　B. 全分散控制方式　C. 分散协调控制方式

17. EWSD交换机的用户级DLU与______相连。

A. LTG　B. SN　C. CP

18. SLMA:CMRL用户板有______个用户端口。

A. 6　B. 8　C. 16

19. 在EWSD交换机中，可以用于连接电话用户的系统单元是______。

A. LTG　B. DLU　C. CCNC

20. 在EWSD交换机中，可以用于连接数字中继线的系统单元是______。

A. LTG　B. DLU　C. CCNC

21. 在EWSD V15版交换机中，SSNC最大可提供______条信令链路。

A. 254　B. 1 024　C. 1 500

22. EWSD V15版交换机支持的系统单元是______。

A. LTGB　B. LTGC　C. LTGP

23. 在EWSD交换机中，用于连接ISDN用户的用户板是______。

A. SLMA:COS　B. SLMA:FPE　C. SLMD

第6章 EWSD呼叫处理

EWSD交换机采用协调处理机(CP)通过控制LTG中的GP处理机、CCNC中的CCNP处理机等使交换系统的各个处理器协同工作,以完成主要的呼叫处理任务,CP还负责处理MML命令输入。其中CP执行的呼叫处理任务主要包括:

(1) 数字翻译;

(2) 路由;

(3) 计费区寻址;

(4) 交换网中的通路选择;

(5) 呼叫计费记录;

(6) 话务数据管理;

(7) 网络管理。

6.1 呼叫处理相关软硬件

EWSD交换机可处理各种类型的呼叫,包括本局呼叫、出局呼叫、入局呼叫和转接呼叫。

6.1.1 EWSD本局呼叫通路

EWSD交换机本局呼叫建立的通话电路如图6-1所示。

分配给主叫方的功能单元用"A"代表,分配给被叫方的功能单元用"B"代表。图中在双向用户信道连接建立的过程中,未明确画出SN的双备份。

6.1.2 EWSD交换机的数据库

EWSD交换机的数据库采用模块化结构,用户程序和数据库从空间上分开存放,以提高效率,便于管理。

1. EWSD交换机的数据分类

EWSD交换机的数据可以分为3类:

① 永久数据

永久数据被定义在程序模块中,影响呼叫处理和其他进程,如状态事件表。它永远不会发生改变，除非当前的程序模块被新的模块所替换，如 APS 升版。

② 半永久数据

半永久数据是交换机中是相对静态地存在的，如用户数据、局数据等。可由操作员用人机命令(MML)进行修改。

③ 暂态数据

暂态数据用于指示交换和呼叫处理的当前状态，与半永久数据相比改变比较频繁，如用户状态、中继线状态等。

EWSD 交换机数据库中的半永久数据和暂态数据分开存放，以便对半永久数据进行必要的安全保护。

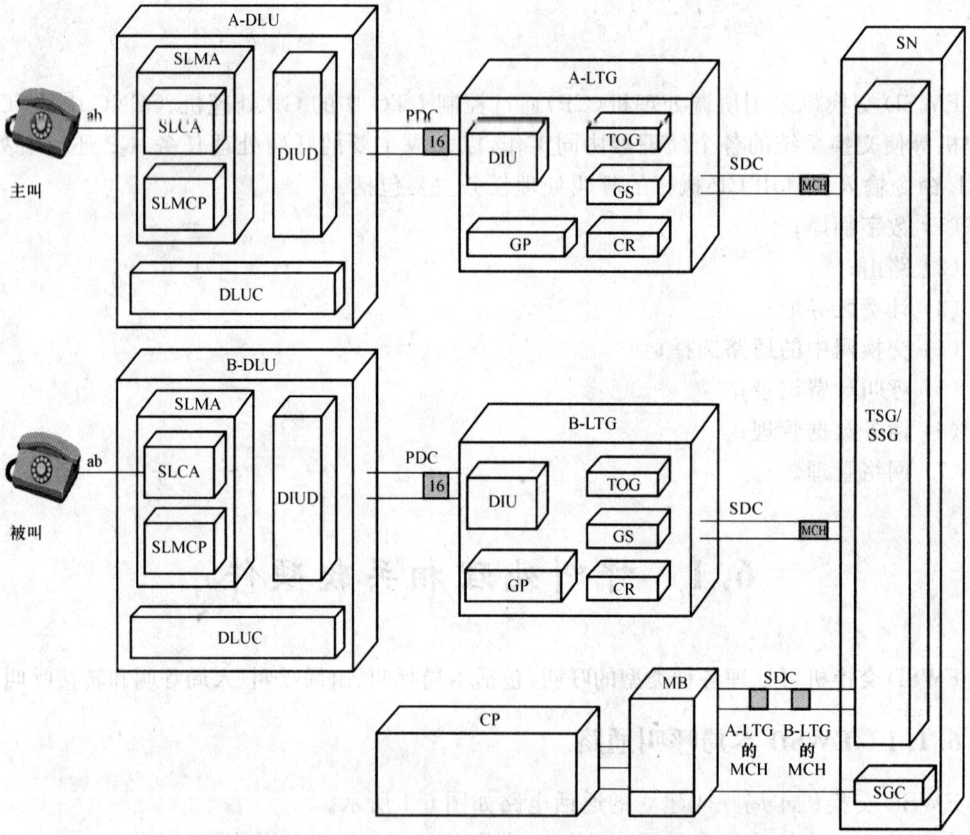

CP，Coordination processor
CR，Code receiver
DIU，Digital interface unit
DUD，Digial interface unit for DLU
DLU，Digital line unit
DLUC，DLU control
GP，Group processor
GS，Group swich
LTG，Line trunk group
MCH，Message channel
MB，Message Buffer
SGC，Switch network control
SLCA，Subscriber line circuit analog
SLMA，Subscriber line module analog
SLMCP，Processor for SLMA
SN，Switching network
SSG，Space stage group
TOG，Tone generator
TSG，Time stage group

图 6-1　EWSD 本局呼叫通话电路

2. EWSD 交换机数据库的容量

EWSD 交换机的数据库由数据模块组成，每个数据模块有其不同的容量，可根据实际需要生成,因此,每个数据模块和整个数据库均有一个实际占用空间(容量)和最大空间(容量)。用DISPDBSIZE命令可以看到交换机数据库的模块构成及相应容量情况如下:

```
DISPDBSIZE:DPUSED=YES;                                              EXEC'D
EXPANDABLE DATA AREAS OF APS
USED SPACE: 85178340 BYTES
FREE SPACE: 117439484 BYTES
GROUP  SIZE   MAX    MODULE   ATTRI  ARRAY   FAC  SEMIP  TRANSI  %
              SIZE            BUTES  ELEMNO  TOR  SIZE   SIZE    USED
---------+--------+--------+-----------+-------+----------+------+--------+------+-----
ABB    1500   65535  SXABBC0  P      12000   8    141            2
ACB    10000  10000  CDACBD0         10000   1    16
```

注:ABB(缩位拨号)组中只含有一个数据模块SXABBC0,此模块的容量为1 500个块,最大可扩展到65 535个块,此数据表当前只实际使用了2%。

3. EWSD交换机数据库的扩充

EWSD交换机扩容时要考虑对数据库进行扩充,通过扩充CP公共存储器中的扩展保留区扩展数据表,从而为新的数据提供足够的空间。EWSD交换机的数据库扩充后,会生成一个新的APS称为OGAGEN。

6.1.3 数字翻译

数字翻译是对每次呼叫的被叫号码进行分析并连接到一个目的码的过程。在数字翻译时,从本局呼叫即DLU和从入局呼叫即LTG来的拨号信息(CPT),被直接连接到一个目的码(DEST)。一个目的码有可能有几条路由(ROUTE),每条路由有不同的PCM时隙组即一个中继群(TGRP),一条中继线(TRUNK)就是其中的一个时隙。数字翻译的结果有以下几种可能:

① DEST,根据被叫号码经标准选路指向某一出局目的地;

② INCEPT,被叫号码指向拦截处理,如某个改号的号码,指向通知音;

③ TRATYP=CPTDN,被叫号码指向本局用户或PBX用户;

④ TRATYP=IN,被叫号码指向智能网。

6.1.4 EWSD V15版交换系统性能

EWSD交换机以系统质量稳定可靠著称,在电信网络上的使用也得到了广大运营维护人员的肯定。EWSD V15版数字程控交换机在语音网络的业务中注入新的活力,进一步简化操作维护的难度和工作量,支持处理能力更强、容量更大的高集成度硬件设备,并且为数据多媒体业务的接入和推广搭建了平台,为网络的平滑过渡创造了有利条件。它在系统的处理能力上有多方面特点,提供的软件平台能够支持处理能力更大的新硬件设备,为运营商带来容量更大,功耗、占地更少,使用更灵活、更经济的网络设备。

(1) 大容量处理能力

EWSD V15版交换机提供了适应容量更大、处理能力更强、集成度更高、功耗、占地更少的核心设备的软件平台。

呼叫处理器(CAP)的数量从V11的最大6个扩展到最大10个,处理能力也从V11版的 180 万 BHCA 增加到 500 万 BHCA。

交换网络(SND)的交换网络端口达到 24 万,交换能力达到 100 000 Erl。SND 交换网采用的是单 T 的结构,内部线路采用全光网络结构,交换矩阵的速率达到 920 Mbit/s,是真正的无阻塞交换网络。而且,SND 具有集成度高,功耗小的优点,满装时用 5 个机柜就能提供 24 万中继,相比较而言,V11 版交换网络 SNB 10 个机柜仅提供 6 万中继。

用户接入单元 DLUG 提供高集成度的 32 线用户板,满装时每线用户的处理能力大约是 V11 版的 2 倍,每个 DLU 单元可以提供 1 984 用户,容量是 V11 版的 2 倍。采用 DLUG,可以大大降低用户接入单元的设备数量,降低机房占地面积 30%,功耗 50%。

V15 版支持的高集成度、大容量设备,配置一个 10 万中继的模型局,功耗约为 203 A/H,机柜 12 个;而 V11 版最大只能支持 6 万中继,功耗 230 A/H,17 个机柜。

EWSD V15 引入 SSNC 能够提供 1 500 条信令链路,而且单条信令链的平均正常负荷 0.4 Erl,最大负荷 0.8 Erl,瞬时最大负荷达 1 Erl。

(2) 号码处理

在 EWSD V11 版交换机中,其号码存储、转发和分析能力只能达到 20 位;在 EWSD V15 版交换机中,扩大呼叫处理器和中继单元的内存,号码的存储、转发和分析能力可以达到 24 位,对于被叫号码甚至可以达到 38 位。更长的号码处理能力,可以使运营商开展更多的增值服务,也为日常的网络管理提供了更方便的手段。

(3) 黑白单

EWSD V15 版交换机提供普通型黑白单和增强型黑白单。在 V11 版的基础上,普通型黑白单在 V15 版增加了针对 PBX 设置黑白的功能,可以防止 PBX 的用户发送伪号码进行通信的现象,保护网络资源,防止非法使用。增强型黑白单容量大,号码处理能力达到 100 万张黑白单;而且参数设置灵活,可以根据主叫号码、被叫号码、中继群标识以及它们的组合来订制黑白单。

(4) 网络管理维护

EWSD V15 版交换机通过简单的人机命令就能够支持这些应用,即把 169 分配给一个 CPT 后,还能够再创建一个 16900 的 CPT,解决了 EWSD V11 版交换机对这样的需求不能支持的问题,也使号码分配和话务的疏导简便易行。用户鉴权的话务限制级别从 V11 版的 16 类扩展到 256 类,对于当前各种 IP 电话逐渐增多,各类充值套餐业务的推广以及小灵通业务中灵活分配不同用户的呼叫权限都具有很强的实用性。AMA 计费较 V11 版也提供了更丰富的数据包,为将来"市话计详单"预备了实现基础。

(5) 丰富实用的新业务

提供大量的增值业务,为运营商提供了广阔的业务选择范围。由交换机实现的广域虚拟网(WAC),支持的 WAC 业务种类丰富,包括本局或者跨局的短号呼叫、缩位拨号、热线服务、延迟热线服务、缺席用户服务、会议呼叫、主叫号码显示、拦截服务等。对用户号码预置相应的 IP 电话接入码,既不需要用户每次拨打也不需要运营商投资代拨器。支持固话彩铃业务的软件平台,支持彩铃业务设备共同完成对用户的固话彩铃业务。号码筛选的登记容量为 1 000 万。将固定电话和手机或其他电话捆绑,当他人呼叫手机号码时,可同时在固话话机上振铃。

通过引入 V15 版,进一步提升了网络的处理能力,如大容量交换网络和高集成度的用户接入单元,同时更紧凑的设备大幅降低了占地面积和功耗。而更丰富的各种性能,如增强型黑白单、IP 电话接入码预置等不但帮助运营商更有效地运用网络资源,而且也促进了业务的进一步拓展,给用户带来切实的利益,得到了广大用户的肯定。

6.2　本局呼叫建立过程

下面以连在 DLU 上使用按键话机的模拟电话用户作为主叫为例,对呼叫建立过程进行描述。

(1) 主叫摘机,DLU 中的 A-SLCA 识别用户环路闭合。A-SLMCP 查询 SLCA 时,确定有呼叫请求。

(2) A-DLUC 周期性地查询 A-SLMCP 时,由 A-SLMCP 将环路闭合的消息传递到 A-DLUC,再由 A-DLUC 经 PDC 的时隙 16 将相应消息传递给 A-GP。

(3) A-GP 在数据库中查找主叫方的业务等级和授权,在 SDC 上选择一个时隙。然后 A-GP 经 MCH 向 CP 报告呼叫请求和在 SDC 上所选择的时隙。

(4) A-GP 还在 PDC 上选择一个时隙并经 A-DLUC 通知 A-SLMCP,将 A-SLCA 连在所选时隙上。A-SLCA 分别在接收和发送方向插入环路。

(5) A-GP 命令 A-GS 在 A-SLCA 和 A-LTG 之间进行测试(环路测试)

TOG 发出的测试音被发送到 A-SLCA;

CR 接收从 A-SLCA 返回的测试音。

(6) 测试成功后

A-GP 经 GS 将拨号音送 A-SLCA;

A-GP 命令 A-SLMCP 接通 A-SLCA,将拨号音送给 A-SLCA 所连的电话用户;

CR 仍保留连接,以便分析 DTMF 拨号数字。

(7) 主叫方开始拨号

CR 分析收到的 DTMF 音频,并将拨号数字送至 A-GP;

接收到第 1 位号码后,GP 断开 GS 中的拨号音通路;

GP 收集拨号数字并将完整的被叫方电话号码经 MCH 送给 CP。

(8) CP 根据收到的拨号信息定位被叫方的端口(DLU/SLMA/SLCA)并检测被叫是否空闲。若空闲,则将数据库中的被叫方状态由闲置忙。

(9) CP 选择 B-LTG 和相应 SDC 上的时隙并经 MCH 通知 B-GP。同时也将所选的 B-LTG通知 A-GP。CP 进一步向 SGC 发送命令,建立从 A-LTG 到 B-LTG 的连接通路。SGC 根据收到的指令在相应的 TSG 和 SSG 中设置连接通路。

(10) 在 CP 命令下,由 A-LTG 启动从 A-GS 经过 SN 到 B-GS 的测试(跨局校验-COC)。

(11) 若 COC 测试成功

A-GP 在 GS 中设定通路连接,在 A-DLU 连接的 PDC 上与 SN 连接的 SDC 上,将所选的时隙接通;

A-GP 经 MCH 通知 B-GP 关于 COC 校验成功的消息。

(12) B-GP 在 PDC 上选择通路并经 B-DLUC 通知 B-SLMCP。

执行环路测试(参见(5))。

(13) 环路测试成功后

B-GP 经 B-DLUC 向 B-SLMCP 发布振铃命令,由此产生铃流;

B-GP 在 B-GS 中设置连接通路，将 TOG 回铃音回送给主叫。经 SN、A-GS、A-SLCA，回铃音被送到主叫。

(14) 被叫应答，双方通话

B-SLCA 识别到环路闭合，B-SLMCP 断开铃流；

B-DLUC 在周期性地问询 B-SLMCP 时，确认被叫方已应答，同时通知 B-GP 被叫方已应答；

B-GP 断开 B-GS 中的回铃音连接通路；

在 B-GS 中设置连接通路，在 B-DLU 连接的 PDC 与 SN 连接的 SDC 之间，将为该呼叫所选的时隙接通。这样，主叫和被叫就可以互相通话了；

经 MCH 通知 A-GP 通话已开始，由此启动计费。

(15) 通话结束，通路释放

通话结束，通路释放后，至此，接续本次呼叫占用的所有呼叫处理资源全部释放，处于空闲状态，为建立新的呼叫做好准备。

习　题

1. CP 执行的呼叫处理任务主要有哪些？
2. EWSD 交换机本局呼叫通话电路的相关硬件设备主要有哪些？
3. 说明 EWSD 交换机中数据库的基本特性。
4. 简述 EWSD V15 版交换系统性能。
5. 简述 EWSD 交换机本局呼叫建立过程。
6. 在 EWSD 交换机呼叫处理过程中，当 CR 接收到______号码后，GP 断开 GS 中的拨号音通路。

   A. 第 1 位　　B. 字冠　　C. 全部
7. 在 EWSD 交换机呼叫处理过程中，送出铃流的设备是______。

   A. 主叫侧 DLU　　B. 被叫侧 DLU　　C. SN

第7章 EWSD 操作与维护

EWSD 交换设备操作与维护主要包括日常维护和故障处理两部分。操作维护人员利用人机通信界面，通过人机通信终端键入相应的人机命令让系统完成某个具体的任务。EWSD 系统手册能够给操作与维护提供帮助，主要包括：命令手册（CML）、输出手册（OML）、维护手册（MMN）、操作手册（OMN）。EWSD 交换机操作维护任务主要包括：交换机维护、用户管理、中继管理、I/O 管理、局数据管理、计费管理、No.7 信令管理、测量统计等。

命令手册（CML）是描述所有 MML 命令和相应参数的特定文件包。输出手册（OML）是描述所有输出报告（例如告警、执行命令后的结果）格式的专用文件包。维护手册（MMN）用来指导标准硬件维护的过程，另外还有用于软件的维护手册。在交换机开通后都会留下交换机配置文件，参考这些文件，才有可能将诸如模块插错位置或者电缆插错位置的故障排除，它包括 4 个文件：机架布局清单、布局规划、机架设备清单、电缆布局清单。

7.1 维护命令与设备配置

EWSD 交换机操作与维护任务是维护人员利用操作终端通过人机命令（MML）来完成的。

7.1.1 操作终端

操作终端用于 EWSD 交换机的操作和维护，它为维护人员提供了监视系统状态、执行维护等各种操作的人机对话窗口，现已用图形用户界面代替了原有的基于文本的 OMT 界面。EWSD 交换机的操作终端采用 UNIX 操作系统或 WINDOWS NT WORKSTATION4.0 操作系统，目前的 WINDOWS 图形终端分为 BCT 和 CT 两种。

1. 终端登录

首先将操作终端的串口 COM1 或 COM2 通过电缆正确连接到交换机 CP 机柜的 IOP：UNI 接口板上，然后运行 BMML WINDOWS 联机用户界面，这时系统会询问操作终端使用的是 COM1 还是 COM2，选择正确后，操作终端就和 EWSD 交换机的 CP 建立了联系。

EWSD 交换系统提供访问安全控制机制，通过双击 BMML 对话窗口的图标，启动 BCT/BOOT 软件，系统会询问用户代码（USERID）和密码（PASSWORD）。一般开局时都有缺省的用户代码 CUSTOMER，密码类似 SYSTEM＃00 等。需要注意的是，这两者都是大写。输入正确的用户代码和密码以后，就可以输入人机命令，完成 EWSD 交换机的操作与维护任务。

2. 人机命令

EWSD 交换机的操作和维护是通过人机命令(MML)实现对交换机进行操作的。若带有参数,命令和参数之间通过冒号":"隔开。整个命令行以分号";"结束。有些命令行中的参数,可以输入"X"代替参数值,这表示该参数有效值内所有的取值。常用的 MML 有以下几类:

(1) DISP

该命令可显示对象的配置情况,如模块类型、连接关系以及参数设置等。

(2) STAT

该命令可主要用于显示对象的操作状态(OST),OST 一般含义见表 7-1。

表 7-1 子单元操作状态的含义

ACT	激活	子单元处于工作状态。
STB	备份	子单元处于准备工作状态,以防与其相互备份的子单元故障。
CBL	条件性阻塞	子单元处于准备进入维护性阻塞的状态,此时,新的呼叫不能通过该子单元建立,但已经建立的呼叫不受影响。
MBL	维护性阻塞	子单元由操作员阻塞,此状态下,可以对子单元进行诊断。
NAC	不可访问	由于上级单元没有工作,导致该子单元不能用。
UNA	不可用	子单元因故障而退出服务,不可诊断,故障清除后,处在 UNA 的子单元必须由操作员重新激活。
DST	受干扰	子单元因故障而退出服务,不可诊断,故障清除后,处在 DST 状态的子单元可自动恢复。
PLA	计划中	子单元已在数据库中创建,但没有上级单元试图使用该单元,不可诊断。
MAS	主用	有 CP 子单元(BAP)具有的操作状态(ACT 的特殊变化)。
SPR	备用	
SEZ	占用	子单元被系统占用,比如激活过程中或诊断时进入此状态,当诊断结束自动退出。

(3) CR

该命令用于在数据库中创建对象的配置数据。对于硬件单元,通过 CR 创建的数据必须与实际所使用的硬件类型、连接关系相一致。刚创建硬件单元其操作状态为 PLA,必须通过 CONF 指令激活才能被使用。

(4) CAN

该命令与 CR 命令相反,用于删除对象在数据库中的信息。删除硬件单元的前提条件是该模块所包含的所有子单元均已被删除,并且模块自身的操作状态为 PLA;删除局数据则必须根据对象之间的依存关系,关联关系,按照一定顺序进行删除。

(5) CONF

该命令可以对指定模块的状态进行配置,用于改变对象的操作状态,通过 CONF 命令可以实现的各种状态之间迁移情况。

(6) DIAG

该命令可以对硬件单元进行诊断,协助维护人员对故障定位。一般情况下 DIAG 命令输出的结果可以帮助维护人员找到可疑的故障模块,但在有些时候,还需要进一步分析,才能找到真正的故障原因。DIAG 命令执行的前提条件是该模块自身为 MBL 状态,其上级单元处于激活状态。

(7) TEST

该命令与 DIAG 类似都是用于对硬件模块进行测试,但 TEST 侧重于对通路进行测试,如用户线路测试、交换网 SN 的通路测试等。

(8) MOD

该命令用于修改对象的配置参数。

7.1.2　告警

告警是当交换机发生故障时最直接的反映。作为日常维护的一部分，维护人员应经常查看是否有告警发出，并迅速采取适当的措施，保证交换机的正常运作。告警的原因主要有硬件故障、软件故障、网络单元变成不可用和危及系统功能的其他问题。此外还可能有其他附属设备或者环境异常告警。当交换机发生告警时，交换机的告警面板(SYPD)如图 7-1 所示，会产生可见可闻方式提供各种告警信号，并在操作维护终端显示相关信息。

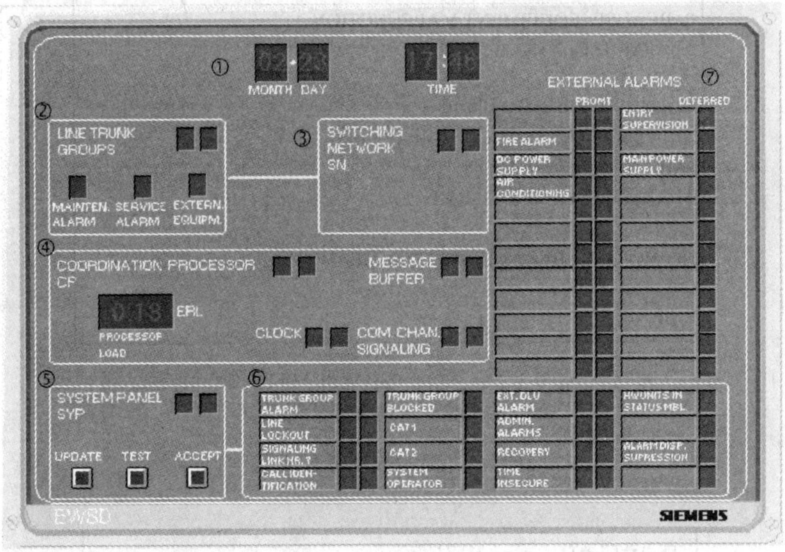

图 7-1　SYPD 面板图

1. 告警的显示及分类

根据告警对交换机的影响程度，EWSD 的告警可以分为 3 级。

(1) 紧急告警：需立即处理；

(2) 严重告警：要尽早处理；

(3) 一般告警：可在任何时候处理。

告警的优先级可以用人机命令来设置(一定范围内)。

ENTR ALPRIO：ALUNT=　，ALPRIO=　；

2. 告警处理

通常系统内的告警可以用 MML 命令可将故障消息的路由转换到输出设备(本地或远程终端)，在缺省的无纸化维护下，所有的告警报告存于两个文件中：一是所有的告警报告存储于 HF. ARCHIVE 硬盘文件中直到所有的存储空间被用光，若发生这种情况，系统开始覆盖产生时间最长的告警报告；另一方面，当故障发生时，差错消息存储在 AM. ALARM 文件中，可根据它们的处理状态进行管理，若排除故障后硬件告警被清除，系统自动在文件中删掉告警报告。

若在故障排除时显示故障消息，可用人机命令 DISP ALARM ；通过 SRCH ALARM

命令从 AM. ALARM 文件中显示没被清除的告警,如图 7-2 所示。通过 DISP ALARM 命令可看到有一个消息号为 1464 的告警尚未被处理,通过 SRCH ALARM 命令可看到这是 CP 部分的风扇出了故障,如图 7-3 所示。

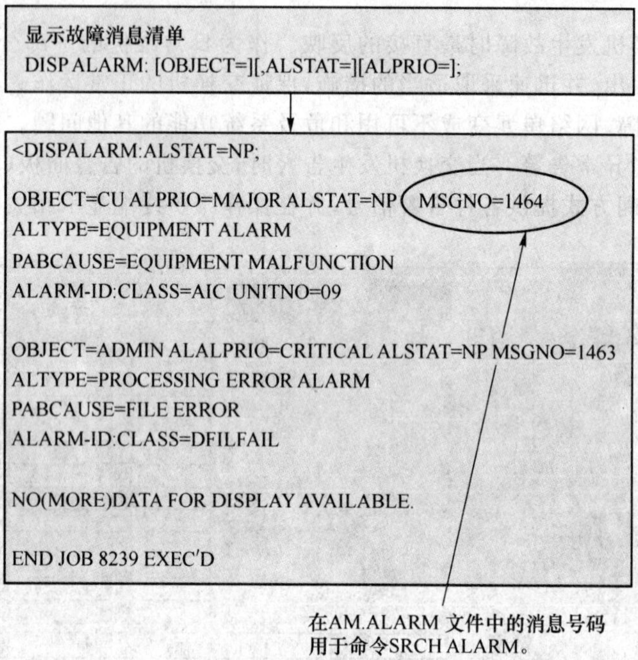

图 7-2　显示故障消息清单

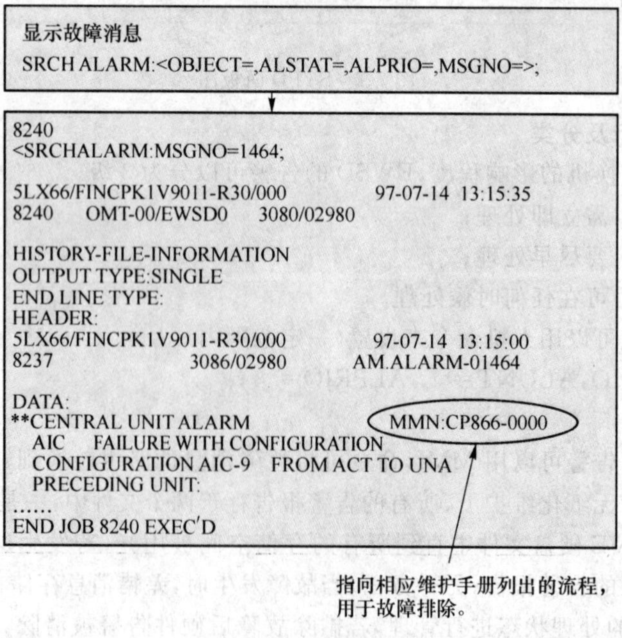

图 7-3　显示故障消息

通常以系统显示面板上或本地或远程终端上的告警显示开始故障排除流程：

① 维护技术人员根据 SYP100 流程对告警做第一次评估，首先进行特定系统条件和告警显示的查询，看看是否属于紧急情况，如果是就要通知系统专家 TAC，如果不是，则可进行下一步工作。如果多个告警同时发生，按照优先级列表决定先处理哪个告警，在告警面板上确认告警，然后通过命令 DISP ALARM 和 SRCH ALARM 可以显示相应的故障消息以及故障排除流程号。

② 通过命令 SET ALSTAT 设置告警状态为“在处理(In Progress)”，若告警指示故障是可以用标准故障排除的方法来排除，则维修人员可转移到告警消息中列出的受影响的 EWSD 模块对应维护手册的故障排除流程。

③ 维护人员遵循故障排除流程中的指令，确定故障模块。

④ 维护人员进行所需的模块更换。

故障排除后，维护人员使用 MMN：SYP 的 SYP101 流程作故障后处理。

⑤ SYP 告警面板上有若干告警单元，在告警处理后，需要对告警单元的状态进行消除设置，操作命令是 SELALSTAT：MSGNO＝ ，ALSTAT＝C；

3. 外部告警的连接

有一些交换中心特别是远端单元采用无人值守维护方式，因此，在 NMC/OMC 应能检测到它们周围环境出现的任何故障，如空调告警或建筑物失火等。通常这些故障都是由外部(非 EWSD 交换机)告警监视单元检测并通过外部告警线向交换机发信号示警。首先应输入适当的告警文本，然后将告警文本分配给告警线。

① 外部告警线可以接至 SYP 机框中的 RM：EAL 模块中(可接 24 个外部告警线)，也可接至 DLU 机框中的 ALEX 模块(可接 16 个外部告警线)、用人机命令链接 EAL 与相应的告警。

CR EAL：SITE＝ ，EAL ＝ ，TEXTNO＝ ，ALPRIO＝ ；

参数如下：

SITE，硬件安装位置，SITE＝EXCH 或 SITE＝DLU。

EAL，表示外部告警线，SITE＝EXCH，取值为 1～24；SITE＝DLU，取值为 1～16。

TEXTNO，表示正文号(1～40)。

ALPRIO，表示告警的优先级。

② 创建发生外部告警时的打印输出正文。

ENTR ALTEXT：TEXTNO＝ ，TEXT＝"xxxxxxxx"；

参数 TEXT 表示外部告警正文，长度不超过 30 个字符。

③ 为具体单元连接外部告警。如 CR EALLVL：DLU＝510，EAL＝11，LVL＝HIGH；此命令为 DLU 510 设置了当发现电平为低时，则触发告警；若告警线的电平不是接地电平，则不触发告警。

7.1.3 设备维护命令

1. 数字线路单元(DLU)

(1) 查询命令

① 查询 DLU 的配置参数以及与 LTG 连接关系，使用 DISP DLU 命令；

② 查询 DLU 两侧的状态使用 STAT DLU 命令；

③ 查询 DLUEQ 的状态使用 STAT DLUEQ 命令；

④ 查询外围功能单元(SLMA、SLMD 等)和测试板配置和状态使用 DISP DLUMOD 命令；

⑤ 查询用户板各端口的配置情况和状态使用 DISP DLUPORT 和 STAT DLUPORT 命令。

例 7-1 查询 DLU280。

DISPDLU:DLU=280;

```
DLU = 280    TYPE = DLUD   PORTGRID = 16     MASKNO:19741
             CCSWIDTH = 1
             DLUC0 = 0-25-0-CCS0             MASKNO:19742
             DLUC0 = 0-25-2-EXT0
             DLUC1 = 0-27-0-CCS0             MASKNO:19743
             DLUC1 = 0-27-2-EXT0
```

STATDLU:DLU=280;

```
                 DLU SIDE-0                      SIDE-1
                 ACCESS-                         ACCESS-
     DLUC-OST DEGRADING LTG PER-OST DLUC-OST DEGRADING LTG PER-OST
--------------------------------------------------------------------
280   ACT       NON     0-25   ACT    ACT      NON     0-27   ACT
```

则 DLU280 硬件类型为 D 型，使用 16 用户板，两侧分别连接在 LTG0-25 和 LTG0-27 上。

例 7-2 查询 DLU10 的 Shelf0～Shelf1 所有电源模块状态。

STATDLUEQ：DLU=10,DCC=0-0&&1-3;

```
DLU   DCC   OST    ACCESS     DEGRADING
                   SIDE0      SIDE1
-----------------------------------------------
10    0-0   ACT    NON        NON
10    0-2   ACT    NON        NON
10    1-0   ACT    NON        NON
10    1-1   ACT    NON        NON
10    1-2   ACT    NON        NON
10    1-3   ACT    NON        NON
```

例 7-3 查询 DLU340 所有外围功能单元电路板的状态。

STATDLUMOD：DLU=340,MOD=X-X;

DLU	MOD	TYPE	OST	ACCESS-DEGRADING				PACC
				SIDE0	SIDE1	SIDE0	SIDE1	
340	0-0 TO 0-2	SLMAFPE	ACT	NON	NON	NO	NO	
340	0-3	FMTU	ACT	NON	NON	NO	NO	
340	0-4	LCMM	ACT	NON	NON	NO	NO	
340	0-7	BDCG/GCG	ACT	NON	NON	NO	NO	
340	0-8	BDCG/GCG	ACT	NON	NON	NO	NO	
340	0-11 TO 0-12	SLMAFPE	ACT	NON	NON	NO	NO	
340	0-13	EMSP	ACT	NON	NON	NO	NO	
340	0-14	SLMAFPE	ACT	NON	NON	NO	NO	

(2) 配置命令

① 配置DLU单侧系统状态

CONF DLU：DLU=　，DLUC0，OST=　；

CONF DLU：DLU=　，DLUC1，OST=　；

② 配置DLU设备状态

CONF DLUEQ:DLU=　,DCC=　, OST=　；

CONF DLUEQ:DLU=　,RGMG=　, OST=　；

CONF DLUEQ:DLU=　,RGB=　, OST=　；

③ 配置DLU模块状态

CONF DLUMOD:DLU=　,MOD=shf-mod,OST=　；

④ 配置DLU端口状态

CONF DLUPORT:DLU=　,LC=shf-mod-port,OST=　；

(3) 创建和删除命令

DLU硬件设备安装并连接完成后，必须要执行正确的创建命令，才能被交换机识别。

① 创建DLU使用CR DLU命令，删除DLU使用CAN DLU命令

例7-4 创建编号为240的DLU，硬件类型为DLUD，两侧分别连接在LTG 1-32的0、2端口和LTG1-36的1、3端口，然后删除。

CRDLU:DLU=240,SHELF=D,DLUC0=1-32-0-2,DLUC1=1-36-1-3；（V11版）

CRDLU:DLU=240,TYPE=DLUD,DLUC0=1-32-0-CCS0&1-32-2-EXT0,DLUC1=1-36-1-CCS0&1-36-3-EXT0；（V15版）

以下命令用于删除DLU，删除DLU的前提条件是DLU内的所有模块均已删除，同时两侧DLUC的状态都为PLA。

CANDLU:DLU=240；

② 创建外围功能板使用CR DLUMOD命令，删除使用CAN DLUMOD命令

例7-5 在Shelf1上板位为3的位置上创建一个SLMA:FPE用户板，然后删除。

CRDLUMOD:DLU =240,MOD=1-3,TYPE = SLMAFPE;

(SLMDQFB，SASC，FMTU，LCMM，…都采用相同方法创建)

注：当 DLU 和 DLUMOD 创建完成后，它们的状态为 PLA，还需将其配置成 MBL 状态后再激活为 ACT 才能使用。与创建相反的是删除命令 CAN DLUMOD。删除 DLUMOD 的前提条件是该模块下没有建立任何用户线，所有 DLUPORT 状态为 PLA，DLUMOD 本身状态为 PLA。

CANDLUMOD：DLU＝240，MOD＝1-3；

③ RCU 的创建删除命令

· 首先需要创建 SASC 模块

CRDLUMOD：DLU＝ ，MOD＝ ，TYPE＝SASC；

· 接下来通过 CRRCU 命令定义那些 DLUD 属于这个 RCU

CRRCU：RCU＝＜rcu＞，RCUMBR＝＜dlu＞-＜mbr＞&…&＜dlu＞-＜mbr＞；

· 如果需要修改 RCU，可以通过下列命令可实现 RCU 的扩充和减少

EXTRCU：RCU ＝＜rcu＞，RCUMBR＝＜dlu＞-＜mbr＞&…&＜dlu＞-＜mbr＞；

REDRCU：RCU ＝＜rcu＞，RCUMBR＝＜dlu＞-＜mbr＞&…&＜dlu＞-＜mbr＞；

· 用下列命令可删除整个 RCU

CANRCU：RCU ＝＜rcu＞；

(4) 诊断测试命令

① DLU 系统的诊断

通过 DIAG DLU 可以对 DLU 的 0 侧或 1 侧中央功能单元进行诊断，若对 0 侧系统诊断，要求 0 侧系统状态为 MBL，同时其上级所有的 LTG/SN/MB 均需处于激活状态。

DIAG DLU：DLU＝ ，DLUC0＝Y；

DIAG DLU：DLU＝ ，DLUC1＝Y；

② DLU 设备的诊断

DLU 通过 DIAGDLUEQ 可以对 DLU 的电源板、RGMG、RGB 等设备进行诊断测试。

DIAG DLUEQ：DLU＝ ，RGB＝ ；

DIAG DLUEQ：DLU＝ ，DCC＝ ；

③ DLU 模块的诊断

通过 DIAGDLUMOD 可以对用户板等外围功能单元进行诊断。

DIAG DLUMOD：DLU＝ ，MOD＝shf-mod；

④ 用户测试

在 EWSD 交换机中，用户测试是通过 DLU 的 TU 测试单元来检测 DLU 或 LTGA 中单个或一组模拟用户电路。因此对用户线进行测试必须保证 TU 测试单元激活。但是对于 SLMA：ITF 和 SLMA：ITM 用户板，由于电路板上已经含有测试模块，因此可以不需要安装测试板。

EWSD 交换机用户测试分为两种：一种为内线即用户板中的用户电路测试；另一种为含用户线路(外线)的全回路测试。

用户电路测试命令如下：

TEST SLC：[LAC＝ ，]DN＝[，TTYPE＝][，SCHED＝][，PERM＝][，STEP＝]
[，OPMOD＝][，LNO＝]；

TEST DLULC:DLU=　,LC=[,TTYPE =][,SCHED=][,PERM=][,STEP=];

TEST DLULC 命令与 TEST SLC 命令等效，所不同的是 TEST SLC 命令面向电话号码(DN)，而 TEST DLULC 是面向设备号(EQN=DLU+LC)，特别是当某个需要测试的用户电路上未创建号码时，就只能使用 TEST DLULC 命令。

用户回路就是用户电路+用户线路+话机终端，用户回路测试命令如下：

TEST SUB:DN=　;

TESTSUB 与 TESTSLC 命令的报告格式看起来一样，当用户电路正常而用户回路故障时，报告将给出较为详细的电气性能测试结果数据及指导性意见，此时，一般可认为内/外线路故障。当 TEST SLC/TEST DLULC 命令报告所测试的用户电路故障时，需要考虑更换相应的用户板。

例 7-6　某个电话用户(DN=4812112)的用户电路故障处理。

处理步骤如下：

① TESTSLC:DN=4812112;　　确认用户电路发生故障

② DISPSUB:DN=4812112;　　显示用户，找到 EQN 为 10-1-0-0

③ CONFDLUMOD:DLU=10,MOD=1-0,OST=MBL;　　去激活用户板

(更换上新的同型号的用户板，并给坏板做好标记，以便日后填写故障报告寄修)

④ DIAGDLUMOD:DLU=10,MOD=1-0;　　诊断新换上的用户板

⑤ CONFDLUMOD:DLU=10,MOD=1-0,OST=ACT;　　诊断通过时，激活此新用户板

⑥ TESTDLULC:DLU=10,LC=1-0;　　复测新换用户板上的每一个端口

(5) DLU 故障处理

对于 DLU 的故障，根据故障现象可以分为两种：

1) 引起操作状态改变的 DLU 故障

正常情况下，DLU 系统、DLU 设备、DLU 模块均处于 ACT 状态，作为 DLU 的安全保护功能，LTGB 和 DLUC 通过例行测试对处于 ACT 状态的功能模块进行检查。一旦发现故障，系统在自行恢复无效的情况下，将故障消息以告警的形式输出到 OMT 操作终端和 SYPD 告警面板。对于此种故障，处理故障如下：

① 若是 DLU 系统故障

STAT DLU:DLU=a;

CONF DLU:DLU=a,DLUC0,OST=CBL;　　(若是 1 侧系统，输入 DLUC1)

CONF DLU:DLU=a,DLUC0,OST=MBL;

DIAG DLU:DLU=a,DLUC0;

② 若诊断有错，则根据诊断结果的提示依次换下被怀疑有故障的模块，再进行诊断，确认无故障后，重新激活。

CONF DLU:DLU=a,DLUC0,OST=ACT;

对于 DLUEQ 和 DLUMOD 的故障采用相同的方法。

2) 系统没有产生告警，但 DLU 工作不正常

在某些情况下，系统并未发现 DLU 的故障，但是有用户投诉电话无法拨通，或者有时拨得通有时拨不通，在这种情况下，必须根据 DLU 的结构以及 DLU 和 LTG 的连接关系进行分析判断。如果是部分用户有这种现象，而且在物理的同一框内，可以更换相应 BD 板或

后背板总线电缆等等。如果是整个 DLU 用户都有此现象,则可以判断为中央功能模块或总线板的问题,也有可能是 DLU 与 LTG 之间电缆的故障,例如远端模块与主局之间的传输有鸳鸯线时有可能造成这种现象。

总之,DLU 是 EWSD 和用户之间的接口,在实际的维护工作当中,DLU 的故障处理占很大的比例,必须根据故障现象,结合 DLU 的内部结构原理深入分析判断。

2. 用户/中继线群(LTG)

(1) 创建命令

① 创建 LTG

CR LTG: LTG= ,TYPE= ,LDPARP= ;

例 7-7 创建一个 B 功能应用的 LTG,连接在 TSG1 的 SDC:LTG 端口 20 上。

CRLTG:LTG=1-20,TYPE=B,LDPARP=22;

② 创建 LTU

CR LTU: LTG= ,LTU= ,TYPE= ,APPLIC=[,MODVAR=];(DIU 模块)

CR LTU : LTG= ,LTU= ,TYPE=[,MODVAR=];(其他模块)

参数 APPLIC 赋值的含义如下:

CCSCCS,NO.7 信令;

CCSDLU,带有信令的 DLU 接口;

CASCAS,随路信令;

EXTDLU,DLU 的扩展接口;

CCSPA,基群接入信令(大型 PABX);

CCSLDI,带有信令的本地 DLU 接口(4 Mbit/s);

CASPCA,用于录音通知设备的随路信令;

EXTLDI,本地 DLU 的扩展接口。

例 7-8 为 No.7 信令、DLU 的 PDC 创建 LTU。

CRLTU:LTG=0-10,LTU=2,TYPE=D30,APPLIC=CCSCCS;(为 NO.7 信令的 PDC 创建 LTU)

CRLTU:LTG=1-20,LTU=0,TYPE=D30,APPLIC=CCSDLU;(为 DLU 的 PDC 创建 LTU,含有 TS16 信令)

CR LTU: LTG=,LTU=5,TYPE=V15;(在 LTU:S 位置上创建 MDTOG)

(2) 查询显示命令

DISP LTG:LTG=X-X;

STAT LTG:LTG=X-X;

DISP LTU:LTG=[,LTU=];

STAT DIU:LTG=[,DIU=][,OST=];

DISP PORT:EQN=;

STAT PORT:EQN=[,OST=];

DISP CRMOD:LTG=[,CRMOD];

STAT CR:LTG= [,{LCPOS= ,CRPOS= }];

STAT CR:LTG= ,OST= ;

STAT COU:LTG= [,COU=][,OST=];

(3) 配置命令

CONF LTG:LTG= ,OST= [,OLDOST=][,SUP=][,LOAD=];

CONF DIU:LTG= ,DIU= ,OST= ;

CONF PORT:LTG= {,LCPOS= ,CHPOS= },OST= ;

CONF CR:LTG= {,LCPOS= ,CRPOS= },OST= ;

CONF COU:LTG= ;COU= ,OST= ;

注:将 ACT 的 LTG 配置为 MBL 之前,最好首先将 LTG 配置到条件阻塞 CBL,大约 5 分钟以后,再将 LTG 配置为 MBL。如果 LTG 已处在 MBL,LTG 设备如 DIU、COU 只能从 ACT 配置到 MBL。模块端口必须经过 CBL 配置到 MBL。CONF DIU 只能在 LTGC 中执行,LTGB:DIU 由下级 DLU 决定。

(4) 诊断命令

DIAG LTG:LTG= ,TA= [,LOAD];

DIAG DIU:LTG= ,DIU= ;

DIAG CR:LTG= {,CRPOS= ,LCPOS= };

注:要诊断 LTG,必须先将其配置到 MBL 状态。要诊断 DIU、COU 这样的设备时,也要求将其配置到 MBL 状态,但 LTG 必须处于 ACT 或 CBL 状态。

3. 消息缓冲器(MB)

(1) 查询和配置命令

STAT MB;

CONF MB: MB= ,OST= ;

CONF MBUL: MB= ,MBUL= ,OST= ;

CONF MBUS: MB= ,MBUS= ,OST= ;

注:MB 的两侧与 SN 的两侧没有交叉连接关系,因此若一侧 MB 由于故障或人为退出服务,则同侧的 SN 也会退出服务。

(2) 诊断命令

DIAG MB : MB= ,TA=ALL;

DIAG MBUL: MB= ,MBUL= ,TA=ALL;

DIAG MBUS: MB= ,MBUL= ,TA=ALL;

4. 中央时钟发生器(CCG)

(1) 查询命令

STATCCG;

```
CCG-0   CCG-1
-----   -----
STB       ACT
END JOB 8750
```

DISPCCG;

STATUS AND ERROR INFORMATION	: CCG-0	CCG-1
REF. FREQUENCIES AT CCGXXA	: PRESENT	PRESENT
CCGXXA-MODULE	: FAULT-FREE	FAULT-FREE
CCGXXA-PROCESSOR	: FAULT-FREE	FAULT-FREE
CCGB-MODULE	: FAULT-FREE	FAULT-FREE
CCGB-PROCESSOR	: FAULT-FREE	FAULT-FREE
INTERFACE CCGXXA/CCGB	: FAULT-FREE	FAULT-FREE
CCGB MS-STATUS	: SLAVE	MASTER
CCGB CLOCK DISTRIBUTOR	: ENABLED	ENABLED
OPERATING STATE	: STB	ACT
REFERENCE FREQUENCY 0	: GOOD	GOOD
REFERENCE FREQUENCY 1	: GOOD	GOOD
USED REFERENCE FREQUENCY	: 0	0
STATUS FREQUENCY STORAGE	: NORMAL	NORMAL
SYNCHRONIZATION STATUS	: SYNCHRON 4	SYNCHRON 4
END JOB 8751		

(2) 配置命令

CONFCCG:CCG=,OST= ;

5. 公共信道网络控制(CCNC)

(1) 状态查询命令

STAT CCNC:UNIT=CCNP-X;

STAT CCNC:UNIT=SIPA-X;

STAT CCNC:UNIT=SILTC-X;

STAT CCNC:UINT=SILT-X;

STAT CCNC:UNIT=MUXM-X;

(2) 配置命令

CONF CCNC:UNIT=CCNP-X (0,1),OST= ;

CONF CCNC:UNIT=SIPA-X(0…7,10…17) ,OST=;

CONF CCNC:UNIT=SILTC-X(0…31) ,OST=;

CONF CCNC:UINT=SILT-X(1…127,129…255) ,OST= ;

CONF CCNC:UNIT=MUXM-X(0,1,10,11) ,OST= ;

(3) 诊断命令

DIAG CCNC:UNIT=CCNP-X;(0,1)

DIAG CCNC:UNIT=SILTC-X;(0…31)

DIAG CCNC:UINT=SILT-X;(1…127,129…255)

DIAG CCNC:UNIT=MUXM-X;(0,1,10,11)

6. 协调处理机(CP113)

(1) 查询显示命令

STAT SSP:[UNIT=,OST=];

DISP SSP;

DISP IOC:IOC=;

DISP IOP:IOP=;

DISP CAP;

DISP MD;

DISP MTD:MTD=;

DISP MT:{MTD= / VSN=};

DISP MOD:MOD=;

DISP MO:{MOD= / VSN=};

DISP OMT:OMT=;

(2) 配置命令

COM BAP;

CONF BAP:BAP=,OST=;

CONF CAP:CAP=,OST= ;

CONF BCMY:BCMY= ,OST=;

CONF CMY:CMY= ;

CONF IOC:IOC=,OST=;

CONF IOPG:IOC= ,OST= ;

CONF IOP:IOP=,OST=;

CONF LAU:LAU= ,OST= ;

CONF MDD:MDD= ,OST= ;

CONF MOD:MOD= ,OST= ;

CONF MTD:MTD= ,OST= ;

CONF OMT:OMT= ,OST= ;

注:诊断命令为 DIAG,与配置命令基本一一对应。

7. 交换网络(SN)

(1) 查询和配置命令

STAT SN;

CONF SN: SN= ,OST= ;

CONF SSG: SN= ,SSG= ,OST= ;

CONF TSG: SN= ,TSG= ,OST= ;

SN 为完全双备份结构,正常情况下两侧的状态分别为 ACT 和 STB。若 ACT 侧由于故障退出服务,或者通过 MML 将 ACT 侧配置到 STB/MBL,则处于 STB 的一侧将自动配置为 ACT。

(2) 诊断命令

DIAG SN: SN= ,TA= ;

DIAG SSG：SN= ,SSG= ,TA= ;

DIAG TSG：SN= ,TSG= ,TA= ;

（TA代表被测试的部分，CHALL/ALL/TSM/SSM/CSM/PLL）

SN的诊断命令可以对整个SN或一个TSG或一个SSG进行，但不能诊断TSG-LTG和TSG-SSG的电缆。因此，若因内部电缆中断或接口松动造成的故障，必须通过下面的TEST命令来检测。

（3）测试命令

TEST TSG：SN= ,TSG= ,TA=SPEECH[,SUBUNT=TSM-x];

TEST SSG：SN= ,SSG= ,TA=SPEECH[,SUBUNT=SSM-x/CSM-x];

SN测试原理是通过LTG在SN建立的通道上进行COC环路测试，即LTG_A发送一段测试信号，经过SN接续到达LTG_B，LTG_B又将该信号环回送LTG_A，LTG_A将收到的信号与原发送的信号比较，若一致则认为COC通过校验，若不一致，则认为COC差错。因此TEST测试发现差错，报告的结果是一个条通路，需要对怀疑的模块进行多次测试才能确定。

7.1.4 设备配置命令

EWSD交换机网络的容量级为SN63、SN126、SN252、SN504，其中SN63仅用于小型专用网络，作为电信运营系统的最小容量级为SN126，最大为SN504容量。

例7-9 显示某EWSD V15版关口局设备配置情况，其中MB使用新硬件MB(D)，安装83个LTG，开通60条No.7 LINK。

```
HDXXC/AD386G0061E/CHNCBZ1V51313686/113                    05-03-01 09:36:59
4044          TH2504/EWSDOMT0            3080/02056
STATSSP;                                                          EXEC'D
UNIT          OST          UNIT          OST          UNIT          OST
------------+-----------   ------------+-----------   ------------+-----------
BAP-0         SPR          BAP-1         MAS          CAP-0         ACT
IOC-0         ACT          IOC-1         ACT          CMY-0         ACT
CMY-1         ACT          BCMY-0        ACT          BCMY-1        ACT
IOPMB-0       ACT          IOPMB-1       ACT          IOPMB-32      ACT
IOPMB-33      ACT          IOPMB-40      ACT          IOPMB-41      ACT
IOPMB-42      ACT          IOPMB-43      ACT          IOPUNI-0      ACT
IOPUNI-1      ACT          IOPTA-0       ACT          IOPTA-1       ACT
IOPLAU-0      ACT          IOPLAU-1      ACT          IOPLAU-2      PLA
IOPLAU-3      ACT          LAU-0         ACT          LAU-1         ACT
LAU-2         PLA          LAU-3         ACT
MDD-0         ACT          MDD-1         ACT          MOD-0         ACT
MOD-1         PLA          OMT-0         ACT          OMT-1         ACT
X25LINK-0     ACT          X25LINK-1     ACT          X25LINK-2 ACT
X25LINK-3     ACT
```

```
END JOB 4044

HDXXC/AD386G0061E/CHNCBZ1V51313686/113                05-03-01 09:37:25
4045          TH2504/EWSDOMT0          3080/00226
STATSN;                                                         EXEC'D
TSG        SSG        TSG        SSG
-------    -------    -------    -------
0-0 ACT    0-0 ACT    1-0 STB    1-0 STB
0-1 ACT               1-1 STB
END JOB 4045

HDXXC/AD386G0061E/CHNCBZ1V51313686/113                05-03-01 09:37:41
4046          TH2504/EWSDOMT0          3080/09201
STATMB;                                                         EXEC'D
MB UNIT        OST     ALARM            LTG SET                 IOPMB
                       STATUS     FROM            TO
---------------+-------+----------------+-----------------+----------------+-------------------
MBIC -0        ACT                                          IOPMB-32
MBIH -0 -0     ACT                LTG -0 -1    LTG -0 -63      IOPMB-32
                                  LTG -1 -1    LTG -1 -63      IOPMB-32
MBIC -1        ACT                                             IOPMB-33
MBIH -1 -0     ACT                LTG -0 -1    LTG -0 -63      IOPMB-33
                                  LTG -1 -1    LTG -1 -63      IOPMB-33
END JOB 4046
```

注:该局 MB 使用的是 MBD。

```
HDXXC/AD386G0061E/CHNCBZ1V51313686/113                05-03-01 09:38:40
4050          TH2504/EWSDOMT0          3080/01617
STATCCNC:UNIT=SILT-X;                                           EXEC'D
CCS7 -- ACTUAL CONFIGURATION OF SILT
DEV- STATUS        DEV- STATUS        DEV- STATUS        DEV- STATUS
NO   SEMI TRAN     NO   SEMI TRAN     NO   SEMI TRAN     NO   SEMI TRAN
----------------------------------------------------------------------------
0    PLA  PLA      1    ACT  ACT      2    ACT  ACT      3    ACT  ACT
...
252  PLA  PLA      253  PLA  PLA      254  PLA  PLA      255  PLA  PLA
END JOB 4050
HDXXC/AD386G0061E/CHNCBZ1V51313686/113                05-03-01 09:39:17
```

```
4051           TH2504/EWSDOMT0           3080/09682
STATLTG:LTG=X-X;                                                  EXEC'D
LTG    OST  CH0  CH1    LTG    OST  CH0  CH1    LTG    OST  CH0  CH1
-------------------     -------------------     -------------------
                        0  -2   ACT  ACT  STB   0  -3   ACT  STB  ACT
0  -4   ACT  STB  ACT   0  -5   ACT  ACT  STB   0  -6   ACT  STB  ACT
…
0  -61  ACT  ACT  STB   0  -62  ACT  STB  ACT   0  -63  ACT  ACT  STB
END TEXT JOB 4051

HDXXC/AD386G0061E/CHNCBZ1V51313686/113                05-03-01 09:39:19
4051           TH2504/EWSDOMT0           3080/09682
STATLTG:LTG=X-X;                                                  EXEC'D
LTG    OST  CH0  CH1    LTG    OST  CH0  CH1    LTG    OST  CH0  CH1
-------------------     -------------------     -------------------
1  -1   ACT  STB  ACT   1  -2   PLA             1  -3  PLA
…
1  -61  PLA             1  -62  PLA             1  -63  PLA
END JOB 4051
```

7.2 用户管理

用户数据管理是交换机房日常性工作，EWSD 市话交换机需要一些数据来描述各用户的状态，如该用户是否存在、是否在用或该用户是否有长权、是否有某种新服务特性以及话机的种类等。用户管理包括模拟用户、ISDN 用户、虚拟网用户和 PBX 用户数据管理。用户管理操作命令的参数主要有 3 个：用户种类(CAT)，设备号(EQN)和电话号码(DN)。

最常用的用户种类(CAT)有两种：一是普通模拟用户，用 MS 来表示，常用电路板类型有 SLMACOS，SLMACMRL，SLMAFPE 等，需要注意的是，用户电路板 SLMACOS 不带反极功能，如果位于 SLMSCOS 上的用户申请了反极功能，必须更换设备号；二是 ISDN 用户，称为数字用户或"一线通"用户，用 IBA 来表示，兼容的常用电路板类型有：SLMD，SLMDB。ISDN 用户不同于普通模拟用户，它在用户端与交换机之间传递的是数字信号，而不是模拟信号，因此，用户端需要有用户设备 NT 的支持。

设备号(EQN)用以指示用户所在的设备位置。EQN 的表示方法 a-b-c-d，各个部分含义如下：a 代表 DLU 号；b 代表该 DLU 上的层(SHELF)号；c 代表该层上的板位号；d 代表此 MOD 上的端口号(即模块中第几个用户)。

电话号码(DN)与用户端口设备一样也是一种资源，电话号码在使用之前需要存在并处于空闲状态，电话号码通常可以 1 000 个为单位成批进行创建，也可以以 100、10 甚至 1 为单位进行创建，号码创建好以后，还需要为其创建相应的号码指针(CPT)来激活它，否则，分配这些号码的用户将只能作为主叫打出，而不能作为被叫打进。

用户数据管理中所使用的用户特服参数和含义基本相同，如呼叫等待、来电显示等，因此在模拟用户数据管理部分中描述得比较详细，在其他部分就不再重复。

7.2.1　模拟用户管理

模拟用户管理主要包括模拟电话用户的创建、显示、状态查询及业务特性修改等。

1. 模拟用户基本数据

(1) 创建电话簿

在新建立用户之前，必须要先生成用户的(十、百、千)号码群，也就是生成电话簿号码，否则不能创建模拟电话用户，而且新建的电话号码必须要加上带话务类型为用户号码的 CPT 才能有效。命令如下：

CR DN：LAC＝X，DN＝XXXXXXX；

CR CPT：CODE＝XXXXXXX，TRATYP＝CPTDN；

(2)创建模拟用户

CR SUB：DN＝X，EQN＝XXXX-X-XX-XX，CAT＝MS，OPTRCL＝TRACL1，
TRARSTR＝TRACLACT&TRACLMOD，DIV＝DIVI&DIVIMOD，LNATT＝PB，
COS＝CLIP；

可见，CR SUB 命令就是将 DN 与 EQN 关联起来。

(3) 显示用户数据

DISP SUB：DN＝X；

上述命令中的参数含义见表 7-2。

表 7-2　创建模拟用户命令参数含义

参数	参数值	含义
DN	用户电话号码	最多可以有 34 个以 & 连接的用户号码
EQN	设备号	用户端口号： ＜DLU 号＞-＜层号＞-＜模块号＞-＜电路号＞
CAT	MS	模拟用户
OPTRCL	TRACL0(V11) 0(V15)	允许国际长途(对应 TRABLOCK 的定义)
	TRACL2(V11) 2(V15)	允许国内长途
	TRACL1(V11) 1(V15)	允许市内电话
	TRACL3(V11) 3(V15)	限制市内电话
SUBTRCL	同 OPTRCL	呼出限制用户可以根据自己的需要在话机上远端输入命令设置修改的话务等级，前提是用户呼出限制修改已经授权可以使用，一旦用户在话机上呼出限制设置修改成功。
TRARSTR	TRACLACT&TRACLMOD	呼出限制授权(说明：用户必须设置密码与 ENTRKEYWORD 命令配合使用)

续表

参数	参数值	含义
LNATT	PB	按键双音频拨号
	MSN	多用户号码
	REVERSAL	提供回路反向信号
	SMET	带有专用计费表的用户
COS	ACTCW&CWACT	呼叫等待
	CONF3	三方通话
	CALIDIMM	呼叫立即识别(恶意呼叫)
	CALIDREQ	拍叉簧识别主叫(恶意呼叫)
	CLIP	主叫线识别(来电显示)
	CLIR	主叫线识别限制(抑制来电显示)
COSDAT	HOTLIMM	立即热线
	V5ACCID	接入网用户
DIV	DIVI&DIVIMOD	立即呼叫转移
	DIVBY&DIVBYMOD	线路遇忙转移
	DIVDA&DIVDAMOD	久无应答转移

(4) 查询用户状态

STAT SUB:DN=X;

上述命令中的参数含义见表 7-3。

(5) 修改用户特性

MOD SUB:DN=X,OPTRCL= ,COS= ,CCOS= ,LNATT= ,CLNATT= ,DIV= ,CDIV= ,…;

(6) 修改用户 DN 号码(设备 EQN 端口不变)

MOD SUBDN:DN=X,NEWDN=Y;

参数 NEWDN 为用户新号码。

(7) 修改用户设备端口(用户 DN 号码不变)

MOD EQN:DN=X,NEWEQN=XXXX-X-XX-XX;

参数 NEWEQN 为用户新端口。

(8) 显示用户端口

DISP DLUPORT:EQN=XXXX-X-XX-XX;

(9) 显示用户端口状态

STAT DLUPORT:DLU=XXXX,LC=XX-XX-XX;

(10) 显示用户连接

DISP CONN:DN=X;(或 EQN=XXXX-X-XX-XX)

(11) 删除用户

CAN SUB:DN=X;

表 7-3 查询用户状态命令参数含义

参数	参数值	含义
DN	用户电话号码	最多可以有32个以&连接的用户号码
LNSTAT	NDLU	DLU连接不上
	NLTG	LTG连接不上
	CLTG	LTG为有条件阻塞CBL状态
	MLTG	LTG为维护性阻塞MBL状态
	NDIU	DIU连接不上
	CDIU	DIU为有条件阻塞CBL状态
	MDIU	DIU为维护性阻塞MBL状态
	CPRT	PORT为有条件阻塞CBL状态
	MPRT	PORT为维护性阻塞MBL状态
	NXSYS	不能连接X系统
	LXWAY	不能连接X通路
	LXV5I	不能连接X侧V5
	IDLE	空闲正常状态
	BUSY	忙状态
	PBRM	永久性阻塞
	DLUX	DLU切换X通路
	DLUY	DLU切换Y通路

2. 模拟用户业务数据

下面介绍普通模拟用户常用的PSTN补充业务(程控特服)的用户授权数据的设置方法和使用操作方法,以下操作是在双音频话机上进行。

(1) 立即(无条件)转移呼叫

增加

MODSUB:DN=4812112,DIV=DIVI&DIVIMOD;　　(用户控制)

MODSUB:DN=4812112,DIV=ACTDIVI-4613003;　　(终端控制)

删除

MODSUB:DN=4812112,CDIV=DIVI&DIVIMOD;　　(用户控制)

MODSUB:DN=4812112,CDIV=ACTDIVI-ASCNO;　　(终端控制)

使用

ENTRACT:*57*4613003#　DELDACT:#57#

(2) 遇忙转移

增加

MODSUB:DN=4812112,DIV=DIVBY&DIVBYMOD;　　(用户控制)

MODSUB:DN=4812112,DIV=ACTDIVBY-4613003;　　(终端控制)

删除

MODSUB:DN=4812112,CDIV=DIVBY&DIVBYMOD; (用户控制)

MODSUB:DN=4812112,CDIV=ACTDIVBY-ASCNO; (终端控制)

使用

ENTRACT:*62*4613003# DELDACT:#62#

(3) 无应答转移

增加

MODSUB:DN=4812112,DIV=DIVDA&DIVDAMOD; (用户控制)

MODSUB:DN=4812112,DIV=ACTDIVDA-4613003; (终端控制)

删除

MODSUB:DN=4812112,CDIV=DIVDA&DIVDAMOD;(用户控制)

MODSUB:DN=4812112,CDIV=ACTDIVDA-ASCNO; (终端控制)

使用

ENTRACT:*62*4613003# DELDACT:#62#

(4) 三方通话

增加

MODSUB:DN=4812112,COS=CONF3;

删除

MODSUB:DN=4812112,CCOS=CONF3;

使用

取机听拨号音—拨通甲并保持—拍叉簧—听拨号音—拨通乙—再拍叉簧—又听拨号音—拨3—开始三方通话—通话过程中拍叉簧听拨号音后选拨1~3,将在甲、乙和三方之间切换。

(5) 会议电话

增加

MODSUB:DN=4812112,COS=CONFL;

删除

MODSUB:DN=4812112,CCOS=CONFL;

使用

取机听拨号音—拨*59#—听拨号音—拨通甲加入会议—拍叉簧—听拨号音—拨通乙加入会议—如此重复,最多26方—最后拍2次叉簧—开会。

此项功能的使用需要COU(会议单元)设备的支持。

(6) 呼叫等待

增加

MODSUB:DN=4812112,COS=CWACT; (用户控制)

MODSUB:DN=4812112,COS=ACTCW; (终端控制)

删除

MODSUB:DN=4812112,CCOS=CWACT; (用户控制)

MODSUB:DN=4812112,CCOS=ACTCW; (终端控制)

使用

ACT：* 58 #　DACT：# 58 #

拍叉簧在两个连接之间选择和切换。

(7) 用户口令(通行字)

增加

ENTRKEYWORD:DN=4812112,KEY=abcd,SECURE=YES;

口令 KEY 一般的默认为 0000,SECURE=YES 表示用户可通过话机 SCI 修改口令。

删除

CANKEYWORD:DN=4812112;

使用

ENTR：* 65 * old * new #

(8) 密码呼出限制

增加

MODSUB:DN=4812112,TRARSTR=TRACLACT&TRACLMOD;　(用户控制)

删除

MODSUB:DN=4812112,CTRARSTR=TRACLACT&TRACLMOD;(用户控制)

使用

ENTRACT：* 54 * nabcd #　DELDACT：# 54 * abcd #

n 表示权限等级,如交换机的定义 TRACL0 为国际,TRACL1 为国内。当TRACL0的用户激活 * 57 * 1abcd # 后,该用户只能具有国内功能了。

(9) 固定呼出限制

增加

MODSUB:DN=4812112,OPTRCL=TRACLn;　(n 的意义同上)

删除

MODSUB:DN=4812112,COPTRCL=TRACLn;

(10) 来电显示(被叫特性)

增加

MODSUB:DN=4812112,COS=CLIP(&FSK);

删除

MODSUB:DN=4812112,CCOS= CLIP(&FSK);

说明:CLIP 为双音多频制式;CLIP&FSK 为移频键控制式。

(11) 来显限制(主叫特性)

增加

MODSUB:DN=4812112,COS=CLIR;　(终端控制)

MODSUB:DN=4812112,COS=CLIRACT;　(用户控制)

删除

MODSUB:DN=4812112,CCOS=CLIR;　(终端控制)

MODSUB:DN=42812112,CCOS=CLIRACT;　　　　(用户控制)

使用

非标准补充业务,可修改 SCFEA 数据自行定义。

说明:不让自己的号码显示在有来电显示功能的对方的话机上。

(12) 免打扰

增加

MODSUB:DN=4812112,DIV=DIVND;

删除

MODSUB:DN=4812112,CDIV=DIVND;

使用

ACT: *56#　DACT: #56#

(13) 缩位拨号

增加

MODSUB:DN=4812112,ABB=ABBD30&ABNMOD2;

删除

MODSUB:DN=4812112,CABB=ADDB30&ABNMOD2;

使用

ENTR: *51*nn*dn#　DEL: #51*nn#　USE: **nn#

说明:缩位拨号表容量为 30 个,并授权用户以 2 位代码的格式进行修改。nn 为缩位拨号表单元编号,dn 为实际被叫号码。

(14) 热线服务

增加

MODSUB:DN=4812112,COSDAT=DNHLMOD&HOTLDEL;　(延迟用户热线)

MODSUB:DN=4812112,COSDAT=HOTLIMM-4618888;　(立即用户热线)

删除

MODSUB:DN=4812112,CCOSDAT= HOTLDEL&DNHLMOD;

(延迟用户热线)

MODSUB:DN=4812112,CCOSDAT=HOTLIMM-ASCNO;(立即用户热线)

使用

对于延迟用户热线 ENTRACT: *52*dn#　DELDACT: #52#　dn 为热线号码。

(15) 遇忙回叫

增加

MODSUB:DN=4812112,COS=CCBS;

删除

MODSUB:DN=4812112,CCOS=CCBS;

使用

ACT:忙音——*69#　DACT:拨号音——#69#

说明:CTX 用户可以支持此项特性,对于普通用户的局内 CCBS,需要 LDPARP 为 13 的 LTGB 中的软件包的支持,而局间 CCBS,更是需要 NO.7 信令 SCCP 和 TCAP 的支持。

(16) 反极功能

增加

MODSUB:DN=4812112,LNATT=REVERSAL;

删除

MODSUB:DN=4812112,CLNATT=REVERSAL;

(17) 黑白名单

增加

ENTRSCLST:DN=4812112,COS=SCRO&SCROACT&SCROMOD,SIZE=30;（黑名单）

ENTRSCLST:DN=4812112,COS=SCAO&SCAOACT&SCAOMOD,SIZE=30;（白名单）

删除

ENTRSCLST:DN=4812112,CCOS=SCRO;　（黑名单）

ENTRSCLST:DN=4812112,COS=SCAO;　（白名单）

使用

ENTR: *71*key*nn*dn#　DEL: #71*key*nn#

ACT: *70*key#　DACT: #70*key#

说明:黑名单用户被禁止拨打以名单内的号码开头的任何号码;白名单用户只允许拨打以名单内的号码开头的任何号码;用户只能同时使用黑、白名单其中的一种,此特性通常设置为需要口令,key 为口令,nn 为黑/白名单单元编号,dn 为黑/白名单电话号码。

(18) 欠费处理

停话

MODSUB:DN=4812112,BLK=ACCSUSP;　（停双向）

MODSUB:DN=4812112,BLK=ACCSPORI;　（停做主叫）

MODSUB:DN=4812112,BLK=ACCSPTER;　（停做被叫）

复话

MODSUB:DN=4812112,CBLK=ACCSUSP;　（恢复双向）

MODSUB:DN=4812112,CBLK=ACCSPORI;　（恢复做主叫）

MODSUB:DN=4812112,CBLK=ACCSPTER;　（恢复做被叫）

(19) 用户观察

增加

ACTMOBS:DN=4812112,COS=ORIG&TERM&CONCUR;

删除

CANMOBS:DN=4812112;

报告

DISPMOBSDAT:DN=4812112,FORMAT=1,DATE= ,TIME= ;

说明:ORIG 为主叫观察,TERM 为被叫观察,CONCUR 为观察报告并行输出到 OMT,三者可任意组合。

7.2.2 ISDN 用户管理

综合业务数字网(ISDN)是实现传输和交换数字化,并将话音业务和非话音业务综合在一个网络中,使用户设备与数字用户线通过接入基本速率接口(2B+D)和基群速率接口(30B+D)来提供电话、传真、可视图像和数字通信等多种业务。在 2B+D 中,B 为 64 Kbit/s 速率的数字信道,用于传送话音、图像等,2B 为 2 个话音信道。D 为 16 Kbit/s 速率的数字信道,用于传送信令。在 30B+D 中,B 和 D 都为 64 Kbit/s。

1. ISDN 用户数据

(1) 创建电话簿

在新建立用户之前,必须要先生成用户(十、百、千)号码群,也就是生成电话簿号码,否则不能创建 ISDN 电话用户,而且新建的电话号码必须要加上带话务类型为用户号码的 CPT 才能有效。命令如下:

CR DN:LAC=X,DN=XXXXXXX;

CR CPT:CODE=XXXXXXX,TRATYP=CPTDN;

(2) 创建 ISDN 用户

CR SUB:DN=X,CAT=IBA,OPTRCL=TRACL2,EQN=XXXX-X-XX-XX;

(3) 修改用户特性

MOD SUB:DN=X,SERV=ALL,COS= ,LNATT= ,DIV= ,OPTRCL= ,…;

(4) 修改用户设备端口

MOD EQN:DN=X,NEWEQN=XXXX-X-XX-XX;

例 7-10 给某个用户加上来电显示功能。

MODSUB:DN=X,SERV=ALL,COS=CLIP;

2. 多用户号码数据

(1) 创建多用户号码

CR SUB: DN = SUB1, CAT = IBA, EQN = XXXX-X-XX-XX, LNATT = MSN, OPTRCL=TRACL1;

CR SUB: DN=SUB2,CAT=IBA,EQN=同 SUB1,LNATT=MSN,OPTRCL=TRACL1;

(2) 显示多用户号码

DISP SLNACC:EQN=XXXX-X-XX-XX;

(3) 修改多用户号码设备端口

CAN SUB:DN=SUB2;

MOD EQN:DN=SUB1,NEWEQN=XXXX-X-XX-XX;

CR SUB:DN=SUB2,CAT=IBA,EQN=XXXX-X-XX-XX,LNATT=MSN;

7.2.3 PBX 用户管理

用户小交换机(PBX)用户拨入时可以经过话务员转接,也可以直接拨入,这种线组(PBXLN)中的所有线可由同一个号码接通,此号码称为引示号码,当用户拨引示号时通过引示号下的任一条线路接入 EWSD 交换机,可以按预定的顺序建立连接。用户也可以通过拨某一条线所对应的号码与此线用户建立连接。

1. 模拟 PBX 数据

(1) 创建 PBX

CR PBX: DN=4410000,OPMODE=ABW&AOG&AIC,MINMAX=7-7,HUNT=NONSEQ,DIAL=NOTDIAL;

CR PBXLN: DN = 4410000, OPMODE = ABW, LNATT = PB, CHRG = AMAPDN&METPDN, EQN=10-0-1-0,LSN=4410000,CAT=MS,LNO=1;

CR PBXLN: DN = 4410000, OPMODE = ABW, LNATT = PB, CHRG = AMAPDN&METPDN,EQN=20-1-2-1,LSN=4410001,CAT=MS,LNO=2,COS=DCANORM&ANIPDN;

CR PBXLN: DN = 4410000, OPMODE = ABW, LNATT = PB, CHRG = AMAPDN&MET PDN,EQN=30-2-3-3,LSN=4410002,CAT=MS,LNO=3,COS=DCANORM&ANIPDN;

(2) 显示 PBX 和 PBXLN 特性

DISP PBX:DN=4410000;

DISP PBXLN:DN=4410000;　　(显示所有 PBX 用户线)

DISP PBXLN:DN=4410000,LNO=2;　　(显示 PBX 第 2 条用户线)

(3) 显示 PBX 和 PBXLN 状态

STAT PBXLN:DN=4410000;　　(显示所有 PBX 用户线状态)

STAT PBXLN:DN=4410000,LNO=2;　　(显示 PBX 第 2 条用户线状态)

(4) 修改 PBX 和 PBXLN 特性

MOD PBX:DN=4410000,…;

MOD PBXLN:DN=4410000,LNO=2,OPMODE=ABW,…;

(5) 新增加 OPMODE=AOG 或 AIC

MOD PBX: DN = 4410000, OPMODE = AOG, DIAL = NOTDIAL, MINMAX = 7-7, HUNT=NONSEQ;

MOD PBX:DN=4410000,OPMODE=AIC,DIAL=NOTDIAL;

(6) 修改 PBXLN 端口

MOD EQN:DN=4410002,NEWEQN=XXXX-X-XX-XX;

(7) 删除 PBX

CAN PBXLN:DN=4410000,LNO=3,OPMODE=ABW;

CAN PBXLN:DN=4410000,LNO=2,OPMODE=ABW;

CAN PBXLN:DN=4410000,LNO=1,OPMODE=ABW;

CAN PBX:DN=4410000;

2. ISDN PBX 数据

(1) (2B+D) PBX

① 创建(2B+D) PBX

CR PBX:DN=4428000,OPMODE=IBW&IOG&IIC,TYPE=PBX;

MOD PBX:DN=4428000,COS=CLIP,SERV=ALL;

CR PBXLN:DN = 4428000,OPMODE = IBW,LNO = 1,CAT = IBA,LNATT = PB,

OPTRCL=TRACL2,LSN=4428001,CHRG=AMAPDN&METPDN,
EQN=20-3-8-0;

CR PBXLN:DN=4428000,OPMODE=IBW,LNO=2,CAT=IBA,LNATT=PB,
OPTRCL=TRACL2,LSN=4428002,CHRG=AMAPDN&METPDN,EQN
=30-3-9-1;

CR PBXLN:DN=4428000,OPMODE=IBW,LNO=3,CAT=IBA,LNATT=PB,
OPTRCL=TRACL2,LSN=4428003,CHRG=AMAPDN&METPDN,
EQN=40-3-10-2;

② 删除(2B+D) PBX

CAN PBXLN:DN=4428000,LNO=3,OPMODE=IBW;
CAN PBXLN:DN=4428000,LNO=2,OPMODE=IBW;
CAN PBXLN:DN=4428000,LNO=1,OPMODE=IBW;
CAN PBX:DN=4428000;

(2) (30B+D) PBX

在 EWSD 交换机中 30B+D 通过 LTGB 提供接口,并且要求 LODTYP=3(V11) 30(V15)。下面是以 2 个 2M 为例所创建 30B+D PBX 数据。

① 创建(30B+D) PBX

CR PA:PA=HNJS1,TYPE=FIXED,LTG=4-18,LTUP=1;
CR PBX:DN=4428888,OPMODE=IBW&IIC,CHRG=DEB,HUNT=NONSEQ,
TYPE=PBX;
MOD PBX:DN=4428888,COS=DDI;
CR PBXLN:DN=4428888,OPMODE=IIC,EQN=4-18-0-16,LNO=16,CAT=IPADCH;
…
CR PA:PA=HNJS2,TYPE=FIXED,LTG=4-19,LTUP=1;
CR PBXLN:DN=4428888,OPMODE=IIC,EQN=4-19-1-16,LNO=47,CAT=IPADCH;
CR PBXLN:DN=4428888,OPMODE=IBW,EQN=4-19-1-1,LNO=32,CAT=IPABCH;
…
CR PBXLN:DN=4428888,OPMODE=IBW,EQN=4-19-1-31,LNO=62,CAT=IPABCH;

② 删除(30B+D) PBX

CAN PBXLN:DN=4428888,OPMODE=IBW,LNO=1;
…
CAN PBXLN:DN=4428888,OPMODE=IIC, LNO=16;
CAN PA:PA=JSYH1;
CAN PBXLN:DN=4428888,OPMODE=IBW,LNO=32;
…
CAN PBXLN:DN=4428888,OPMODE=IIC, LNO=47;
CAN PA:PA=JSYH2;
CAN PBX:DN=4428888;

③ 显示 PA 数据

DISP PA:PA=X;

7.2.4　CENTREX 用户管理

CENTREX 就是在局用大型交换机中，采用纯软件的方式在逻辑上模拟出一个具有小交换机功能的 PBX，称为虚拟交换机或集中用户交换机。CENTREX 业务是指基于交换设备实现的虚拟专用电话网业务，可以将不同区域的用户编辑到一个组内并灵活实现该组内用户拨打短号码和组内、组外不同计费方法等，配合 EWSD 交换机的 MAC 和 Vnet 话务台系统，使该组电信用户具有用户小交换机的功能。目前，由于固话全网智能化进程的加快，智能网业务发展迅速，使广域虚拟网（WAC）也得到大力推广，不同城市不同区域的分散用户也能享受虚拟网业务。EWSD 交换机虚拟网分为本局虚拟网、跨局虚拟网、广域虚拟网和 PBX 虚拟网，这里主要介绍虚拟网基本数据、本局虚拟网和跨局用户数据管理。

1. 虚拟网基本数据

无论创建哪种类型的虚拟网，都需要首先创建 CENTREX 组。下面都以 CXGRP＝16 为例。

(1) 创建虚拟网组及定义操作授权功能码

① 创建虚拟用户组特性

CR CXGRP：CXGRP＝16，COS＝HOOKCTRL；

② CENTREX 组用户拨出局加拨字冠 0 后听到二次拨号音（听不到二次拨号音）：

CR CXCPT：CXGRP＝16，CXCODE＝0，TRATYP＝PNANDAT(PNASDAT)；

③ 免打扰功能

用户键入＊56＃激活免打扰功能，＃56＃删除免打扰功能。

CR CXCPT：CXGRP＝16，CXCODE＝＊56，TRATYP＝CCFEA，FEA＝ACT-DIVND；

CR CXCPT：CXGRP＝16，CXCODE＝＃56，TRATYP＝CCFEA，FEA＝DACT-DIVND；

MOD CXSCFEA：CXGRP＝16，FEA＝ACT-DIVND，MARKS＝UNBLKD；

MOD CXSCFEA：CXGRP＝16，FEA＝DACT-DIVND，MARKS＝UNBLKD；

④ 语音数据保护功能

用户话机输入＊60＃激活该功能，＃60＃删除该功能。

CR CXCPT：CXGRP＝16，CXCODE＝＊60，TRATYP＝CCFEA，FEA＝ACT-VDP；

CR CXCPT：CXGRP＝16，CXCODE＝＃60，TRATYP＝CCFEA，FEA＝DACT-VDP；

MOD CXSCFEA：CXGRP＝16，FEA＝ACT-VDP，MARKS＝UNBLKD；

MOD CXSCFEA：CXGRP＝16，FEA＝DACT-VDP，MARKS＝UNBLKD；

⑤ 组内呼叫带答功能

当同一带答组内电话振铃时，摘机拨＊0 即可带接电话。

CR CXCPT：CXGRP＝16，CXCODE＝＊0，TRATYP＝GCPU

⑥ 用户直接呼叫带答功能

当同一 CENTREX 组内电话振铃时，摘机拨＊1 即可带接电话。

CR CXCPT：CXGRP＝16，CXCODE＝＊1，TRATYP＝DPNPU；

⑦ 呼叫前转移

用户键入＊57＊013907319413＃激活转移功能，＃57＃删除转移功能。

CR CXCPT：CXGRP＝16，CXCODE＝＊57，TRATYP＝CCFEA，FEA＝ENTRACT-DIVI；

CR CXCPT：CXGRP＝16，CXCODE＝＃57，TRATYP＝CCFEA，FEA＝DELDACT-DIVI；

MOD CXSCFEA:CXGRP=16,FEA=ENTRACT-DIVI,MARKS=UNBLKD;

MOD CXSCFEA:CXGRP=16,FEA=DELDACT-DIVI,MARKS=UNBLKD;

⑧ 久不应答转移

用户键入＊63＊013907319413＃激活转移功能，＃63＃删除转移功能。

CR CXCPT:CXGRP=16,CXCODE=＊63,TRATYP=CCFEA,FEA=ENTRACT-DIVDA;

CR CXCPT:CXGRP=16,CXCODE=＃63,TRATYP=CCFEA,FEA=DELDACT-DIVDA;

MOD CXSCFEA:CXGRP=16,FEA=ENTRACT-DIVDA,MARKS=UNBLKD;

MOD CXSCFEA:CXGRP=16,FEA=DELDACT-DIVDA,MARKS=UNBLKD;

⑨ 遇忙转移

用户键入＊62＊04146742＃激活转移功能，＃62＃删除转移功能。

CR CXCPT:CXGRP=16,CXCODE=＊62,TRATYP=CCFEA,FEA=ENTRACT-DIVBY;

CR CXCPT:CXGRP=16,CXCODE=＃62,TRATYP=CCFEA,FEA=DELDACT-DIVBY;

MOD CXSCFEA:CXGRP=16,FEA=ENTRACT-DIVBY,MARKS=UNBLKD;

MOD CXSCFEA:CXGRP=16,FEA=DELDACT-DIVBY,MARKS=UNBLKD;

⑩ 远端用户授权

用户键入＊54＊N 密码＃授权开放用户话务等级 N。

CR CXCPT:CXGRP=16,CXCODE=＊54,TRATYP=CCFEA,FEA=ENTRACT-TRARSTR;

CR CXCPT:CXGRP=16,CXCODE=＃54,TRATYP=CCFEA,FEA=DELDACT-TRARSTR;

MOD CXSCFEA:CXGRP=16,FEA=ENTRACT-TRARSTR,MARKS=UNBLKD;

MOD CXSCFEA:CXGRP=16,FEA=DELDACT-TRARSTR,MARKS=UNBLKD;

⑪ CENTREX

用户自己修改密码授权 CENTREX 用户键入＊64＊旧密码＊新密码＃。

CR CXCPT:CXGRP=16,CXCODE=＊64,TRATYP=CCFEA,FEA=ENTR-KEYWORD;

ENTRCXSCFEA:CXGRP=1,FEA=ENTR-KEYWORD,MARKS=UNBLKD;

ENTRKEYWORD:LAC=0731,DN=XXXXXXX,KEY=1234,SECURE=Y/N;

另外，还有缩位拨号、遇忙回叫功能等。

(2) 删除虚拟网组

CAN CXCPT:CXGRP=16,CXCODE=＊X;

CAN CXGRP:CXGRP=16;

2. 虚拟网用户数据

(1) 本局虚拟网用户数据

假设在 44 局，为了方便管理和操作，最好将短号码取位和号码的后几位相同。如果短号码取位和号码的后几位不一致，CXDN 和 CXSUB 与 DN 对应关系只能一个一个定义。本局虚拟网用户数据步骤如下：

① 创建虚拟网短号码号段

创建千号段

CR CXDN:DN=4443000&&4443999,CXDN=3000&&3999,CXGRP=16;

创建百号段

CR CXDN:DN=4443100&&4443199,CXDN=3100&&3199,CXGRP=16;

创建十号段

CR CXDN:DN=4443010&&4443019,CXDN=3010&&3019,CXGRP=16;

创建单号

CR CXDN:DN=4443000,CXDN=3000,CXGRP=16;

② 输入虚拟网用户

ENTR CXSUB:DN=4443000,CXDN=3000,CXGRP=16,CATCOD=0;

ENTR CXSUB:DN=4443001,CXDN=3001,CXGRP=16,CATCOD=0;

ENTR CXSUB:DN=4443002,CXDN=3002,CXGRP=16,CATCOD=0;

注:关于 CTX 内部计费定义

建完数据后本组内部通话时拨短号即可,并且拨短号码在 V11 版没有特殊定义时是免费的;在 EWSD V15 版本建立 CXGRP 时,另外增加了一条命令来定义内部计费方式,用于定义 CXGRP 组内不记费。

CR CXZOPT:CXGRP=xxx,<OSITE=nn,>TSITE=mm,CHRGIND=NOPULSE,BILLING=NOREG;

其中 OSITE 和 TSITE 的参数值是由 CRCXGRP 时的 CHSITE 参数定义的。

③ 限制用户拨打公网电话,即只能打组内:

ENTR CXSUB:DN=4443001,COS=RSTORIGS;

④ 删除虚拟网用户

CAN CXSUB:DN=4443001;

⑤ 取消虚拟网用户功能

CAN CXSUB:DN=4443001,COS=RSTORIGS;

(2) 跨局虚拟网用户数据

以长沙 41 局(V11 版)和 44 局(V15 版)跨局为例,要求两个局的 CXDN 不能相同,假设 44 局 CXDN 为 8000&&8999,41 局 CXDN 为 6000&&6999。

在 44 局(V11 版)做以下数据:

1) 创建本局虚拟网用户数据

① 创建短号码

CR CXDN:DN=4426000&&4426999,CXDN=8000&&8999,CXGRP=999;

② 创建虚拟网用户

ENTR CXSUB:DN=4426627,CXDN=8627,CXGRP=999,CATCOD=0;

2) 创建跨局虚拟网用户数据

① 创建到 41 局的目的地

CR DEST:DEST=CX4116,NEWCODE=4116;

② 将短号码指向该目的地

CR CXDN:CXDN=6000&&6999,CXGRP=999,DEST=CX4116;

在 41 局(V15 版)做以下数据:

1）创建本局虚拟网用户数据

CR CXDN:DN＝4116000&&4116999,CXDN＝6000&&6999,CXGRP＝999;

CR CXZOPT:CXGRP＝999,OSITE＝1,TSITE＝01,CHRGIND＝NOPULSE,BILLING＝NOREG;

ENTR CXSUB:DN＝4116740,CXDN＝6740,CXGRP＝999,CATCOD＝0;

2）创建跨局虚拟网用户数据

① 创建到44局的目的地

CR DEST:DEST＝CX4426,NEWCODE＝4426;

② 将短号码指向该目的地

CR CXDN:CXDN＝8000&&8999,CXGRP＝999,DEST＝CX4426;

ENTR CXSUB:DN＝4426627,CXDN＝6627,CXGRP＝999,CATCOD＝0;

创建完后两个局之间拨短号码即可。

限制用户拨打公网电话,即只能打组内:

MOD SUB:DN＝4426627,OPTRCL＝TRACL3;(TRABLOCK对应CPT字头都被限制呼叫)

7.3 中继和路由管理

EWSD交换机的路由管理建立在信令、话音中继群已创建并可用的基础上。中继路由管理主要包括中继群与中继线的创建、目的码的定义、路由的创建、出局字冠号码的分配。

7.3.1 基本概念

(1) 中继线(TRUNK):是PCM上时隙,并且分配到一个中继群中。每条中继线使用命令CR TRUNK生成。

(2) 中继群(TGRP):是一个PCM时隙群。该群时隙作为一个整体可以分配专用的性能,如信令类型,阻塞等等。每个中继群由命令CR TGRP生成。一个中继群可用于到达多个目的地,即它可以用于多个不同目的地的路由。

(3) 目的地区域(DEST):包含了该目的地区域专用的所有信息。目的地区域由人机命令CR DEST来定义。

(4) 路由(ROUTE):到一个目的地区域可以分配若干条路由(ROUTE)。每条路由是一个可用来建立到某一指定目的地区域的接续的中继群。由于是专用于目的地的,此中继群被分配了目的地特有的参数。每条路由用人机命令CR ROUTE创建并且将目的地区域与某个中继群链接在一起。

(5) 数字翻译:在数字翻译过程中,从外围接受到的拨号信息以最简单的方式,被直接地转换成目的地区域。字冠号码与目的地区域之间的对应关系由命令CR CPT指定。

EWSD交换机的中继路由层次结构如图7-4所示。

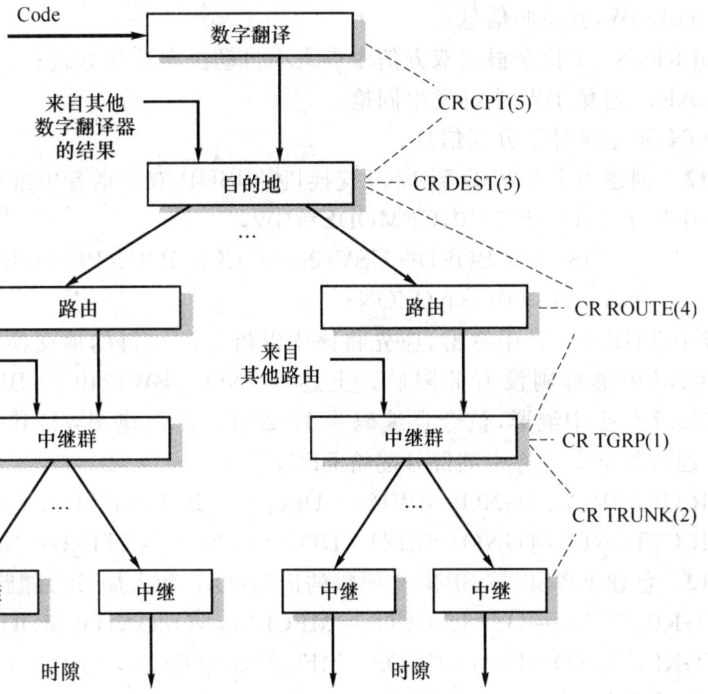

图 7-4　中继路由结构及人机命令

7.3.2　中继群和中继线的创建

1. 创建中继群

中继群的创建命令是 CR TGRP。该命令包括中继群名称、信令类型和中继群方向，中继群的呼叫方向分为出局(OG)、入局(IC)、双向(BW)3 种，对出局或双向中继，必须指出搜索空闲中继的寻线规则。已被创建的中继群可以使用命令 DISP TGRP 来显示。

(1) 创建一个中继群

CR TGRP:TGNO=＜中继群名称＞,GCOS=＜信令类型＞&＜选线规则＞&…,
　　　OPMODE=OG/IC/BW;

注:中继群名称最多 6 个字符。

(2) 显示已创建的中继群

DISP TGRP:TGNO=＜中继群名称＞;

注:如果 TGNO=X,将显示所有中继群。

例 7-11　创建一个 EWSD 到 1240 交换机的 TUP 信令双向话音中继群。

CRTGRP:TGNO=BW1240,OPMODE=BW,
　　GCOS=JSUBORD&USVERS1&CCS7CHN&PRIOPRE&C7GLARE&
　　DARALLOW&NOZON;

参数含义:

JSUBORD,本局作为话务终端(TERMINAL)局时使用;

USVERS1,信令编码为 24 位(蓝皮书);

CCS7TCHN,中国 TUP No.7 信令;

PROP3,用户听本局的空号录音通知音;

DARALLOW,要主叫信息；

PRIOPRE,No.7 信令根据双方信令点大小自动决定选线方式；

C7GLARE,避免 BW 中继发生同抢；

NOZON,不记录计费分区信息。

例 7-12 创建一个 EWSD 到 1240 交换机的 ISUP 双向话音中继群。

CRTGRP:TGNO＝BI1240,OPMODE＝BW,

GCOS＝JSUBORD&USVERS1&CCS7IUP&PRIOPRE&C7GLARE&DARALLOW&NOZON;

注:对于 TUP/ISUP 中继群,应先将该中继群分配给目的地交换局 DPC,才能创建中继线。而 CAS 中继群则没有此限制。上述 TGNO＝BW1240 和 BI1240 均是到对端局 S1240 的 No.7 信令中继群,信令点编码为 18-20-1。在创建 BW1240 和 BI1240 的中继线前,必须先通过如下命令将中继群分配给 DPC。

ENTR C7TGREL:TGNO－BW1240,DPC＝18-20-1,NETIND＝NAT0；

ENTR C7TGREL:TGNO＝BI1240,DPC＝18-20-1,NETIND＝NAT0;

例 7-13 创建 EWSD 与 SP30 交换机的出局(OG)和入局(IC)随路话音中继群。

CR TGRP:TGNO＝OSP30,GCOS＝MFCR2&NOZON,OPMODE＝OG;

CR TGRP:TGNO＝ISP30,GCOS＝MFCR2&NOZON,,OPMODE＝IC;

2. 创建话音中继线

对于使用 No.7 信令的中继群,每条中继线还要有一个电路识别码(CIC)。因为它是作为 No.7 信令消息中的一个识别值被交换的,所以要求连接该中继的两个交换机必须给它分配相同的值。已被生成的中继线可以使用 MML 命令 DISP TRUNK 显示。

(1) 创建话音中继线

CR TRUNK:TGNO＝＜中继群名称＞,EQN＝＜TSG-LTG-DIU-TS＞,LCOS＝,
CIC＝a-b＜电路识别码＞,[LNO＝],TRRANGE＝ ; (V11 版)

CR TRUNK:TGNO＝＜中继群名称＞,LTG＝ ,LC＝DIU-TS,LCOS＝ ,CIC＝a-b＜电路识别码＞,[LNO＝],TRRANGE＝ ; (V15 版)

注:CIC＝a-b 取值本局和对端局必须一致,双方事先商定。如果 a 不一致、b 一致,会有错号、断话及单向通话的现象产生;如果 a 一致而 b 不一致会无法通话。

(2) 显示话音中继群的中继线

DISP TRUNK:TGNO＝＜中继群名称＞,CIC＝ /[LNO＝];

上述人机命令的中继线类型与参数 LTG 类型、LTU APPLIC、LCOS 等关系见表 7-4。

表 7-4 中继线类型与参数 LTG 类型、LTU APPLIC、LCOS 等关系

中继线类型		LTG 类型	LTU APPLIC	LTG LDPARP	LCOS
话音中继线	TUP	LTGC	CCSCCS	2	DIGSIG10
	ISUP	LTGC	CCSCCS	4	DIGSIG11
	MFCR2	LTGC	CASCAS	2、4	DIGSIG7、DIGSIG8
信令中继线		LTGC	CCSCCS	2、4	DIGSIG9

注:对于 LTGF、LTGG,开通 MFCR2,必须创建 MFC:R2 收号器支持。

例 7-14　将 LTG1-22(LTGC)DIU0(APPLIC＝CCSCCS)的 TS1 创建为 TUP 信令中继群 TGRP＝BW1240 的 CIC＝1-1 中继线。

CR TRUNK:TGNO＝BW1240,EQN＝1-22-0-1,LCOS＝DIGSIG10,CIC＝1-1;

例 7-15　将 LTG1-22(LTGC)DIU1(APPLIC＝CCSCCS)的 TS_1-TS_{31} 创建为 ISUP 信令中继群 TGRP＝BW1240 的 CIC＝2-X 中继线。

CR TRUNK: TGNO ＝ BI1240, EQN ＝ 1-22-1-1, LCOS ＝ DIGSIG11, CIC ＝ 2-1,
TRRANGE＝31;

例 7-16　将 LTG1-22(LTGC)DIU2(APPLIC＝CASCAS)TS_1-TS_{15} 创建为 MFCR2 信令中继群 TGRP＝OSP30 的中继线,并将 TS_{17}-TS_{31} 时隙创建为 MFCR2 TGNO＝ISP30 的中继线。

CR TRUNK: TGNO ＝ OSP30, EQN ＝ 1-22-3-1, LCOS ＝ DIGSIG7, LNO ＝ 1,
TRRANGE＝15;

CR TRUNK: TGNO ＝ ISP30, EQN ＝ 1-22-3-17, LCOS ＝ DIGSIG7, LNO ＝ 1,
TRRANGE＝15;

注:在 MFCR2 随路信令方式中,每个 2 M 口的 TS_{16} 用于传送走此端口 30 个话路的信令信息,不能分配给话音中继。

(3) 阻塞话音中继线

话音中继线的管理性阻塞

ENTR TRDAT:TGNO＝BW1240,CIC＝2-1,BLK＝ADMIN,TRRANGE＝31;　(CCS7)

ENTR TRDAT:TGNO＝OSP30,LNO＝1,BLK＝ADMIN,TRRANGE＝15;　(MFCR2)

取消话音中继线的管理性阻塞

CAN TRDAT:TGNO＝BW1240,CIC＝2-1,BLK＝ADMIN,TRRANGE＝31;　(CCS7)

CAN TRDAT:TGNO＝OSP30,LNO＝1,BLK＝ADMIN,TRRANGE＝15;　(MFCR2)

话音中继线的维护性阻塞

ENTR TMBLK:TGNO＝BW1240,CIC＝2-1,BLK＝ADMIN,TRRANGE＝31;　(CCS7)

ENTR TMBLK:TGNO＝OSP30,LNO＝1,BLK＝ADMIN,TRRANGE＝15;　(MFCR2)

取消话音中继线的维护性阻塞

CAN TMBLK:TGNO＝BW1240,CIC＝2-1,BLK＝ADMIN,TRRANGE＝31;　(CCS7)

CAN TMBLK:TGNO＝OSP30,LNO＝1,BLK＝ADMIN,TRRANGE＝15;　(MFCR2)

(4) 查询中继线状态

DISP TRUNK:TGNO＝ ;

STAT TRUNK:TGNO＝,CIC＝1-X;

7.3.3　目的地、路由、代码指针的创建

中继群的生成是创建路由的先决条件。一个中继群可以被多个路由使用。对于出局中继群或双向中继群,必须生成相应的目的地区域、路由和代码指针。而入局中继群既不需要生成代码指针,也不需要生成目的地区域和路由的数据。

目的地创建使用命令 CR DEST。已被生成的目的地区域可以使用人机命令 DISP DEST 来显示。

1. 创建目的地

(1) 创建一个标准目的地

CR DEST:DEST=＜目的地名称＞,MINMAX=X-Y;

注:目的地名称为 6 到 12 个字符;X 为代码字冠的最小位长,Y 为最大位长。

例 7-17 创建到长途局 S1240 交换目的地 DEST=B1240(位长 3-20)。

CR DEST:DEST=B1240,MINMAX=3-20;

(2) 创建再翻译目的地(再翻译目的地 DEST 不能用于创建路由)

CR DEST:DEST=＜目的地名称＞,NEWCODE/CONVCODE= ;

(3) 显示已创建的目的地

DISP DEST:DEST=＜目的地名称＞;

注:如果输入 DEST=X,将显示所有目的地数据。

2. 创建路由

路由管理实际是到达某一个目的地区域的中继群的分配以及此分配的专用参数的说明,另外,该路由在路由表中的位置也在此指定。路由可以仅按寻线顺序创建。路由创建使用人机命令 CR ROUTE。已经创建的路由可以使用人机命令 DISP ROUTE 显示。

(1) 创建一条路由

CR ROUTE:DEST=＜目的地名称＞,TGNO=＜中继群名称＞,ROUTE=n,EOS=,SSDI=1,DINO= ,DICON= ;

参数含义:

ROUTE,路由号,当一个 DEST 有多个路由时,也代表了优先的级别,首选较小号路由。空缺表示由系统自动定义该路由的优先级。

EOS,识别号码收齐的方法。SIGN 表示由对端局中继传送选择结束信号;PROG 表示由定时器控制、不发送结束信号,该参数和 MINMAX 共同作用。

SSDI,第几位开始发码;DINO=Dn 从第 n 位占用中继。

DICON,指出对应位置上的原始数字是否要被删除、替换或保留等。空缺,该参数不起作用;+123,在被叫前增加 123;123,被叫前 3 为被 123 替换;..,删除被叫前 2 位数字;XXX,该位置数字不修改。

例 7-18 创建 DEST=B1240,TGNO=BW1240 的路由,要求第 3 位占用中继。

CR ROUTE:DEST=B1240,TGNO=BW1240,ROUTE=1,DINO=D3;

例 7-19 创建 DEST=B1240,TGNO=BI1240 的路由,要求第 5 位占用中继且在被叫号码前增加 17909。

CR ROUTE:DEST=B1240,TGNO=BW1240,ROUTE=1,DINO=D5,DICON=+17909;

(2) 显示已创建的路由

DISP ROUTE:DEST=＜目的地名称＞;

例 7-20 显示已创建 DEST=B1240 的路由。

DISP ROUTE:DEST=B1240;

例 7-21 显示所有走 TGNO=BI1240 中继群的路由。

DISP ROUTE:DEST=X,TGNO=BI1240;

3. 创建代码指针

代码指针(code point)指定拨号信息(CODE)和目的地之间的分配,是指在系统内使用人机命令 CR CPT 创建代码指针。已经生成的分配可以使用人机命令 DISP CPT 来显示。

(1) 创建一个代码指针

CR CPT:CODE=<被分析的数字代码>,DEST=<目的地名称>,[ORIG1=];

例 7-22 将代码指针 CODE=010、发端标志 ORIG1=10 指向长途局 DEST=B1240。(前提是目的地 DEST=B1240 和相关 ROUTE 路由已经建好)

CR CPT:CODE=010,DEST=B1240,ORIG1=10;

(2) 显示一个代码指针

DISP CPT:DEST=<目的地名称>,CODE=<被分析的数字代码>;

DISP CPT:DEST=B1240,CODE=010;

7.3.4 中继群负荷分担

话音中继群负荷分担使用的人机年命令如下:

CR TGCLU:TGCLU= <中继群簇名称>,[ROUSAL=],[RRGRP=],TGFCQ= ;

参数含义:

ROUSAL,STD 表示标准中继簇,中继群可以分配给不同的簇;PB 表示中继群簇用于比例分配,因此一个中继群仅可分配给一簇。

TGFCQ,TGNO1-a 表示中继群 TGNO1 首选配额为 a,如多个中继群则用 & 相连,首选配额的总和必须等于 100%。

注:所选择的中继群已经存在,为双向或出局中继。在所输入的列表中,每个中继群只出现一次。

例 7-23 端局到长途局 TS1 有直达中继群 B7TS1、到长途局 TS2 有直达中继群 B7TS2。要求实现本局到长途局 TS1 和 TS2 话务分担:B7TS1 60%,B7TS2 40%。

① 建立中继群簇

CR TGCLU:TGCLU=B7CT,ROUSAL=STD,TGFCQ=B7TS1-60&B7TS2-40;

② 建立新目的码、路由数据

CR DEST:DEST=CT,MINMAX=3-20;

CR ROUTE:DEST=CT,TGNO=B7CT-T,ROUTE=1,DINO=D3;

③ 将长途字冠分配给新目的地(如 010)

CR CPT:CODE=010,DEST=CT,ORIG1= ;

或 MOD CPT:CODE=010,DEST=CT,ORIG1= ;

④ 检查相关字冠的计费数据

DISP ZOPT:CODE=010;

如果计费数据没有创建,可以用下列命令创建(假设 ZONO=3,010 在本局计费):

CR ZOPT:CODE=010,ZONO=3,BILLING=AMA;

7.4 计费管理

EWSD 交换机对用户使用网络各种资源都要求计费处理。EWSD 中提供的计费功能有两种:一种是脉冲跳表计费,分为针对普通用户的跳表以及用于关口局的统计跳表;另一种是详单计费,详单计费分为普通的 AMA 计费和针对关口局的增强型的网间计费(IACHASTA)。EWSD 交换机可以对主叫、被叫和中继群计费。

7.4.1 计费分类

EWSD 交换机对用户使用网络各种资源产生原始话单,用户每月所看到的实际话单,是计费中心后台软件根据计费政策产生的。EWSD 原始话单有两种:脉冲计费话单和详细计费话单,如图 7-5 所示。

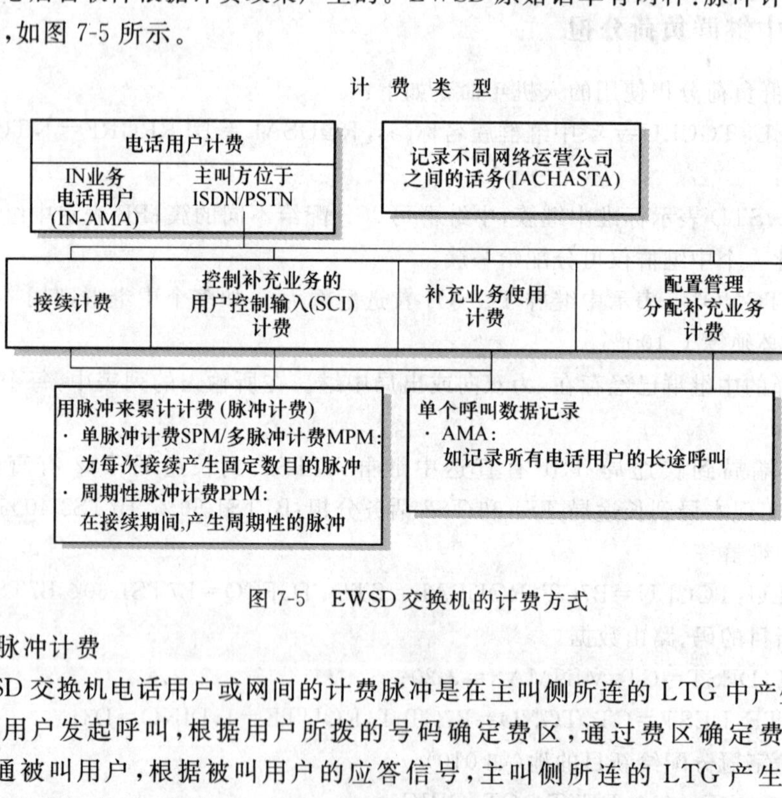

图 7-5 EWSD 交换机的计费方式

(1) 脉冲计费

EWSD 交换机电话用户或网间的计费脉冲是在主叫侧所连的 LTG 中产生的。

主叫用户发起呼叫,根据用户所拨的号码确定费区,通过费区确定费率,按照被叫号码,接通被叫用户,根据被叫用户的应答信号,主叫侧所连的 LTG 产生计费表脉冲,并在每次呼叫结束后,存储到 CP 的该用户计费表中。EWSD 中每个用户号码都有一组计费跳表(5 个计数器),所产生的计费跳表数据存储在硬盘文件 CA. SU. UCHA 中。网间计费中的跳表更多的是作统计用的,因为它不针对单个呼叫,它记录的是一段时间某个中继群上的全部呼叫次数,计费数据存储在硬盘文件 CA. IC. UCHA 中。当要把计费信息传送到计费中心时,需要先在交换机上用命令 EDIT MET 生成计费文件 CA. SU. UCHA 或 CA. IR. XXXXX,变成外部系统可识别的格式,再传送到光盘上,如图 7-6 所示。

注:计费表中记录的只有计费脉冲总量的信息,没有与呼叫接续特性相关的其他信息。

(2) AMA 计费

AMA 记录由 LTG 和 CP 共同产生,每条 AMA 记录中都包含着有关单个呼叫的详细信息(日期、时间、持续时间、主被叫用户地址……)。普通用户的 AMA 话单存储在硬盘文件 IA. ICAMA 中,中继线计费的详单存储在硬盘文件 IA. ICIAR 中,再传送到光盘上,如图 7-7所示。

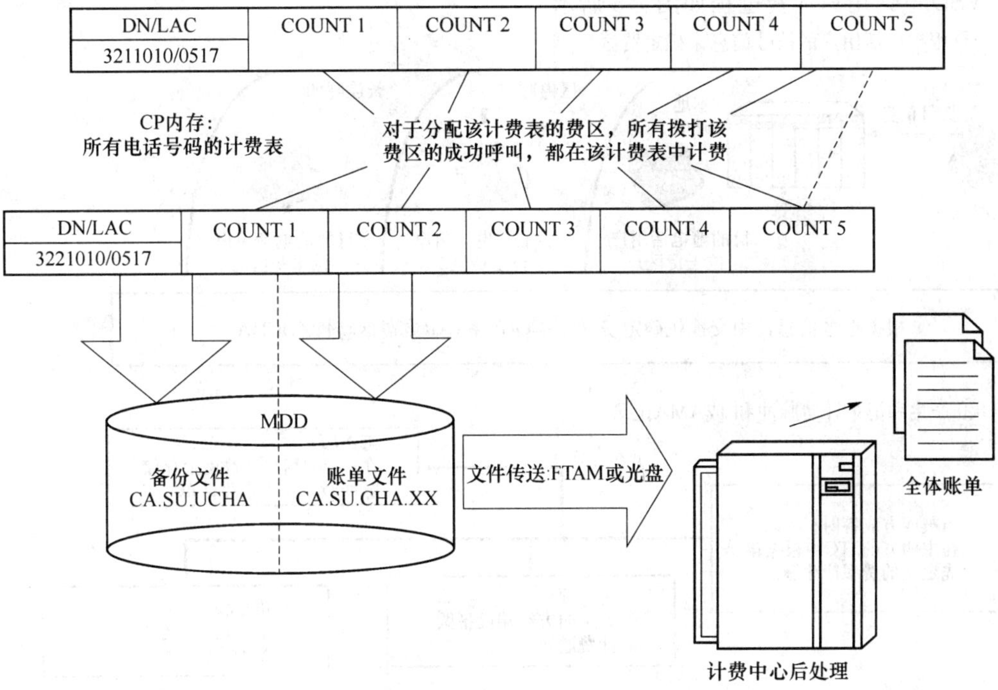

图 7-6 脉冲计费处理过程

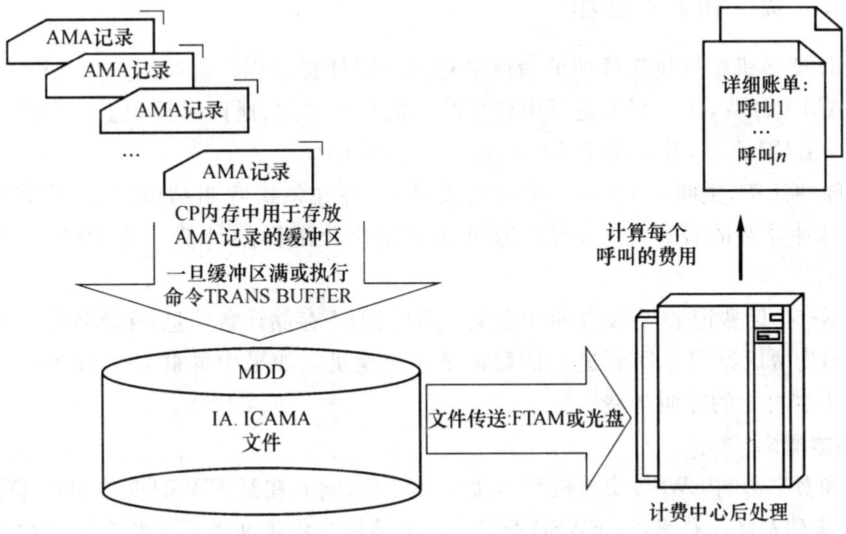

图 7-7 AMA 计费处理过程

主叫用户发起呼叫，EWSD 根据用户所拨的号码为这次呼叫确定费区，通过费区确定费率，按照被叫号码，EWSD 接通被叫用户，根据被叫用户的应答信号，主叫方 LTG/GP 记录呼叫的起始时间、通话时长和主/被叫地址，并在每个呼叫结束后存储到 CP 中。当 CP 中 AMA 缓存达到 4 个 PAGES(1 个 PAGES＝2048BYTE)时，CP 将 AMA 缓存中的内容转存到硬盘文件 IA. ICAMA 文件中。

EWSD 电话用户计费过程如图 7-8 所示。

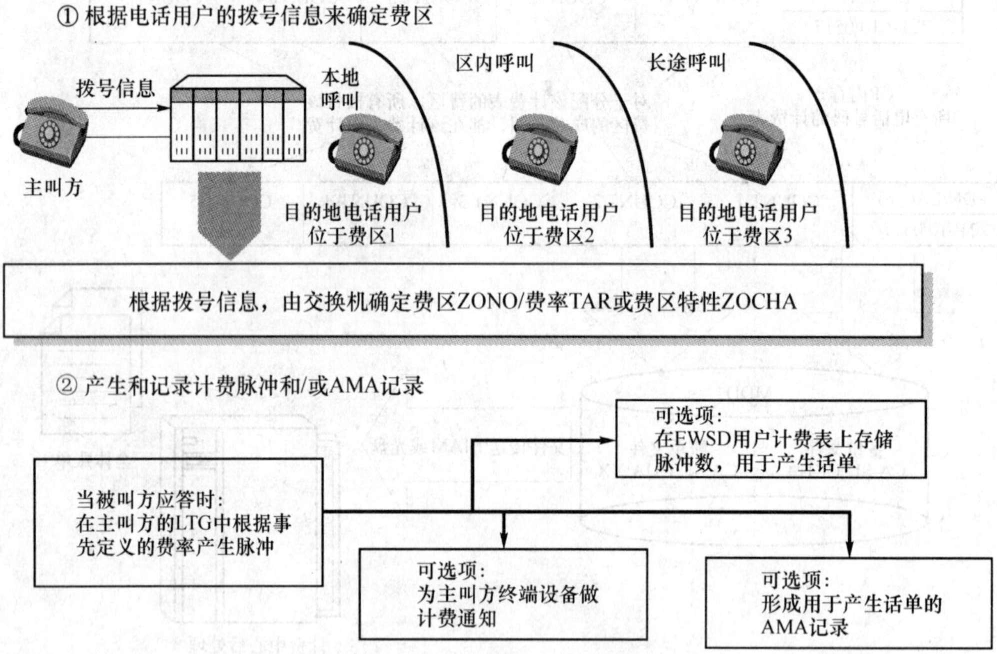

图 7-8 EWSD 交换机的计费过程

7.4.2 费区和费率管理

EWSD 交换机根据每次呼叫的费区来选择不同计费过程。普通用户计费可以采用：

(1) AMA 计费，在 AMA 记录中包括呼叫的起始时间、通话时长和主/被叫号码等。该记录由 LTG/CP 产生，并在每个呼叫结束后存储到 CP。

(2) 脉冲计费，主叫方 LTG 产生计费表脉冲，并在每次呼叫结束后，存储到 CP 中，对于定义了脉冲计费的普通用户，可以通过为该用户分配详细计费性能 DEB，产生附加的 AMA 计费。

(3) 不产生话费记录，在交换机中定义了费区，但不存储计费信息，在这种情况下，该交换机只是简单把费区结果送回到进行话费记录的交换机。如果中继群参数 GCOS＝NOZON，则不对该中继群上的呼叫计费。

1. 基本概念

费区和费率影响 EWSD 交换机呼叫接续和计费，例如在某 EWSD 交换机中 CODE＝730 这个 CPT 未建费区和费率，该 EWSD 交换机的电话用户将无法拨通 730 字冠的被叫用户，因为该 EWSD 交换机无法为这次呼叫来确定计费方法，所以 EWSD 拒绝这次呼叫接续。

费区编号(ZONO)通过 ZOPT 与 CODE 相关联,同时链接在费率(TAR)上。费率确定了分配给一个呼叫的计费单元(计费表脉冲)的数量。计费区中不同费率的有效时段用费率切换(TARSW)时间进行定义。根据费率的不同,可将网络划分为多个费区,并给相应的费区编号即 ZONO。目前国内长途只有一个费区。ZONO 由费区翻译器分配。不管是本交换机普通用户发起还是从中继(不带有 GCOS＝NOZON)进来的呼叫,CP 都将被叫号码放入翻译器中。

当使用脉冲话费记录方式时,主叫侧的交换机要针对每个呼叫确定费区以及有效费率,还可以在高一级交换机确定,再由始发交换机从 No. 7 信令信息中接收 ZONO。当使用 AMA 话费记录方式时,交换机不一定需要计算呼叫的费用,而是由后台计费处理中心分析 AMA 记录后,计算出费用。在这种情况下,所有呼叫的计费区确定过程可以不得出 ZONO 结果,而将费区特性设为 NOPULSE,即不产生计费表脉冲。

2. 费区,费率和用户计费管理

(1) 费率和费区管理

费率是用符号名称(NAME)标识的。费率定义了使用该网络所需的费用,由以下两部分构成:通话部分和通路接入部分。

通话部分指从被叫应答到呼叫释放之间的时长即通话阶段。这段时间的费用,使用费率中的 PLSCOM 所定义的速率产生计费表脉冲。通话部分可使用:

① 单脉冲计费(SPM),无论通话持续多长时间,只记录一个单脉冲;

② 多脉冲计费(MPM),无论通话持续多长时间,只记录一次多个脉冲;

③ 周期性单脉冲计费(PPM),每到规定的时间间隔,就记录一个单脉冲,直到呼叫被释放,时间间隔必须是 4 ms 的倍数;

④ 周期性多脉冲计费(PMM),每到规定的时间间隔,就记录一次多脉冲,直到呼叫被释放,时间间隔必须是 4 ms 的倍数。

通路接入部分可使用:

① 试呼计费(PLSATT):试呼计费可以根据项目特定要求为不成功试呼产生记录即在始发交换机收到了地址收全信息 ACM,但没有收到应答信息 ANM,那么,在被叫方应答之前主叫方挂机、被叫方忙或始发交换机的振铃计时器(RINGTM)超时都会产生试呼计费;

② 应答计费(PLSSUP):应答计费只在接续成功时才产生记录,即被叫方应答后产生记录。

因此,一个呼叫要么进行试呼计费,要么进行应答计费,但二者不能同时都记录。针对每个呼叫,无论呼叫持续多长时间,这两种计费只能使用一次,且只能使用单脉冲计费(SPM)或多脉冲计费(MPM)。人机命令如下:

① 创建费率

ENTR TAR:ZONO= ,NAME= ,PLSCOM= ;	(创建一个费率并将其直接分配给某一费区)
ENTR TAR:NAME= ,PLSCOM= ;	(创建一个费率,以后再分配给某一费区使用)
ENTR TAR:ZONO= ,NAME= ;	(将一个已存在的费率分配给某一费区)

② 修改费率

MOD TAR:[ZONO=],NAME= ,… ;

③ 删除费率

CAN TAR:NAME= ; （删除未分配任何费区的费率）

CAN TAR:NAME= , ZONO= ; （删除已分配给一个费区的费率）

CAN TAR:ZONO= ; （删除费区中的最后费率）

④ 显示费率

DISP TAR:ZONO= ; （显示指定费区或所有费区的费率）

DISP TAR:NAME= ; （显示一个或所有费率的名称和脉冲速率）

参数含义：

PLSCOM=A-B-C,A-B:速率(脉冲-ms),C:费率时长范围。

例如 PLSCOM=2-180000-180000&1-60000 其中 2-180000-180000 表示通话开始，每 180 秒 2 个脉冲，持续 3 分钟；1-60000 表示以后每 60 秒 1 个脉冲，直到呼叫结束。

例 7-24 按以下要求完成费率设置：当被叫方应答时启动计费；在呼叫持续的第一分钟，每 6 秒产生 2 个脉冲；在呼叫持续的第二分钟，每 6 秒产生 1 个脉冲；以后的呼叫持续时间，每 10 秒产生 1 个脉冲。

ENTR TAR: NAME=D1,PLSCOM=2-6000-60000&1-6000-60000&1-10000;

(2) 费率切换

各运营商为了提高设备的利用率，实行分时计费，要进行费率切换。人机命令如下：

① 创建费率切换

ENTR TARSW:ZONO= ,NAME= ,TIME= ,WDCAT= ;

② 显示费率切换

DISP TARSW:ZONO=3;

例 7-25 创建一个计费区，为此计费区创建一个日间费率，费率为每 60 秒一个脉冲；再为此费区创建一个夜间费率，费率为每 30 秒一个脉冲。将脉冲速率按如下时间表分配给此费区。

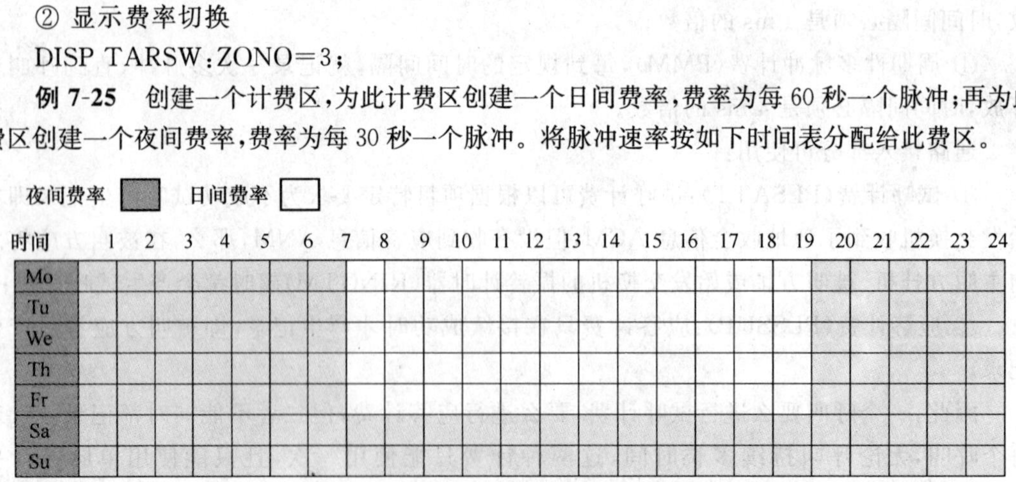

① 创日间费率

ENTRTAR:ZONO=3,NAME=tarday,PLSCOM=1-60000;

② 创夜间费率

ENTRTAR:NAME=tarnight,PLSCOM=1-30000;

③ 设置分段费率

ENTRTARSW:ZONO=3,NAME=tarnight,TIME=19-00,WDCAT=WO;

则每个工作日（星期一至星期五）晚上 19:00 执行夜间费率。

ENTRTARSW:ZONO=3,NAME=tarday,TIME=07-00,WDCAT=WO;

每个工作日(星期一至星期五)早晨 7:00 执行日间费率。

注:在 EWSD 交换机中,每个费率切换仅为某个费率定义有效时段的起始时间,有效时段的结束时间是通过为一个新费率定义另一个费率切换。从上面可以看出,星期五晚上 19:00 切换到夜间费率,这个费率持续到星期一早晨 7:00 才切换到日间费率。

(3) 建立用户计费

交换机采用脉冲计费的定义是确定费区指针 ZOPT 的计费方式。

人机命令如下:

CR ZOPT:CODE= ,ZONO= ,BILLING= ,SUCHCNTR=CNTRx;

参数含义:

BILLING,NOREG 表示不产生 AMA 记录,也不产生计费脉冲;METERING 表示根据费率产生计费脉冲数,并存储在用户计费表中。

CNTR1、CNTR2、CNTR3、CNTR4、CNTR5,5 个计数器。

如果 EWSD 交换机采用详单计费定义,则 ZOPT 指向一个计费区特性 ZOCHA。

CR ZOPT:CODE= ,ZONO= ,BILLING=AMA

参数含义:

BILLING,AMA 表示对于经过此费区的每个呼叫,都将产生 AMA 记录。

如果 EWSD 交换机用户采用特殊计费方式,则计费区指针 ZOPT 指向一个计费区特性 ZOCHA。

CR ZOPT:CODE= ,ZOCHA= ;

参数含义:

ZOCHA,NOPULSE 表示该计费区指针的所有呼叫均不计费,且不产生脉冲;ZOINHI 表示在高一级处理机中进行计费区选择。

例 7-26　EWSD 母局在 A 地,下连两个模块局 B 局和 C 局,假定 A 局用户电话号码的字冠是 817,B 局用户电话号码的字冠是 813,C 局用户电话号码的字冠是 819。A 局用户之间、B 局用户之间、C 局用户之间通话计市话,每 3 分钟 2 角钱;A 局与 B 局、B 局与 C 局、A 局与 C 局用户之间通话计区间通话,每 1 分钟 1 角钱。现要求用户既计 METERING(跳表)又计 AMA(详单),市话计在表 1,区话计在表 2。

① 创建费率(跳一个脉冲一角钱)

市话费率

ENTRTAR:ZONO=3,NAME=shihua,PLSCOM=2-180000;

区间通话费率

ENTRTAR:ZONO=4,NAME=shihua,PLSCOM=1-60000;

② 将计费区与用户字冠关联

当同一母局/模块局的不同用户打某个局向,计费方式或费率不同时,就要运用 ORIG2 这个参数,它主要用于计费分区:将 A 局用户设为 ORIG2=1,B 局用户设为 ORIG2=2,C 局用户设为 ORIG2=1。

A 局用户之间计市话

CRZOPT:CODE=817,ORIG2=1,BILLING=metering&ama,SUCHCNTR=cntr1,ZONO=3;

B 局用户之间计市话

CRZOPT:CODE=813,ORIG2=2,BILLING=metering&ama,SUCHCNTR=cntr1,
ZONO=3;

C 局用户之间计市话

CRZOPT:CODE=819,ORIG2=3,BILLING=metering&ama,SUCHCNTR=cntr1,
ZONO=3;

B 局打 A 局用户之间计区话

CRZOPT:CODE=817,ORIG2=2,BILLING=metering&ama,SUCHCNTR=cntr2,
ZONO=4;

A 局打 B 局用户之间计区话

CRZOPT:CODE=813,ORIG2=1,BILLING=metering&ama,SUCHCNTR=cntr2,
ZONO=4;

C 局打 A 局用户之间计区话

CRZOPT:CODE=817,ORIG2=3,BILLING=metering&ama,SUCHCNTR=cntr2,
ZONO=4;

A 局打 C 局用户之间计区话

CRZOPT:CODE=819,ORIG2=1,BILLING=metering&ama,SUCHCNTR=cntr2,
ZONO=4;

B 局打 C 局用户之间计区话

CRZOPT:CODE=819,ORIG2=2,BILLING=metering&ama,SUCHCNTR=cntr2,
ZONO=4;

C 局打 B 局用户之间计区话

CRZOPT:CODE=813,ORIG2=3,BILLING=metering&ama,SUCHCNTR=cntr2,
ZONO=4;

然后,将 ORIG2 参数与用户相关联。

A 局用户

CRSUB:DN=8170000,EQN=20-2-2-15,CAT=ms,LNATT=pb,ORIG2=1;

B 局用户

CRSUB:DN=8130000,EQN=130-2-2-15,CAT=ms,LNATT=pb,ORIG2=2;

C 局用户

CRSUB:DN=8190000,EQN=130-2-2-15,CAT=ms,LNATT=pb,ORIG2=3;

下列情况产生 AMA 记录:

① 将呼叫的 ZOPT 定义为 BILLING=AMA,在这种情况下,经过此 ZOPT 的所有呼叫都将产生 AMA 记录。

② 主叫电话用户/PBX 具有详细计费性能(CHRG=DEB),在这种情况下,对于由此用户发起的所有呼叫,都会在用户所在的本地交换机上产生 AMA 记录。

③ 所有具有性能 AMA REQUIRED(GCOS=AMAREQ)的来话中继群,在这种情况下,对于所有从该中继群入局的呼叫,都会在交换机中产生 AMA 记录。

④ 特服输入/使用的计费。

产生 AMA 记录的普通激活方式:

ACT IAFEAT：FEAT ＝AMA,…；

网间计费和统计(IACHASTA)功能主要是应用于关口局,用以记录不同运营商之间的话务情况,并以此作为网间结算的依据,EWSD 的网间计费还带有话务统计功能。IACHASTA功能是通过指定特定的话务流向来计费的,它需要在交换机中定义计费话务对象,如出局中继群或入局中继群),计费话务对象之间的所有话务都会被记录成 MET 或 AMA 数据,并将这些数据存储在磁盘上的 IACHASTA 文件中,以便传送到计费中心做后处理。

7.4.3 计费文件管理和计费光盘制作

1. 计费文件管理

(1) 脉冲跳表计费文件

一般端局用户,通常市话计费采用的是脉冲跳表计费,那么保存用户计费跳表就显得极为重要,此外,每月还要将计费跳表数据传送到计费中心。计费跳表的备份保留：

① 最多每天 8 次自动刷新磁盘文件 CA. SU. UCHA 中的内容：ENTR METSAV。

② 人工刷新 CA. SU. UCHA：SAVE MET,此命令也可用于通过重新回传保留带上的最新计费表文件,修复 CMY 和 CA. SU. UCHA 中被破坏的计费跳表。

可以选择要拷到文件 CA. SU. CHA. nn 中的计费跳表。在创建账单文件 CA. SU. CHA. xx 时,为缩减数据量,可以从计费表记录中排除某些电话用户。用命令 ENTR MET ADM 中的参数 DNSUP 定义哪些类型的 DN 不传入账单文件中。在创建/删除电话用户或 PBX 时,这种抑制也影响计费表的输出。

ENTR MET ADM：DNSUP＝ ；　　　　(定义哪些类型的 DN 不传入账单文件)

DISPMET ：DN＝ ,TYPE＝METSUB；　　(显示用户的计费表次数)

(2) AMA 计费文件

与记录累计脉冲数的脉冲跳表计费不同,AMA 详单计费记录与呼叫相关的数据,如主叫号码、被叫号码、呼叫时间、呼叫时长、ZONO 等信息。可以在主叫所在的本地交换机或上级交换机产生 AMA 记录。若在上级交换机产生 AMA 记录,要求网络所使用的信令系统能够向上级交换机提供主叫号码。

① 激活交换机的 AMA 详单功能,需要使用下述命令：

ACTIAFEAT：FEAT＝AMA,… ；

② 存储 AMA 记录

记录数据先被存储在 CP 内存的 AMA 缓冲区中,当缓冲区满时,会被自动存储在磁盘循环文件 IA. ICAMA 中,根据需要可用命令 TRANS BUFFER 将缓冲区清空。

AMA 文件应周期性地存储到磁带上并送往记费中心(用磁带或 FTAM),以防止存储在 IA. ICAMA 文件中的数据被覆盖。

IA. ICAMA 文件是由多张 AMA 话单记录组成,1 个 AMA 记录主要由两部分组成：一是固定部分,具有固定的结构；二是可变部分,它包含若干个数据包。

例 7-27 显示 IA. ICAMA 文件属性信息和部分话单。

DISPFILE：FILE＝IA. ICAMA,ALL；

DISPDISK：FILE＝IA. ICAMA,LENGTH＝2048,SECTOR＝34400；

报告如下：

```
<DISPDISK:FILE=IA.ICAMA,LENGTH=2048,SECTOR=34400;   EXEC'D
DATA OF FILE IA.ICAMA          OF MDD-1
GENERATION:
SECTOR:  16000      BYTE:0000       LENGTH:2048
BYTE  NO  DATA
-------------+------------------------------------------------------------
               20    H'A2820067 0100007A 0A00842D  000C0000  51078942
                                            A   B      C      D  E
               40    H'59606401 0C14162F 35404302 00650316 30820510
                                  F                    G
               60    H'00006E06 20963600 67090000 7A0A0084 28000C00
```

分析如下：

A　84，正常话单开始数据包。

B　2D 00，话单长度 H'002D=45 字节。

C　0C00 00，Flag。

D　51，5(第 7 字节低 4 位)表示超长话单中最后一张话单；1(第 7 字节高 4 位)表示计费。

E　078942596，LAC 长度为 0，本地呼叫，主叫为 8942596。

F　64010C10112F35404302 00，其中，

64 为时间数据包格式为：年、月、日、时、分、秒、开始/结束标志、通话时长；

010C10 为日期 2001 年 11 月 20 日 162F35 为时间 22:47:53；

40 H'40=0100 0000，F7=1 记录通话结束时间，DISPCDTDAT，参数 ALTNSD 无 RANSWTIM，如为 00 则 F7=0，记录通话开始时间，则有 RANSWTIM；

430200 为呼叫时长 H'00 02 43=579 秒。

G　6503 1630 其中 65 为被叫号码数据包；03 表示不带 LAC，被叫号码长度为 3 位；163 表示被叫号码为 163。

IA.ICAMA 有 3 个指针在运行，即拷贝开始指针、拷贝结束指针和写指针，COPYBEGIN SECTOR 指每次拷贝开始指针所指的 PAGE 编号，COPYEND SECTOR 指拷贝结束所指的 PAGE 编号，WRITE SECTOR 指写指针所指的 PAGE 编号。这 3 个指针将文件分为两个区域：拷贝开始指针到写指针之间为数据不可覆盖区域，其中的数据受到保护；写指针和拷贝开始指针为数据可覆盖区域，其中的数据不受保护。当发出拷贝文件 TRANSFILE 命令时，拷贝区域用两个附加的指针作为标记：一个指针指向拷贝区域的开始(COPYBEGIN SECTOR)，而另一个指针指向拷贝区域的结束(COPYEND SECTOR)。在第一次传送之后，拷贝区域被冻结。

③ 显示磁盘 AMA 文件中的 AMA 记录

DISP AMA:DN= ,…;　　　　　　　　　　　　　　　　(V11 版)

DISP CHAREC:DN= ,TYPE=AMA,…;　　　　　　　　　(V13 版)

DISP DISK:FILE=IA.ICAMA,LENGTH=2048,SECTOR= ;(读取 AMA 的原始文件)

④ AMA 中记录内容的管理

可根据计费中心的要求，用命令 ENTR CDTDAT 修改 AMA 中可记录的内容。

在 AMA 话单中增加记录入中继群和出中继群标识，人机命令如下：

ENTRCDTDAT:REC=AMA,EXTNSD=RECTRID;

在 AMA 话单中记录 ISDN-PBX 分机号，人机命令如下：

ENTR CDTDAT:EXTNSD=DDI,REC=AMA;

2. 计费光盘制作

(1) METER 计费光盘

SAVE MET;

EDIT MET:FILE =CA. SU. CHA. XX,TYPE=METSUB,FUNC=ACCOUNT;

INIT MO:MOD=0,CD=ISO,VSN=CHAMOD;

TRANS FILE:FILE=CA. SU. CHA. XX,VSNR=CHAMOD;

(2) AMA 计费光盘

REL CYCFILE:FILE=IA. ICAMA;

TRANS BUFFER: TYPE=AMA;

INIT MO: VSN=AMAMOD,MOD=0,CD=ISO(EBC);

TRANS FILE:FILE=IA. ICAMA, VSNR=AMAMOD;

例 7-28　请将计费数据段为 SECTOR=34400～39999 和 SECTOR=2～6004 两段 AMA 计费数据传送到光盘上。

① CONFMOD:MOD=0,OST=MBL;

② DIAGMOD:MOD=0,LABELMO=Y;

③ CONFMOD:MOD=0,OST=ACT;

④ INITMO:MOD=0,VSN=AMAMOD,CD=ISO/EBC;

⑤ DISPDISK:FILE=IA. ICAMA,VSN=AMAMOD,SECTOR=34400&&39999,BYTE=30;

⑥ RSETMO:MOD=0;

将光盘换面重复命令①～④后，执行命令⑦。

⑦ DISPDISK:FILE=IA. ICAMA,VSN=AMAMOD,SECTOR=2&&6006;

将以上光盘中两个文件交后台计费中心处理即可。

注：在以上情况中，copybegin 和 copyend 没有跨越 SECTOR=0、1，可以一次性地将 IA. ICAMA 文件传出。其结果与正常情况下的 TRANSFILE 一样。

7.5　No.7 信令管理

EWSD 交换机通过对公共信令处理单元 CCNC 的数据库管理来实现对 No. 7 信令系统的管理功能。CCNC 数据库对象主要有：信令点、信令链路集、信令链路。信令点之间互相交换 No. 7 信令消息信号单元(MSU)，为了传输 MSU，各个信令点之间必须通过信令链路相连。EWSD No. 7 信令系统的物理连接如图 7-9 所示。

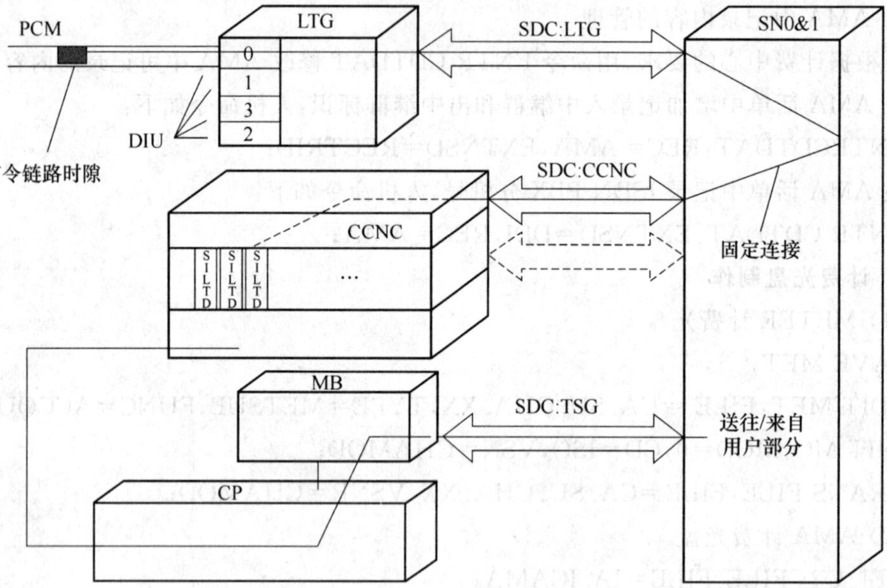

图 7-9 EWSD No.7 信令系统的物理连接图

7.5.1 基本概念

(1) 本局信令点(C7OP)

本局信令点代码作为识别发送方的信息加入消息中,它由命令 CR C7OP 指定。

(2) 目的地信令点(C7DP)

目的地信令点由目的地信令点代码以及可以到达目的地信令点的信令链路组来决定。到达一个目的地信令点最多可以分配 8 个信令链路组作为到达该目的地的信令路由。目的地信令点的路由分配和定义使用命令 CR C7DP。所有分配给目的地信令点的路由及其分配顺序的信息可以通过命令 DISP C7RSET 显示。

(3) 信令链路组(C7LSET)

信令链路组是指链接到一个相邻信令点的信令链路的总称。每个信令链路组指定了一组到一个相邻信令点的若干条信令链路,它由命令 CR C7LSET 生成。

(4) 信令链路 C7LINK

通向同一个相邻信令点的若干条信令链路被组成一个信令链路组。每条信令链路将一个 SILTD 模块分配给一个信令链路组。相应的 SILTD 必须通过固定连接与接入相应相邻信令点的 PCM 时隙链接起来。一条信令链路使用命令 CR C7LINK 管理。

7.5.2 CCNC 硬件数据管理

(1) 创建 MUX 的连接

CR MUX:MUXM0=X-Y;

创建复用器 MUX 并为其分配以总线 SDC。MUX 的参数定义要根据 CCNC 接入 SN 的位置,一般使用 LTG0-1 与 LTG1-1 的位置,当然如果信令链路少于 127 条时,可以只用一个 LTG 的时隙即可,而不必需要建 MUXM1 的数据了。

CR MUXMB:MUXMB=X&Y;

如果 CCNC 的容量较小,链路数量小于 128 条,那么只需要 MUXM 的 00 和 10 的数据即可，而不必需要建 MUXM10、11 的数据了。

(2) 设置 CCNP 的状态

CONF CCNC：UNIT＝CCNP-X，OST＝MBL；

CCNC 在正常运行时为热备份，一侧为 ACT 状态，则另一侧为 STB。

(3) 设置 SIPA 的状态

CONF CCNC：UNIT＝SIPA-X，OST＝MBL/ACT；

(4) 设置 SILTC 的状态

CONF CCNC：UNIT＝SILTC-X，OST＝MBL/ACT；

7.5.3　No.7 信令数据管理

No.7 信令数据管理的主要内容及人机命令如图 7-10 所示。

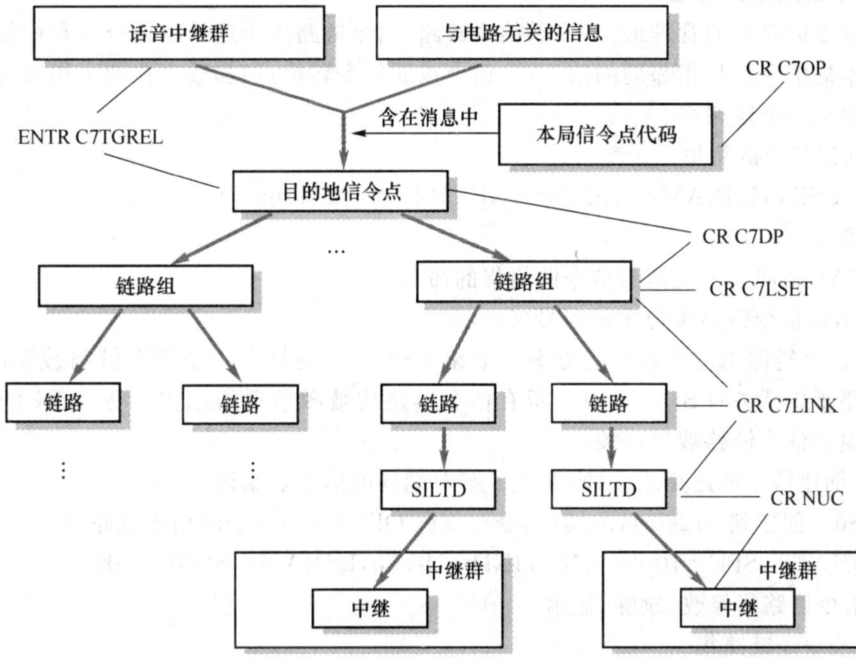

图 7-10　No.7 信令数据管理的主要内容及人机命令

1. 本局信令点的管理

在一个网络内，根据信令点编码可以唯一识别一个信令点，交换机必须要借助本局信令点的数据才能对所接收的信令点编码进行正确的分析和相关的处理。

(1) 创建本局信令点编码

CR C7OP：SPC＝ ，NETIND＝ ，STPI＝ ，SPCSIZE＝ ，SDL＝ ；

参数含义：

SPC，本局信令点编码，目前我国 No.7 信令网采用 24 位全国统一编码方案，包括主信令区编码、分信令区编码、信令点编码，如淮安本地网 TS1 的信令点编码为 9-85-48。

NETID，网络指示码，NAT0 为 24 位国内网；NAT1 为 14 位国内网。

STPI，信令转接点标识符，SP 为信令端点；STP 为信令转接点。

SPCSIZE,14 比特地址用 NORMAL,24 比特地址用 EXTEND。

SDL,支持数据的长度,现在最多用 272 字节。

例 7-29 创建本局信令点编码 OPC=10-6-48(NAT0、STP)。

CRC7OP:SPC=10-6-48,NETIND=NAT0,STPI=STP,SPCSIZE=EXTENDED;

(2) 本局信令点编码修改、删除、显示

① 修改本局信令点编码

MOD C7OP:SPC= ,NETIND= ,STPI= ,SDL= ;

② 删除本局信令点编码

CAN C7OP:SPC= ,NETIND= ;

③ 显示本局信令点编码

DISP C7OP;

2. 信令链路集的管理

一个信令链路集的管理最大 16 条信令链路,信令链路用于连接本信令点和相邻的信令点。它将本局信令点与相邻局的信令点(信令点或信令转接点)相连。在两个相邻的信令点之间只能生成一个链路组。

(1) 创建信令链路集

CR C7LSET:LSNAM= ,SPC= ,NETIND= ,LSNO= ,LSK= ;

参数含义:

LSNAM,依照一定规范给信令链路集的命名。

LSNO,给信令链路集分配的序号(0~255)。

LSK,信令链路组内负载分担方案。如果 LSK=0,则只有 1 条信令链路被激活,只有第 1 条链路承担话务;LSK=1~15,所有信令链路均被激活平均承担话务,LSK 的选择与信令链路组的信令链路数目有关。

注:在创建信令链路集之前,需要先了解对端局的信令点编码。

例 7-30 创建到 S1240 目的局(信令点编码 OPC=10-6-10)的信令链路集。

CR C7LSET:SPC=10-6-10,NETIND=NAT0,LSNAM=S1240,LSK=15;

(2) 信令链路集修改、删除、显示

① 修改信令链路集

MOD C7LSET:LSNAM= ,LSK= ,ALTYPE= ;

② 删除信令链路集

CAN C7LSET:LSNAM= ;

注:信令链路集中必须在没有信令链路存在的情况下才可以进行。

③ 显示信令链路集

DISP C7LSET:LSNAM= ,NETIND= ,LSNO= ,NETIND= ,FORMAT =STD 或 LONG;

参数含义:

STD,显示链路和链路集的数据;

LONG,显示信令链路的负荷数据。

3. 目的地信令点的管理

(1) 创建目的地信令点编码

CR C7DP:DPC= ,NETIND= ,PRD= ,LSK= ;

参数含义：

DPC，目的地信令点的编码。

PRD，lsnam1&lsnam2&…表示最大可以指定 8 个信令链路集作为可选的路由，在没有负荷分担的情况下，第 1 个信令链路集作为首选路由。

LSK，取值为 0～4，其中 0 表示无负载分担；1～4 表示负载分担。

例 7-31　创建到 S1240 目的局信令点编码 OPC＝10-6-10。

CR C7DP：DPC＝10-6-10，NETIND＝NAT0，PRD＝S1240，LSK＝4；

可通过以下命令增加信令路由：

ENTR C7LSETDP：LSNAM＝ ，DPC＝ ，NETIND＝NAT0；

可通过以下命令显示信令路由：

DISP C7RSET：LSNAM＝ ，DPC＝ ，NETIND＝NAT0；

（2）目的地信令点编码的修改、配置、删除、显示

① 修改目的地信令点编码

MOD C7DP：DPC＝ ，NETIND＝ ，LSNAM1＝ ，LSNAM2＝ ；

② 设置目的地信令点编码

CONF C7DP：DPC＝ ，NETIND＝ ，OST＝ ，UNCOND＝ ；

参数含义：

OST，ACT（激活）/ABL（闭塞）；

UNCOD，YES（不需操作员确认）/NO（需要操作员确认）。

③ 删除目的地信令点编码

CAN C7DP：DPC＝ ，NETIND＝ ；

注：先将目的地信令点编码设置为 ABL 状态才可以执行删除命令。

④ 显示目的地信令点编码

DISP C7DP：DPC＝ ，NETIND＝ ；

4. 信令链路的管理

每条信令链路分配一个 SILTD。因为 SILTD 和 LTG 在硬件端口上的唯一性，一个链路集中至少要创建两条链路，以防止因为硬件故障而导致局向的阻断。同时，在选择硬件时要避免选同一个 LTG 中的两个 DIU 及同一个 SILTC 中的两个链路终端 SILTD。

（1）创建信令链路

CR C7LINK：LSNAM＝ ，LCOD＝ ，SILTNO＝ ，LTYPE＝ ；

参数含义：

LCOD，信令链路代码（0～15），LCOD 必须与对端局的编码保持一致。

SILTNO，与信令链路相连的 SILT 的物理编号。

LTYPE，信令链路类型。D64BWM 表示数字传输 64 Kbit/s，采用基本纠错方式；D64PWM 表示数字传输 64 Kbit/s，采用 PCR 纠错方式；A04BWM 表示模拟传输 4.8 Kbit/s，采用基本纠错方式。

注：信令链路一旦创建就建立了信令链路和 CCNC/SILTD 的对应关系，无法修改。

例 7-32 创建到信令链路组 S1240 的 2 条信令链路(占用 SILTD 1、8)。

CR C7LINK:LSNAM=S1240,LCOD=1,SILTNO=1,LTYPE=D64BWM;

CR C7LINK:LSNAM=S1240,LCOD=2,SILTNO=8,LTYPE=D64BWM;

(2) 信令链路修改、配置、删除、显示

① 修改信令链路

MOD C7INK:LSNAM= ,LCOD= ,INH=Y/N;

该命令用于是否禁止用户部分消息的使用。

② 删除信令链路

CAN C7INK:LSNAM= ,LCOD= ;

注:删除前信令链路的状态必须为 BL1。

③ 设置信令链路状态

CONF C7INK:LSNAM= ,LCOD= ,OST= ,UNCOND= ;

参数含义:

OST,ACT(激活)/BL1(闭塞 1)/BL2(闭塞 2);

UNCOND,YES/NO,用来确认最后一条信令链路是否被闭塞。

④ 显示信令链路

DISP C7LINK:LSNAM= ,LCOD= ;

注:用显示命令可以看到当前信令链路的状态,主要有:

工作状态/管理状态:BL1、BL2、PLA、ACT;

有效状态/系统状态:ACT、MBL、UNA;

禁止状态:LOC、REM、BTH、NOT。

5. 半固定连接的管理

半固定连接是指通过交换网络在用于信令的 PCM 时隙和相应的 SILTD 模块之间建立的一条半永久性直达连接。PCM 时隙必须为 No. 7 信令预先保留。CCNC 到相邻信令点的连接是通过 LTG 中 DIU30 的一个时隙来实现的,在创建半固定连接之前要先建好信令中继组和中继线。

(1) 创建半固定连接

先建好信令中继组和中继线

CR TGRP:TGNO= ,OPMODE= ,GCOS=CCSLGRP;

CR TRUNK:TGNO= ,EQN= ,LCOS=DIGSIG9;

注:信令链路的中继的 LCOS 一般取 DIGSIG9。

CR NUC:NUC= ,EQNIC= ,EQNNOG= ,TYPE=MUX;

参数含义:

EQNIC,TSG-LTG-DIU-端口,PCM 时隙的设备号是半固定连接的接入方 EQNIC;

EQNNOG,A-B-C-D, SILTD 模块的设备号是半固定连接的接出方 EQNOG。

注:对于信令链路,参数 TYPE 必须是 MUX,因为半固定连接最终是接到 CCNC 的复用器上。

(2) 半固定连接修改、配置、删除、显示

① 删除固定连接

CAN NUC:NUC= ;

② 激活固定连接

ACT NUC:NUC= ,UNCOND=YES;

③ 显示固定连接

DISP NUC:NUC= ;

例 7-33　创建信令中继群 TGNO=L1240 两条信令中继线与 SILTD1、SILTD8 的半固定连接,EQNIC 分别为 0-20-0-1 和 0-21-1-1 时隙。

CR NUC:NUC=S1240A,EQNIC=0-20-0-1,EQNOG=0-1-0-16,TYPE=MUX;

CR NUC:NUC=S1240B,EQNIC=0-21-1-1,EQNOG=0-1-0-1,TYPE=MUX;

(查 CR NUC 命令手册可知 SILTD1 对应 MUX-0-16;SILTD8 对应 MUX-0-1)

6. No.7 信令用户部分的管理

① 创建 No.7 信令用户类型

CR C7USER:DPC= ,NETIND= ,USNAME=TUP/ISUP;

参数含义:

USNAME,定义用户类型是 ISUP 还是 TUP。

② 显示 No.7 信令用户

DISP C7USER:DPC= ,NETIND= ,USNAME=TUP/ISUP;

③ 删除 No.7 信令用户

CAN C7USER:DPC= ,NETIND= ,USNAME=TUP/ISUP;

④ 修改 No.7 信令用户

MOD C7USER:DPC= ,NETIND= ,USNAME=TUP/ISUP;

7. 话路中继群的管理

话路中继在固话网常用的有两种:TUP 和 ISUP。

(1) TUP

CRTGRP:TGNO= ,GCOS=JSUBORD&NOZON&CCS7TCHN&DARALLOW&PRIOPRE&C7GLARE&USVER S1,LAC= ,OPMODE= ;

CRTRUNK:TGNO= ,EQN= ,CIC= ,LCOS=DIGSIG10;

(2) ISUP

CRTGRP: TGNO = , GCOS = JSUBORD&NOZON&CCS7IUP&DARALLOW&PRIOPRE&C7GLARE&USVERS1,LAC= ,OPMODE= ;

CRTRUNK:TGNO= ,EQN= ,CIC= ,LCOS=DIGSIG11;

参数含义:

LCOS,DIGSIG10 为 TUP 中继使用;DIGSIG11 为 ISUP 中继使用。

8. 话路中继组与信令链路的关系管理

① 建立对应关系

ENTR C7TGREL:TGNO= ,DPC= ,NETIND= ;

将已经建好的话音中继群分配给对应的目的地,只有将对应关系建好后,中继群才可以建中继线。

② 显示对应关系

DISP C7TGREL:TGNO= ;或 DISP C7TGREL:DPC= ;

③ 删除对应关系

CAN C7TGREL:TGNO= ,DPC= ,NETIND= ;

注:删除对应关系之前必须删除相关中继群中的所有中继线。

例 7-34 在 A 局(EWSD)和 B 局之间开通 No.7 号信令直达路由和 ISUP 话音中继。A 局(EWSD)采用 CCNC 中 SILTD-1、SILT-8。

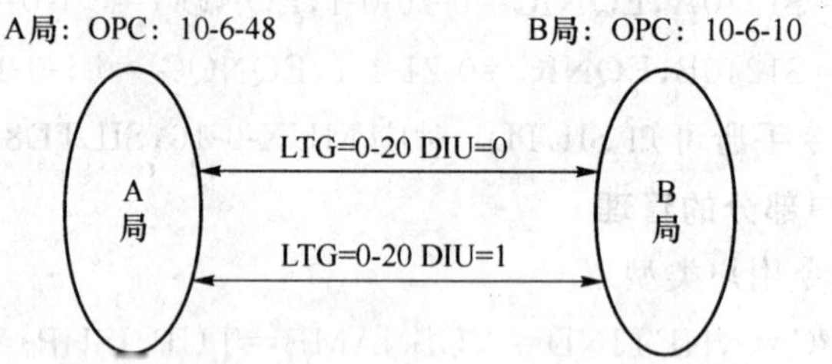

(1) 准备(信令中继和话音中继的创建前提)

(LTGC 的类型为 4,LTU 类型为 CCSCCS。LTG、DIU、PORT 状态 ACT。)

CR LTG:LTG=0-20,TYPE=LTGC,LDPARP=4;(LTG LDPARP=4 支持 TUP、MFCR2、ISUP)

CONF LTG:LTG=0-20,OST=ACT,LOAD=Y;

CR LTU:LTG=0-20,LTU=0,TYPE=D30,APPLIC=CCSCCS;

CONF DIU:LTG=0-20,DIU=0,OST=MBL;(ACT);

CONF PORT:LTG=0-20,CHPOS=0,OST=MBL;(ACT);

CONF PORT:LTG=0-20,CHPOS=1,OST=MBL;(ACT);

(2) 查询 MUX

DISPMUX;

(3) 创建 No.7 信令数据

(以 A 局信令点编码 10-6-48 为例)

CR C7OP:SPC=10-6-48,NETIND=NAT0,STPI=STP,SPCSIZE=EXTENDED;

CR C7LSET:LSNAM=S1240,SPC=10-6-10,NETIND=NAT0,LSK=15;

CR C7DP:DPC=10-6-10,NETIND=NAT0,PRD=S1240,LSK=0;

CONF C7DP:DPC=10-6-10,NETIND=NAT0,OST=ABL;(ACT);

CONF CCNC:UNIT=SILT-1,OST=MBL;(ACT);

CONF CCNC:UNIT=SILT-8,OST=MBL;(ACT);

CR C7LINK:LSNAM=S1240,LCOD=1,SILTNO=1,LTYPE=D64BWM;

CR C7LINK:LSNAM=S1240,LCOD=2,SILTNO=8,LTYPE=D64BWM;

(4) 创建 No.7 信令中继群和中继线

CR TGRP:TGNO=L1240,OPMODE=IC,GCOS=CCSLGRP;

CR TRUNK:TGNO=L1240,EQN=0-20-0-1,LCOS=DIGSIG9,LNO=1;

CR TRUNK:TGNO=L1240,EQN=0-20-1-1,LCOS=DIGSIG9,LNO=2;

信令占用的 PCM 时隙必须双方一致,同时 LCOS=DIGSIG9。

(5) 创建半固定连接

CR NUC:NUC=S1240A,EQNIC=0-20-0-1,EQNOG=0-1-0-16,TYPE=MUX;

CR NUC:NUC=S1240B,EQNIC=0-20-1-1,EQNOG=0-1-0-1,TYPE=MUX;

ACT NUC:NUC=S1240A,UNCOND=YES;

ACT NUC:NUC=S1240B,UNCOND=YES;

(6) 激活信令链路

CONF C7LINK:LSNAM=S1240,LCOD=1,OST=BL1;(ACT);

CONF C7LINK:LSNAM=S1240,LCOD=2,OST=BL1;(ACT);

(7) 创建 No.7 信令用户类型

建立话路首先要确定信令终端的用户类型,如 TUP、ISUP 等。

CR C7USER:DPC=10-6-10,NETIND=NAT0,USNAME=ISUP,PCMTYP=DIU30;

CRTGRP:TGNO=BI1240,OPMODE=BW,GCOS=JSUBORD&CCS7IUP&PRIOPRE&NOZON&DARALLOW &USVERS1&C7GLARE;

(8) 分配该话音中继为 DPC=10-6-10 服务

ENTR C7TGREL:TGNO=B71240,NETIND=NAT0,DPC=10-6-10;

ENTR C7TGREL:TGNO=BI1240,NETIND=NAT0,DPC=10-6-10;

(9) 创建话音中继线

CR TRUNK:TGNO=BI1240,EQN=0-20-0-2,CIC=1-1,LCOS=DIGSIG11,TRRANGE=30;

CR TRUNK:TGNO=BI1240,EQN=0-20-1-2,CIC=2-1,LCOS=DIGSIG11,TRRANGE=30;

(10) 取消话音中继线的阻塞

CAN TRDAT:TGNO=BI1240,CIC=1-2,TRRANGE=30,BLK=ADMIN;

CAN TRDAT:TGNO=BI1240,CIC=2-2,TRRANGE=30,BLK=ADMIN;

(11) 创建 DEST、ROUTE、CPT、ZOPT

7.5.4 No.7 信令消息跟踪

利用信令消息跟踪可以对网络中原因不明的呼叫失败进行分析,查找出呼叫失败的原因,提高网络运行的质量。

No.7 信令消息跟踪最直接和最简单的办法是利用 No.7 信令分析仪挂在 No.7 信令链路上读取数据进行分析。在没有 No.7 信令分析仪的情况下,可以通过人机命令对有关呼叫的信令进行跟踪,以便查找和解决存在的问题。

(1) 建立信令跟踪的对象

ENTR SIGTRAN:TGNO= ,{CIC= ,}{LNO= ,} DN= ;

或

ENTR SIGTRAN:TGNO= ,{CIC= ,}{LNO= ,} EQN= ;

跟踪对象可以是 1 个中继群或中继群中的 1 条中继线或是 1 个电话号码,也可以直接是 1 个硬件端口。

(2) 激活信令跟踪

ACT SIGNTRAC:RCFOPT= ,RCFSEL= ,DATASIZE= ;

RCFSEL 参数指定呼叫失败的原因,其取值范围为 1～255 的十进制数,最多可以指定 6 种类型的呼叫,数字中间用“&”相连。具体呼叫失败原因见表 7-5。

表 7-5 呼叫失败原因类型

RCFSEL	失败类型	RCFSEL	失败类型
1	空号	97	消息类型不存在
3	无路由到达目的地	175	用户长忙
17	用户忙	183	拨号不全
27	线路故障	185	拨号位间隔超时
28	地址不全	221	首端信令失败
42	设备拥塞	231	电路拥塞

(3) 停止信令跟踪

DACT SIGNTRAC;

交换机停止对信令的跟踪,可以通过 ACT SIGNTRAC 再次激活。

(4) 显示信令跟踪的结果

DMP SIGNTRAC:RCFOPT= ,RCFSEL= ,DISPLAY=NORMAL;

RCFOPT、RCFSEL 用于对信令跟踪结果的再过滤,找出跟踪结果中呼叫失败原因类型。

(5) 显示已建立的信令跟踪对象

DISP SIGNTRAC;

(6) 删除已建立的信令跟踪对象

CAN SIGNTRAC;

执行该指令后,以前所有保存在文件里的信令跟踪内容将不能读出。所以在执行指令前,必须先用 DMP SIGNTRAC 将跟踪结果读出。

习　题

1. 写出显示 EWSD 交换机告警信息的相关命令。
2. 某模拟用户号码为 87123456,设备号为 10-0-0-0,用户权限为 TRACL2。
   (1) 写出该用户的装机命令。
   (2) 开通该用户来电显示功能。
   (3) 判断该用户是否有反极功能?如果有,开通该用户的反极性功能。
   (4) 开通该用户无条件呼叫转移功能。假设无条件呼叫转移的功能字为 57,如何在话机上激活该功能?
3. 对 EWSD 交换机用户电路和外线测试的操作应如何实现?
4. 在 EWSD 交换机中,创建 CENTREX 用户数据有哪些步骤?
5. 试写出用户话机无拨号音故障申告的处理过程。
6. 简述 EWSD 交换机的中继路由层次结构。
7. 如何查询 CODE=010 指向哪个目的地?使用哪些 TGRP?
8. 查询 TGNO=BISUP 中继线状态命令是什么?

9. 按以下要求完成费率设置操作：当被叫方应答时启动计费；在通话开始后的 3 分钟产生 2 个脉冲；以后的呼叫持续时间每分钟产生 1 个脉冲。

10. 在 EWSD 交换机中，如果市话计费改为详单计费后，制作计费光盘有哪些步骤？

11. 如何查找本交换机的 No. 7 信令点编码值？

12. 在 EWSD 交换机中，No. 7 信令新局向创建的主要步骤有哪些？

13. 由于上级单元没有工作而引起的操作状态是________。

A. CBL　　B. NAC　　C. UNA

14. 在 DISPTRUNK 时，LCOS 为 DIGSIG10 表示该中继为________。

A. CAS 中继　　B. TUP 中继　　C. ISUP 中继

第三篇　C&C08 程控交换设备

C&C08 数字程控交换机经历从 A/C 型机、发展到 B 型机，最后完善发展到 128 模块，并向 NGN 迈进。其中 B 型机经历了 V610R001→V610R002→V610R003→BV610R003I→V610R003T(V610R005I)→V610R005T 的历程，后管理模块也从 WIN95/98、FOXPRO 过渡到 WINNT、SQLSERVER。128 模块也经历了早期版本（1K、2K）→ V610R103S→V610R105M→V610R106M 的历程。

C&C08 数字程控交换机集交换与传输、有线与无线、窄带与宽带业务于一体，具有开放的网络平台结构，全方位地支持公共电话交换网(PSTN)、智能网(IN)、综合业务数字网(ISDN)所能提供的各种业务。可实现母局出中继、带用户，模块出中继、带用户，多级模块灵活组网，支持 18 万中继或 80 万用户，6000K BHCA 处理能力，提供多达 16 个信令点编码，两局局间中继可达 65 536 条。中心模块嵌入业务处理模块(SPM)，使系统具有高集成度、低功耗特性，降低综合成本。

华为 C&C08 数字程控交换机提供强大而严谨的鉴权与拦截功能，并广泛地应用于关口局上。支持多种号码变换方式，可以在呼叫发起、号码分析点、中继占用点、中继号码发送点启动主、被叫号码变换，可以在号码任何位置进行删号、增号、改号等操作，方便地实现长途业务、关口局间的主叫/被叫号码转换、发送业务。对不规范号码有较强的分析鉴别能力。

对所有呼叫实现中继线和用户详细话单计费，同时软表计费。提供立即计费和实时计费，提供联机实时计费标准接口和协议，实时精度达秒级，话单时长精确到 0.1 秒，支持话单分类存放，提供大容量的 3 级话单存储机制。

提供多条件组合统计功能，帮助维护认为最快的得到想要的统计任务结果，查找问题的关键，提高网络运行质量。

带导航树方式的 MML 输入方式，具有 GUI 中文图形界面的操作简便易学、维护方便，又有 MML 方式的高效率，是今后操作维护系统的发展方向。

第8章

C&C08 系统结构

8.1 C&C08 系统的基本结构

8.1.1 基本组成模块

C&C08 系统由一个中心模块和多个交换模块(SM)组成,中心模块由管理通信模块(AM/CM)、业务处理模块(SPM)和共享资源模块(SRM)组成,如图 8-1 所示。其中 BAM 是属于 AM/CM 中的一个模块。为便于对多个模块进行管理,需对所有模块全局统一逻辑编号。中心模块固定编号为 0,SM 和 SPM 在 1 至 128 内统一编号;SM 做单模块局时固定编号为 1。

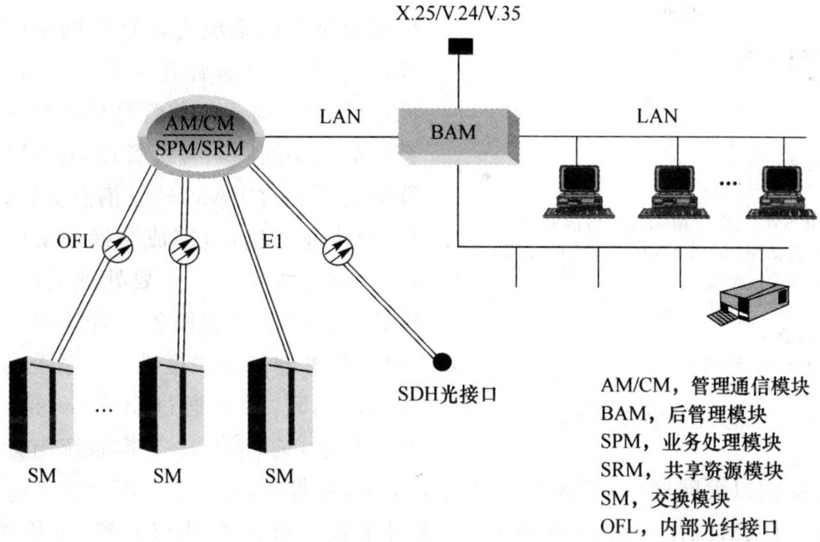

图 8-1 C&C08 系统的总体结构

8.1.2 模块的功能与连接

交换模块是 C&C08 的核心，提供分散数据库管理、呼叫处理、维护操作等各种功能。SM 是具有独立交换功能的模块，可实现模块内用户呼叫接续及交换的全部功能，可以单模块成局，此时不需要 AM/CM，但要接 BAM。SM 还可挂接在 AM/CM 下，组成多模块局，由 AM/CM 中的中心交换网配合完成 SM 间的交换功能，AM/CM 最多可以下挂 128 个负荷分担的 SM 模块。SM 提供各种接口(用户线接口、中继线接口)，负责同模块内来自各种接口的呼叫接续。

SM 按照接口单元的不同可分为用户交换模块(USM)、中继交换模块(TSM)和用户中继交换模块(UTM)。USM 只提供用户线接口；TSM 只提供中继线接口；UTM 既提供用户线接口，又提供中继线接口。UTM 和 TSM 可单模块独立成局。

SM 按照与 AM/CM 距离的不同，SM 又可分为近端(局端)交换模块和远端交换模块(RSM)。AM/CM 和 SM 之间的接口包括 40 Mbit/s 光纤、SDH 接口、E1 接口 3 种。近端 SM 与 AM/CM 间通常采用 2 对主备用或负荷分担的 40 Mbit/s 光纤连接；RSM 与 AM/CM可采用 2 对主/备用或负荷分担的 40 Mbit/s 光纤、SDH 光传输网或多条 E1 连接。如果采用 40 Mbit/s 光纤连接，可以将 RSM 拉远到距母局 50 km 以内的地方。但因为 40 Mbit/s的光纤传输是非标准的，所以这种连接方式不能利用当地现有的传输资源(SDH、E1)。那么，为了利用当地现有的传输资源，C&C08 机引入了 SDH 接口和 E1 接口来将 RSM 拉远。通过 SDH、E1 拉远的 RSM 称为 SMII 或 RSMII，它们的区别是：SMII 挂在 AM/CM 下，RSMII 挂在 SM 下(SM 挂在 AM/CM 下)，RSMII 比 SMII 多了一级 SM 的连接，如图 8-2 所示。

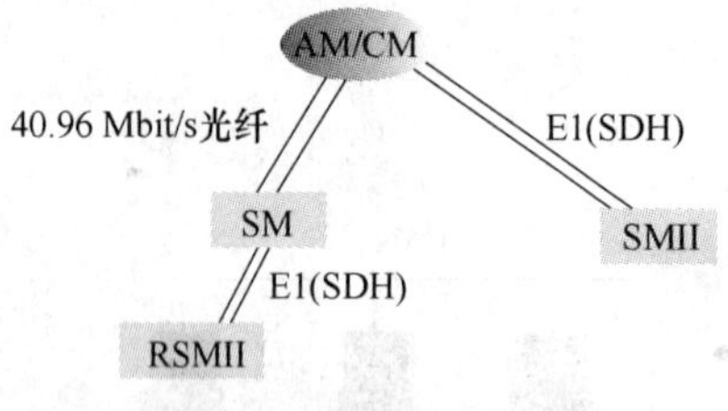

注：AM/CM 和 SM 之间 40 Mbit/s 光纤的资源分配：
32 Mbit/s，传话路(16 条 2 Mbit/s 即 16×32TS=512 TS，作为话音通道)
2 Mbit/s，传信令(模块间通信信息)
2 Mbit/s，传同步
4 Mbit/s，作检错、纠错开销

图 8-2 C&C08 模块的连接

AM 主要负责模块间呼叫接续管理，并提供交换机主机系统与计算机网络的开放式管理结构，AM 由前管理模块(FAM)和后管理模块(BAM)构成。前管理模块负责整个交换系统的模块间呼叫接续管理，各 SM 之间的接续都需要经过 FAM 转发消息。FAM 面向用户，提供业务接口，完成交换的实时控制与管理，也称主机系统。主要处理话单记录、话务统计等定时性管理任务。后管理模块采用客户机/服务器的方式提供交换系统与开放网络系统的互联，并且通过Ethernet接口与 FAM 直接相连，是 C&C08 交换系统与计算机网相连的枢纽。提供以太网接口，可接入大量的工作站，并提供 V. 24/V. 35/RS-232 接口与网管中心相连。BAM(后台)面向维护者，完成对主机系统的管理与监控，也称终端系统。BAM 硬件上是一台服务器，基于 Windows NT Server4. 0 操作平台，是全中文多窗口的操作界面，操作灵活，功能完善。前管理模块和后管理模块之间由多条 10 M/100 M TCP/IP 网口连接；后管理模块与用户维护终端之间有多种接口，如 LAN、FDDI、V. 24、V. 35 等。

通信模块(CM)主要由中心交换网和通信接口组成，负责各模块间话路和信令链路的接续。SM 模块间进行话路接续时需要经过模块间的信令链路传递消息,此消息也称为内部信令,例如被叫号码、应答信号等,区别于局间信令。

业务处理模块(SPM)是 C&C08 的核心,嵌在 AM/CM 机架中,使用 AM/CM 上提供的对外接口(SDH、E1),完成交换模块(SM)的几乎所有功能(模拟中继功能除外),单模块处理能力与交换模块(SM)相比更大、集成度更高。为了保证在处理大量业务时,能够将业务执行情况及时准确地反映出来,业务处理模块(SPM)与后管理模块之间通过 10 M/100 M TCP/IP 网口直接相连。共享资源模块(SRM)提供业务处理模块在处理业务过程中所必须的各种资源,包括信号音、双音收号器、多频互控收发器、会议电话、主叫号码显示等资源,这些资源并不固定从属与某一个业务处理模块(SPM),而是全局所有业务处理模块共享的。

C&C08 程控交换系统采用模块化设计,SM 以积木堆砌方式与 AM/CM 相连,AM/CM和 SM 配合是传统的组网方式,最大可提供 80 万用户,作为大容量端局使用;AM/CM和 SPM、SRM 配合是 SPM 组网方式,最大可提供 12 万中继,作为网间接口局、大容量汇接局、长途交换局等使用,同时可以采用 SPM-LAPRSA 方式接入远端用户,满足大容量用户模块的需求。

8.2 C&C08 交换系统的组网

8.2.1 应用范围

C&C08 数字程控交换系统具有光纤接入结合多种远端模块 RSM、RSA、RSMII,远端交换模块(RSM)和母局的距离可达 50 公里,可实现多级远端模块组网,实现光纤到路边(FTTC)和光纤到大楼(FTTB),便于建设单局制的大本地网。C&C08 程控交换系统的 AM/CM 模块与各 SM 模块之间采用高速光纤连接,实现模块间电气隔离。

C&C08 数字程控交换系统能够满足从公共电话交换网、专用通信网向综合业务数字网过渡,发展多媒体业务、智能网业务及宽带业务的要求。具有长话局、长市合一局、汇接局、端局、汇接局/端局合一局的全部接续功能,适用于 DC1、DC2、DL 局,也可以作为各种专用通信网(如电力、铁路、石油、煤矿、军事、公安)中的交换设备,如图 8-3 所示。

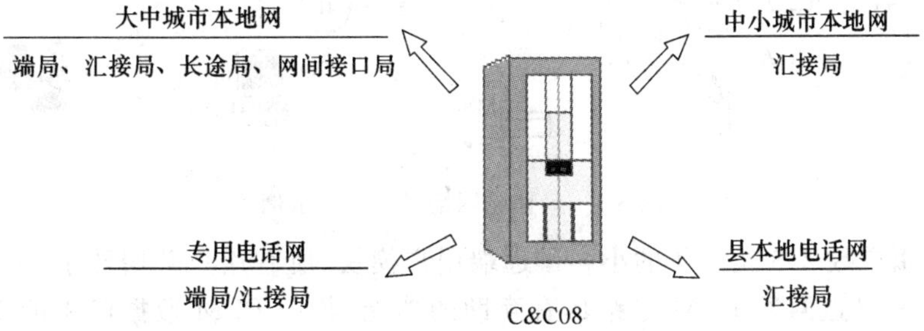

图 8-3　C&C08 数字程控交换系统灵活的配置方式

8.2.2 组网方式

C&C08 数字程控交换系统一般有两种配置方式:大中容量交换机;各种远端模块。其中大中容量交换机适用于大中城市的市话端局、汇接局、长途局、网间接口局等;各种远端模块适用于用户比较分散的地区组网。

C&C08 数字程控交换系统中通过两对光纤与 AM/CM 连接的SM 可以和 AM/CM 装在同一机房;作为集中的大容量局,也可根据本地网情况,将用户模块(USM)装在与 AM/CM 模块相距 50 km 范围内的任何地方,即远端交换模块,SM 和 RSM 的区别是与 AM/CM 之间的光接口板不同。C&C08 数字程控交换系统可提供多种形式的远端模块,除 RSM 外还有 RSMII、远端用户模块(RSA)、一体化模块 RIM,如图 8-4 所示。

RSM 通过光纤与母局连接,SDH 光传输设备已集成在模块内部,省去了光端机。突破了传输与交换分离的概念,将传输设备与交换设备融为一体,提高系统性能并降低了设备成本和维护费用,具有较高的性能价格比。

RSMⅡ利用标准的 2 Mbit/s 接口与 SM 相连接,其间采用内部协议。这种方式的优点是:可利用现有的传输系统;方便大本地网建设,适于撤点并网。

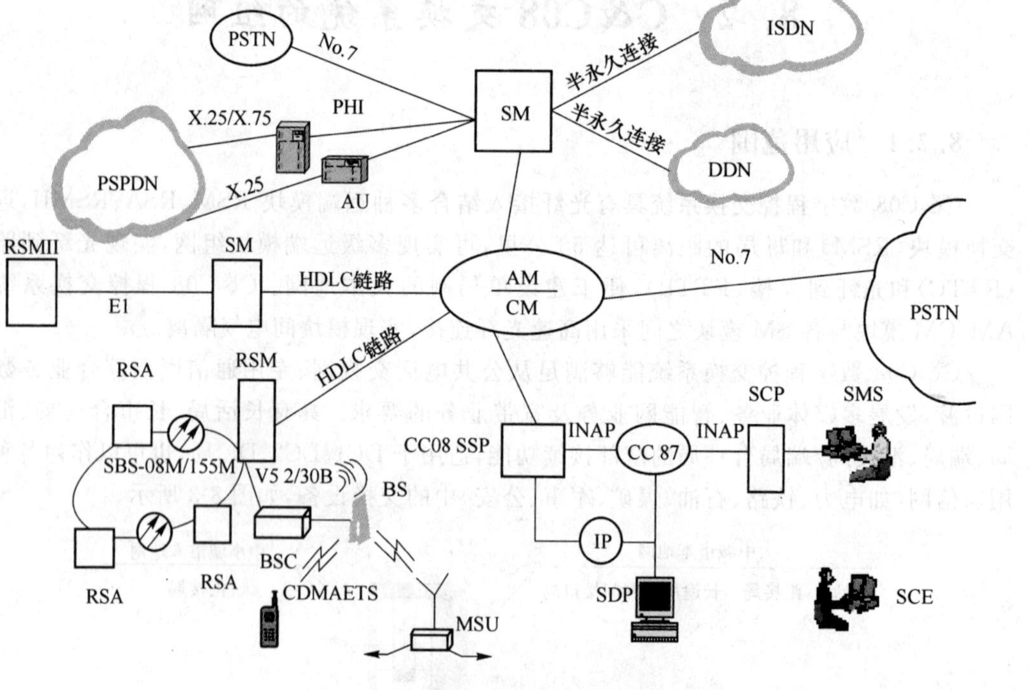

图 8-4 一体化网络平台组网示例

RSA 是用户数 256 至 304 的小容量远端用户模块,所有用户共用两条 PCM 链路构成一个远端模块,且这两条 PCM 链路具有互助的功能,其中 PCM 数据流中的 16 时隙采用 LAPD 方式传送接续信号。RSA 可以通过 PCM 系统和光传输系统远距离接入,还可以采用 HDSL 高速数字用户线技术用两对电话线远距离接入。RSA 作为接入设备不具备独立交换能力,但具有可变收敛比的集线功能,交换、维护和计费集中在与之相连的 SM 或 RSM 中进行。

RIM 是集用户框、传输框、配线架、蓄电池、一次电源、环境监控等设备为一体的远端模块。一体化模块与 SM/SPM 的物理连接上采用 LAPRSA 或普通 RSA 方式组网，采用内部 RSA 协议。可以为拥挤狭小、环境较差，局方难于单独提供配线架、蓄电池、一次电源等设施的地方提供话音、数据通信业务。RIM 不具备独立交换能力，但具有可变收敛比的集线功能。C&C08 数字程控交换系统远端模块的几种典型配置见表 8-1。

表 8-1　C&C08 数字程控交换系统远端模块的几种典型配置

	远端模块/单元	每端容量(L)	集线比	独立交换功能	与母局的连接链路及所用技术	与母局最大距离
远端交换模块	RSM	6 688	4∶1,6∶1 按需采用	有	光纤	50 km
	RSM II	256～6 688	4∶1,6∶1,8∶1 按需采用	有	PCM 传输系统， 与 SM 相连	
	SM II	256～6 688	4∶1,6∶1,8∶1 按需采用	有	PCM 传输系统， 直接与 AM/CM 相连。	
远端用户模块	RSA	256～304	10∶1,5∶12, 5∶1,1.25∶1 按需采用	无	光纤或 PCM 传输系统 30B+D 技术、	
远端一体化模块	RIM	80～1 000	10∶1,5∶1, 2.5∶1,1.25∶1 按需采用	无	光纤或 PCM 传输系统 30B+D 技术、	

8.2.3 模块化的层次结构

C&C08 数字程控交换机硬件系统可分为 4 个等级如图 8-5 所示。

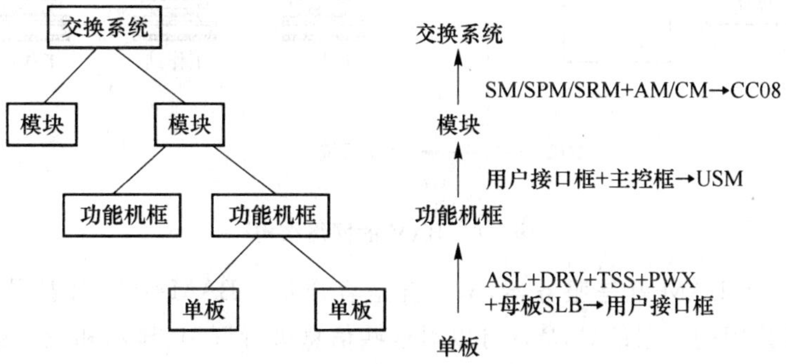

图 8-5　C&C08 数字程控交换机模块化的层次结构

① 各种功能的电路板组成能完成特定功能的机框单元，例如：控制框、接口框、时钟框、用户框、中继框、RSA 框等。每个机框可容纳 26 个标准槽位，槽位编号为 0～25。

② 不同功能的机框单元组合在一起构成机架，中心模块的一个机架包含 4 个机框，SM 模块的一个机架包含 6 个机框。机框编号从 0 开始，由下向上、由近向远，在同一模块内统

一编号。

③ 不同的机架构成不同类别的模块。例如：中心模块满配置包含 9 个机架，SM 模块由 1～8 个机架构成。

④ 不同的模块(AM/CM、SPM、SRM、SM)按需要组合在一起就构成了具有丰富功能和接口的交换系统，各模块可以独立实现特定功能。

这种模块化的结构便于系统的安装、扩容和增加新设备，易于实现新功能。通过更换功能单板，可灵活适应不同信令系统的要求，处理多种网上协议；通过增加功能机框、功能模块，可方便地引入新功能、新技术，扩展系统应用领域。

8.3 全开放的终端系统

C&C08 数字程控交换机的终端系统采用客户机/服务器的方案，BAM 作为服务器，WS 作为客户端。C&C08 数字程控交换机的后管理模块(BAM)采用了客户机/服务器的方案，提供了系统的全开放式接口，以局域网的方式向外延伸，做到多机并行工作，满足多点维护要求。BAM 的网络结构如图 8-6 所示。

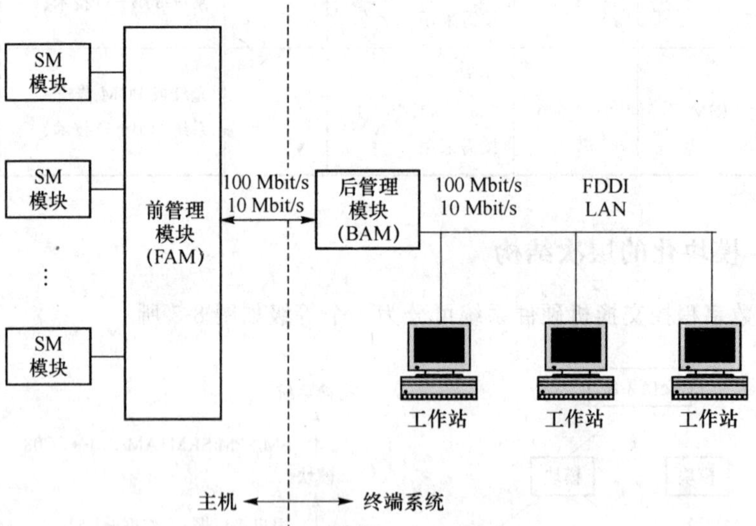

图 8-6 BAM 的网络结构

在 C&C08 中，BAM 就是服务器，WS 就是客户机。BAM 上存储着局数据、话单、告警、话统结果等公用的数据信息，WS 可以对这些信息进行调用、显示和发布处理命令，修改后的结果仍存放在 BAM 上。基于局域网的终端系统提供高达 10～100 Mbit/s 的数据通信带宽；网络文件服务器保证数据高可靠性、安全性；提供基于 LAN 的开放分布式数据库，可与第三方设备和系统的各种数据互通；可作为 3 级网管中心、计费中心并可通过X.25数据网与上级网管中心相通。

C&C08 的终端操作平台基于 Windows，采用先进的全中文多窗口界面，具有完善的话务统计、计费、数据管理、维护、测试等功能。后管理模块与用户维护终端之间有多种接口，如 LAN、FDDI(Fiber Distributed Data Interface,光纤分布式数据接口)、V.24、V.25 等。

C&C08 采用分布式数据库,吸取了面向对象的软件设计思想,采用 C++ 和面向对象的数据库语言,提供第四代结构查找语言(SQL),大大提高了查询速度。

8.4 C&C08 交换系统性能

C&C08 数字程控交换系统是综合运用交换、光通信和计算机网络技术于一体的开放系统平台,具有光电一体化、交换传输一体化、有线无线接入一体化、窄带宽带一体化、基本业务和智能业务一体化、网络管理一体化等特点。全方位地为广大电信用户提供在公众电信网、专用通信网、智能网(IN)、综合业务数字网(ISDN)等方面的服务。

SM 通过两对 3 次群光纤与 CM、AM 连为一体,称为 AM/CM,按积木堆砌方式扩容,可灵活组成所需的容量。SM 除可作为模块局使用外,还可作为单模块局使用。C&C08 交换系统的几种典型配置如表 10-2 所示。

表 8-2　C&C08 交换系统的几种典型配置

类型	模块局			单模块局		
	模拟用户线数	中继线数	机架数	模拟用户线数	中继线数	机架数
纯用户	6 688	—	4	—	—	—
纯中继	—	1 440(DT)	1	—	1 920(DT)	1
用户/中继混合	4 256	480(DT) +64(AT)	3	5 168 3 648 1 824	480(DT) +64(AT)	4 3 2
智能模块	—	—	—	512(座席)+512(VP)	1 500(DT)	2+2(19″机架)

注:AT 模拟中继线;DT 数字中继线;VP 语音处理台。

习　　题

1. C&C08 数字程控交换机包括哪些基本组成模块?

2. AM/CM 与 SM 之间以何种方式连接?当以 40 Mbit/s 光纤连接时,AM/CM 与 SM 之间传递的信息包含哪几部分?速率各是多少?

3. AM 与 BAM 之间以何种方式连接?BAM 与维护终端之间以何种方式连接?

4. 根据 SM 所提供的不同接口,C&C08 交换机能提供哪些种类的 SM?各 SM 的最大容量是多少?

5. 哪几种 SM 可以单模块成局?

第9章 C&C08模块配置和功能

9.1 中心模块

9.1.1 系统结构

中心模块由管理通信模块(AM/CM)、业务处理模块(SPM)和共享资源模块(SRM)组成,其中管理通信模块由中央处理模块(CPM)、中央交换网(CNET)、通信控制模块(CCM)、同步定时系统(STM)、业务线路接口模块(LIM)、后管理模块(BAM)和综合告警箱七大部分组成,如图9-1所示。

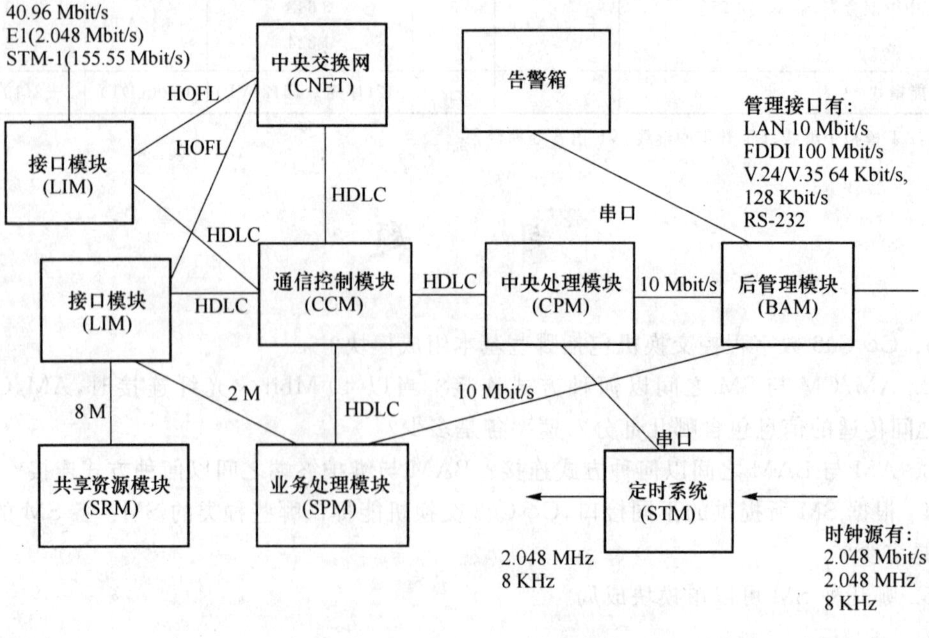

图9-1 中心模块系统结构

对管理通信模块是这样划分的:中央处理模块、同步定时系统、后管理模块和综合告警箱属于管理模块(AM);中央交换网、通信控制模块和业务线路接口模块属于通信模块(CM)。各模块间的连接具体如图 9-2 所示。

1. 中央处理模块

CPM 完成系统全局数据的存储和处理,并负责对 AM/CM 中的单板管理。CPM 到 CCM 有 HDLC 链路,再通过 CCM 到各模块的 HDLC 链路来控制各模块的工作。同时,CPM 到各模块有逃生串口线,作为 HDLC 链路的备份,当 HDLC 链路故障时,通过逃生串口线传递消息。在 C&C08,HDLC 的物理通路是 HW, HW 是交换网络的 2 Mbit/s 母线,在交换机中用来传送所有需要交换的信息例如话音、信令等等。AM/CM 与 SM 之间通过 2 条 HDLC 连接,来实现 AM/CM 对 SM 的加载和维护,通过 SM 中 MPU 板的开关设置和后台数据设置实现。

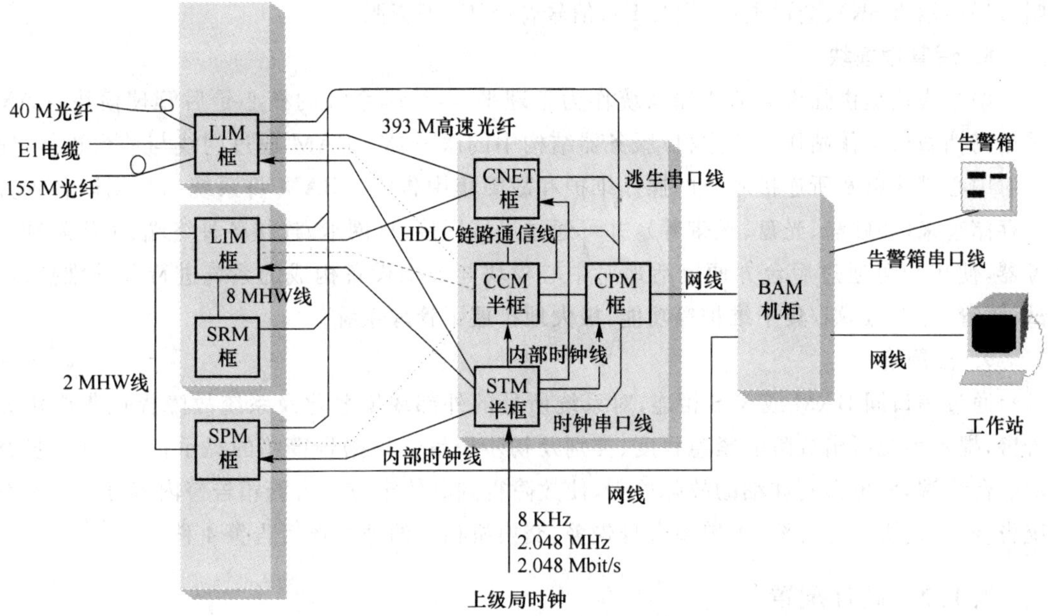

图 9-2　中心模块各组成模块间的连接

2. 中央交换网

CNET 是一个容量可达 128 K(131 070×131 070 时隙)的中央交换网,完成业务交换,用于话音和窄带数据通信。其容量以 16 K 为单位灵活扩容,有多种配置。CNET 对外提供 64 个高速光纤链路(HOFL),其中 32 个主用,32 个备用(1 个包括 1 收和 1 发共 2 根光纤)。每条 HOFL 包括 4 096 个时隙,传输速率为 393.2 Mbit/s。

3. 通信控制模块

CCM 对外提供 112 条输入 HW 和 112 条输出 HW,HDLC 通信控制网也称为信令交换网。CCM 采用帧交换方式完成模块间信令交换——中心模块内各模块间通信控制数据的传递及所带的交换模块(SM)与其他模块间的通信控制信息的分发传递。

4. 同步定时系统

STM 保证系统与上级网同步,并提供系统内部各模块使用的同步定时基准。STM 从

BITS设备或上级交换设备提供的时钟基准中提取恢复时钟信号，输出32路8 KHz和2.048 MHz时钟信号到各模块。STM到CPM有串口线连接，受CPM的控制。

5. 线路接口模块

LIM主要完成业务数据与信令数据的复合和分解，提供传输线路驱动接口，使中心模块与其他网络设备相联。LIM提供40.96 Mbit/s的光纤接口（与SM相连）、STM-1中继接口和E1中继接口。在SPM组网中，LIM还为SPM、SRM提供2 MHW、8 MHW的内部资源。

6. 业务处理模块

SPM处理各种中继业务和V5业务，功能相当于SM的主控框，但其处理能力强得多。

7. 共享资源模块

SRM提供全局共享的各种资源，包括双音收号器(DTR)、多频互控收发器(MFC)、主叫号码显示(FSK)、会议电话(CONF)、信号音(SIG)等资源。

8. 后管理模块

中心模块提供强大灵活终端系统作为管理平台，终端系统的核心是后管理模块，BAM采用高档微机工作站作为客户机/服务器结构中的服务器。BAM通过网线与前台连接，完成对中心模块以及所连接用户的操作维护和故障集中告警。BAM将系统的数据以各种方式存储起来（如硬盘、光盘、磁带等），并可通过局域网接口（网卡）连接各种终端、工作站和服务器，使用户可通过后台方便灵活地对中心模块与外围设备构成的系统进行各种维护、测试、数管、计费、远端/集中维护等功能，极大地扩展了管理系统。

9. 告警箱

通过串口同BAM或WS相连，对系统所处的外部环境恶化及系统故障提供集中声光告警，提示系统所出故障的紧急程度、类别及初步位置。根据告警箱的提示信息，进一步查询后台终端，就可得到详细的故障原因，使故障得到具体定位。告警箱告警内容分为电源系统告警、交换机功能告警、告警箱自身告警、交换机相关的外部环境告警4种。

9.1.2 硬件配置

中心模块由9个机柜组成，包括1个BAM机柜、3个接口机柜、1个主控机柜、1个SRM机柜和3个SPM机柜，排放顺序如图9-3所示。

BAM机柜	接口机柜	接口机柜	接口机柜	主控机柜		SRM机柜	SPM机柜	SPM机柜	SPM机柜
	LIM #11	LIM #7	LIM #3	CNET		SRM #1	SPM #3	SPM #7	SPM #11
	LIM #10	LIM #6	LIM #2	CNET		SRM #0	SPM #2	SPM #6	SPM #10
	LIM #9	LIM #5	LIM #1	CPM		LIM-MHI	SPM #1	SPM #5	SPM #9
	LIM #8	LIM #4	LIM #0	STM	CCM	LIM-MHI	SPM #0	SPM #4	SPM #8

图9-3 中心模块机柜配置

CCM框和STM框共同占用一个标准机柜，但两个功能机柜的母板是分开的。两个

CNET 框的母板为一块整的大母板，占两个框位。

各个机框的框号由母板后的拨码开关决定。CCM-STM 框固定为 0；CPM 框为 1；CNET 框分别为 2、3；12 个 LIM 框分别为 4～15；两个 LIM-MHI 接口框分别为 16、17；两个 SRM 框分别为 18、19；SPM 框的框号从 20 开始编起。主控机柜应放在中间，以保证其他各个机柜到时钟框的时钟连线最短，提高可靠性。在实际开局中，各机柜的位置很可能与图中不一样。LIM、SPM、SRM 框位置也要根据实际情况来定，要保证各框到 STM 的走线长度不超过 15 米。

1. 主控机柜配置

主控机柜中有 CPM 框、CNET 框、STM 框、CCM 框，如图 9-4 所示。

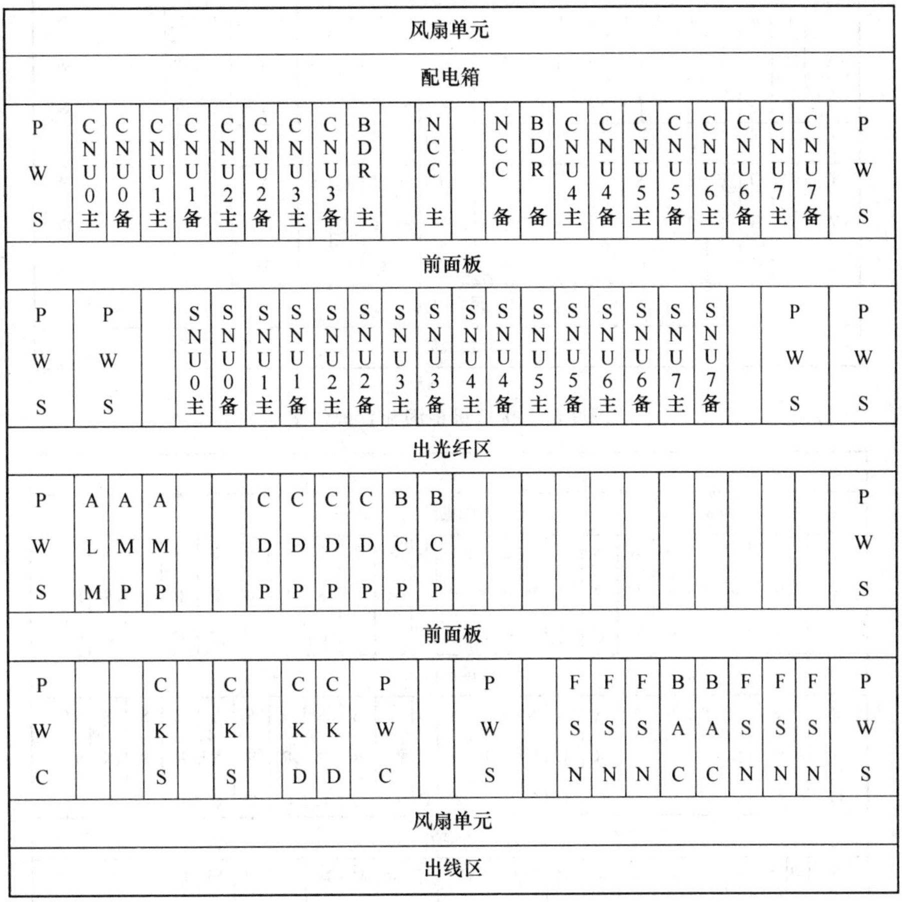

图 9-4　主控机柜满配置板位图

2. 接口机柜配置

接口机柜中只有 LIM 框，如图 9-5 所示。

3. 共享资源机柜配置

共享资源机柜中有 LIM 框和 SRM 框，如图 9-6 所示。

<table>
<tr><td colspan="21">风扇单元</td></tr>
<tr><td colspan="21">配电箱</td></tr>
<tr><td>PWS</td><td>OBC</td><td>OBC</td><td>OBC</td><td>OBC</td><td>OBC</td><td>OBC</td><td>OBC</td><td>OBC</td><td>QSI</td><td>QSI</td><td>OBC</td><td>OBC</td><td>OBC</td><td>OBC</td><td>OBC</td><td>OBC</td><td>OBC</td><td>OBC</td><td></td><td>PWS</td></tr>
<tr><td colspan="21">出光纤区</td></tr>
<tr><td>PWS</td><td colspan="2">STU</td><td colspan="2"></td><td colspan="2">STU</td><td colspan="2"></td><td>QSI</td><td>QSI</td><td colspan="2">STU</td><td colspan="2"></td><td colspan="2">STU</td><td colspan="2"></td><td></td><td>PWS</td></tr>
<tr><td colspan="21">出光纤区</td></tr>
<tr><td>PWS</td><td>E16</td><td>E16</td><td>E16</td><td>E16</td><td>E16</td><td>E16</td><td>E16</td><td>E16</td><td>QSI</td><td>QSI</td><td>E16</td><td>E16</td><td>E16</td><td>E16</td><td>E16</td><td>E16</td><td>E16</td><td>E16</td><td>PWS</td><td>PWS</td></tr>
<tr><td colspan="21">出光纤区</td></tr>
<tr><td>PWC</td><td>OBC</td><td>OBC</td><td>E16</td><td>E16</td><td colspan="2">STU</td><td colspan="2"></td><td>QSI</td><td>QSI</td><td>OBC</td><td>OBC</td><td>E16</td><td>E16</td><td colspan="2">STU</td><td colspan="2"></td><td></td><td>PWS</td></tr>
<tr><td colspan="21">风扇单元</td></tr>
<tr><td colspan="21">出线区</td></tr>
</table>

图 9-5　接口机柜满配置板位图

<table>
<tr><td colspan="24">风扇单元</td></tr>
<tr><td colspan="24">配电箱</td></tr>
<tr><td>PWS</td><td>PWS</td><td>SPD</td><td>SPD</td><td>SRC</td><td>SRC</td><td>SRC</td><td>SRC</td><td>SRC</td><td>SRC</td><td>SRC</td><td>SRC</td><td>SRC</td><td>SRC</td><td>SRC</td><td>SRC</td><td>SRC</td><td>SRC</td><td>SRC</td><td>SRC</td><td>SRC</td><td>SRC</td><td>SRC</td><td></td></tr>
<tr><td colspan="24">前面板</td></tr>
<tr><td>PWC</td><td>PWC</td><td>SRC</td><td>SRC</td><td>SRC</td><td>SRC</td><td>SRC</td><td>SRC</td><td>SRC</td><td>SRC</td><td>SRC</td><td>SRC</td><td>SRC</td><td>SRC</td><td>SRC</td><td>SRC</td><td>SRC</td><td>SRC</td><td>SRC</td><td>SRC</td><td>SRC</td><td>SRC</td><td>SRC</td><td></td></tr>
<tr><td colspan="24">前面板</td></tr>
<tr><td>PWS</td><td>MHI</td><td>MHI</td><td>MHI</td><td>MHI</td><td>MHI</td><td>MHI</td><td>MHI</td><td>MHI</td><td>QSI</td><td>QSI</td><td>MHI</td><td>MHI</td><td>MHI</td><td>MHI</td><td>MHI</td><td>MHI</td><td>MHI</td><td>MHI</td><td></td><td>PWS</td></tr>
<tr><td colspan="24">出光纤区</td></tr>
<tr><td>PWS</td><td>MHI</td><td>MHI</td><td>MHI</td><td>MHI</td><td>MHI</td><td>MHI</td><td>MHI</td><td>MHI</td><td>QSI</td><td>QSI</td><td>MHI</td><td>MHI</td><td>MHI</td><td>MHI</td><td>MHI</td><td>MHI</td><td>MHI</td><td>MHI</td><td></td><td>PWS</td></tr>
<tr><td colspan="24">出光纤区</td></tr>
</table>

图 9-6　共享资源机柜满配置板位图

4. 业务处理机柜配置

业务处理机柜中只有 SPM 框，如图 9-7 所示。

风扇单元																							
配电箱																							
PWS		SPC		SPC		SPC		SPC	CPC	BCC	BCC	CPC	CPC	CPC	CPC	CPC	CPC	CPC	CPC	CPC	CPC	CPC	PWS
前面板																							
PWS		SPC		SPC		SPC		SPC	CPC	BCC	BCC	CPC	CPC	CPC	CPC	CPC	CPC	CPC	CPC	CPC	CPC	CPC	PWS
前面板																							
PWS		SPC		SPC		SPC		SPC	CPC	BCC	BCC	CPC	CPC	CPC	CPC	CPC	CPC	CPC	CPC	CPC	CPC	CPC	PWS
前面板																							
PWS		SPC		SPC		SPC		SPC	CPC	BCC	BCC	CPC	CPC	CPC	CPC	CPC	CPC	CPC	CPC	CPC	CPC	CPC	PWS
风扇单元																							
出线区																							

图 9-7　业务处理机柜满配置板位图

9.1.3 中心模块的特点

中心模块具有以下特点：

① 大容量的交换网，目前中心模块的交换网容量为 128 K，可以提供从 8 000 用户线/2 000中继线到 80 万用户线/10 万中继线无收敛的容量。

② 开放灵活丰富的接口，通过嵌入业务处理模块 SPM 和共享资源模块 SRM，中心模块可以作为独立交换机使用。在系统中可以提供标准的中继和接入业务，可以和任何具有标准 E1/T1 接口的交换设备相连，而不是传统意义上的仅仅只能带 SM 模块。因此AM/CM是一个开放的系统，可以作为各种交换、接入设备的通信、交换和管理中心。

目前传输网以 SDH 光环路为主，交换机与 SDH 设备的连接采用交换机侧引出 PCM，通过 ADM 上光环网的方式。由于 PCM 方式系统集成度低，而且在从交换到传输的环节中需要配置多个 ADM，当容量大时这种方式成本很高。中心模块与 SDH 设备可以直接采用 STM-1 连接方式，节省交换机和 SDH 设备之间的 ADM，真正做到交换传输一体化，经济效益可观。

③ 高速的模块间通信，中心模块可以带很多模块，为了协调各模块的工作，需要在模块间传递大量控制和状态信息，这是靠模块间通信来实现的。中心模块是一个大型的多网络集成系统，由于系统庞大，模块间通信采用交换的方式，由 HDLC 通信控制网(CCM)来完成交换功能。CCM 对外提供 112 条输入 HW 和 112 条输出 HW，提供 224 Mbit/s 的寻址交换能力。

9.1.4 机框及单板描述

1. 中心处理框(CPM 框)

CPM 框包括二次电源板(PWS)、告警处理板(ALM)、主处理机板(AMP)、中心数据库板(CDP)、总线控制板(BCP)。

① 二次电源板

PWS 是为大容量交换机系统供电的超级智能电源板，输入 -48 VDC，输出可达 5 V/60 A 300 W电源。该板还具有对机柜内环境温度、二次电源板状态、输入 -48 VDC 电源进行监测。当板内出现异常情况时，板内现场发出声光、告警信号，同时将告警信息上报给 ALM 板和后台终端。一次电源完成交流 220 V 到直流 -48 V 的转换，二次电源完成 -48 V到+/-5 V 的转换。PWS 板的拉手条面板上有两个开关：S101 和 S301。S101 为输出电源手动开关，S301 为 FAIL 灯告警声音打开/消除开关。PWS 板指示灯说明见表 9-1。

表 9-1 PWS 板指示灯说明

指示灯	颜色	说明
RUN	红	运行灯，单板工作正常时闪 1 次/2 秒(1 秒亮，1 秒灭)；通信未接通或异常时快闪；单板无+5 V 工作电源时灭。
FAIL	绿	故障灯，单板工作正常时灭，故障时闪烁

② 中央处理单元板(CPC)

AMP、CDP、BCP 硬件均为 CPC 板，通过加载相应的主机软件完成主控、中心数据库、总线搬移的功能，均为主备用工作。其中 AMP、BCP 必须满配置，CDP 根据实际情况进行配置，可以为 2 块或 4 块。

在 CPM 框中，CPC 板加载不同的软件后形成 3 种功能板：AMP、CDP、BCP。加载的软件功能与所在的槽位有关，当 CPC 板没有插到机框上时，我们称其为 CPC 板；当 CPC 板插到机框上时就称它的功能名。可以这样说，AMP、CDP、BCP 是指槽位。此外，在 SPM 模块中，CPC 板作为协议处理板使用，相当于 SM 中的 LAP 板。通过加载不同的软件，CPC 板可以提供 4 条 No.7 信令链路、或 8 条 V5 链路、或 16 条 PRA 链路，或 32 条 LAPRSA 链路。

CPC 板上处理器是 motorola 的 MPC860，配有 4 M 的 SDRAM 外，还有 2 个 SIMM 内存条的扩展插槽，可以把内存扩展到 128 M。板上有 2 M 的 FLASH MEMORY、1 个 10 Mbit/s的以太网 10Base-T 接口、2 个 2 Mbit/s 的 HDLC 链路、2 个 RS-422 串口、1 个 RS-232 调试串口、1 个 PCMCIA 接口。CPC 板是一个集通信、处理、存储功能为一体的通用处理板，用于实现中心模块的设备管理、网资源分配、中央数据库查询等功能。

③ 主处理机板

AMP 板完成对中心模块的数据管理、设备管理、维护、告警、流量统计及负载控制等功能，提供与 BAM 间的维护接口，集中受理 BAM 来的所有人机维护命令，完成数据加载及数据联机设定的处理。AMP 还负责中心模块各设备间的数据及状态的一致性检查。CPC 板插在主控框 3、4 号槽位就成为 AMP 板，2 块 AMP 板互为主/备用。

④ 中心数据库处理板

CPC 板插在主控框 7～10 号槽位就成为 CDP 板，7、8 槽位的 2 块 CDP 板互为主/备用，9、10 槽位的 2 块 CDP 板互为主/备用。根据局容量配置 1 对或 2 对 CDP 板，当用户数少于 5 万，配置 1 对 CDP 板，当用户数超过 5 万，配置 2 对 CDP 板。CDP 板对全局数据集中管理，包括号码定位、小交换机选线、中继选线等，还管理公共资源（如收号器、信号音、MFC、会议电话等）。2 对 CDP 板以负荷分担方式工作，各块板上的程序相同，数据通过备份保持完全一致。CDP 板与 BAM 通过网线连接，接收 BAM 送来的数据。

⑤ 总线控制板

BCP 板将其他 CPC 板（AMP、CDP）的邮箱消息通过总线搬移到另一块 CPC 板上，实现 CPM 框内 CPC 板间的通信。CPC 板插在主控框 11、12 号槽位就成为 BCP 板，2 块 BCP 板互为主/备用。CPC 板侧面拉手条翻盖内 4 位拨码开关设置见表 9-2。

表 9-2　CPC 板侧面 4 位拨码开关说明

开关	设置说明
S1-4	ON：从 Flash Memory 加载程序和数据；OFF：从 BAM 加载程序和数据。
S1-3	ON：程序和数据写 Flash Memory；OFF：程序和数据不写 Flash Memory。
S1-2	未用
S1-1	ON：DEBUG 状态（从网口或串口加载程序）；OFF：从 BAM 加载程序。

闪烁快速存储器（Flash Memory，简称闪存），用于存储主机程序和数据。其特点是存取速度快，可在线擦写，带电池保护，掉电后不丢失所存储的程序和数据，如图 9-8 所示，主机程序和数据加载路径有 2 条：路径 1 为 BAM→DRAM，速度慢；路径 3 为 Flash Memory→DRAM，速度快；路径 2 是将 DRAM 中的程序和数据写入 Flash Memory 中，这样掉电后可选择从 Flash Memory 加载程序和数据到 DRAM，这要比从 BAM 加载快很多，能够迅速恢复运行。

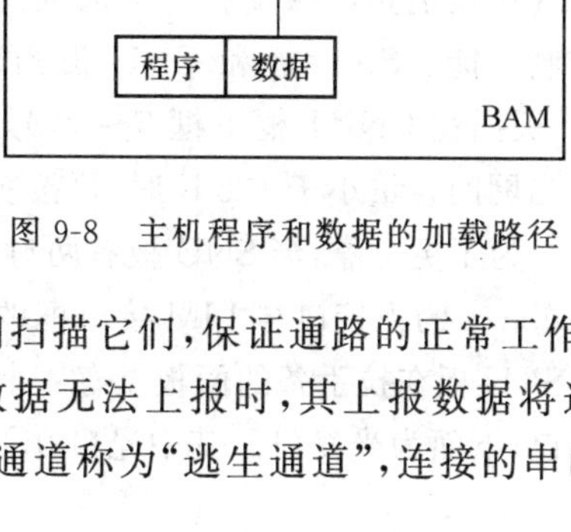

图 9-8　主机程序和数据的加载路径

⑥ 告警处理板

ALM 板的主要功能是作为 AMP 板与 PWS、AMD、QSI、NCC 等多块单板通信的转接点，使用了 2 个串口，1 个接 AMP 板，1 个接到其他各框，在 AMP 与各单板间转发消息，起桥梁作用。在 ALM 板所管辖的从节点中，PWS 板的数据是通过 ALM 板直接上报主机，其余单板在正常情况下并不通过 ALM 板向主机上报信息，但 ALM 板仍定期扫描它们，保证通路的正常工作；当这部分板出现异常情况，导致和主机正常链路断开数据无法上报时，其上报数据将通过 ALM 板上报主机。AMP 通过 ALM 与各单板连接的通道称为“逃生通道”，连接的串口线称为“逃生串口线”。在 CPM 框背面还插有 1 块串口驱动板(RTD)用于驱动逃生通道中的信号,提高传输的可靠性。其他各框(除 STM 框外)的母板背面都插有 RTD 板。在中心模块中各机架的顶部装有告警驱动板 AMD,作为电源、散热、环境等设备的监控设备,提供上述设备的告警收集和处理,驱动外部告警灯做警示处理,还提供 RS-422 串口通过 ALM 板与 AMP 板通信。

2. 中央交换网框(CNET 框)

CNET 框占 2 个机框,合用 1 块母板。CNET 框包括二次电源板(PWS)、交换网通信控制板(NCC)、总线驱动板(BDR)、中心交换网板(CNU)、边缘交换网板(SNU)。

PWS 板满配置为 6 块,共同给 CNET 框供电。左边 3 块 PWS 同时提供电源给上下左半框的单板,右边 3 块 PWS 同时提供电源给上下右半框的单板。

中央交换网是 1 个具有 128 K 输入时隙、128 K 输出时隙的交换网,为 3 级结构,由中心交换网板(CNU)和边缘交换网板(SNU)组成,其中 CNU 板为中间级,SNU 板为输入、输出级。CNU 板原则上必须插满 16 块,SNU 板的数量根据容量来定,可适当减少。

① 交换网通信控制板

NCC 完成交换网络的时隙分配、接续控制,控制网框与其他模块的通信。由于 CNU 板、SNU 板上没有 CPU,它们通过总线和 BDR 板受控于 NCC 板。NCC 板插在 CNET 框上框 12、14 号槽位,2 块 NCC 板互为主备用。NCC 硬件上为 CPC 板,因处理能力不高,今后用 SPC 板充当 NCC 板。SPC 与 CPC 的主要差别在处理能力上,SPC 板上有 3 个 CPU,CPC 板上有 1 个 CPU。

② 总线驱动板

BDR 板的主要功能是进行总线驱动,增强 NCC 总线驱动能力。BDR 板将 NCC 板发出的数据总线、地址总线以及控制总线驱动后送到各网板(CNU、SNU),以实现网控功能。BDR 板插在网框上框 10、15 号槽位,2 块 BDR 板互为主备用。

③ 中心交换网板

CNU 板由 2 个 8 K 单 T 网组成,并提供交换网的控制接口,完成 128 K 网的中央接续,即完成业务交换网的第 2 级交换。同时支持交换网自检所需的插入回读、时钟检测以及主备切换等控制功能。CNU 板和 SNU 板构成一个完整的交换网,实现业务数据或语音的交换。CNU 板插在 CNET 框上框 2~9、16~23 槽位,16 块 CNU 板为 8 对主备用关系,必须满配置。

④ 边缘交换网板

SNU 板由 8 个 4 K 单 T 网组成,其中 4 个构成一级交换网,另 4 个构成 3 级交换网,完成 128 K 网的边缘级交换。同时支持交换网自检所需的插入回读、时钟检测以及主备切换等控制功能。SNU 板和 CNU 板构成一个完整的交换网,实现业务数据或语音的交换。SNU 板插在 CNET 框下框 5~20 号槽位,16 块 SNU 板为 8 对主备用关系。

当网的容量小于 128 K 时,可按实际容量减少 SNU 板的数目,其他板的配置和数量保持不变。为了更可靠,当 SNU 板有两对以上时,SNU 板应分放在左右半框中。SNU 板提供 4 路 393 Mbit/s 的光接口与 LIM 接口框的 QSI 板通过光纤连接,1 对 SNU 板可以连接 2 个 LIM 框。SNU 板在拉手条的面板上有 4 个光口,从上到下依次称为光口 0、1、2、3,每个光口上面为光收口,下面为光发口。其中光口 0、1 主备用状态一致,光口 3、4 主备用状态一致。

3. 时钟框(STM 框)

CKM 框称为同步定时模块 STM,包括二次电源板(PWC)、时钟板(CKS)、时钟驱动板(CKD)。CKM 框从 BITS 设备或上级交换设备提供的时钟基准中提取恢复时钟信号。时钟基准源信号形式可以是 E1(2.048 Mbit/s)、2.048 MHz 或 8 KHz,输出的信号种类有 2.048 MHz、8 KHz 的差分信号。CKS 完成时钟的处理,输出交换机可用时钟,主备用工作;CKD 为时钟驱动板,提供 32 路 8 KHz、2 MHz 差分时钟,输出到其他框,2 块 CKD 同时工作,必须配置,如图 9-9 所示。CKS 与主控框 AMP 板通过串口线直接连接,接受 AMP 的控制。

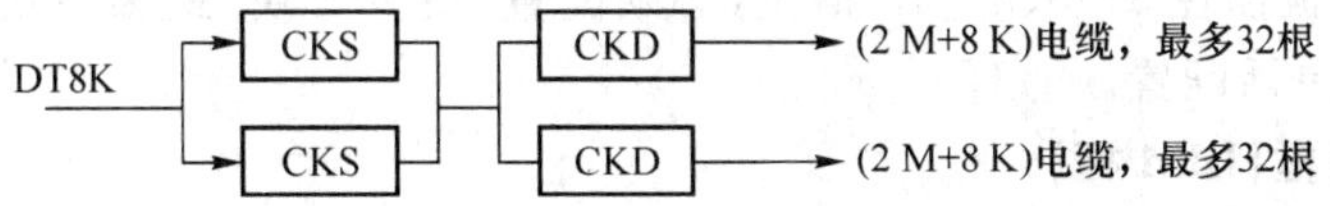

图 9-9　时钟处理

① 二次电源板

PWC 为二次电源板,-48 V 直流输入,输出为直流+5 V/20 A,给时钟框供电。1 块 PWC 板占用 2 个槽位,2 块 PWC 板互为热备份,有 1 块开工即可对整框供电。PWC 板侧面有 2 个开关,上面 1 个为-48 V 电源输入开关"ON/OFF",正常工作时置为"ON";下面 1 个为告警音开关,正常工作时置为"ALM",当没有电源输出时,PWC 板会发出急促的告警音。

② 时钟板

CKS 是交换机时钟系统的基准时钟源产生板,板内有 2 级高稳恒温晶体。该板的主要功能在于:跟踪外部基准信号,过滤外基准的抖动、漂移等,使其本身输出的定时信号具有高的频率准确度和稳定度,为交换机提供一个优良的时钟源。

CKS 为 2、3 级时钟合一板,可以根据需要提供 2、3 级时钟。CKS 提供 8 KHz、2 MHz、2 Mbit/s 3 种输入基准源信号接口和 BITS 接口,输出 2 MHz、8 KHz 时钟信号到 CKD 板。CKS 插在 5、7 槽位,1 块 CKS 占 2 个槽位,2 块 CKS 板互为主备用。

③ 时钟驱动板

CKD 板的主要功能是进行时钟信号的驱动,以差分信号的形式输出 32 路 8 KHz 和 2 MHz的时钟到各个功能框,为各个功能框提供定时功能。CKD 插在 8、9 槽位,2 块 CKD 板为负荷分担关系。

4. 通信控制框(CCM 框)

CCM 框包括二次电源板(PWS)、帧交换网板(FSN)、总线管理控制板(BAC)。CCM 框是模块间通信的核心,有 2 个独立的帧交换网平面,称为 0 平面和 1 平面,两个平面以负荷分担方式工作。每个平面均由 3 块 FSN 和 1 块 BAC 组成,共提供 56 条 2 MHW 即 2 Mbit/s的母线用于模块间 HDLC 通信,整个网单平面总交换处理能力为 112 Mbit/s。其中每块 FSN 提供 16 条 2 MHW,每块 BAC 提供 8 条 2 MHW,同时 BAC 板完成 CCM 的配置及控制。FSN 板数量根据实际开局容量确定。

① 总线管理控制板

BAC 板是通信控制模块的总线管理控制板,负责完成对通信控制模块帧交换网的通道配置、总线仲裁,对通信控制模块中各单板的工作状态进行监控,完成 CCM 平面与外界的通信。同时 BAC 板具有帧交换功能,可以提供 8 条 2 MHW,即具有半块 FSN 板的功能的通信接口，参与整个通信控制模块的帧交换工作。BAC 板插在 6、7 槽位，2 块 BAC 板以负荷分担方式工作。

② 帧交换网板

FSN 是通信控制模块的帧交换板，用于实现多个 HDLC 通道的 HDLC 信令链路交换。它接收来自各接收通道（复用于 2 M 的 HDLC 通道）的信息包，根据其中的目的地址发送到相应目的通道，通过交换总线实现板内、板间接收单元到任意发送单元的交换。FSN 最大可提供 16 条 2 MHW。FSN 板的 2 MHW 差分信号与 QSI、CPC 相连，实现各模块之间的信令交换。FSN 板插在 3～5、8～10 槽位，必须配置，最少 2 块，最多 6 块，根据接口框、业务处理框数量来灵活配置。

5. 线路接口框(LIM 框)

线路接口框为必须配置，每个接口机柜最多配置 4 框。接口框中的业务接口板槽位可以兼容 OBC、RBC、E16、STU、MHI 等单板，接口框的配置数量由需要装配的业务接口板数量决定。一个接口框提供 16 个业务接口板槽位，根据业务接口板的数量和工作模式决定线路接口框的配置。

LIM 框可提供 40.96 Mbit/s 光接口（OBC/RBC 提供）、E1 接口（E16 提供）、STM-1 光接口（155 Mbit/s，STU 提供），将各种线路信号分解为话音数据线和内部信令线，分别接到中央交换网框（CNET 框）和通信控制框（CCM 框）。3 种接口可以单独配置，也可以混合配置，互为取舍，对应的数量关系为 155 M ∶ 40.96 M∶ 2 M＝1 ∶ 4 ∶ 64。

LIM 框配置 MHI 板时，仅向交换机内部提供资源，用于 SPM 和 SRM 中，不提供对外接口。MHI 板提供 8 MHW 信号给 SRC 板、SPD 板，提供 2 MHW 信号给 CPC 板。每块 MHI 板可提供 8×8 MHW、16×2 MHW 或 6×8 MHW＋8×2 MHW。MHI 板只能单独配置，不能和其他接口板（OBC、E16、STU）混合配置。受 CCM 硬件的限制，一个 LIM 框所挂的交换模块（SM、SMII）的数量不能超过 31 个。根据所配接口板的不同，接口框有如下几种配置：LIM 框全插 OBC 板时的机框配置；LIM 框全插 E16 板时的机框配置；LIM 框全插 STU 板时的机框配置；LIM 框混插 OBC、E16、STU 板时的机框配置；LIM 框全插 MHI 板时的机框配置。

① 高速信号接口板（QSI）

QSI 板为话路、链路的合路/分路板，2 块 QSI 板主备用工作，必须配置。每块 QSI 板配置 2 个 393 Mbit/s 光纤连接到 CNET 框的 SNU 板，1 个主备 QSI 板连接 4 个 393 Mbit/s 光纤到 1 对主备 SNU 板。QSI 板是接口框的核心板，是接口框同中心模块其他设备相连的枢纽。在发送方向，它将从本框中各种业务接口板接收下来的数据进行码速变换，汇接到 2 条393 Mbit/s 的高速光纤，传送给中心交换网 CNET；同时将信令数据进行收敛，传送到通信控制模块 CCM。在接收方向，将中心交换网送来的高速信号进行码速变换，送给本框各业务接口板；同时也将通信控制模块送来的信令数据进行分发，送给本框各业务接口板。此外，QSI 板负责将本框所有板的状态信息上报给后台，并接收本框的数据配置。QSI 板在拉手条的面板上有 2 个光口，每个光口上为光收口，下为光发口。

② 近端/远端光接口板（OBC/RBC）

OBC 板为 AM/CM 与 SM 之间提供 40.96 Mbit/s 光接口。每个 SM 通过 2 对 40.96 Mbit/s 光纤（主备/负荷分担）与 OBC 板相连，在 OBC 板上进行光/电转换、时钟提取、数据分/复接，如图 9-10 所示。在上行信号中（SM→AM/CM），OBC 板将每条 40.96 Mbit/s 信号分解成 2 条传业务的 16 MHW 和 1 条传模块间控制信令的 2 MHW，再通过 QSI 收敛后将业务信号传至中央交换网 CNET、信令传至 CCM，下行信号(AM/CM→SM)的操作过程与上述过程相反。

LIM 框满配置 OBC 板可以配置 16 块，相邻 2 个槽位的 OBC 板为主备用关系。每块板具有 2 个 40.96 Mbit/s 光接口，整框可提供 16 个光接口，可以提供光路的主备用和负荷分担两种工作方式。采用光路主备用方式时，1 对 OBC 板可以带 2 个 SM 模块，则整框可以带 16 个 SM 模块；采用光路负荷分担方式时，带 SM 的 2 块 OBC 板要插在主用板的槽位(即偶数槽位)上，则整框可以带 8 个 SM 模块。一框内可以同时提供主备用和负荷分担方式，但每块板只能提供一种方式，即上下光路必须同为主备用或负荷分担方式，不能混配。对于 SM 模块，其 2 条光路必须落在同一个 LIM 中。OBC 板和 RBC 板的不同仅在板上采用不同的光收发模块。OBC 板为近端光接口，带近端交换模块 SM；RBC 为远端光接口，带远端交换模块 RSM，其他功能完全相同。OBC(RBC)板在拉手条的面板上有 2 个光口，上位置光模块为 X 路，下位置光模块为 Y 路；每个光口中，上为光收口，下为光发口。

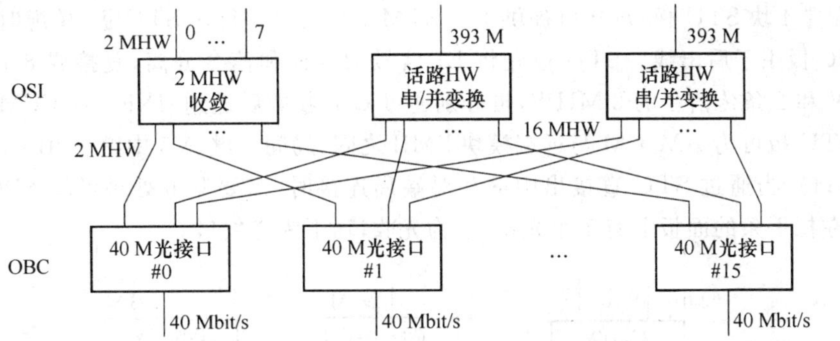

图 9-10　OBC 板与 QSI 板的连接

③ 16 路 E1 接口板(E16)

E16 板提供 16 个标准的 E1 接口，主要完成 16 路 E1 信号的接收、发送、交换、HDLC 链路控制以及复接和解复接功能，板上有一个 2 K×2 K 的网片。

E16 板与 OBC 板槽位兼容，没有主备用，相邻 2 块 E16 板以负荷分担方式工作，容量相当于 1 对主备用的 OBC 板。当 E16 板满配置时，需要配 3 块电源板。E16 板负责将 E1 信号的数据与信令分离，再复接成 2 条传业务的 16 MHW 和 1 条 2 M 的信令 HW，业务 HW 经 QSI 收敛后送 CNET，信令 HW 也经 QSI 收敛后送 CCM，如图 9-11 所示。

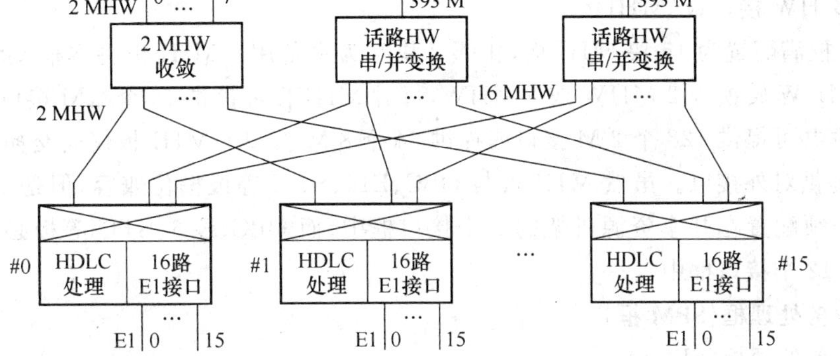

图 9-11　E16 板与 QSI 板的连接

E16 板与 STU 板可为 AM/CM 与远端模块 SMII 之间、局间中继、V5 中继、30B+D 等业务提供 E1 接口。当通过 E16 直接出中继和对端局连接时，需要业务处理模块 SPM 的支持。在一块 E16 板上，可以同时配置多个 SMII 的模块间信令链路。每条信令链路都必需从某个 E1 的第 1 个时隙开始，连续地占用 2、4、8、12 个时隙，所以 E16 板最多可以支持 16 条 SMII 链路。但由于硬件上的限制，一块 E16 板只能出一条信令 HW，所以 E16 板的各条信令链路的时隙总和不能超过 32。每块 E16 板必须配置 1 块 E1 口接线板 DRC，插在 LIM 框母板背面对应 E16 板的位置，提供 16 个 E1 插座。根据 E16 所接的电缆类型，DRC 板分为 DRCA 和 DRCB。DRCA 是 E16 的 75Ω 电缆 E1 口接线板，DRCB 是 E16 的 120Ω 电缆 E1 口接线板。

④ SDH 接口板(STU)

STU 板提供 STM-1 光接口，出 63 路 E1，通过光缆直接接到 SDH 设备上。每块 STU 板占 2 个槽位，相邻块为主备用。由于不推荐 STU 板配置为主备方式，所以每个接口框最多只能配置 4 块 STU 板，每框可提供 4 个 STM-1 光接口。每块 STU 板(单配时)固定配置 1 块 TMC 板用于后出线。STU 板先将 E1 信号的数据和信令分离，复接成 8 条传业务的 16 MHW 和 2 条传信令的 2 MHW，再分别通过 QSI 收敛后送到 CNET 和 CCM，如图 9-12 所示。STU 板可为 AM/CM 与远端模块 SMII 之间、局间中继、V5 中继、30B+D 等业务提供 E1 接口。当通过 STU 直接出中继和对端局连接时，需要业务处理模块 SPM 的支持。STU 板在拉手条的面板上有 1 个光口，上为光收口，下为光发口。

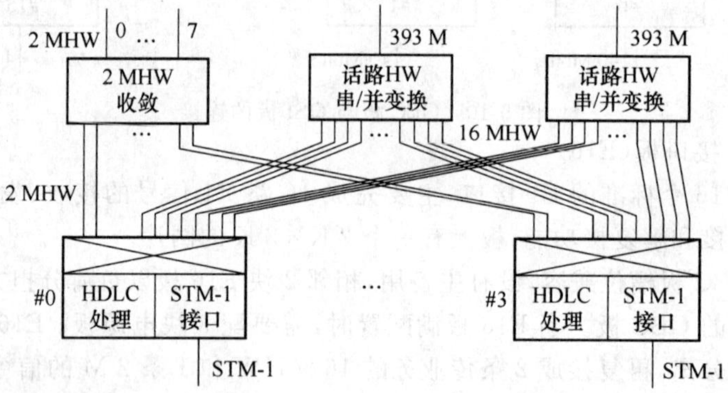

图 9-12　STU 板与 QSI 板的连接

⑤ 多 HW 接口板(MHI)

LIM 框满配置为 16 块 MHI 板，相邻 2 块互为主备用。MHI 板将本框 QSI 板送到本板的 16 MHW 转换为 2 MHW 或 8 MHW，每对 MHI 板可提供 16 个 2 M 接口或 8 个 8 M 接口，每框共可提供 128 个 2 M 接口或提供 64 个 8 M 接口。MHI 板仅向交换机内部提供资源，不提供对外接口。虽然 MHI 板与 OBC、E16、STU 等板槽位兼容，但是工程配置中，MHI 板必须配置在共享资源机架的 2 个接口框中，而 OBC、E16、STU 等板必须配置在接口机架的 12 个接口框中。

6. 业务处理框(SPM 框)

① 业务处理板(SPC)

SPC 板完成本框内各单板间的通信及与 AMP 板间的通信。每对 SPC 板互为主备用，构成一个 SPM 模块，可处理 128 个 E1 端口(4 096 条中继线)，即满配置 E16 的半个 LIM 框出中继。每个 SPM 框可以配置 2 对 SPC 板，即包含 2 个 SPM 模块，共处理 256 个 E1 端口。每个 SPM 模块需要分配一定的中继电路和协议处理板资源。SPC 板直接出网口与 BAM 通过 TCP/IP 协议相连，速率达到 10 Mbit/s。SPC 板到 CCM 框之间有 HDLC 链路。

② 协议处理板(CPC)

根据板上加载的软件不同，CPC 板可以处理不同的协议。每块 CPC 板可以提供 4 条 No.7 信令链路、或 8 条 V5 链路、或 16 条 PRA 链路，或 32 条 LAPRSA 链路。1 块 CPC 板根据数据配置只能完成一种功能，即 1 块 CPC 板要么处理七号链路，要么处理 V5 链路，不可能同时处理 No.7 信念链路和 V5 链路。CPC 板不固定属于某个 SPM 模块，可以根据需要分配给某个 SPM 模块。每块 CPC 板都通过一条 2 M 的 HW 连到 MHI 板。SPC 板和 CPC 板槽位兼容，删除 1 对 SPC 板后，可获得 4 块 CPC 板的槽位，从而可以获得 SPC 板处理能力和 CPC 板提供信令链路的灵活配置，适应各种复杂的组网方式。SPM 框的配置方法有 3 种：2 对 SPC＋12 块 CPC(推荐配置)、3 对 SPC＋8 块 CPC、4 对 SPC＋4 块 CPC。

③ 总线通信板(BCC)

BCC 板为总线通信板，硬件上就是 CPC 板，负责本框内 CPC 板的状态管理以及本框内 CPC 板与同框 SPC 板、其他框 SPC 板之间的通信联系。BCC 板到 CCM 框之间有 HDLC 链路。

7. 共享资源框(SRM 框)

SRM 框包括二次电源板 PWS、信号音资源板 SPD、资源板 SRC。

① 信号音资源板(SPD)

SPD 板为 SPM 模块提供所需要的各种信号音，每块 SPD 板通过 2 条 8 MHW 与 MHI 板相连。SPD 板可提供 256 个通道，其中通道 0～3 作为 HDLC 与 CCM 通信，因此整个板子可提供 252 路信号音。全局一般仅配置 2 块 SPD 板，配置在第 18 框的第 4、5 槽位，2 块 SPD 板互为主备用。

② 资源板(SRC)

SRC 板为 SPM 模块提供各种需要的资源，每块 SRC 板通过 2 条 8 MHW 与 MHI 板相连。根据数据配置，SRC 板可提供多种功能：双音收号器 DTR、主叫号码显示 FSK、会议电话 CONF、多频互控收发器 MFC。SRC 板上有 4 片 DSP 芯片，可配置分别提供不同的资源。同一片 DSP 内所有通道提供的资源功能必然相同，同一块 SRC 板内不同 DSP 提供的资源功能可以不相同。例如，某一块 SRC 板，可以配置其第 0 单元完成 DTR 功能，第 1 单元完成 FSK 功能，第 2 单元完成 CONF 功能，第 3 单元完成 MFC 功能。每片 DSP 提供 64 个通道，整个板子提供 256 个通道。所有 SRC 板、SPD 板槽位兼容，即插入 SPD 板的位置均可插入 SRC 板，插入 SRC 板的位置均可插入 SPD 板。

SRC 板的配置与 E16/STU 提供的非 SMII 中继的数量有关。当全局均提供 TUP、ISUP、PRA 中继时，仅需配置提供会议电话功能的 SRC 板，一般配置 2 块 SRC 板。当本局提供有 1 号信令中继时，除提供会议电话功能的 SRC 板外，还需配置提供多频互控收发器的 SRC 板。

8. 内部连线

中心模块的内部连线主要包括网线、HDLC 线、时钟线、串口线、393 Mbit/s 光纤、

2 M/8 MHW 线等。

9.1.5 中心模块的功能结构

1. 中央交换网的功能结构

中央交换网是一个 3 级交换网，其中 SNU 板构成 1 级和 3 级交换网，而 CNU 板构成 2 级交换网。CNU 板共 8 对，每对主/备用，每块 CNU 板有 2 个 8 K 交换网；SNU 板共 8 对，每对主/备用，每块 SNU 板有 8 个 4 K 的交换网，其中 4 片构成去向 CNU 的第 1 级交换网，另外 4 片构成来自 CNU 的第 3 级交换网。SNU 和各线路接口框之间通过 393 Mbit/s 的光纤连接，其中包含 256 Mbit/s(16 M×16)的业务信息，如图 9-13 所示。

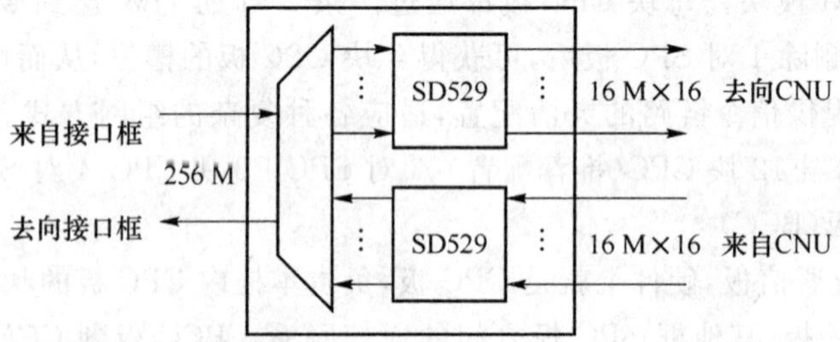

图 9-13 SNU 板一个光口与 LIM 框和 CNU 板的连接

3 级中心交换网的连接方式如图 9-14 所示。可以看出，即使在非满配置的情况下，CNU 也应该满配置，否则会产生阻塞，而 SNU 则可以根据实际情况进行配置。

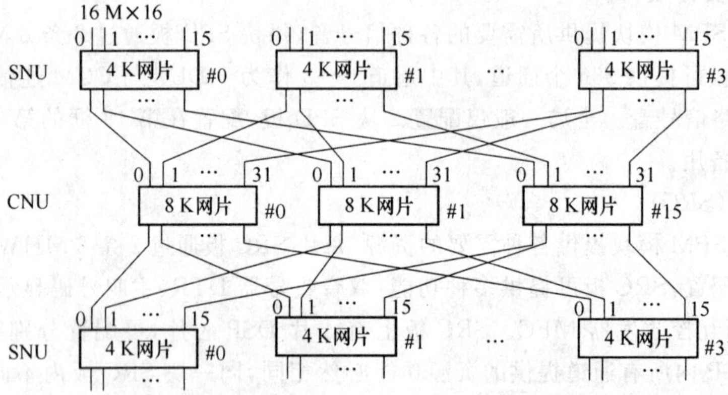

图 9-14 CNET 交换网结构

SM 模块间的话路通路：

SM—OPT—光纤—OBC—QSI—SNU—CNU—SNU—QSI—OBC—光纤—OPT—SM

2. 通信控制网的功能结构

中心模块可以带很多模块，模块间通信采用 HDLC 通信控制网 CCM 来完成交换功能。有 2 个独立的 CCM 即 2 个平面，每个 CCM 是 1 个帧交换网。CCM 对外提供 112 条输入 HW 和 112 条输出 HW，总带宽为 224 Mbit/s 的 HDLC 通信控制网，CCM 的逻辑框图如图 9-15 所示。

SM 模块间的信令通路(传送对呼叫接续等的控制信息)：

SM—OPT—光纤—OBC—QSI—FSN—QSI—OBC—光纤—OPT—SM

SM 模块与 BAM 的信令通路(传送告警、话单等信息)：

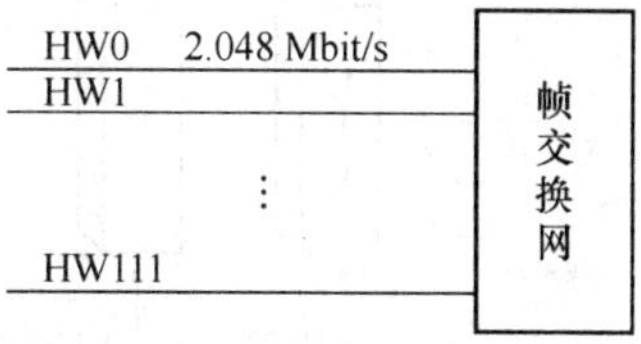

图 9-15　CCM 的逻辑框图

SM—OPT—光纤—OBC—QSI—FSN—BAC—AMP—BAM

9.1.6　终端系统

1. 终端系统的组成

C&C08 终端系统内部结构为客户机/服务器模型，通过局域网与 AM/CM 主系统连接，具有远端/集中维护接口。终端系统的核心是后管理模块(BAM)，BAM 为客户机/服务器结构中的服务器。BAM 与主控处理机(AMP)的连接、BAM 与终端的连接都采用局域网方式。BAM 将来自终端(近/远)的维护操作命令转发到前台，将前台响应定向到相应的终端设备上，同时完成计费信息、告警信息、话务统计数据等的存储转发，各种重要数据存储到硬盘中，并可根据需要转储到光盘、磁带或网络服务器中。

图 9-16　BAM 机架

通常 BAM 服务器选用 DELL 的 Poweredge 系列，工作站选用 PC 机。推荐配置 2 个维护终端，其中一个配内置式可读写 640 M 光驱，具体配置数目由客户需求而定。

2. BAM 机架配置

BAM 采用国际通用的 19″机架，由 BAM 服务器、电源逆变器、磁盘阵列柜、LAN SWITCH、显示器及相关设备组成，机架配置如图 9-16 所示。

BAM 硬件体系结构主要由 BAM 服务器、网络交换机、集线器(Hub)组成，如图9-17所示。根据交换局容量大小，可以采用单服务器或双服务器结构。

C&C08 终端系统通信体系结构是由 BAM 通过 TCP/IP 连接客户终端和主机 2 个子网，即服务器通过 LAN SWITCH 与 AM 主机交换数据，同时可以挂接多个 WS(星型连接方式)，提供诸如维护台、数管台、告警台等。由于 C&C08 系统前后台之间也通过 TCP/IP 进行通信，BAM 服务器一般配置 2 块网卡，设定不同的 IP 地址，连接到 LAN SWITCH 的两个 100 M 网口，处于 2 个不同的子网中。一块用于前后台通信，IP 地址设为：172.20.200.200，这个子网是对外封闭的，外部不可直接访问。另一块用于和客户端 WS 进行通信，可按局方要求设置 IP 地址，这个子网对外开放，可以连入广域网。

BAM 服务器软件环境如图 9-18 所示。BAM 是一个 Win32 应用程序，运行的操作系统为 Windows NT Server 4.0(必须运行 Service Pack 4 或更高)或 Windows NT Server 4.0 企业版，使用的数据库为 MS SQL Server 7.0。

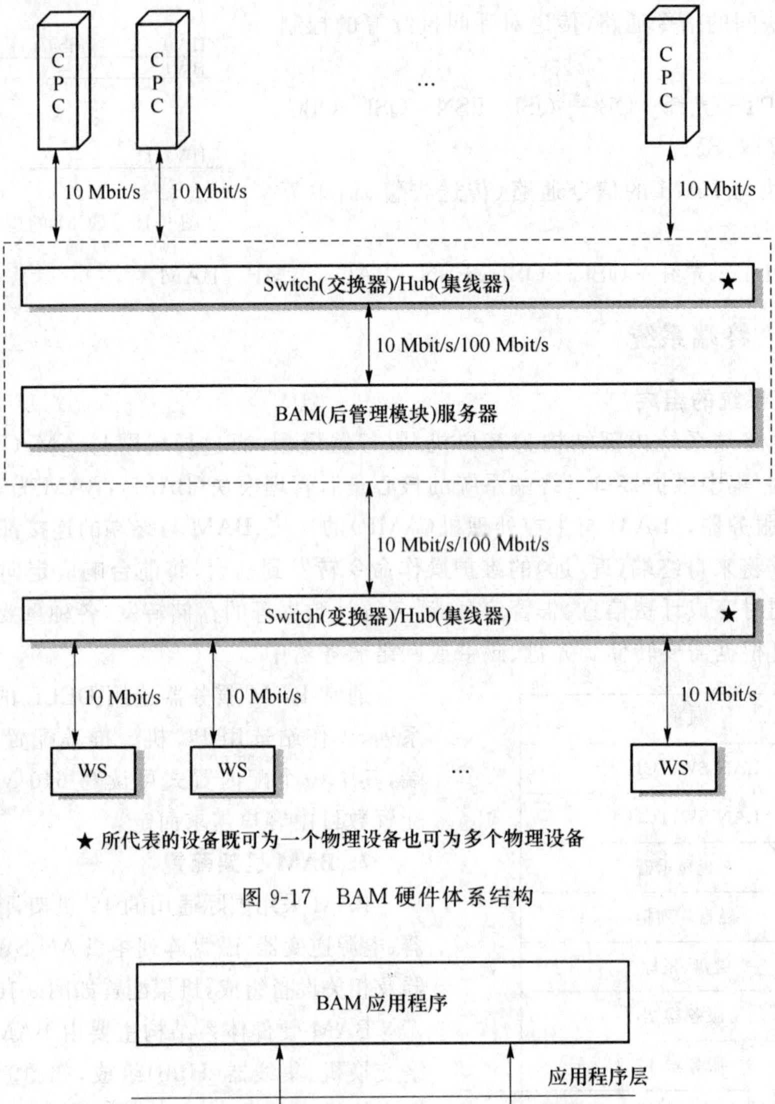

图 9-17 BAM 硬件体系结构

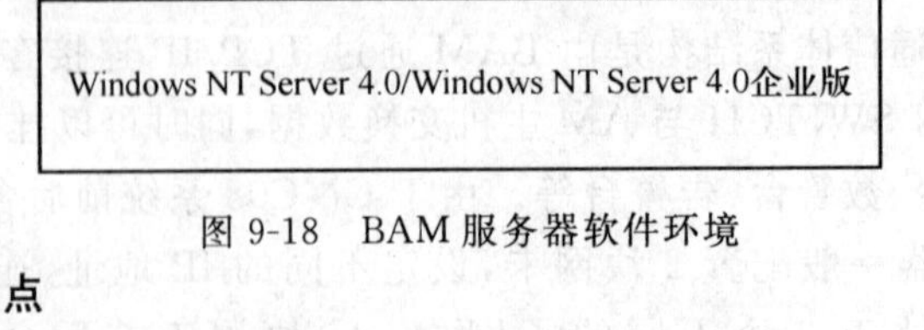

图 9-18 BAM 服务器软件环境

3. 终端系统的特点

① 高稳定性，C&C08 终端系统使用 RAID 5 技术，即硬盘 n+1 冗余备份；所有硬盘都支持热拔插，；对于大容量局，都采用双机容错方案。

② 安全性，由于采用 Windows NT 操作系统，NTFS 文件系统上病毒很少，因此大大减少病毒的侵犯。同时利用 Windows NT 的域用户权限管理机制，防止有人恶意对系统进行破坏。对于 BAM 系统的操作，从命令组、工作站、操作员三方面对命令进行权限管理，从而实现交换机的安全维护。同时通过日志记录，可以跟踪某个操作员或工作站进行的操作。

③ 操作性，通过智能客户端，简化用户对复杂的 MML 命令的操作，同时有良好的在线帮助，随时帮助用户。

9.2 SM 模块

交换模块(SM)具有独立交换功能，可以完成模块内的呼叫接续，而模块间的呼叫则由各 SM 通过 AM/CM 来完成。SM 还提供分散数据库管理、呼叫处理、维护操作等各种功能，用户可以不通过 AM/CM，通过串口直接在 SM 侧进行近端维护。

SM 是 C&C08 数字程控交换机的核心，是各种业务接口的提供者，根据 SM 所提供的接口可把它分为纯用户模块(USM)、纯中继模块(TSM)、用户中继混装模块(UTM)3 种类型。USM 只提供用户接口，TSM 只提供中继接口，UTM 提供用户和中继两种接口。USM 不可以用作单模块局，UTM、TSM 可以用作单模块局，TSM 作单模块局时只能作为汇接局。当 SM 用作单模块局时，通过其主控框母板上的 HDLC 接口直接与 BAM 通信；而当 SM 用作多模块局的一个模块时，通过光纤经过 AM/CM 间接与 BAM 通信。

另外，C&C08 系统还有多种远端模块——RSM、RSMII、SMII，它们都可以看作是 SM 的其他形式或者是附加于 SM 之上的功能块。

BSM 是华为公司在综合考虑以前所生产的 A 型机、C 型机、排队机结构特点的基础上，设计推出的新型交换模块产品，为各种产品提供一个统一的硬件交换平台。

9.2.1 机架介绍

SM 的机架在全局统一编号。SM 的模块号与 SPM 一起统一在 1 至 160 里编号。单模块局时模块号为 1，机架号从 1 开始编。

SM 的机框类型有：主控框、时钟框、用户框、DT 框、AT 框、RSA 接口框。一个机架有 6 个机框，机框在本模块内统一编号，编号从 0 开始，由下向上、由近向远。主控框占 2 个机框，含有主控框的机架称为主机架，所有的 SM 都有且只有一个主机架，其他机架都称为副机架。主机架中必须含有主控框，其他机框根据模块类型和需要来配置。多模块局的 SM 模块无时钟框和 BAM 框；单模块局时有时钟框和 BAM 框。

1. USM 纯用户模块机架

USM 纯用户模块满配置为 4 个机架(1 个主机架＋3 个副机架)，有 22 个用户框，最大容量为 6 688ASL/3 344DSL。每个用户框有 304ASL/152DSL(ASL 为模拟用户，DSL 为数字用户)，如图 9-19 所示。如果有远端 RSA 用户，则用 RSA 接口框替代用户框。

用户框	用户框	用户框	用户框
用户框	用户框	用户框	用户框
用户框	用户框	用户框	用户框
用户框	用户框	用户框	用户框
主控框	用户框	用户框	用户框
	用户框	用户框	用户框
主机架	副机架	副机架	副机架

图 9-19 USM 纯用户模块

2. TSM 纯中继模块机架

TSM 纯中继模块标准配置为 1 个机架(主机架),有 2 个数字中继框,插 24 块 DTM 板(每个中继框满配置有 16 块 DTM 板,1 框插满 16 块,另 1 框插 8 块;DTM 板为数字中继板,每板有 60 路数字中继),容量为 1 440DT(24×60DT,DT 为数字中继),如图 9-20 所示。如果需要模拟中继,则将数字中继框或空框换成模拟中继框。

3. UTM 用户中继混装模块机架

UTM 用户中继混装模块标准配置为 4 个机架(1 个主机架+3 个副机架),有 16 个用户框和 1 个数字中继框(插 8 块 DTM 板),容量为 4 864ASL/480DT,如图 9-21 所示。如果需要模拟中继,则将主机架内的空框换成模拟中继框;如果有远端 RSA 用户,则用 RSA 接口框替代用户框。

空 框
数字中继框
数字中继框
主控框
空 框

图 9-20　TSM 纯中继模块

数字中继框	用户框	用户框	空 框
空 框	用户框	用户框	空 框
空 框	用户框	用户框	用户框
空 框	用户框	用户框	用户框
主控框	用户框	用户框	用户框
	用户框	用户框	用户框
主机架	副机架	副机架	副机架

图 9-21　UTM 用户中继混装模块标准配置

4. TSM 单模块局(汇接局)机架

TSM 单模块局(汇接局)标准配置为 1 个机架(主机架),有 2 个数字中继框,插 32 块 DTM 板,容量为 1 920DT(32×60DT),如图 9-22 所示。如果需要模拟中继,则将数字中继框换成模拟中继框。

SM 作单模块局时不再经过光接口从 AM/CM 提取时钟,它有自己的时钟框。时钟框可以经过数字中继从上级局提取时钟,当上级局时钟不合乎要求时也可以让时钟框工作在自由振荡状态。SM 作单模块局时需配 BAM 框。

5. UTM 用户中继混装单模块局机架

UTM 用户中继混装单模块局标准配置为 4 个机架(1 个主机架+3 个副机架),有 18 个用户框和 1 个数字中继框(插 8 块 DTM 板),容量为 5 472ASL/480DT,如图 9-23 所示。如果需要模拟中继,则将主机架内的空框换成模拟中继框;如果有远端 RSA 用户,则用 RSA 接口框替代用户框。SM 作单模块局时需配时钟框和 BAM 框。

数字中继框
数字中继框
时钟框
主控框
BAM 框

图 9-22　TSM 单模块局(汇接局)标准配置

数字中继框	用户框	用户框	用户框
空框	用户框	用户框	用户框
时钟框	用户框	用户框	用户框
主控框	用户框	用户框	用户框
	用户框	用户框	用户框
BAM框	用户框	用户框	用户框
主机架	副机架	副机架	副机架

图 9-23　UTM 用户中继混装单模块局标准配置

9.2.2　机框及单板描述

SM 的机框类型有如下几种：主控框、时钟框、用户框、DT(数字中继)框、AT(模拟中继)框和 RSA 接口框。

SM 的单板类型很多，根据单板所完成的功能，可划分为电源设备、控制设备、通信设备、网络设备、用户设备、中继设备、信令设备、时钟设备，及测试设备。各类设备包含的单板如下：

① 电源设备：PWC、PWX；

② 控制设备：MPU、EMA；

③ 通信设备：NOD、TCI、ALM、LAPMC2、OPT；

④ 网络设备：BNET、CKV ；

⑤ 设备：ASL、DSL、DCN、AVM、DRV；

⑥ 中继设备：DTM、AT、TKD、CT0；

⑦ 资源/信令设备：SIG、MFC、DTR、NO7、LAP、MEM；

⑧ 时钟设备：SLT、CK2、CK3；

⑨ 测试设备：TSS、TST。

在通信设备中，NOD、TCI、ALM 是模块内的通信设备，LAPMC2、OPT 是模块间的通信设备。SM 中有许多单板占多个槽位(例如：CK3、PWC、PWX 占 2 个槽位；CK2 占 4 个槽位)，应插在靠右边的槽位上。

1. 主控框

SM 的主控框是交换模块的控制中心和话路中心，负责整机的设备管理和接续控制，占两个框位，满配置如图 9-24 所示。

0	1	2	3	4	5	6	7	8	9	10	11	12	13	14	15	16	17	18	19	20	21	22	23	24	25
PWC		NOD	NOD	NOD	NOD	NOD	NOD	EMA		MPU	CKV	BNET	CKV	BNET		MEM	MFC	MFC	MFC	MFC			ALM	PWC	
PWC		NOD	NOD	NOD	NOD	NOD	SIG	SIG		MPU						MEM	MFC	MFC	LAPMC2	LAPMC2	OPT	OPT	TCI	PWC	

图 9-24　SM 的主控框

128 模块的 SM 与 32 模块的 SM 最主要的区别在于 LAPMC2 板，LAPMC2 板是 LAP 板的其中一种。32 模块的 SM 使用 MC2 板与 AM/CM 通信，MC2 板插在上框的 21、22 槽位；128 模块的 SM 使用 LAPMC2 板与 AM/CM 通信。LAPMC2 板插在下框的 19、20 槽位，此 2 个槽位也兼容 MFC 板、LAP 板；此时上框的 2 个 MC2 槽位为空。

各种 SM 的主控框所配单板有所差别：SM 作模块局时，需要配 LAPMC2 板和 OPT 板；SM 作单模块局时，不需要配 LAPMC2 板和 OPT 板。SM 作模块局时，USM 不需要配 MFC、NO7、LAP 等信令板，TSM 不需要配 TCI 板，UTM 可以配置所有单板。

(1) PWC

PWC 为二次电源板，－48V 直流输入，输出为直流＋5V/20A，可以给主控框、时钟框、DT 框供电。具有独立的 12V 辅助稳压电源，为控制回路、报警回路提供专用电源。共有 4 个 PWC 槽位，一般全插上。4 块 PWC 板互为热备份，有 1 块开工即可为两框供电。一次电源完成交流 220V 到直流－48V 的转换，二次电源完成－48V 到＋/－5V 的转换。PWC 板侧面有 2 个开关，上面 1 个为－48V 电源输入开关“ON/OFF”，正常工作时置为“ON”；下面 1 个为告警音开关，正常工作时置为“ALM”，当没有电源输出时，PWC 板会发出急促的告警音。

(2) MPU

MPU 为主处理机板。2 块 MPU 板处于主备用热备份状态，1 个位于上框，1 个位于下框，上框的 MPU 也称作 A 机，下框的 MPU 也称作 B 机，一般开机默认上框的 MPU 板为主用。

MPU 板是模块内的中央处理单元，负责对 SM 的各类设备进行控制。采用高档 CPU 处理模块内的上报信息，控制各从节点动作，完成交换的功能，具体功能表现为：

① 通过总线或邮箱直接控制主控框的设备；

② 通过 NOD 板上的主节点接收用户和中继状态，并对其发出相应的命令；

③ 针对用户状态，控制 SIG 板送出相应的信号音和语音信号；

④ 根据本局用户和中继状态，控制 MFC 板接收和发送多频互控信号；

⑤ 控制交换网板进行接续；

⑥ 邮箱方式通过通信板(LAPMC2)与 AM/CM 及其他 SM 通信；

⑦ 过 HDLC 同步串口与后台通信，并由此进行主机软件加载(SM 作为一个模块时通过光纤到 AM/CM，再与 BAM 通信；

⑧ 作单模块局时，通过 HDLC 直接与 BAM 通信)；

⑨ 过 EMA 进行主备倒换和主机数据热备份。

MPU 板上有 32 M DRAM(内存，是 CPU 运行程序和数据的载体)、3.5 M 数据 Flash Memory(闪烁快速存储器)和 2 M 程序 Flash Memory。Flash Memory 为闪烁快速存储器(简称闪存)，用于存储主机程序和数据。其特点是存取速度快，可在线擦写，带电池保护，掉电后不丢失所存储的程序和数据。主机程序和数据有 2 种加载路径，如图 9-25 所示。

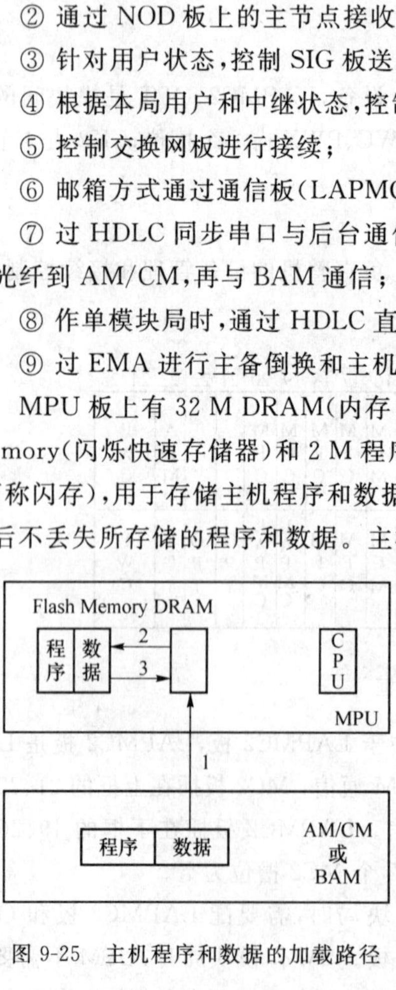

图 9-25 主机程序和数据的加载路径

图中路径 1 是 SM 作单模块局时通过 BAM 加载，BAM→DRAM；SM 作模块局时通过 AM/CM 加载，BAM→AM/CM→DRAM，速度慢。图中路径 2 表示将 DRAM 中的程序和数据写入 Flash Memory 中，这样掉电后可选择从 Flash Memory 中加载程序和数据到 DRAM 中，这要比从 BAM 加载快很多，能够迅速恢复运行。图中路径 3 是 Flash Memory→DRAM，速度快。

MPU 板正面有 2 个拨码开关 SW1 和 SW2，SW1 为 8 位拨码开关，SW2 为 4 位拨码开关，如图

9-26 所示。SW1、SW2 的具体设置说明见表 9-3。

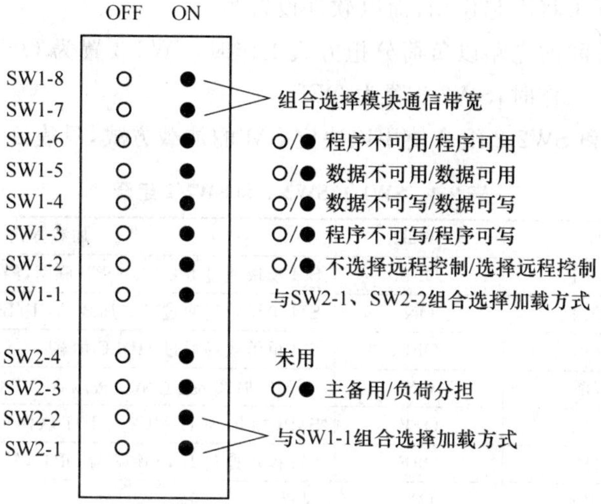

图 9-26　MPU 板的拨码开关

表 9-3　SW1、SW2 的具体设置说明

开关	设置说明
SW1-8 SW1-7	组合选择 SM 与 AM 间的模块通信带宽 SW1-8　SW1-7　时隙个数　通信带宽 OFF　OFF　2　128 Kbit/s ON　ON　4　256 Kbit/s ON　OFF　8　512 Kbit/s OFF　ON　12　768 Kbit/s
SW1-6	Flash Memory 中程序是否可用，ON 为可用，OFF 为不可用。
SW1-5	Flash Memory 中数据是否可用，ON 为可用，OFF 为不可用。
SW1-4	是否可向 Flash Memory 中写数据，ON 为可写，OFF 为不可写。
SW1-3	是否可向 Flash Memory 中写程序，ON 为可写，OFF 为不可写。
SW1-2	是否选择远程控制，ON 为选择远程控制，OFF 为不选择远程控制。
SW1-1	与 SW2-1、SW2-2 组合选择加载方式。
SW2-4	备用，通常置为 OFF。
SW2-3	当处于模块局加载方式时，设定 SM 模块类型：ON 为负荷分担的模块，OFF 为主备用的模块。 当处于 SMII、RSMII 加载方式时，设定网板锁相时钟源选择：ON 为锁相时钟框（板），OFF 为锁相 DT8K0。
SW2-2	与 SW1-1 组合选择加载方式。
SW2-1	与 SW1-1 组合选择加载方式。

“程序/数据是否可用”决定向 DRAM 中加载程序/数据的路径：“可用”则从 Flash Memory 中加载程序/数据；“不可用”则从 BAM 中加载程序/数据。

“程序/数据是否可写”决定 DRAM 中的程序/数据是否可写到 Flash Memory 中去。

“远程控制”是指可以通过维护终端设置 SW1-6、SW1-5、SW1-4、SW1-3 这 4 个拨码开关的状态——ON 或 OFF，即通过软件设置来控制"程序/数据可用/可写"，此时在 MPU 板上设置这 4 个拨码开关将不起作用，而以软件设置为主。

SM 与 AM/CM 间的光路以负荷分担方式工作时，SW2-3 置为 ON；SM 与 AM/CM 间的光路以主备用方式工作时，SW2-3 置为 OFF。

SW1-1、SW2-1 和 SW2-2 组合使用以决定 SM 的加载方式，见表 9-4。

表 9-4　SW1-1、SW2-1 和 SW2-2 组合

SW1-1	SW2-2	SW2-1	加载方式
OFF	OFF	OFF	SM 模块通过 MC2 与 OPT 联网，经由 AM 加载
	OFF	ON	SM 单模块局通过串口加载（TCP/IP 方式）
	ON	OFF	SM 单模块局通过 HDLC 加载
	ON	ON	RSMII 加载（通过 NO7 板/LAPN7 板）
ON	OFF	OFF	SMII 加载（通过 MC2 与 IDT 联网）
	ON	OFF	SM 模块通过 LAPMC2 与 OPT 联网，经由 AM 加载
	OFF	ON	保留
	ON	ON	SMII 加载（通过 LAPMC2 与 IDT 联网）

(3) EMA

EMA 为双机倒换板，位于上框。EMA 负责 2 块 MPU 之间的通信，裁决哪块是主用板，并控制其间的倒，为双机提供数据备份通路和监视主备机运行状态。

通常 EMA 板开机默认 MPUA 为主用，MPUB 为备用（正常情况下主控框母板 MCB 上的开关设为 AUTO/MPCA）。双机在位时，若主机离线（被拔出）、或者发生硬件或软件故障，EMA 板自动把控制权交给备机。双机在位时，可以从后台发送人机命令让 EMA 板把控制权交给备机。若只有一块 MPU 工作，则 EMA 没有作用。

(4) NOD

NOD 为主节点板，负责 MPU 与用户框设备及中继框设备之间的通信。共有 11 个 NOD 槽位，上框有 6 个，下框有 5 个。一般从上框 2 号槽位开始插，插满上框就从下框 2 号槽位开始插。本模块容量越大，插的 NOD 板就越多。每块 NOD 板提供 4 路主节点，每路主节点包括 1 个邮箱，1 个 CPU，1 个串口。主节点与 MPU 之间以邮箱方式通信，与各从节点（用户框设备、中继框设备）之间以广播方式通过串口通信，可访问多个从节点。主节点转发 MPU 给各从节点的命令，并向 MPU 上报各从节点的状态，是 MPU 与用户设备、中继设备间通信的桥梁。SM 中的 44 个主节点可以通过人工配线来自由分配给用户框设备和中继框设备。

为什么在 MPU 与用户设备/中继设备间使用 NOD 板？MPU 板中的 CPU 处理速度快，用户/中继各单板中的 CPU 速度慢，信息量少，单独布线直连不经济，使用 NOD 板提高了 CPU 的效率，节省了通信资源。MPU 板与同框的 NOD、SIG、BNET、MEM、MFC、LAPMC2 等单板通过主控框母板上的总线通信。

(5) SIG

SIG 为数字信号音板，共有 2 个 SIG 槽位，都位于下框，2 块 SIG 板处于主/备用热备份状态，一般开机默认左边 SIG 板为主用。交换机在接续过程中，向用户提供各种信号音，包括接续提示音(如拨号音、忙音)、辅导代答、新业务提示及报时、天气预报等。这些数字信号音由数字信号板(SIG 板)产生,而对应的模拟信号则由其他电路转换生成。数字音信号板 SIG 与 MPU 板、BNET 板的关系如图 9-27 所示。

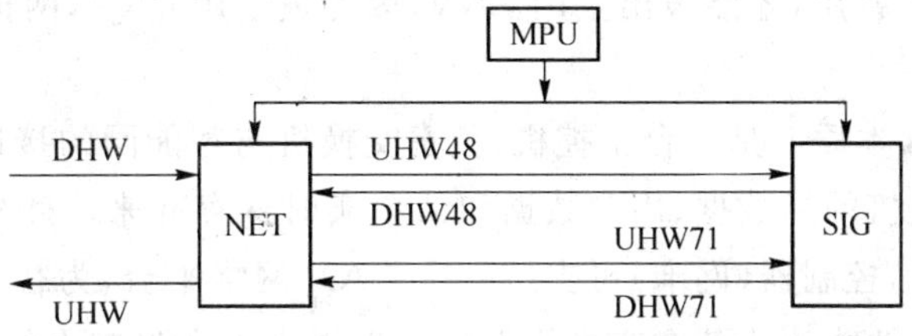

图 9-27　数字音信号板 SIG 所处位置

SIG 板受控于 MPU 板,其工作状态、放音内容均由 MPU 板以命令或表格方式下达。语言信号的出入则以 2.048 Mbit/s PCM 方式(E1)与 BNET 板相连后提供,1 套 SIG 电路可接 2 条 PCM 的 HW 线,使得在任一时刻能提供存储器所存语音中的 64 种语音,并可用任一条 HW 通道对一个时隙进行录音。SIG 板提供 64 路信号音,其中 32 路可以录音,在 32 路中只有 4 路开放给用户,每路最长可录 64 秒。CC02SIG 板提供 2 个录音时隙(TS_0、TS_1);CB01SIG 板提供 4 个录音时隙(TS_0、TS_1、TS_{34}、TS_{35},即 48HW 的 TS_0、TS_1,71HW 的 TS_2、TS_3)。

(6) BNET

BNET 为模块内交换网板,共有 2 个 BNET 槽位,BNET 板体积较大,占用上下两框的位置。2 块 BNET 板处于主备用热备份状态,一般开机默认左边的 BNET 板为主用。BNET 网板是 SM 自身控制、维护通信链路的交换中心,同时也是话音通信和数据通信的交换中心,信令和话路的交换都是在 MPU 板的监控下利用网板资源实现的。

BNET 网板功能如下:

① BNET 是一个 4 K×4 K 的单 T 交换网,提供 128 条 HW,其中 64 条固定分配给系统资源,另 64 条自由分配给用户和中继;

② 提供本框(OPT 除外)及用户框、中继框的工作时钟;

③ 集成 32 时隙主叫号码 FSK(Frequerey Shift Key control ,移频键控)数字信号的发送处理;

④ 支持 64 方会议电话;

⑤ 具有多种时钟工作方式:本板时钟(自由振荡方式)、锁相时钟框时钟、锁相 DT 时钟、锁相 OPT 时钟;

⑥ 支持 OPT 主备用或负荷分担方式。

(7) CKV

CKV 为时钟驱动板,用于驱动主控框至各功能单元(用户框、中继板)的差分时钟。CKV 板的输入信号是从网板送来的两组差分时钟,经差分接收电路接收并转化为非差分电平时钟,驱动 34 组差分驱动器。输出的差分时钟信号随差分 HW 线一起送往各功能单元(用户框、中继板),每两组 HW 线(每组 HW 包括上行和下行两条差分 HW 线)配一组差分时钟,用于差分 HW 线上信码的提取和发送。CKV 板上无 CPU,全是驱动器件,因此 CKV

板无法报出故障等状态，也不需做数据。我们把 CKV 板当作 BNET 板的一部分，CKV 的状态与 BNET 的状态一致，即 BNET 故障，CKV 也故障；BNET 正常，CKV 也正常，同时，只有 BNET 板或只有 CKV 板无法实现正常功能。不能拔主用 CKV，必须将与 CKV 配对的 BNET 从后台倒成备用，才能拔出主用 CKV，因为拔主用 CKV，网板不能自动倒换。

(8) MEM

MEM 为存储板，本质上是一台工控机，负责交换机与智能网的接口，能存储大量话单。其主要作用是将交换机的局数据、用户数据和话单实时保存起来。此外它还具有网络通信功能：板上的网络通信控制器（网卡）可支持一个 LAN 网络平台，为智能网、GSM 联网漫游等需要大数据量传输功能的业务在交换机上的实现提供一个强有力的支持。MEM 由内部邮箱通信直接转换到 TCP/IP 通信，可实现路由选择，使交换机本身具有路由器功能。共有 2 个 MEM 槽位，1 个位于上框，1 个位于下框。2 块 MEM 板之间可以负荷分担方式工作，也可以主/备用方式工作，由软件决定。因为 MEM 板用于智能网中存储大量话单和提供大数据量的智能业务，通常情况下用不到此板。

(9) MFC、NO7、LAP、DTR

MFC 板、NO7 板、LAP 板、DTR 板槽位兼容，共有 8 个 MFC 槽位，4 个位于上框，4 个位于下框。LAPN7、LAPV5、LAPHI、LAPRA 统称为 LAP 板。MFC 槽位还可以兼容 MEM 板，但 MEM 槽位不兼容 MFC、NO7、LAP、DTR 这几种板。

当本模块的中继使用 No. 1 信令时，需要在 MFC 槽位插 MFC 板；当本模块的中继使用 No. 7 信令、PRA 接口、V5 接口或 PHI 接口时，需要在 MFC 槽位插 NO7 板或 LAP 板；当本模块的中继使用 V5 接口时，除了需要 LAP 板提供协议支持外，还需要在 MFC 槽位插 DTR 板来接收接入网用户的双音拨号。

MFC 为多频互控板，在局间采用中国 1 号信令系统时完成多频信号的接收和发送，可通过数据设定设置为 16 路或 32 路。如图 9-28 所示，MFC 板根据主机命令经交换网向对端局发送前向或后向多频记发器信号；接收、识别从入中继经交换网到达的多频记发器信号，将结果上报主机。

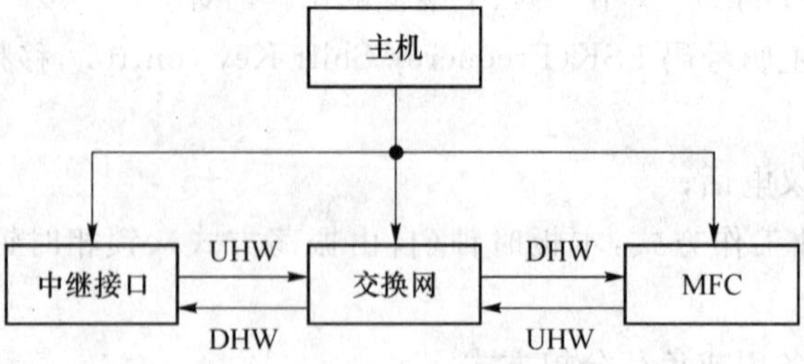

图 9-28 MFC 板连接图

LAP 为协议处理板的统称，完成的主要功能是数据链路层的协议处理，如图 9-29 所示。通过配不同的单板软件，可以配置成以下 6 种单板：

① LAPN7，公共信道信令处理板，每板 4 路 Link，与 TUP 板或 ISUP 板配合使用；

② LAPV5，V5 协议处理板，每板 4 路协议接口，与 V5TK 板配合使用；

③ LAPHI，PHI 协议处理板，每板 4 路协议接口，与 PHI 板配合使用；

④ LAPRA,PRA 协议处理板,每板 4 路 HDLC,与 PRA 板配合使用;

⑤ LAPRSA,32 通道协议处理板,作数据链路层协议处理,以 LAPRSA RDT(数字中继板 DTM)＋ RSA1 方式实现远端用户接入;

⑥ MC2,模块通信协议处理板,完成 SM 与 AM/CM 通信时的链路控制。

NO7 为 No.7 信令板,每板 2 路 Link,与 TUP 板配合使用。

DTR 为双音收号板,每板 16 路双音收号器,与 V5TK 板和 LAPV5 板配合使用,从 V5TK 提取接入网用户所拨的双音频信号,供 CPU 分析进行呼叫处理。

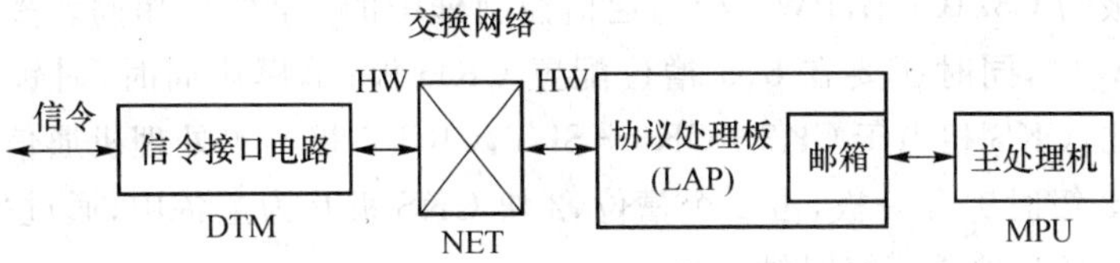

图 9-29　LAP 板的作用示意图

(10) LAPMC2

LAPMC2 为模块通信协议处理板,处理模块间信息传输控制规程(MTCP),完成 SM 与 AM/CM 通信时的链路控制,每板提供 1 路 2 Mbit/s 的 HDLC。共有 2 个 LAPMC2 槽位,如果 SM 不用作单模块局,通常 2 块 LAPMC2 都要插上,2 块 LAPMC2 处于负荷分担工作状态。模块间的呼叫接续信息以及其他控制信息从 MPU 板经过 LAPMC2 板上的 HDLC 传到 OPT 板,转换成光信号以后再传送到 AM/CM。LAPMC2 板作为模块通信板与光板、BNET 网板、AM/CM 中的 CCM(通信控制模块)共同构成模块通信链路,完成各 SM 之间,SM 与 AM 之间的管理数据、呼叫处理、计费、话务统计、维护测试等信息的传输,从而实现 C&C08 数字程控交换机的模块化结构。1 对 LAPMC2 与 2 个 CCM 平面(CCM0、CCM1)配合以负荷分担方式工作,即连接 SM 的 2 条链路都正常时,各承担一半通信量;若有一条链路故障时,另一条链路接管全部工作。

(11) OPT

OPT 为光纤接口板,实现 SM 模块与 AM/CM 通信时的物理承载功能,每板 1 路光接口。共有 2 个 OPT 槽位,都位于下框。如果 SM 不用作单模块局,通常 2 块 OPT 都要插上。如果 SM 容量不大,它们通常处于主备用热备份状态;如果 SM 容量很大,它们通常处于负荷分担工作状态,由 MPU 上的 SW2-3 设定 OPT 是主备用方式还是负荷分担方式。OPT 提供 1 路 40 Mbit/s 的物理光通路到 AM/CM 的 OBC 板,提供 1 路 32 Mbit/s 的大 HW 通路(16 条 HW)到本模块的 BNET 网板,提供 1 路 2 Mbit/s 的 HDLC 通路到本模块的 LAPMC2 板。

OPT 板位于 SM 侧,其功能是将对端送来的光信号转换为电信号,再分接成为 16 条 2.048 Mbit/s的 HW 信号(32 时隙)和 1 条 2.048 M 的 HDLC 链路信号;同时 OPT 板也将从网板送来的 16 条小 HW 信号和 1 条 HDLC 链路信号,以及本板产生的通道控制信号,复接成为 40.96 Mbit/s 的码流,再通过光电转换发送出去。OPT 板在 SM 中同时还起着时钟源的作用,从 40.96 M 的码流中提出时钟信号,经过处理送到 BNET 网板。OPT 与 OBC 的基本电路结构相似,差别之处主要是各个功能模块的具体实现电路不同;OPT 板不仅包括信号处理部分,还包括光电转换部分和电光转换部分。

OLE也是光纤接口板，在远端模块RSM中使用。OLE与OPT唯一不同在于其光电变换的部分电路不同：OLE采用1 310 nm的长波长光器件，OPT采用850 nm的短波长光器件。

SM模块除了上述单板外，还有告警通信板（ALM）和终端控制接口板（TCI）。ALM完成告警信息的收集和处理等功能。TCI负责MPU与液晶话务台的通信，还可用来接CENTREX呼叫中心话务台。

2. 新时钟框

C&C08数字程控交换机的新时钟框由2种单板组成：PWC和CKS，如图9-30所示。

时钟框母板为C821CKB，PWC板与通信控制框中的PWC板相同。多模块局时，时钟框放在AM/CM中，同时还要在8、9槽位配置CKD板；单模块局时，时钟框放在SM中。与旧时钟框相比，CKS相当于CK2＋CK3＋SLT，CKS直接与主处理机通信，不再需要SLT板。CKS为2、3级时钟合一板，占2个槽位，2块CKS板互为主备用，通过板上拨码开关的设置可配置为2级时钟或3级时钟。

0	1	2	3	4	5	6	7	8	9	10	11
PWC				CKS		CKS				PWC	

图9-30 C&C08数字程控交换机新时钟框配置

3. 用户框

SM的用户框如图9-31所示，共有19个ASL槽位，插多少块ASL板视用户数量而定。按每块ASL板16路模拟用户计算，一个用户框最多可接304线ASL。

0	1	2	3	4	5	6	7	8	9	10	11	12	13	14	15	16	17	18	19	20	21	22	23	24	25
PWX		ASL	ASL	ASL	ASL	ASL	ASL	ASL	ASL	ASL	ASL	DRV	DRV	ASL	ASL	ASL	ASL	ASL	ASL	ASL	ASL	ASL	TSS	PWX	

图9-31 SM的用户框

(1) PWX

PWX为二次电源板，48 V直流输入，输出为直流＋5 V/10 A、直流5 V/5 A和交流75 V/400 mA(25 Hz铃流)，可以给用户框、AT框和RSA框供电，给模拟用户和环路中继AT0提供铃流。用户框共有2个PWX槽位，一般全插上。2块PWX板互为热备份，有1块开工即可对整框供电。PWX板侧面有2个开关，上面1个为－48 V电源输入开关“ON/OFF”，正常工作时置为“ON”；下面1个为告警音开关，正常工作时置为“ALM”，当没有电源输出时，PWX板会发出急促的告警音。

(2) ASL/DSL

ASL为模拟用户板，每板提供16路模拟用户线接口，每一路接口除完成基本的BORSCHT功能外，还提供截铃、脉冲检测、极性反转、增益调整、16KC计费脉冲、高电压馈电和主叫号码显示功能，接收脉冲拨号。

ASL 单板主要型号介绍：

① C06ASL，16 路全反极，提供 16KC 计费功能；

② C08ASL，主流板，第 8、9 路提供反极（中间 2 路）；

③ CC09ASL，16 路全反极；

④ CC0CASL，专为远端用户设计的升压远端模拟用户板，可提高远端用户的双音频拨号能力，ASL 槽位也可以插 DSL、DCN、AVM，CC08ASL 只有 1 个运行指示灯 RUN（红色），用户板正常开工后红灯以 1 次/2 秒闪烁。

DSL 为数字用户板，1 块 DSL 占用 1 个 ASL 槽位。每板提供 8 路 U 接口（偶数端口），即 ISDN 2B+D 接口，支持 ISDN 业务。U 接口可作为 Centrex 话务台接口，每个 U 接口接 1 个 Centrex 话务台。2B+D 是指在一对用户线的物理通路上，同时提供 2 个双向 64 Kbit/s的 B 信道和 1 个 16 Kbit/s 的 D 信道。

(3) DRV

DRV 为双音收号及驱动板，每板有 16 路双音频收号器，接收模拟用户话机所拨的双音频号码，同时为本半框用户 HW 信号、串口信号和时钟信号提供驱动。用户框共有 2 个 DRV 槽位，一般全插上。当进行双音收号时，2 块 DRV 以负荷分担方式工作，轮流收号；当进行信号驱动时，2 块 DRV 板处于互助工作状态，正常情况下各自负责半框用户的驱动工作，如果有 1 块 DRV 不在位或发生故障，另一块 DRV 可以通过 NOD 板的配合驱动本框所有用户板。信号驱动是指信号的 TTL 电平与差分电平间的转换，只改变信号形式，对信号内容不进行处理。DRV 板位于网板和用户板之间，网板和节点板的接口采用差分电平。DRV 实现信号电平从网板到 DRV 板、节点板到 DRV 板的差分电平到 TTL 电平的转换，和从 DRV 板到网板、DRV 板到节点板 TTL 电平到差分电平的转换。

(4) TSS

TSS 为测试板，位于用户框和模拟中继框，提供对模拟用户、数字用户和 AT0（环路中继）的测试，还为模拟用户提供啸鸣音。通常相邻的两个用户框配一块 TSS 板来对 2 框模拟用户进行测试。

TSS 提供如下功能：

① 外线测试，完成对模拟用户电路内线及 AT0 外线的测试；

② 内线测试，完成对模拟用户电路外线及 AT0 内线的测试；

③ 终端测试，在本地特服台或 112 中心的配合下完成对用户话机进行边通话边测试；

④ 监控，完成告警收集和转发，实时监测环境的温湿度变化。

4. 数字中继框（DT 框）

SM 的数字中继框如图 9-32 所示，共有 16 个 DTM 槽位，插多少块 DTM 板视中继数量而定。按每块 DTM 板 60 路数字中继计算，一个数字中继框最多可接 960 路 DT。

0	1	2	3	4	5	6	7	8	9	10	11	12	13	14	15	16	17	18	19	20	21	22	23	24	25
PWC		DTM	DTM	DTM	DTM	SET	DTM	DTM	DTM	DTM	DTM	DTM	DTM	DTM	SET	DTM	DTM	DTM	DTM	DRV	DRV	DRV	DRV	PWC	

图 9-32　SM 的 DT 框

(1) DTM

DTM 为数字中继电路板，完成局间数字中继的对接。每板有 2 个 PCM 系统，提供 60 路数字中继。一个数字中继框共有 16 个 DTM 槽位，最多可提供 960 路数字中继。

DTM 板与不同的信令设备配合，可支持不同的业务。通过在后台终端的数管系统中进行设置，可以把 DTM 设置成下列单板：

① DT，当局间使用 No.1 信令时，把 DTM 设置成 DT，此时需要在主控框 MFC 槽位插 MFC 板。

② TUP，当局间使用 No.7 信令且传送电话业务时，把 DTM 设置成 TUP，此时需要在主控框 MFC 槽位插 NO7 板或 LAPN7 板。

③ ISUP，当局间使用 No.7 信令且传送 ISDN 业务时，把 DTM 设置成 ISUP，此时需要在主控框 MFC 槽位插 LAPN7 板。

④ V5TK，当使用 V5.1 或 V5.2 接口实现与接入网的对接时，把 DTM 设置成 V5TK，此时需要在主控框 MFC 槽位插 LAPV5 板和 DTR 板。LAPV5 板提供 V5.X 协议支持，DTR 板从 V5TK 提取接入网用户所拨的双音频信号。

⑤ PHI，分组处理接口板，实现交换机与分组交换网的对接，此时需要在主控框 MFC 槽位插 LAPHI 板。为了实现 ISDN(综合业务数字网)与 PSPDN(分组交换公用数据网)的互通，可在 ISDN 交换机中加入分组处理接口 PHI，由 PHI 作为 PH(分组处理器)与 ISDN 交换机的接口，从而利用 PH 与 PSPDN 可以互通的特性，达到 ISDN 与 PSPDN 互通的目的。

⑥ PRA，基群速度接入板，即 ISDN 30B+D 接口板，用于 ISDN 的网间互通，此时需要在主控框 MFC 槽位插 LAPRA 板。

⑦ iDT，内部数字中继板，以内部 No.7 信令方式接入 SMII/ RSMII 时使用，此时需要在主控框 MFC 槽位插 NO7 板或 LAPN7 板。

⑧ RDT，远端用户接入接口板，以 LAPRSA + RDT(即 DTM)+ RSA1 方式实现远端用户接入。

以上 8 类单板都是由 DTM 板变换而来，它们的硬件及单板软件都完全一样，并且传输速率及传输格式也完全一样，只是交换机依据不同的后台数据设置对其作不同的处理。

(2) SET

SET 是中继框 HW 线和 NOD 线的配线座，共有 2 个 SET 槽位，给各自半框 DTM 提供 HW 线和 NOD 线。该槽位不插任何单板，配以假面板。

(3) DRV

DRV 为双音收号及驱动板，与用户框中的 DRV 板相同。共有 4 个 DRV 槽位，提供 64 路 DTMF 收/发号器，在中继框上收发 DTMF 信号，供智能网及排队机使用，在单纯的电话交换机中通常不插。

5. 模拟中继框(AT 框)

SM 的模拟中继框共有 16 个 AT 槽位，插多少块 AT 板视中继数量而定。按每块 AT 板 8 路模拟中继计算，一个模拟中继框最多可接 128 路 AT，可以支持 16 块 AT2、AT4、EM4、MTK 或 8 块 AT0。

6. RSA 框

SM 的 RSA 框共有 8 个 RSA 槽位，插多少块 RSA 板视远端用户数量而定。按每对 RSA 板带一框远端用户计算，一个 RSA 框最多可接 4 个远端用户框，即 1216 线 ASL。

RSA 为远端用户接入接口板，提供远端用户接入接口（32 时隙 PCM）和协议。远端 RSA 板与近端 RSA 板单板硬件相同，只是单板软件不同。共有 8 个 RSA 槽位，每 1 对 RSA 板（相邻 2 块 RSA 板）可接入 1 个远端用户框。

9.2.3 SM 的功能结构

在 C&C08 数字程控交换机中，90%的呼叫处理功能和电路维护功能由交换模块（SM）完成。其中呼叫处理功能包括对呼叫源的描述、号码接收与分析和电路接续等；电路维护功能包括观察告警信息、电路的控制、系统再启动、呼叫监视、信令跟踪、电路测试、话务统计和话单管理等。在结构上 SM 主要可分为三大功能块：模块控制及通信单元、模块内交换网络、接口单元，如图 9-33 所示。

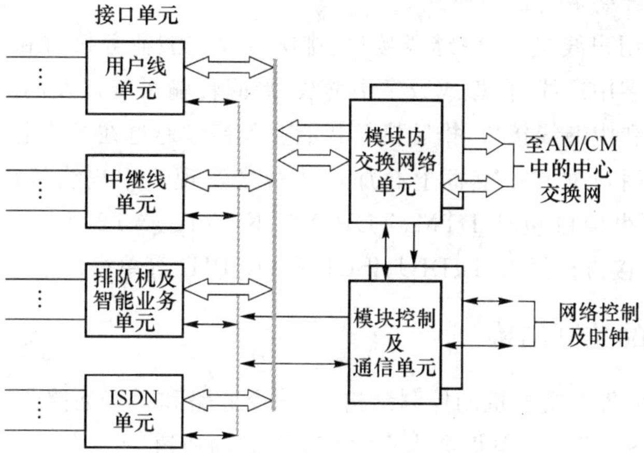

图 9-33　SM 的功能结构

1. 模块控制单元

模块控制单元主要有 MPU、EMA、NOD、SIG 等单板，MPU 板和 SIG 板采用主/备双配置。模块控制单元的功能包括：

① 控制 SM 的运行，包括呼叫处理、电路测试结果的分析、告警信息的处理、通信流量控制、话单的产生、话务统计和特殊的呼叫处理（如三方通话、64 方会议电话等业务），这部分功能主要由 MPU 板完成；

② 完成本模块内部单板的检测及控制功能，这部分功能主要由 MPU 板和 NOD 板共同完成；

③ 完成各种信号音的产生及检测功能，这部分功能主要由 MPU 板和 SIG 板共同完成。

2. 模块通信单元

模块通信单元主要有 OPT、LAPMC2、ALM、TCI、MFC、NO7、LAP、DTR、MEM 等单

板。模块通信单元通过 2 对 40 Mbit/s 的光纤链路与 AM/CM 相连，主要功能包括：

① 完成 SM 与 AM/CM 以及 SM 与 SM 间的通信，同时亦为维护测试信号从 BAM 下达至 SM 和维护测试结果由 SM 上报至 BAM 提供了传输通路，这部分功能主要由 OPT 板和 LAPMC2 板完成；

② 提供告警箱、时钟框（仅用于单模块局）和呼叫中心话务台到控制单元的接口，这部分功能主要由 ALM 板和 TCI 板完成；

③ 提供各种接口单元所需的协议支持，这部分功能主要由 MFC、NO7、LAP、DTR、MEM 等单板完成。

3. 模块内交换网络（位于主控框）

模块内交换网络主要指 BNET 板，采用主/备双配置，是一个 4 K×4 K 的单 T 交换网。可独立完成本模块内部的交换功能，并能配合 AM/CM 的中心交换网完成 SM 间的交换功能。

4. 接口单元（位于用户框和中继框）

各种各样的接口单元用于将 C&C08 数字程控交换机本身所采用的数字信号格式转换成适合各类通信业务终端的信号格式。

接口单元包括用户线接口、中继线接口、排队机及智能业务接口和 ISDN 接口，分别适用于各类模拟或数字用户线、模拟或数字中继线、局间传输系统以及网间互通。普通的 SM 只包括用户线接口和中继线接口，排队机及智能业务接口通过在 SM 上叠加功能框来实现，ISDN 接口通过在用户框和中继框上叠加功能板来实现。用户线接口包括 ASL、AVM、DRV 等单板；中继线接口包括 DTM、TUP、V5TK、AT0、AT2、AT4、EM4、MTK、TKD、CT0 等单板；ISDN 接口包括 DSL、DIU、ISUP、PRA、PHI 等单板。

9.2.4 SM 的控制结构

在 C&C08 数字程控交换机的控制结构中，信令通路和话音通路是分开的，尽管有时它们会经过同一块单板，但是该单板会为它们提供不同的通道。

1. SM 的分级控制结构

SM 具有分级控制结构，如图 9-34 所示。关键部件均采用主/备热备份的工作方式，以提高系统的可靠性，其控制级别分 4 种：2 级、3 级、4 级、5 级。位于控制结构第 1 级的单板有 MPU 和 EMA，这里是整个 SM 的控制中心。各功能电路都要把自己的状态信息上报给 MPU，由 MPU 对这些状态进行分析处理，输出命令来驱动功能单板的动作，可以说 MPU 是交换机的控制核心。EMA 板保证 MPU 板运行的可靠性，一旦出现问题可以实行主备倒换。位于控制结构第 2 级的单板（与 MPU 同在主控框中）通过邮箱直接与 MPU 通信，上报状态和执行命令。如果该单板（如 NOD）还要负责下发命令给下一级单板，则通过串口与第 3 级单板通信。NOD 板起着通信桥梁的作用。位于控制结构第 3 级的单板通过 NOD 板间接与 MPU 通信，上报状态和执行命令。如果该单板（如 SLT、RSA）还不是位于控制结构的末级，则要负责下发命令给下一级单板，并负责上报下一级单板的状态。

(1) 2 级控制

2 级控制是指 MPU 通过总线和单板上的双端口邮箱直接与单板的 CPU 进行通信。采用 2 级控制的单板有 NOD、LAPMC2、OPT、BNET、LAP、MFC、NO7、MEM、SIG、ALM

和 TCI。

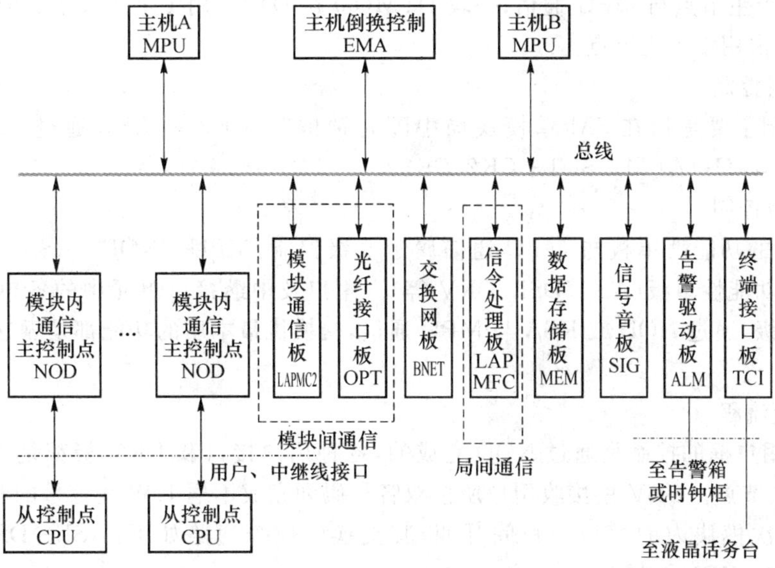

图 9-34　SM 控制结构

MPU 是 SM 中的中央处理机，通过双机热备份工作方式提高系统的可靠性。主机倒换控制电路(EMA)协助主机数据的热备份，并控制双机的倒换。模块内各控制接口部件所含 CPU 相互配合，分工合作，构成一个有机的多处理器控制系统。处理器间的通信，采用邮箱方式和内存映射技术，紧密地结合在一起，有效地降低了内部通信的开销。

模块通信板(LAPMC2)和光纤接口板(OPT)是模块之间的通信接口。在模块内部每块 LAPMC2 与 OPT 通过 1 条 2 Mbit/s 的 HDLC 链路连接。OPT 把 LAPMC2 送来的 2 Mbit/s的信令、BNET 送来的 32 Mbit/s 的话路(16 条 HW)、2 Mbit/s 的同步以及 4 Mbit/s的误码检测和纠错信息合成 40 Mbit/s 的光信号，通过光纤送给 AM/CM 中的 OBC，供模块间通信及交换使用。SM 中的 LAPMC2 对应于 AM/CM 中的 CCM(通信控制模块)；SM 中的 OPT 对应于 AM/CM 中的 OBC。当 SM 作为单模块局用时不需配这部分电路，可配中继接口单元实现局间通信。SM 内时分交换网络(BNET)可独立完成模块内发起呼叫的信息时分交换，同时 BNET 与 AM/CM 中 CNET(中央交换网)配合可完成模块间呼叫信息的时分交换。

(2) 3 级控制

3 级控制从上至下依次为 MPU、主控制点(NOD)和从控制点(CPU)。MPU 通过 NOD 建立与各功能性从控制点(CPU)之间的联系，从控制点(CPU)指用户线、中继线等接口的功能性电路板上的微处理器，称作从节点。NOD 是 MPU 与各功能性从节点之间通信的桥梁，它转发 MPU 给各从节点的命令，并向 MPU 上报从节点的状态。NOD 与 MPU 通信是以邮箱方式进行，与从节点通信则通过串行口完成。

采用 3 级控制的单板包括用户框和中继框中的各功能性单板，如 ASL、DSL、DRV、TSS、DT、AT 等(用户框和中继框中的二次电源板不属于功能性单板，其他都是)。SM 的控制能力主要由 NOD 的数量决定，在满配置时，SM 可带 11 块 NOD 板，即 44 个主节点。

SM 主节点的分配原则是:一框用户(304ASL)共同占用 2 个主节点,即正常情况下半框用户板共用 1 个主节点与 MPU 通信;一块 DTM(60 路 DT)占用 1 个主节点;半框 AT 板(64 路 AT)共同占用 1 个主节点。

(3) 4 级控制

4 级控制主要是指在 SM 单模块局中配时钟框时,CK2 和 CK3 通过 SLT、ALM 与 MPU 通信:MPU—ALM—SLT—CK2/CK3。

(4) 5 级控制

RSA 中的功能性单板与 MPU 通信属于 5 级控制:MPU—NOD—RSA0—RSA1—远端用户框中功能性单板(ASL、DSL、DRV 等)。用户及中继接口单元中的各单板都位于控制结构的末级,通过 NOD 或 RSA 与 MPU 通信,交换机最本质的功能都是靠这些接口来实现的。

2. 信令流程

SM 对用户框的控制是通过 NOD 完成的,各种用户接口和 DRV 板都是 NOD 控制的对象,都是从节点。DRV 板接收用户所拨双音号码和完成本框 HW 线信号的驱动。

对于一次模块内的模拟用户间呼叫,其交换的信令通路如下:ASL—DRV—NOD—MPU—NOD—DRV—ASL。

对于一次模块间的模拟用户间呼叫,其交换的信令通路如下:ASL—DRV—NOD—MPU—LAPMC2—BNET—OPT—光纤—OBC—QSI—CCM—QSI—OBC—光纤—OPT—BNET—LAPMC2—MPU—NOD—DRV—ASL。

SM 对中继框的控制也是通过 NOD 完成的,各种中继接口和 TKD 板及 CT0 板都是 NOD 控制的对象,都是从节点。TKD 板完成主控框到模拟中继框的框间电平转换和本框 HW 线信号的驱动,CT0 板除完成 TKD 板的功能外,还给 AT0 线上的用户小交换机提供电脑话务员。

对于一次模拟用户的本模块出局呼叫,假设从数字中继走,其交换的信令通路如下:ASL—DRV—NOD—MPU—NO7—BNET —DT。

对于一次模拟用户的模块间出局呼叫,假设从数字中继走,其交换的信令通路如下:ASL—DRV—NOD—MPU—LAPMC2—BNET—OPT—光纤—OBC—QSI—CCM—QSI—OBC—光纤—OPT—BNET—LAPMC2—MPU—NO7—BNET —DT。

SM 与 BAM 间的通信通路如下:

MPU—LAPMC2—BNET—OPT—光纤—OBC—QSI—CCM—AMP—BAM。

9.2.5 SM 的网络结构

SM 的网络结构主要牵涉到网络资源 HW 的分配,以及网络到用户和中继接口的连接,如图 9-35 所示。

T 交换网络容量可以用同时能交换的时隙数表示。例如,一次可以同时交换 32 条 HW,每条 HW 为 32 个时隙,则交换网络容量为 32×32=1 024 时隙(TS),简称 1 K 网络,即每次暂存 1 024 个 PCM 码字。因为 BNET 的容量为 4 K×4 K 时隙,则 BNET 可以提供 128 条 HW,其中 64 条可以自由分配给用户和中继,另外 64 条已被固定用于系统资源。自由分配的原则是:每一个用户框占用 2 条 HW,每一块数字中继板(DTM)占用 2 条 HW,每半框模拟中继板(8 块 AT 板)占用 2 条 HW。HW 必须成对配置,即 2 条 HW 为一对。SM

的 HW 资源分配如下：

(1) 用户/中继(64 条)，HW_0～HW_{47}，HW_{76}～HW_{91}，提供用户线及中继线话路时隙。

(2) SIG(2 条)，HW_{48}、HW_{71}，给用户提供接续所需的信号音时隙。

(3) ALM/TCI(合用 1 条)，HW_{49}，给告警信息和呼叫中心话务台提供通路，如果 ALM 板还要控制时钟框(用于单模块局)，则还要给控制信息提供通路。

(4) 64 方 COF(2 条)，HW_{50}～HW_{51}，提供 64 方会议电话时隙。

(5) FSK 主叫识别(1 条)，HW_{52}，送主叫号码。

(6) MFC/LAP/NO7(8 条)，HW_{53}～HW_{60}，给中继所需的协议提供时隙，并把它们临时(No. 1 信令)或半永久(No. 7 信令)连接到中继时隙上去。

(7) MEM(2 条)，HW_{61}～HW_{62}，给智能网的大量话单的存储提供通路。

(8) BNET 自测(2 条)，HW_{63}、HW_{75}，交换网的通道环回测试。

(9)MPU 加载(1 条)，HW_{68}，机器上电或复位时，给 MPU 板的加载提供通道。

(10) NOD(2 条)，HW_{64}～HW_{65}，目前保留未用。

(11) MC2 至 OPT 的 HDLC(2 条)，HW_{66}～HW_{67}，给 MC2 和 OPT 之间的通信链路提供通道，从网板上永久连接至 OPT 板。

(12) OPT 至 MC2 的 HDLC(2 条)，HW_{69}～HW_{70}，给 OPT 和 MC2 之间的通信链路提供通道，从网板上永久连接至 MC2 板。

(13) DCP 集中维护(2 条)，HW_{92}～HW_{93}，目前保留未用。

(14) MCP 后台通信 HDLC(2 条)，HW_{94}～HW_{95}，给 MPU 至 BAM 的两条 HDLC 链路提供通道。

(15) 两块 OPT 至 CTN、CNT(32 条)，HW_{96}～HW_{127}，用于模块间的话路交换，如果两块 OPT 主备用，则同时只使用 16 条 HW；如果两块 OPT 负荷分担，则同时使用 32 条 HW。

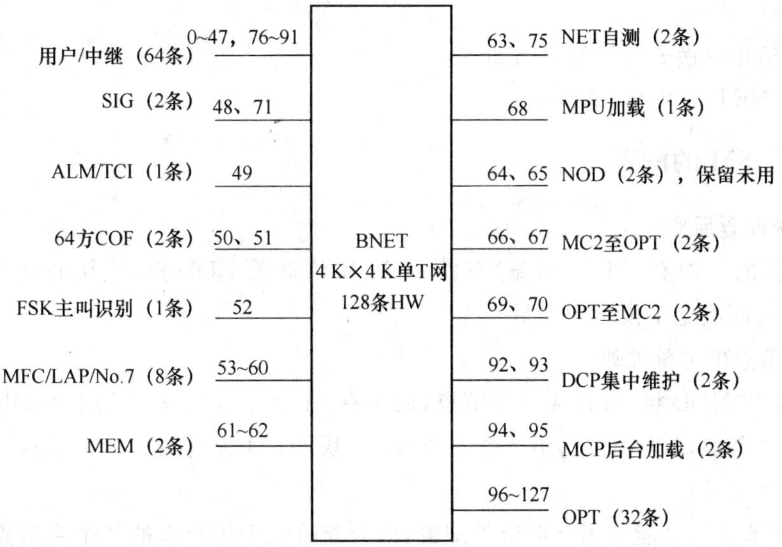

图 9-35　SM 的网络结构

1. 用户的 HW 配置

网络给每个用户框提供 2 条 HW 共 64 个时隙。而每个用户框有 304 个 ASL，所以存在一个将近 1∶5 的收敛比(64∶304)，此功能由 DRV 板完成。2 条 HW 的 TS31 都被固定用来送忙音，其中 1 个 TS31 备用，所以只有 62 个时隙可供用户使用，那么一框用户中可同时通话的只有 62 个，余下的用户摘机将听忙音。SIG 板上的忙音通过 2 个固定时隙送到 DRV 板上，被 DRV 以广播的形式送到每一个需要送音的用户端口上。又因为一个用户框只有 2 块 DRV 板，每板提供 16 路 DTMF，所以可同时进行双音频拨号的用户只有 32 个。另外，TSS 进行测试时，也将占用有限的时隙用来上报测试结果数据。测试命令的下发是通过 NOD 到达的。

2. 中继的 HW 配置

网络到中继接口的连接。每块 DTM 占用 2 条 HW(1 条 HW 对应 1 个 E1)，共 64 个时隙，按 60 路 DT 计算。DTM 板用于随路信令方式时，每个 E1 的 TS_0 用于帧同步，TS_{16} 用于复帧同步和传送线路信令，只有 30 个时隙用来传话路；DTM 板用于共路信令方式时，每个 E1 的 TS_0 用于帧同步，其余 31 个时隙可用来传话路，但还要占用 1 个话路时隙传送共路信令。

3. 通信流程

对于一次模块内的模拟用户间呼叫，其交换的话音通路如下：

ASL—DRV—BNET—DRV—ASL

对于一次模块间的模拟用户间呼叫，其交换的话音通路如下：

ASL—DRV—BNET—OPT—光纤—OBC—QSI—CNET—QSI—OBC—光纤—OPT—BNET—DRV—ASL

对于一次模拟用户的本模块出局呼叫，假设从数字中继走，其交换的话音通路如下：

ASL—DRV—BNET—DT

对于一次模拟用户的模块间出局呼叫，假设从数字中继走，其交换的话音通路如下：

ASL—DRV—BNET—OPT—光纤—OBC—QSI—CNET—QSI—OBC—光纤—OPT—BNET—DT

SIG 板给用户送音信号的通路如下：

SIG—BNET—DRV—ASL

9.2.6 SM 的配置

1. 系统配置原则

SM 包括的资源有：网络(话路)资源 HW、通信资源 NOD 点，模块间光路(模块间呼叫)，这 3 项共同决定了模块的容量。

(1) 主节点的分配原则

共有 11 块 NOD 板，每板 4 个主节点，最多有 44 个主节点分配给用户和中继。半框用户占用 1 个主节点，1 框用户占用 2 个主节点。1 块 DTM 板占用一个主节点。1 个模拟中继框占用 2 个主节点。

NOD 主节点尽可能采用互助交叉配置，即分配给一个用户框的 2 个主节点分别来自 2 块 NOD 板(通常选用相邻 2 块 NOD 板同一位置的 2 个 NOD 点)。如果其中一块 NOD 板故障，另一块 NOD 板上的主节点可以带起整个用户框的工作，这样安全性更高。

(2) HW 线的分配原则

由于使用 4 K×4 K 交换网板，HW 总数达到 128 条。除去固定占用和保留的 HW，可以分配给用户和中继的 HW 为 64 条($HW_0 \sim HW_{47}$,$HW_{76} \sim HW_{91}$)。一框用户占用 2 条 HW。1 块 DTM 板占用 2 条 HW。1 个模拟中继框占用 4 条 HW。若配 CT0,CT0 的电脑话务员固定占用 2 条 HW,此时 1 个模拟中继框占用 6 条 HW。

(3) 模块间光路资源的分配原则

SM 至 AM/CM 的 1 对光路采用主备用工作方式连接时可提供 512 条话音信道(512 TS),采用负荷分担工作方式连接时可提供 1 024 条话音信道(1 024 TS)。当模块的实际容量配置较小时(如低于 2 000 线用户),可采用光路的主备用工作方式接入 AM;当容量较大时,应采用光路的负荷分担工作方式。

综上所述,只要充分利用 HW 资源(64 条 HW)、NOD 资源(44 个 NOD 点)和模块间光路资源(1 024 TS),可以灵活配置用户和中继,每增加 60DT 或 64AT 需减少 304ASL。

2. 各种 SM 的典型配置说明

(1) USM 纯用户模块满配置

USM 纯用户模块满配置有 22 个用户框,最大容量为 6 688 ASL/3 344 DSL。主控框内的 MEM、TCI 选配;MFC(或 NO7、LAP)不配。2 块 OPT 采用负荷分担工作方式,占用 AM/CM 两个模块资源。占用全部 44 个 NOD 点;占用 44 条 HW,剩余 20 条 HW。HW 收敛比为 304∶62=5∶1,则用户最大话务量为 0.2 Erl;光路时隙收敛比为(44 条 HW×32 TS)∶1 024 TS=1.33∶1。HW 资源还有剩余,但 NOD 资源全部被占用,所以用户容量不能再增加。

(2) TSM 纯中继模块标准配置

TSM 纯中继模块标准配置有 2 个数字中继框,插 24 块 DTM 板(1 框插满 16 块,1 框插 8 块),容量为 1 440DT。主控框内的 MEM 选配,MFC(或 NO7、LAP)必配,TCI 不配。2 块 OPT 采用负荷分担工作方式,占用 AM/CM 两个模块资源。占用 24 个 NOD 点,剩余 20 个 NOD;占用 48 条 HW,剩余 16 条 HW。光路时隙收敛比为(48 条 HW×32 TS)∶1 024 TS=1.4∶1,则中继最大话务量为 0.7 Erl。HW 资源和 NOD 资源都有剩余,如果再配中继板,光路时隙收敛比就会增大,中继最大话务量将小于 0.7 Erl,所以中继容量不能再增加。

(3) UTM 用户中继混装模块标准配置

UTM 用户中继混装模块标准配置有 16 个用户框和 1 个数字中继框(插 8 块 DTM 板),容量为 4 864ASL/480DT。主控框内的 MEM、TCI 选配;MFC(或 NO7、LAP)必配;2 块 OPT 采用负荷分担工作方式,占用 AM/CM 两个模块资源。占用 40 个 NOD 点,剩余 4 个;占用 48 条 HW 线,剩余 16 条;光路时隙收敛比为(48 条 HW×32 TS)∶1 024 TS=1.4∶1。

UTM 的标准配置由纯中继模块(1 440DT)演算而来,将 1 个中继框的 960DT 全部转换成 ASL,这样有 48 条 HW 和 36 个 NOD 点分配给用户,可接 18 个用户框(占用 36 个 NOD 点和 36 条 HW)。但因受光路时隙数限制,只能接 16 个用户框(占用 32 个 NOD 点和 32 条 HW),合 4 864ASL,保持光路时隙收敛比为(48 条 HW×32 TS)∶1 024=1.4∶1 。

(4) TSM 单模块局(汇接局)标准配置

TSM 单模块局(汇接局)标准配置有 2 个数字中继框,插满 32 块 DTM 板,容量为 1 920DT。主控框内的 MEM 选配,MFC(或 NO7、LAP)必配,LAPMC2、OPT、TCI 不配。占用 32 个主节点,剩余 12 个;占用 64 条 HW。TSM 作为多模块局的一个模块与作为单模块局(汇接局)时的最大配置是不一样的,即不能将中继满配置。因为模块与 AM/CM 之间有光纤连接,而光路上能提供的时隙是有限的,最多只有 1 024 个时隙。如果作为模块的 TSM 配置了 1 920 DT,则光路时隙收敛比为(64 HW×32 TS):1 024 TS=1.9:1。如果模块间话务量较大,1.9:1 的光路时隙收敛比是不可行的。所以,作为模块使用的 TSM 最多配 1 440 DT,此时光路时隙收敛比为(48 条 HW×32 TS):1 024 TS=1.4:1,这个收敛比可以接受,1:1.4 正好满足中继上 0.7 Erl 的最大话务量。TSM 单模块局不受光路资源的限制。

(5) UTM 用户中继混装单模块局标准配置

UTM用户中继混装单模块局标准配置有 18 个用户框和 1 个数字中继框(插 8 块 DTM 板),容量为 5 472ASL/480DT。主控框内的 MEM、TCI 选配,LAPMC2、OPT 不配。占用全部 44 个 NOD 点,占用 52 条 HW,剩余 12 条 HW。因为模块间呼叫需占用光路资源,所以 UTM 模块的用户数小于 UTM 单模块局的用户数。

9.2.7 SM 的加载

SM 控制框母板 MCB 上有 2 个开关:AUTO/ MANUAL、MPCA/MPCB,用来设定上电后 2 块 MPU 板谁主用。设为 AUTO(自动)时,主控框上电后 MPUA 主用(不论另一开关设为 MPUA 或 MPUB),此时 EMA 可控制进行主/备 MPU 间的倒换;设为 MANUAL(人工)时,主控框上电后谁主用由 MPUA/MPUB 开关决定,此时 EMA 不能控制进行主备 MPU 间的倒换。通常这 2 个开关设为 AUTO 和 MPCA;若只有一个 MPUB 插在下框,则开关设为 MANUAL 和 MPCB。

1. SM 单模块局的加载

SM 的主控框母板 MCB 提供 2 个加载/联机电缆接口:JM7、JM8。JM7 为加载接口,JM8 为联机接口。1 块 MCP 卡的 2 根加载电缆连接到 JM7 和 JM8,另 1 块 MCP 卡空闲,JM9、JM10 未用。加载单模块局时,要将 MPU 板的 SW2-1 置为 OFF,SW2-2 置为 ON,如图 9-36 所示。

对主 MPU,BIOS 上电后,直接初始化网板,建立半永久连接,然后向 BAM 发加载请求:主 MPU→UHW_{68}(上行 HW)→BNET→DHW_{94}(下行)→BAM。BAM 在收到主机 BIOS 的加载请求后,向主机 BIOS 发送加载请求应答:BAM→UHW_{94}→BNET→DHW_{68}→主 MPU 并清缓冲区,随后向主机 BIOS 发送加载数据帧(程序和/或数据)。

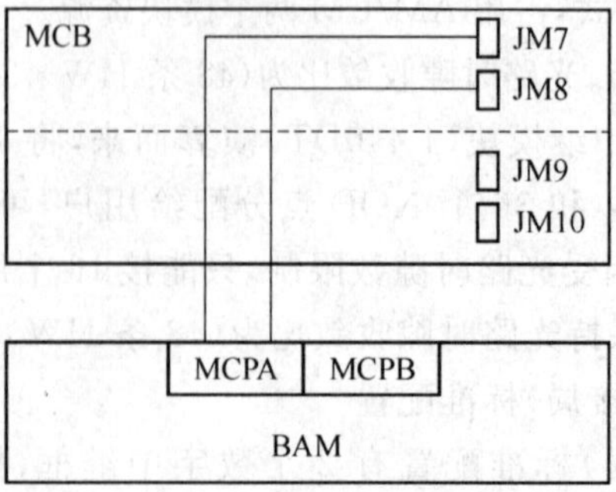

图 9-36 SM 单模块局加载电缆的安装

主用机加载成功转入正常运行后，主机程序帮备机加载联网，此时备机加载无须 EMA 支持，备用机的加载路径与主用机的加载路径相同。一般规定单模块局的加载电缆长度应小于 15 米。经 MPU 板上的 BIOS 引导，通过 BAM 与 BIOS 之间的通信，程序和数据被传递到 MPU 板的随机存储器 DRAM 中。根据 MPU 板"程序可写"和"数据可写"开关的状态，决定是否要将加载的程序和数据写入闪存 Flash Memory 中。在系统或 MPU 板重启动时，根据 MPU 板"程序可用"和"数据可用"开关的状态，决定是使用闪存 Flash Memory 中的主机程序和数据，还是从 BAM 中加载主机程序和数据。通过 MPU 板上 SW1 开关的不同设置可使用不同的程序/数据加载途径。

从 BAM 加载或从 Flash Memory 加载。从 BAM 加载程序和数据，程序和数据不写入 Flash Memory。SW1-1～SW1-8 全置为 OFF；应用：版本升级时试用新的程序和数据。

从 BAM 加载数据，不加载程序，程序和数据不写入 Flash Memory。SW1-6 置为 ON，其余置为 OFF；应用：数据调试。

从 BAM 加载程序和数据，程序和数据写入 Flash Memory。SW1-3 和 SW1-4 置为 ON，其余置为 OFF；应用：版本升级时加载程序和数据。

从 Flash Memory 加载程序和数据，程序不写入 Flash Memory，数据可写入 Flash Memory。SW1-4、SW1-5、SW1-6 置为 ON，其余置为 OFF ；应用：交换机正常运行时应如此设置。数据的改变可写入 Flash Memory；掉电后从 Flash Memory 中读取程序和数据。

交换机正常运行时向 MPU 板加载数据，可通过复位 MPU 板或维护台三级再启动来进行。假设现在 MPUA 为主用机，MPUB 为备用机，前台的处理过程如下：

① 因加载数据是针对主 MPU，为不影响交换机正常运行，前台先对 2 块 MPU 做主备倒换，即 MPUB 升为主机，代替 MPUA 工作，MPUA 降为备机，执行加载操作；

② 从 BAM 可观察到对备用机(MPUA)的加载提示，直至加载完毕；

③ 若想使新数据起作用，可在维护台作"倒换 MPU"操作，则 MPUA 升为主机，新数据得以运行；MPUB 降为备机；

④ MPUB 降为备机后系统还要对其作"复位"操作，通过板上开关设置来选择从 BAM 加载程序/数据或从 Flash Memory 加载程序/数据。

2. SM 模块局的加载

SM 模块局的模块加载，与 SM 单模块局加载方式基本相同，只是在通路建立上，中间经过了 AM/CM，存在通路请求与时隙切换的过程。

主用机上电后，BIOS 首先初始化网板，设定网板时钟模式为锁相 OPT0/1 的时钟(至于锁相 OPT0 还是锁相 OPT1 的时钟，由 BIOS 自动检测)。然后复位 LAPMC2 板，作半永久连接，建立通信通路，向 AM 发建立加载通路请求命令：主 MPU→LAPMC2→BNET→OPT →光纤→OBC→QSI→CCM→AMP→BAM。AM 收到建立加载通路请求命令后，给 SM 回建立加载通路请求命令的应答。BIOS 在收到 AM 的建立加载通路请求命令的应答后，重新作半永久连接，建立加载通路，向 BAM 发加载请求，转入正常的加载过程：BAM→AMP→CCM→QSI→OBC →光纤→OPT→BNET→LAPMC2→主 MPU。备用机的加载需要主机与 EMA 的支持。

备用机上电后，首先通过 EMA 小邮箱向主用机发加载请求，由主机程序帮助给备用机建立加载通路，然后通过 EMA 小邮箱通知备用机加载通路已建立，备用机 BIOS 即向 BAM 发加载请求，转入正常的加载过程。备用机加载通路：BAM→OPT→BNET→LAPMC2→主 MPU→EMA(写到大邮箱)→ 备 MPU。

3. SPM 与 SM 的比较

SPM 和 SM 是两种不同的组网方式，SPC 板提供业务处理和框间通信功能，其功能可等同于 SM 中的 MPU 板＋LAPMC2 板；CPC 板提供协议处理功能，其功能可等同于 SM 中的各种功能的 LAP 板；E16/STU 板提供中继接口，其功能可等同于 SM 中的 DTM 板；SRC 板提供各种资源，其功能可等同于 SM 中的 DTR、MFC 及 BNET 中的部分功能；SPD 板提供信号音资源，其功能可等同于 SM 中的 SIG 板。

SM 的信令流程：对局—DT—BNET—LAP—MPU。

SPM 的信令流程：对局—E16/STU—QSI—SNU—CNU—SNU—QSI—MHI—CPC—SPC(CPC 与 SPC 在同一框)。

对局—E16/STU—QSI—SNU—CNU—SNU—QSI—MHI—CPC—BCC—CCM—SPC(CPC 与 SPC 不在同一框)。

9.3 呼叫处理

交换机所要完成的最基本的任务就是对呼叫的处理。在程控交换机里，呼叫处理是由软件控制硬件完成的，这个软件就是呼叫处理程序，负责对整个交换机所有呼叫的建立与释放以及交换机各种电话服务功能的建立与释放。呼叫处理程序存储在 C&C08 各交换模块的 MPU 板和 SPM 模块的 SPC 板上，由 MPU 板和 SPC 板上的 CPU 执行该程序，通过检测各硬件电路上所发生的事件，对这些事件进行分析处理之后，再输出命令来驱动相关硬件的动作，在这个过程中，它需要调用操作系统和数据库管理系统。

一次呼叫主要包括下面几个过程：① 主叫摘机；② 给主叫送拨号音；③ 主叫拨号、收号；④ 号码分析；⑤ 接至被叫用户、振铃；⑥ 被叫应答、通话；⑦ 主叫挂机；⑧ 被叫挂机。对每一个过程，交换机要做大量的处理，使相关电路做出相应的响应。RSM、RSMII、SMII、RSA 等远端用户与近端用户在物理层和数据链路层存在差异，但呼叫流程是一样的。

在 128 模块中，采用中心数据库(CDB)来完成系统全局数据的存储、处理和查询，同时完成号码定位，PBX、中继等的集中寻线的功能。

9.3.1 局内呼叫

1. 主叫摘机

主叫设备所在的 ASL 板检测到摘机事件，上报 MPU，上报的信号还包括主叫设备号和设备类型。上报的路径：ASL→DRV→NOD→MPU。

2. 给主叫送拨号音

① MPU 对主叫用户进行分析，检索主叫用户数据库，确定该用户的呼出权和收号设备类型，是双音还是脉冲。

② 如果主叫是一个存在的合法的用户，MPU 为主叫预占话路时隙。

③ MPU 为主叫连接收号器准备收号。

④ 如果主叫是双音用户，则连接 DRV 上一个空闲的双音收号器；如果主叫是脉冲用户，则启动拨号脉冲扫描程序和位间隔扫描程序，拨号脉冲的检测由 ASL 板完成；如果主叫是自动用户（双音、脉冲），则两种都准备。

⑤ MPU 板控制 BNET 板建立主叫与 SIG 板固定的拨号音时隙（TS_3）的连接，给主叫送拨号音。

3. 主叫拨号、收号

① 用户听到拨号音后，开始拨号。

② 收号器收到第一位号码后，上报 MPU 板，MPU 将这位号码存储起来，控制停送拨号音。对于自动用户，如果 DRV 收号器收到第一位双音号码，则 MPU 释放脉冲扫描程序和位间隔扫描程序；反之，如果 ASL 板收到第 1 位脉冲号码，则释放 DRV 收号器。号码的上报路径：DRV（ASL）→NOD→MPUDR 重复收号，每收到一位号，即上报 MPU，MPU 将号码按位存储。

4. 号码分析

对于"用户数据索引表"，在 CDB 中有本局所有用户的"用户数据索引表"，SM 保留本模块的备份。MPU 收到定的位数后，向本模块内数据库发出用户定位消息包，当 SM 通过本模块的数据库的分析而得出是本局呼叫时，且本模块与 AM 的 CDP 板之间通信状态为可达，则将消息包转发给 CDB，由 CDB 返回结果给 MPU，返回结果包括查询是否成功标志以及被叫的模块号、设备类型、设备号等。若查询成功，则继续走下面的流程，向被叫发呼叫建立（SETUP）消息包，之后被叫振铃等等。若本模块与 AM 的 CDP 板之间通信状态为不可达时，则查询模块内数据库，如本次呼叫为模块内呼叫，则会向 MPU 返回成功的查询结果。若是模块间呼叫，则由于 CDB 的通信状态不可达而产生一次呼损。

当从数据库返回号码定位查询结果并确定是模块间呼叫时，"网络侧呼叫处理功能块"向"模块间话路申请、释放和 iDT 板设备管理功能块"发话路申请消息包，"模块间话路申请、释放和 iDT 板设备管理功能块"向 NCC 发出话路申请消息包，NCC 则分配主、被叫间的两段话路，并在 AM 侧连网后，向"模块间话路申请、释放和 iDT 板设备管理功能块"返回话路响应消息包。在"模块间话路申请、释放和 iDT 板设备管理功能块"完成主被叫间的全过程的话路申请、连网后，向"网络侧呼叫处理功能块"返回话路响应消息包，从而"网络侧呼叫处理功能块"向被叫发呼叫建立（SETUP）消息包。

5. 接至被叫用户、振铃

① 查找被叫用户，MPU 根据被叫号码直接查找到该号码占用的设备号。

② 占用被叫用户，如果主被叫在同一模块，MPU 直接根据设备的忙闲标志作相应的处理，如果被叫端口忙，将拒绝此次呼叫。

如果被叫与主叫不在同一模块，则 MPU 先要申请一段从主叫模块到被叫模块的模块间话路通道，然后要将对被叫端口的占用消息通过内部信令通路转发给被叫模块的 MPU。被叫所在模块的 MPU 根据设备忙闲标志作相应的处理，如果被叫端口忙，将拒绝此次呼叫。

模块间的话路通道为：

BNET—OPT—OBC—QSI —SNU—CNU—SNU—QSI—OBC—OPT—BNET

内部信令通路为：

MPU—LAPMC2—BNET—OPT—OBC—QSI—FSN—QSI—OBC—OPT—BNET—LAPMC2—MPU

当被叫空闲时，被叫所在模块的 MPU 为被叫预占话路时隙，并将被叫置忙，同时给被叫所在的 ASL 发命令向被叫送铃流。铃流源在 PWX 板上，ASL 将铃流电路并上用户环路，向话机馈铃流。主叫模块 MPU 在得到被叫空闲的信息后控制 BNET 板建立主叫与 SIG 板上回铃音时隙间的通路，向主叫送回铃音。

6. 被叫应答、通话

① 被叫用户听到振铃后摘机。

② ASL 检测到被叫摘机，截断铃流，并将摘机事件上报 MPU。如主、被叫不在同一模块，被叫模块的 MPU 将被叫摘机消息通过内部信令通路送给主叫模块 MPU。

③ 主叫模块 MPU 控制停送回铃音，控制 BNET 板连通主、被叫间的话路，主被叫通话。

同一模块内话路通路为：

ASL—BNET—ASL

主、被叫不在同一模块的话路通路为：

ASL—BNET—OPT—OBC—QSI—SNU—CNU—SNU—QSI—OBC—OPT—BNET—ASL

7. 主叫挂机

① ASL 检测到挂机事件，上报 MPU。

② MPU 将主叫及主叫时隙置闲，如主、被叫不在同一模块，还要将主叫挂机消息通过模间内部信令通路送给被叫模块 MPU。

③ 被叫所在模块的 MPU 控制向被叫送忙音，忙音的音源在 SIG 板上（TS_5）。

8. 被叫挂机

被叫听到忙音后挂机，ASL 将挂机事件上报 MPU。MPU 将被叫及被叫时隙置闲。

9.3.2 出局呼叫

出局呼叫有两种方式：通过 SM 中继出局和通过 SPM 方式出局。本节只分析通过 SM 中继出局的情况。MPU 在收到预定位数的号码后，查询本模块的数据库开始字冠分析，确定此次呼叫类型是出局呼叫还是本局呼叫。如果是出局呼叫，MPU 在进行一系列的分析后，最终预占一条去该局的中继电路。占中继的过程如下：出局字冠→路由→子路由→中继群→中继电路。MPU 在为此次呼叫预占了话路中继后，还需启动相应的信令电路。在 CDB 中有本局全部的“时间索引表”、“路由分析表”、“路由表”、“子路由表”、“子路由/中继群表”、“局向表”、“中继群表”、“中继电路表”和“中继七号数据表”，当 SM 通过数据库的分析而得出是出局呼叫后，向 CDB 发查询消息包，CDB 查出出局电路后，返回给主叫的 CCB。分布在 SM 中的出入局电路的闭塞/打开、空闲/故障，要通知 CDB 作相应处理。出入局电路的占用/释放等状态的变化，CDB 要及时知道。CDB 和 SM 之间要定期进行状态的一致性检查。

SM 只有本模块所属的中继数据。当被叫号码分析后确认为出局呼叫时，达到最小号长后，若 SM 与 CDB 的通信状态可达的话，向 CDB 发出中继选线消息包，否则查询本模块的数据库。当数据库返回成功的选线消息包（包括被叫模块号、设备类型、设备号等）后，若是模块间呼叫，还需申请模块间话路，然后“网络侧呼叫处理功能块”向中继侧（TUP、ISUP、TK）发出呼叫建立（SETUP）消息包。

因为 CDB 只完成中继寻线的任务，而无需对出中继电路进行维护操作，所以对 CDB 来说，出中继电路的状态只需分成两种：可选（空闲、闭塞对端）和不可选（占用、对端闭塞、电路故障等）。当出中继电路的状态发生变化时，SM 要立即通知 CDB。当 CDB 为主叫选择了一条空闲的出中继电路后，将把该出中继电路的状态置为占用，同时启动一个 BOOK 定时器，以等待 SM 的消息作为证实。

9.3.3 入局呼叫

1. 通过 SM 入局（No.7 信令方式）

（1）No.7（LAPN7）板从一条链路收到前向地址消息，将此消息的 SIF 字段上报 MPU，此消息的标记包含有 DPC、OPC 和 CIC。MPU 根据 OPC 和 CIC 进行分析，最后确定这条消息与哪条中继话路有关，并将该中继电路置忙。

（2）MPU 从前向地址消息里得到被叫号码，通过分析被叫号码找到被叫设备号和设备忙闲标志。如果被叫空闲，则为被叫预占通话时隙，并通过信令链路向对方回地址全消息 ACM。同时控制 BNET 将 SIG 板的回铃音时隙与相应中继电路连接起来，向对方送回铃音，并且控制被叫所在的 ASL 向被叫送铃流。

（3）被叫摘机应答，ASL 检测到后，截断铃流，将摘机事件上报 MPU。

（4）MPU 控制 BNET 板拆掉入中继与 SIG 板的连接，将入中继与被叫连接起来，同时通过信令链路向对局回应答消息 ANC，主、被叫通话。

（5）主叫挂机，对局通过信令链路向本局送前向拆线消息 CLF，NO7 板将此消息上报 MPU，MPU 将中继释放，并通过信令链路向对局送释放监护消息 RLG。

（6）MPU 控制 SIG 板向被叫送忙音。

（7）被叫听到忙音后挂机，ASL 上报 MPU、MPU 将被叫及被叫时隙置闲，呼叫结束。

2. 通过 SPM 方式入局（No.7 信令方式）

通过 SPM 方式入局时的呼叫处理过程和通过 SM 入局时基本上是一致的，只不过在 SPM 方式下，SM 中的一些单板设备由 SPM 中功能类似的单板替代。具体过程如下：

（1）CPC 板从一条链路收到前向地址消息，将此消息的 SIF 字段上报 SPC，此消息的标记包含有 DPC、OPC 和 CIC。SPC 根据 OPC 和 CIC 进行分析，最后确定这条消息与哪条中继话路有关，并将该中继电路置忙。

（2）SPC 从前向地址消息里得到被叫号码，通过分析被叫号码找到被叫设备号和设备忙闲标志。如果被叫空闲，则为被叫预占通话时隙，并通过信令链路向对方回地址全消息 ACM。同时控制 CNET 将信号音板（一般由 SPD 板送）回铃音时隙与相应中继电路连接起来，向对方送回铃音，被叫所在 SM 的 MPU 控制被叫所在的 ASL 向被叫送铃流。

（3）被叫摘机应答，ASL 检测到后，截断铃流，将摘机事件上报 MPU。

（4）SPC 控制 CNET 拆掉入中继与 SPD 板的连接，将入中继与被叫连接起来，同时通过信令链路向对局回应答消息 ANC,主、被叫通话。

(5) 主叫挂机,对局通过信令链路向本局送前向拆线消息 CLF,CPC 板将此消息上报 SPC,SPC 将中继释放,并通过信令链路向对局送释放监护消息 RLG。

(6) MPU 控制 SIG 板向被叫送忙音。

(7) 被叫听到忙音后挂机,ASL 上报 MPU、MPU 将被叫及被叫时隙置闲,呼叫结束。

9.3.4 汇接呼叫

汇接呼叫有两种方式:通过 SM 中继汇接和通过 SPM 方式汇接。下面分析出、入中继采用 No.7 信令方式通过 SM 中继汇接的情况,通过 SPM 方式汇接的分析过程和前者相似。

① No.7(LPN7)板从一条链路收到前向地址消息,将此消息的 SIF 字段上报 MPU,此消息的标记里含有 DPC、OPC 和 CIC,MPU 通过 CIC 确定这条消息与哪条入中继有关,通过前向地址消息里的被叫号码来确定此次呼叫是入局呼叫还是汇接呼叫。

② 如果是汇接呼叫,MPU 根据前向地址消息里的被叫号码预占一条出中继,再根据这条出中继所对应的目的信令点和 CIC 编码确定一条信令链路。将收到的消息通过这条信令链路转发出去,收到的消息和发出去的消息虽然内容相同,但标记、DPC 不一样,收到的消息 DPC 是本局的信令点编码,而发出的消息 DPC 却是目的局信令点编码。

③ 在收到目的局发来的 ACM 消息后,MPU 控制 BNET 将出中继与入中继连接起来。

④ 在通话结束时,当收到释放监护信号后将出、入中继置闲。

习 题

1. 中心模块由哪些部分组成?
2. 中心模块的中央交换网容量是多少? 中心模块由哪些单板组成? 各完成什么功能?
3. SM 模块间的话路通路经过哪些单板?SM 模块间的信令通路经过哪些单板?SM 模块与 BAM 的信令通路经过哪些单板?
4. SPM 组网时各单板的功能及与 SM 中相应单板的对应关系?
5. SPM 组网时与对局的信令通路经过哪些单板?
6. USM 的满配置容量为多少? 共需几个机架?
7. 一个 TSM 满配置容量为多少? 共需几个机架?
8. NOD 与 MPU 及从节点的通信方式各是怎样的?
9. 一次电源与二次电源的定义各是什么? PWC 与 PWX 的输出电压各为多少?
10. USM、TSM 的主节点配置原则各是什么? 这样配置有什么好处?

第10章 C&C08 操作与维护

10.1 终端使用方法

C&C08 维护终端可运行在 WINDOWS 系列平台，安装简单，只需在安装过程中按照系统提示，选择客户端软件，即可由系统自动完成，看到如图 10-1 所示的程序菜单。在客户端上运行的应用软件主要有 C&C08 告警板、告警台、MML 命令输入工具、业务维护系统和网关工具等。MML 命令输入工具提供了命令行方式的维护手段，而 C&C08 业务维护系统不但具有 MML 命令输入工具的全部功能，还具有图形化的维护界面。

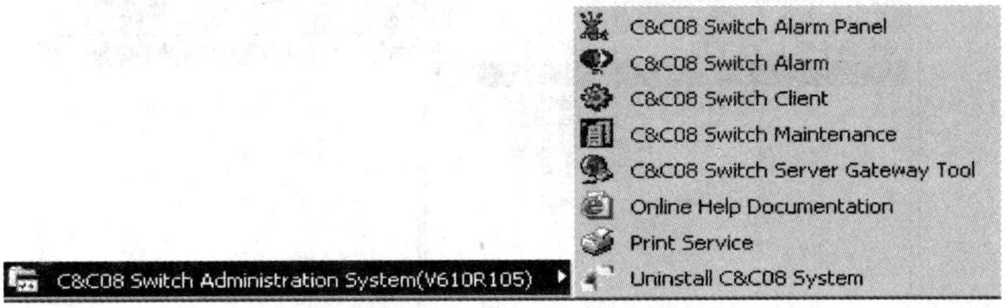

图 10-1　维护终端菜单

10.1.1　C&C08 告警板

C&C08 告警板能够显示本维护台所维护的各个局点简单的告警信息，有告警指示灯的状态和各级告警信息的数目。第一次打开告警板，或者用鼠标右键单击告警板窗口，都将得到一个浮动菜单，如图 10-2 所示。

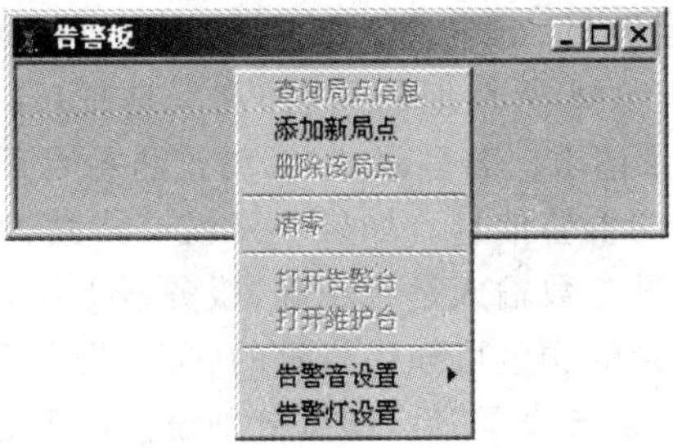

图 10-2　告警板

选择“添加新局点”，得到另一个窗口，如图 10-3 所示。

输入相关参数得到的告警板如图 10-4 所示。

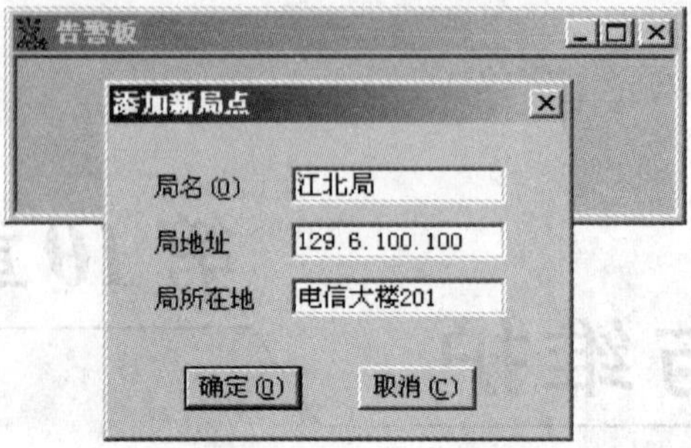

图 10-3　添加局点信息

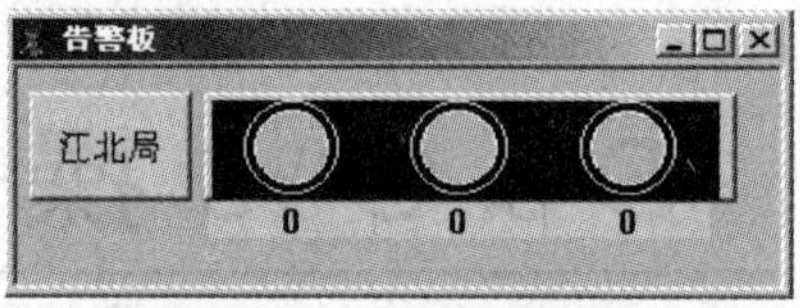

图 10-4　添加局点信息后的告警板

左面的方格表示局名，右面的方格表示该局的告警灯，红色表示紧急告警、黄色表示重要告警、蓝色表示一般告警。告警灯下面的数字表示相应级别的告警信息数。重复以上步骤，添加多个局点信息，可实现多个交换机的集中维护。

10.1.2　C&C08 告警台

告警台可以实时地接收告警信息，提供多种查询手段，而且提供了修复建议。运行“开始”\“程序”\“C&C08 Switch Administrator System”\“C&C08 Switch Alarm”，输入用户名称、密码和局名作用户登录后，就可以启动告警台，如图 10-5 所示。

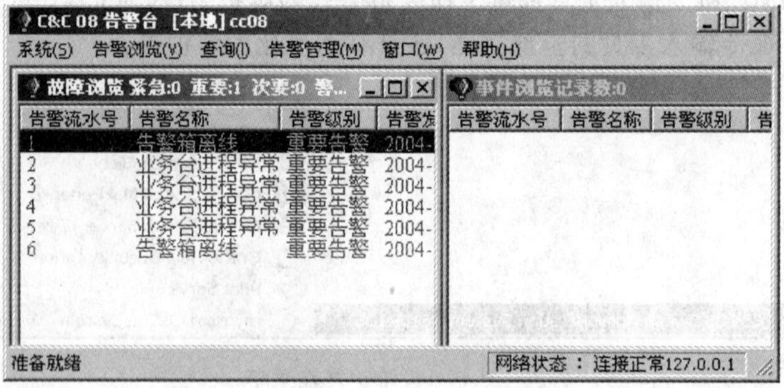

图 10-5　告警台主界面

告警台包括系统、告警浏览、告警查询、告警管理、窗口、帮助 6 个栏目。

1. 系统菜单

单击“系统”菜单项，弹出菜单，可进行系统登录、系统设置、打印设备设置、预览及实时打印过滤设置、打开维护台等操作。

重新登录：在“用户登录”对话框中输入用户名、用户密码（需要在相应的 BAM 服务器上有本用户和权限）、局名（BAM 所在地的局名）和局地址（BAM 的 IP 地址），按＜确定＞按钮，告警台向 BAM 发登录请求。若登录成功，弹出告警台系统界面，并向 BAM 发 MML 查询命令，显示设定时间内的告警信息。如果登录没有成功，则显示网络连接错误信息，请检查网络连接是否正常，登录参数输入是否正确，服务器工作是否正常。

系统设置：根据告警记录的颜色可知该告警的状态，告警显示颜色可以采用系统缺省设定，也可以自行设定。选择“系统设置”后，即可分别设置以下告警的颜色：紧急告警、重要告警、次要告警、警告告警、恢复告警、事件告警、已处理的故障告警、已处理的恢复告警、已处理的事件告警、已删除的告警。

打印设备设置：指定打印的基本属性，例如打印机名称、纸张大小、打印方向等。若不进行打印设置，在打印和预览时，系统自动启用缺省设置。

打开维护台：从告警台上启动业务维护台，进行数据设置和维护操作。

2. 告警浏览

选择"告警浏览"菜单项，弹出菜单，可以选择浏览故障告警、事件告警、历史告警、恶意呼叫的详细内容，并可有选择地显示告警信息。

告警浏览：在故障告警浏览窗口、事件告警浏览窗口、历史告警浏览窗口、恶意\紧急呼叫浏览窗口中实时地逐条显示已发生的各级故障告警。每一条告警消息包括：告警流水号、告警名称、告警级别、告警发生时间、告警编号、告警网管分类、模块号、功能子系统、A/B 机指示，定位信息、告警类别和局名共 12 项。

若想查看某个告警，只需在历史告警浏览窗口中选中这个记录，双击鼠标左键（或按＜ENTER＞＝ ，则弹出具体告警信息，如图 10-6 所示，然后根据告警信息中的修复建议做相应的处理。

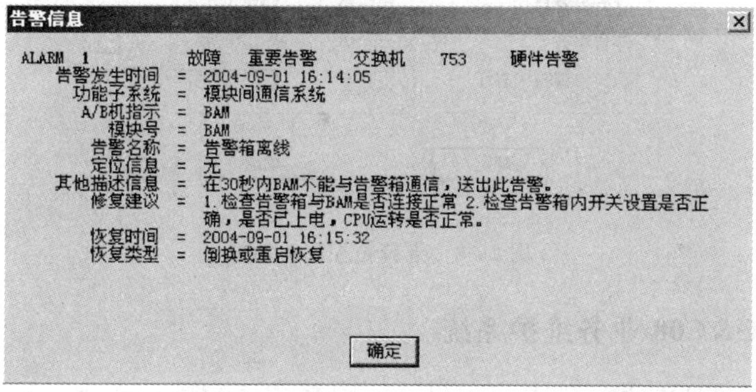

图 10-6　告警信息的具体显示

删除告警信息：删除光标所选中的告警记录。等同于选中告警记录后按＜DEL＞键。

3. 告警查询

使用告警查询功能可以从众多的告警信息中查询某一类告警，如图 10-7 所示。

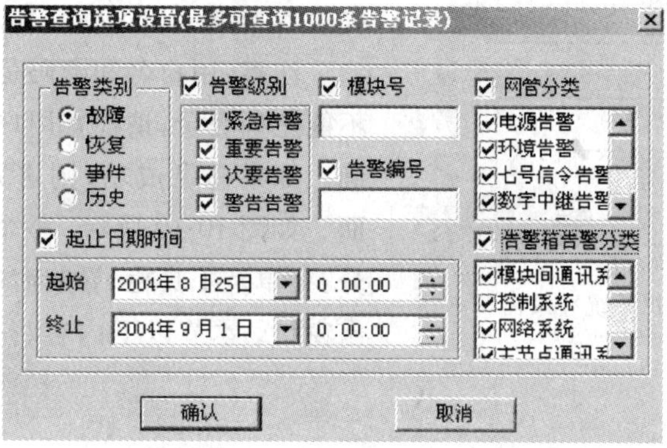

图 10-7　告警查询选项设置对话框

4. 告警管理

选择“告警管理”菜单项，弹出菜单。

清除历史告警：删除数据库中某个时间段内的告警信息，避免占用过多硬盘资源。

告警屏蔽：当到来的告警信息很多，而某些模块或某些类型的告警相对不很重要时，就可以通过设置将它们屏蔽掉。告警屏蔽具体有以下功能：屏蔽某一模块的某一告警编号的告警；屏蔽某一模块的特定级别、特定类别的告警；屏蔽某一模块的某一单板的告警。告警屏蔽和告警过滤不同，告警屏蔽是将屏蔽指令直接发给 BAM，阻止它发送已设置屏蔽的告警信息到告警台；而告警过滤只是将收到的告警信息加以过滤，筛选出需要显示的告警信息，根据优先级别从高到低依次为：告警编号、告警箱告警分类、网管告警分类、告警级别、单板类型，即选中了高级别的选项，低级别的选项将无效。

环境告警配置：环境告警配置用于设置机房环境监控系统的告警。

告警箱控制：在图 10-8 所示的对话框中提供了对告警箱的操作。

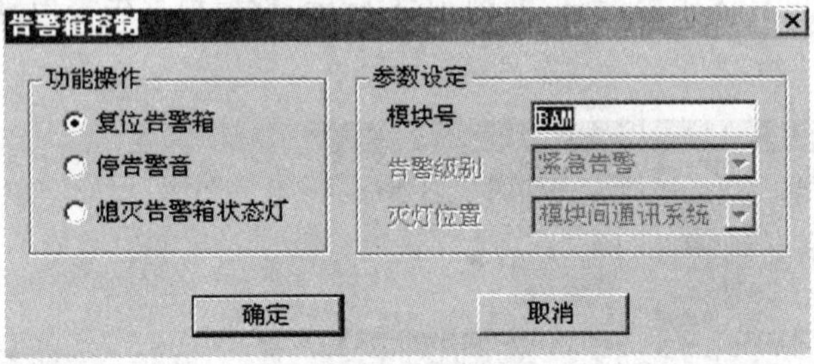

图 10-8　告警箱控制对话框

10.1.3　C&C08 业务维护系统

1. 登录业务维护系统

通过操作系统的程序菜单启动业务维护系统，出现如图 10-9 所示的业务维护系统登录窗口。在第一栏中输入登录用户名，缺省的登录用户名为“cc08”。在第二栏中输入正确的密码。如果有多个局点，在第三栏中选择相应的局名，该局 BAM 的 IP 地址将出现在第四栏中。确认后如果一切正确则进入业务维护系统。

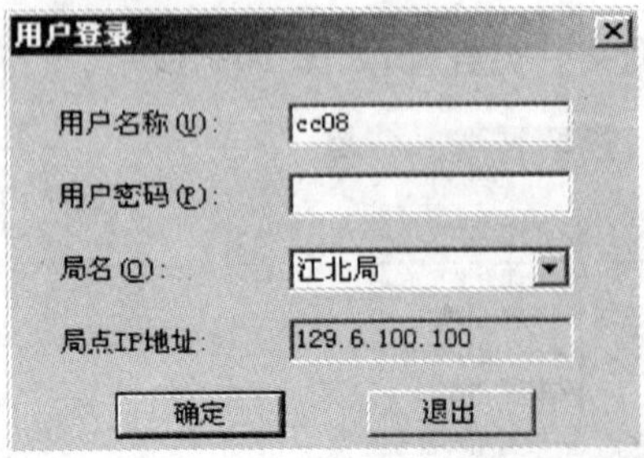

图 10-9　业务维护系统登录窗口

注意：用户名和密码是区分大小写的。如果不能正确登录，请检查用户名和密码是否输入正确。如果登录成功，则进入业务维护系统主界面。如图 10-10 所示。整个界面主要分为 4 个部分：菜单及工具栏、导航窗口、命令输入窗口和输出窗口。本节以下内容将分别对这 4 个部分进行介绍。

2. 菜单和工具栏

主界面最上面的区域是菜单及工具栏区。其中菜单又由系统、权限管理、查看、窗口和帮助等 5 个子菜单组成。

①“系统”子菜单，系统子菜单由重新登录、用户注销、修改口令、打开告警台、系统定制、保存输入命令、执行批命令、立即打印和退出等菜单项组成。

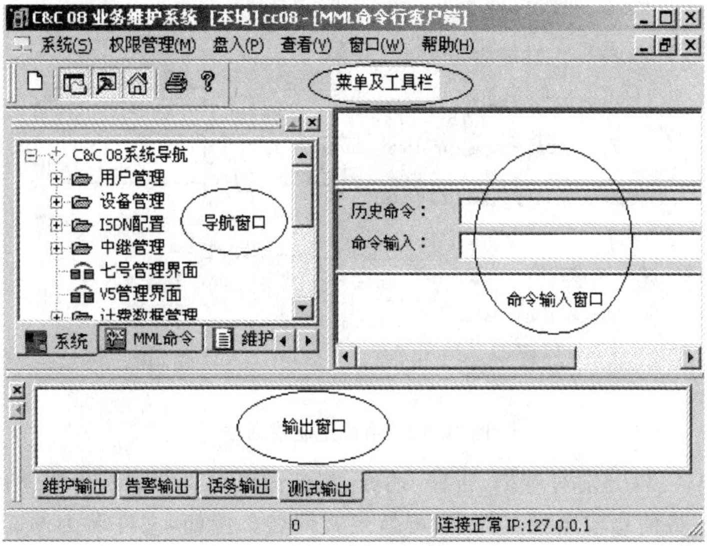

图 10-10　业务维护系统主界面

重新登录和用户注销：重新登录和用户注销是一对互逆的操作。当操作员要进入系统维护交换机时，首先必须进行登录。登录成功后才可以使用自己相关权限内的命令。当操作员登录使用完毕后，欲退出系统时，要进行注销处理。注意：系统管理员的用户名称，即操作帐号，固定为 cc08(小写)，普通操作员的操作帐号根据实际情况自行定义，Guest 用户的用户名称不区分大小写。要想成功登录，必须用户名称合法，用户密码正确，且登录时间在自己的操作时限内。所谓用户名称合法是指经过系统管理员授权的帐号。操作员的用户密码必须输入正确，如果普通操作员忘记了自己的密码，请与系统管理员联系，进行修改。Guest 用户可以无密码登录，而其他操作员必须输入正确密码才能登录。因为同时使用工作站的用户只能有一个，当在同一个工作站上重复进行登录时，系统会提示“重新连接，注销当前用户”。当第一次登录时，如果没有局名信息，就会弹出一个出错对话框，并自动退出系统。

修改用户口令：选择此菜单项后，出现如图 10-11 所示的窗口。输入用户旧密码、用户新密码和确认新密码后，按“确定”键。

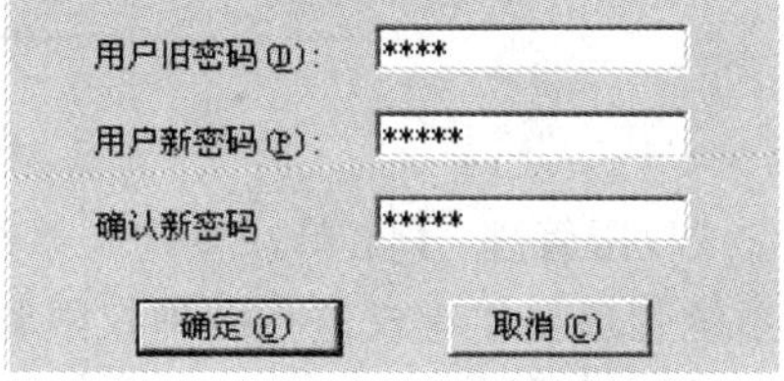

图 10-11　修改口令对话框

注意：Guest 用户无权修改自己的口令。普通操作员只能修改自己的口令，且修改自己口令时要输入正确的旧口令。系统管理员修改自己的口令时，必须输入正确的旧口令。系统管理员还可以修改普通操作员的口令，此时不需要输入旧口令，由系统管理员赋予一个不为空的新口令,修改过程参见“权限管理”子菜单。

系统定制:选择此菜单项后,出现如图 10-12 所示的窗口。

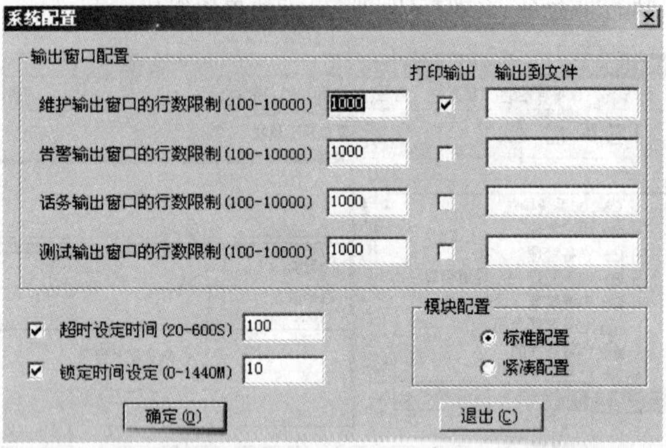

图 10-12　系统定制对话框

在该窗口中,可以分别对维护、告警、话务、测试输出窗口的输出行数进行设定。缺省值为 1000。若需要将信息输出到文件中,可指定文件名。例如,文件名为 weihu. txt 时,该文件的存放路径为 D:\CC08\OUTPUT\weihu. txt。还有一个全局变量在此设定,此参数就是对超时时间的设定。当一条命令从提交系统到返回结果的时间超过了该值,则认为命令设定失败。缺省值为 100 秒。

保存输入命令和结束命令存盘:对于连续执行的一批命令,可以以文本的方式保存下来,如果以后需要执行相同的操作,可以直接调用批命令文件,而不必单条命令逐个输入,如图 10-13 所示。

执行批命令:选中需要执行的批命令文件,确认后自动执行。

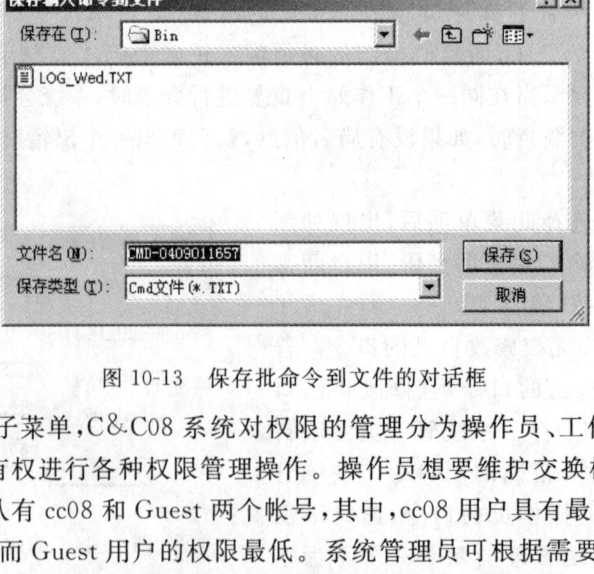

图 10-13　保存批命令到文件的对话框

② “权限管理”子菜单,C&C08 系统对权限的管理分为操作员、工作站和命令组 3 种,只有系统管理员才有权进行各种权限管理操作。操作员想要维护交换机,首先必须有个合法的帐号。系统默认有 cc08 和 Guest 两个帐号,其中,cc08 用户具有最高的权限,可以对交换机进行任何操作,而 Guest 用户的权限最低。系统管理员可根据需要增加新的操作员帐号。为保证帐号的安全性,系统管理员和普通操作员的帐号都必须设有密码。操作员登录

所使用的机器称为工作站。BAM 本身也是一个工作站，称为超级工作站。一个操作员只有通过授权的工作站才能对交换机进行维护工作。工作站权限和帐号权限的交集是当前操作员实际所拥有的权限。

C&C08 系统通过命令组的形式来为操作员和工作站进行授权。为了提高权限管理的效率，将命令划归到各个命令组中，然后再把命令组分配给操作员和工作站，而不用逐条命令进行授权。系统中已经预先定义了一些命令组，如“用户管理”命令组、“设备管理”命令组、“GUEST”命令组、“SYS”命令组等。用户可以直接修改和使用这些命令组，但不可修改“SYS”命令组。系统中还预留了一些空命令组，用户可以根据需要自行定义命令组中所包含的命令。

增加帐号：若要增加一个帐号，选择菜单“权限管理”→“帐号”→“增加”。增加一个帐号的窗口如图 10-14 所示。其中，用户帐号不能为空，或者同已经登记过的帐号重复，用户帐号区分大小写。起始时间和终止时间限定了操作员只能在一段时间内拥有操作权限，该段时间称为操作时限，系统管理员和 Guest 用户无操作时限。对于普通用户，如果这两个域不设，也表示没有操作时限。

C&C08 系统管理员固定拥有最高权限的 G_SYS 权限命令组，可以使用任何命令。Guest 用户固定只拥有 G_GUEST 权限命令组。所有的普通操作员都拥有 G_GUEST 命令组，但是不能拥有 G_SYS 权限命令组。

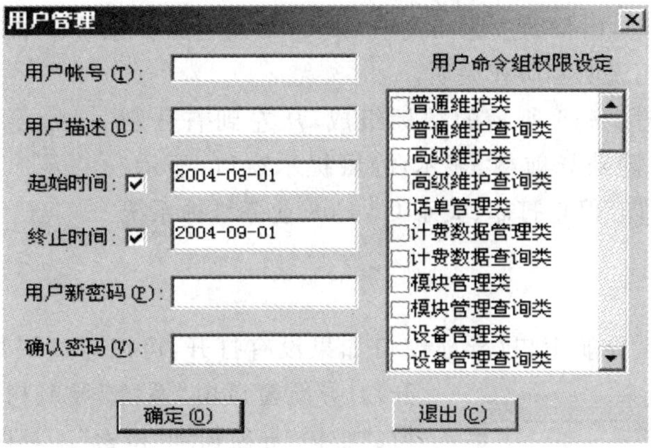

图 10-14 增加新的用户帐号

删除帐号：若要删除一个普通操作员帐号，选择菜单“权限管理”→“帐号”→“删除”。选择一个已有的帐号，进行删除，但管理员和 Guest 两个固定用户的帐号不能删除。

修改帐号：若要修改一个帐号，选择菜单“权限管理”→“帐号”→“修改”。可以修改该帐号的使用时限、密码以及权限。

修改命令组：系统管理员可以根据需要修改某个命令组所包含的命令，且必须在超级工作站上进行，在其余的工作站上修改命令组系统会提示“权限超出”。要修改一个命令组，选择菜单“权限管理”→“命令组”→“修改命令项”。

增加工作站：要增加一个工作站，选择菜单“权限管理”→“工作站”→“增加”。其中，工作站名字不区分大小写，且不能为空或有同名。输入的 IP 地址必须合法，不能重复使用，即一个 IP 地址只能登记一次。

删除工作站：当不再需要某个工作站时，系统管理员可以删除该工作站。赋予该工作站的权限也随之清空。BAM 超级工作站不能被删除。如果当前所删除的工作站正在使用，则使用该工作站的操作员的当前权限降到 G_GUEST 级别。要删除一个工作站，选择菜单“权限管理”→“工作站”→“删除”。

修改工作站：系统管理员可以修改除 BAM 超级工作站以外的任一工作站的权限，并且修改操作只能在超级工作站上进行。如果被修改权限的工作站当前正在使用，则修改操作可以立即影响到正在使用该工作站的操作员的实际权限。要修改一个工作站的权限，选择菜单“权限管理”→“工作站”→“修改”。

③“查看”子菜单，由导航树、提示窗口、命令行窗口、工具栏、状态栏、告警输出、话统输出、测试输出等菜单项组成，图 10-15 所示。选中某个菜单项（在菜单项前面打√）会显示相应的窗口。取消菜单项（消除菜单项前面的√）会隐藏相应的窗口。另外，通过工具栏或 F2、F3、F4 快捷键可以直接打开导航树、提示窗口或命令行窗口。

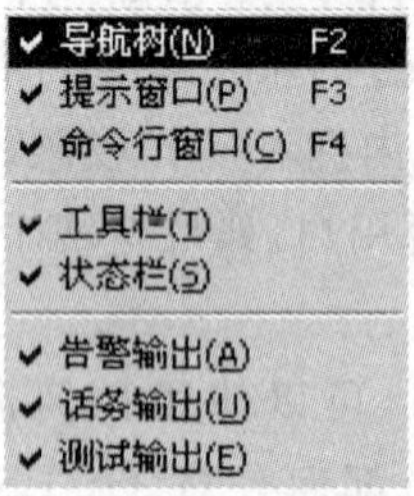

图 10-15 查看菜单

④“窗口”子菜单，由层叠、平铺、排列图标和关闭所有窗口等菜单项组成。另外根据打开窗口的情况，还会有针对各个窗口的菜单项。通过该子菜单，可以实现在各个窗口之间方便地切换。

⑤“帮助”子菜单，由帮助主题和关于 C&C 08 业务维护系统菜单项组成。分别提供了业务维护系统的使用说明和版权说明。

⑥ 工具栏，由图 10-16 所示的图标组成，从左到右分别是：重新登录、显示/隐藏导航树、显示/隐藏提示窗口、显示/隐藏命令行窗口、打印/停止打印、关于 C&C08 业务维护系统的帮助及菜单帮助。

图 10-16 工具栏图标

3. 导航窗口

主界面的左面是导航窗口（导航窗口如果没有打开，可以通过工具栏或 F2 快捷键打开）。导航窗口由“系统”导航树、“MML 命令”导航树、“维护”导航树和“搜索”工具四部分组成。点击相应的导航标签可以选择相应的导航树。

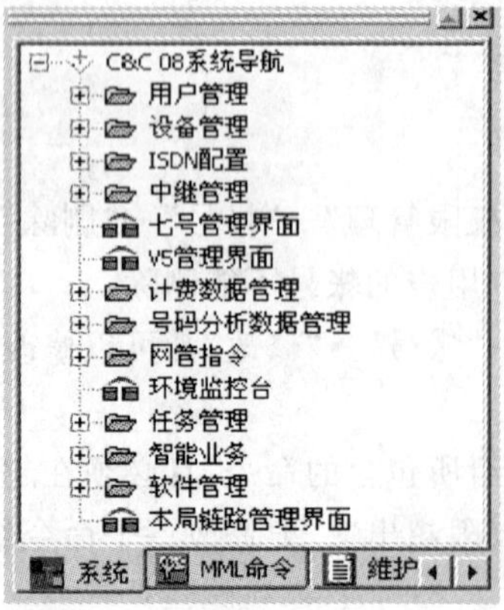

图 10-17 系统导航树

①系统导航树，以表格的形式提供了命令行方式的另一种实现方案，其功能完全可以由命令导航树来实现，因此不做详细介绍。系统导航树如图 10-17 所示。

② 命令行导航树，是业务维护系统对命令行的直接支持，如图 10-18 所示。在此导航树中，按命令行管理的内容对命令分类。用鼠标双击某个命令节点，或者用鼠标点击某个命令节点再按＜回车＞键，可以激活相应的 MML 命令输入窗口，并将命令名以及相应的命令参数填充到输入框中。在选中一个命令节点后，按＜F1＞键可以获取该命令

的帮助信息。

③ 维护工具导航树，以图形的形式提供了查询 C&C08 系统各种维护信息的手段，如图 10-19 所示。该导航树的使用将在后续的维护课程中做详细介绍。

图 10-18　MML 命令导航树

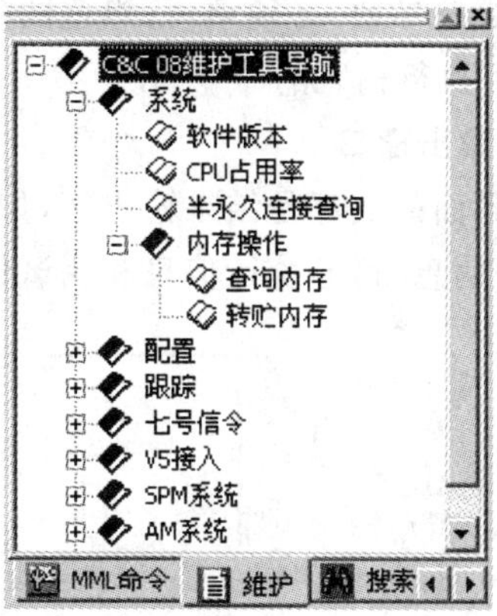

图 10-19　维护工具导航树

④ 命令搜索工具，可以根据给定的关键字查找相应的命令。

4. 命令行输入窗口

主界面的右部是多视窗区，可根据需要同时打开多个窗口，如命令行输入窗口、帮助窗口、各种维护信息查询窗口等。当有多个窗口被打开时，可采用窗口层叠或平铺的方式便于观察，还可以通过“窗口”子菜单在各个窗口之间切换。按＜F4＞键或点击工具栏中的图标，弹出 MML 命令行输入窗口，如图 10-20 所示。

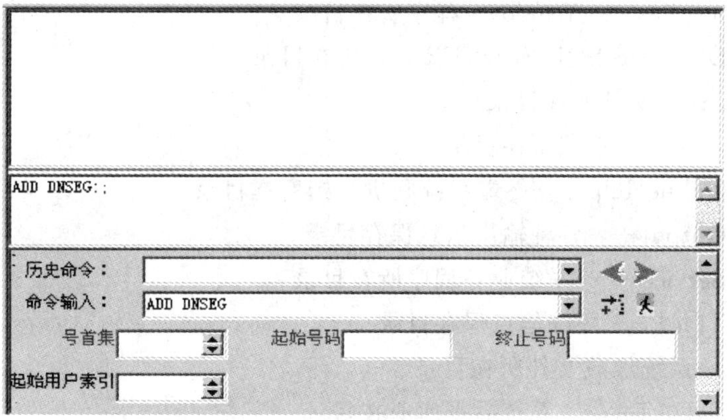

图 10-20　MML 命令行客户端窗口

该窗口分为 3 个区域：最上面的区域是结果输出区域，在此窗口中可以观察命令执行的结果。在该区域单击鼠标右键，可以得到一个浮动菜单；中间的区域是命令输入区，用户可在此窗口中直接输入一条或多条命令及参数，并按＜F9＞键执行；最下面的区域是命令辅助输入区。在该区域可以借助一些辅助工具快速方便地生成一条命令。

通常，可通过以下几种方法生成输入界面：在导航树中双击某条命令；先在“命令输入”

列表中手工输入一条命令名，再按回车键或用鼠标点击“生成输入界面”图标；在“历史命令”下拉列表中，记录了最近操作的 30 条命令。展开列表进行选择或点击图标在历史命令中进行浏览选择。生成输入界面后，完成各必要参数和可选参数的填写。其中，红色的参数为必要参数，必须填写；黑色的参数为可选参数，可根据需要填写。按＜F9＞键或点击，即可执行输入的命令。

5. 输出窗口

主界面的底部是结果输出区，如图 10-21 所示。该区域包括 4 个输出窗口：输出维护信息、告警信息、话务统计信息和测试信息。点击某个窗口标签切换到相应的输出窗口。

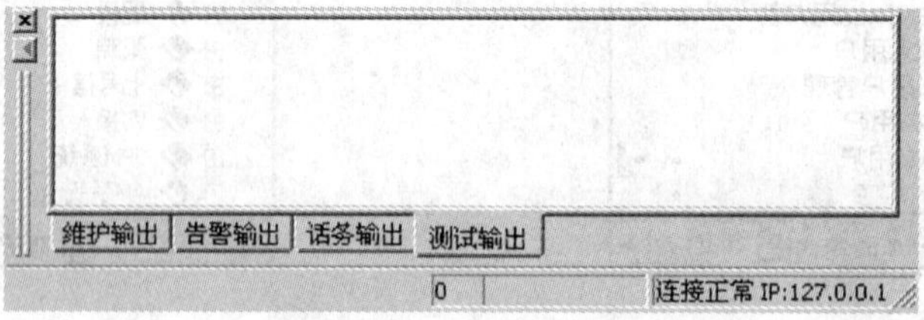

图 10-21　结果输出窗口区

6. 系统目录结构

① BAM 服务器目录结构

BAM 服务器端必须安装在 Windows NT 4.0 平台(补丁 SP4 以上)，安装成功后，默认地将创建以下目录，在其下将放置 C&C08 交换机终端系统服务器的程序和部分数据，目录结构如下：

C:\WINNT——Windows NT 4.0 所在目录

C:\Program Files——Windows 程序所在目录

C:\MSSQL——MS SQL SERVER 7.0 所在目录

D:\bill——话单文件所在目录

D:\CC08——BAM 系统所在目录

D:\CC08\OnlineHelp——终端系统联机文档所在目录

D:\CC08\Output——各种输出信息保存目录

D:\CC08\Services——系统业务程序所在目录

D:\CC08\Trace——跟踪信息保存目录

D:\Data——系统加载文件所在目录

D:\MSSQL\DATA——系统数据库所在目录

E:\billback——话单备份文件所在目录

E:\BillSorter——分类话单所在目录

E:\MSSQL\DATA——系统运行日志所在目录

F:\CC08——备份数据目录

警告：在这些目录里面存放了各种重要数据和备份文件等，请不要轻易删除。

② 客户端目录结构

客户端软件可以安装在 Windows 系列平台，安装成功后，安装程序将自动创建一些目录，在其下放置交换机客户端软件的程序，默认的目录结构如下：

D:\CC08——客户端业务维护系统所在目录

D:\CC08\bin——可执行文件所在目录

D:\CC08\Data——配置文件和本地数据库所在目录

D:\CC08\OnlineHelp——联机帮助文件所在目录

D:\CC08\Output——各种输出信息所在目录

D:\CC08\Trace——跟踪信息所在目录

10.2　硬件配置数据

配置数据是指与交换机物理配置、各种资源分配等有关的数据设定，可以说是对整个交换系统物理特性的一个数据描述。本节主要介绍 128 模块配置数据的设定方法，分为 3 个部分：第一部分介绍配置 128 模 AM/CM 的一般步骤和相关命令；第二部分介绍配置 SM、SMII、RSMII 的一般步骤和相关命令；第三部分介绍 SPM 配置数据。

10.2.1　128 模 AM/CM 配置数据

1. 配置数据的基本原则

配置数据的设定遵循一个从大到小、从粗到细的过程。对于一个 128 模块局，首先应配置 AM/CM，然后再配置其他 SM、SMII、RSMII。在一个模块内，也应按照先配置模块、再配置机框和单板、最后配置各种资源的顺序来进行。

删除配置数据时应该遵循相反的过程。在一个模块内，应先删除资源配置、再删除单板和机框、最后删除模块的顺序来进行。对于整个交换局，也应该先删除各个 SM、SMII、RSMII，然后再删除 AM/CM。

2. AM/CM 配置数据的一般步骤

对于 128 模块局，无论采取什么样的组网方式，AM/CM 模块都必不可缺。因此在做 AM/CM 配置数据时，默认固定存在一个 AM/CM 模块，不需要再增加。

一般而言，配置 128AM/CM 可按照如下过程进行：

① AM/CM 上电或复位。

② 加 AM 时钟框(ADD CLKFAM)。

③ 增加 AM 控制框(ADD CFAM)。

④ 增加中央交换网框(ADD NETFAM)。

⑤ 增加 AM 接口框(ADD IFAM)。

⑥ 根据需要更改接口框的单板配置。修改单板通过删除单板(RMV BRD)、增加单板(ADD BRD)两条命令实现。

⑦ 增加 CDB 功能配置(ADD CDBFUNC)。

⑧ 增加 ISP 功能配置(ADD ISPFUNC)。

⑨ 若有必要，修改 CCM 平面 HW 配置，使之和实际连线一致。通过删除 CCM 平面 HW 配置(RMV CCMHW)、增加 CCM 平面 HW 配置(ADD CCMHW)实现。

3. 与 AM/CM 配置数据有关的命令

(1) 机框配置相关命令

① AM 时钟框

AM 时钟框提供了 128AM/CM 的时钟信号。配置 AM/CM 从配置 AM 时钟框开始。

命令名称	命令功能
ADD CLKFAM	增加 AM 时钟框
MOD CLKFAM	修改 AM 时钟框

【场地号】、【行号】、【列号】这 3 个参数唯一确定了一个机架的位置,可以自行定义。但通常为了准确定位产生告警信息的机架,这 3 个参数需要统一规划。

【可用参考源】指明了时钟框可以用来同步的外部时钟参考源。8K0、8K1:从中继(E16、STU)引入的参考源;2MB0、2MB1、2M0、2M1:从 BITS 引入的参考源。

【参考源级别】当三级时钟的主用参考源坏时,以此参数指定的参考源为准。若不指定,则顺序进行选择。

【主用时钟参考源】若时钟等级为二级时钟,只能以此主用参考源来锁相时钟;若时钟等级为三级时钟,正常时以主用参考源为主,若主用参考源坏,则按参考源级别来选取时钟。

【时钟等级】根据需要指定为二级时钟或三级时钟。

【时钟锁相方式】与传输相关,选取 SDH 方式或者是 PDH 方式。

【时钟工作方式】自由:以自由振荡的方式提供时钟;快捕:CKS 重启后,进入同步较快,但抖动性能较差;跟踪:CKS 重启后,进入同步较慢,但抖动性能较好;记忆:当失去同步后,以最后锁相的时钟进行工作;自动:由系统自行决定时钟的工作方式。

② AM 控制框

增加控制框之前必须先增加时钟框。与控制框有关的命令有:

命令名称	命令功能
ADD CFAM	增加 AM 控制框
MOD CFAM	修改 AM 控制框

【场地号】、【行号】、【列号】参见增加时钟框命令 ADD CLKFAM。

③ 中央交换网框

增加中央交换网框之前必须先增加控制框。与交换网框有关的命令有:

命令名称	命令功能
ADD NETFAM	增加中央交换网框
MOD NETFAM	修改中央交换网框

【场地号】、【行号】、【列号】参见增加时钟框命令 ADD CLKFAM。

④ AM 接口框

增加接口框之前必须先增加中央交换网框。与接口框有关的命令有:

命令名称	命令功能
ADD IFAM	增加 AM 接口框
MOD IFAM	修改 AM 接口框

【框号】给接口框分配的框号，必须和母板上的拨码开关一致。范围为 4～17。

【1 号光路所接的网框光路号】、【2 号光路所接的网框光路号】每个接口框通过两个 393 M的光路接到中央交换网框的 SNU 板上。这里的两个参数指定 SNU 板上的光路号。

【场地号】、【行号】、【列号】参见增加时钟框命令 ADD CLKFAM。

【接口框缺省板类型】新增加的接口框缺省为满配置。这里指明满配置的单板类型，可以是 OBC、E16、STU 或 MHI。

⑤ 删除机框

对于 128AM/CM 各个机框，可以用一个统一的命令进行删除。与机框有关的命令有：

命令名称	命令功能
RMV FRM	删除机框

【模块号】、【框号】指定需要删除的机框。对于 AM 模块，模块号为 0。

(2) 单板、资源配置相关命令

① 单板配置

一般而言，增加了一个机框后，该机框的单板都已经按满配置配好。所要做的只是根据实际情况进行调整。删除实际不存在的单板，增加新的单板。修改单板的类型可以通过先删除旧的单板，再增加新的单板来实现。与单板配置有关的命令有：

命令名称	命令功能
ADD BRD	增加一块单板
RMV BRD	删除一块单板
LST BRD	查询单板的配置

【模块号】、【框号】、【槽位号】指定单板的位置。

【板类型】指定新增加板的类型。

【起始槽位号】、【结束槽位号】用于查询命令中指定单板范围。如没有指定起始槽位号，则认为是该框的所有槽位。如没有指定结束槽位号，则认为是和起始槽位号相同。

【是否显示主节点、HW 参数】对 AM/CM 模块无效。

② CDB 功能配置

128 模块的数据查询功能由 CDP 板来完成。出于负荷分担考虑，可将不同的数据查询功能分配到不同的 CDP 板组。例如，由一组 CDP 板进行用户和小交寻线，而由另外一组 CDP 板来进行中继寻线。在负荷不大的情况下，也可以由一组 CDP 板来完成所有功能。

命令名称	命令功能
ADD CDBFUNC	增加 CDB 功能配置
RMV CDBFUNC	删除 CDB 功能配置

【功能配置】分配 CDB 板所需的功能。根据需要进行分配,不用的功能可以不配,以节省资源。

【CDB 板组号】指定需要配置的一对主备用的 CDP 板。

提示:查询 CDB 功能配置可以由查询单板配置 LST BRD 命令来完成。

③ ISP 功能配置

增加 ISP 功能配置前,先要有相应的 ISP 板存在。一组 ISP 板可以配置多种功能,但每一种功能配置只能加到一组 ISP 板上,不可以重复添加。目前,ISP 板只有特殊号码变换,主叫号码甄别的功能配置。

命令名称	命令功能
ADD ISPFUNC	增加 ISP 功能配置
RMV ISPFUNC	删除 ISP 功能配置

【功能配置】分配 ISP 板所需的功能。根据需要进行分配,不用的功能可以不配,以节省资源。

【ISP 板组号】指定需要配置的一对主备用的 ISP 板。

提示:查询 ISP 功能配置可以由查询单板配置 LST BRD 命令来完成。

④ CCM 平面 HW 配置

CCM 平面是 128AM/CM 各个功能模块相互通信的枢纽,因此必须正确配置 CCM 平面 HW,以保证实现 AM/CM 的功能。配置 CCM 平面 HW 时,应和实际的 HW 连线保持一致。

命令名称	命令功能
ADD CCMHW	增加 CCM 平面 HW 配置
RMV CCMHW	删除 CCM 平面 HW 配置
LST CCMHW	查询 CCM 平面 HW 配置

【CCM 平面 HW 号】CCM 平面上的 HW 号。每个 CCM 平面提供 56 条 HW,编号从 0～55。

【单板类型】、【单板组号】单板类型指定需要分配 HW 的功能模块,包括 AMP、CDP、NCC、QSI、BCC、SPC 等单板。同种类型单板的不同组通过单板组号来区分。

【板上 HW】有些单板组有多条 HW 连到 CCM 平面,例如 QSI 板组到每个 CCM 平面有 4 条 HW。通过该参数指明具体的 HW。

10.2.2 SM、SMII、RSMII 配置数据

SM、SMII、RSMII 交换模块配置数据过程大同小异,只是在配置模块时稍有区别。

1. SM 数据配置一般步骤

SM 模块是指通过两条 40 Mbit/s 的光纤连接到 AM/CM 的交换模块。在配置 SM 前,必须先配置与该 SM 模块相连接的 AM/CM 模块。

(1) 增加一个 SM 模块(ADD SM)。可暂时将模块的监控状态参数置为“未激活”,这

样后续命令就不出现等待超时信息。待模块上电或复位时，再将模块状态置为“激活”。

(2) 增加主控框(ADD CFB)。

(3) 按需要，通过删除单板(RMV BRD)、增加单板(ADD BRD)命令修改单板配置。

(4) 将模块监控状态修改为激活(MOD SM)。

(5) 模块上电或复位。

(6) 根据需要，增加相应的用户框(ADD USFB)和数字中继框(ADD DTFB)。

(7) 根据需要，通过删除单板(RMV BRD)、增加单板(ADD BRD)命令来修改用户框和中继框的单板配置。

(8) 激活用户框或中继框的单板(MNT BRD)。

2. SMII 数据配置一般步骤

B 模块或 A 模块可以通过标准的 E1 接口直接连接到 AM/CM，这种 B 模块或 A 模块称为 SMII 模块，这种组网方式称为 SMII 接入。在配置 SMII 前，必须先配置与该模块相连接的 AM/CM 模块。

(1) 增加一个 SM2 模块(ADD SM2)。此时可先将 SMII 的监控状态置为未激活，这样后续命令不必等待超时。

(2) 增加主控框(ADD CFB)。

(3) 增加数字中继框(ADD DTFB)。

(4) 通过删除单板(RMV BRD)、增加单板(ADD BRD)命令修改主控框和中继框的单板配置，特别要将 2、3 槽位的中继板修改为 IDT 板。

(5) 激活 SMII 模块(MOD SM2)。

(6) 模块上电或复位。

(7) 增加到 AM 模块的 E1 配置(ADD E1CFG)。

(8) 根据需要，增加用户框(ADD USFB)并激活其单板(MNT BRD)。

3. RSMII 数据配置一般步骤

B/C 中继模(B 型 TSM/UTM、C 型 TSM)或 B 型独立局通过 2 M 口、以内部 No. 7 信令方式带混装 B 模块(UTM)或 A 模块的组网方式即为 RSMII 接入，记为 RSMII(B)、ARM。除手工操作之外，对 RSMII 模块的所有管理和维护都可在母局管理模块进行，而不需要对 RSMII 进行任何的近端处理。RSMII 模块逻辑地位与 USM、TSM、UTM、RSM 相同，它们之间的呼叫属本局呼叫。对于用户来讲，RSMII 具有普通 SM 的所有功能，用户感觉不到有何不同。RSMII 的数据在母局设定，占用母局号码资源。

在配置 RSMII 前，需先配置与该模块相连接的上级交换模块，并将上级模块与 RSMII 模块互连的中继板修改为 IDT 板。RSMII 模块的第一个信令板槽位应该插 No. 7 信令板。

(1) 增加一个 RSMII 模块(ADD RSM2)。监控状态暂时置为未激活。

(2) 增加主控框(ADD CFB)。

(3) 增加数字中继框(ADD DTFB)。

(4) 通过删除单板(RMV BRD)、增加单板(ADD BRD)修改单板配置，特别是要将 2、3 槽位的中继板修改为 IDT 板。

(5) 增加 RSM2 链路(ADD RLNK)。

(6) 激活 RSMII 模块(MOD RSM2)。

(7) RSMII 模块上电或复位。

(8) 增加 RSM2 模块与上级的 E1 配置(ADD E1CFG)。

(9) 根据需要,增加用户框(ADD USFB)并激活其单板(MNT BRD)。

4. 模块配置相关命令

① SM 模块配置

在增加 SM 模块前必须先增加 128AM/CM 模块。与 SM 模块配置有关的命令有:

命令名称	命令功能
ADD SM	增加 SM 模块
MOD SM	修改 SM 模块

【模块号】该新增模块分配的模块号,全局统一编号。

【模块类型】以主/备用方式连接的模块选择 B1 模块;以负荷分担方式连接的模块选择 B2 模块。

【接口框号】、【光路号 1】、【光路号 2】SM 通过 2 对光纤连接到接口框的 2 个光路上。若是 B2 模块,则按实际情况填写两个光路号;若是 B1 模块,则光路 1 按实际情况填写,光路 2 填 255。

【与 AM 通信带宽】、【接口框信令 HW 号】、【时隙配置】每个接口框有 8 条 HW 到 CCM 平面。SM 到 CCM 平面的通信链路可占某条 HW 的若干个时隙。这 3 个参数指定 SM 与 AM/CM 的通信带宽以及占用的接口框信令 HW 号和时隙号。通信带宽必须和 SM 的 MPU 板的开关状态一致。通常只指定通信带宽,由系统自动分配信令 HW 和时隙;也可以人工指定 HW 号和时隙,但要注意不能占用 HW_0 的前 8 个时隙。

【时钟选择】根据实际情况选择。

CLKA:A 型机时钟板;CFMB:B 模块由时钟框来提供时钟信号;HSELB:B 模块通过主备用方式接入 AM,并通过光纤获取时钟信号;OPTC:C 模块通过光纤获取时钟信号;OPT0:B 模块通过负荷分担方式接入 AM,并通过光路 0 获取时钟信号;OPT1:B 模块通过负荷分担方式接入 AM,并通过光路 1 获取时钟信号;8KDT0:SM 通过中继线获取 8K0 信号;8KDT1:SM 通过中继线获取 8K1 信号;NET:由网板上的晶振提供时钟信号。

【已安装 BAM】本模块是否安装了 BAM。通常 BAM 安装在 AM 模块上,所以这里为否。

【已安装告警】本模块是否安装了告警箱,通常为否。

【已安装七号电路】本模块是否安装了 No.7 中继电路。如果为否,则在中继寻线时不查找本模块。

【后台监控状态】如果为否,后台的设定命令将不发送到本模块。通常在交换模块未开工或通信故障时,发送到该模块的命令都会等待超时。这时可以将该模块置为未激活状态,等到模块通信正常时,再将模块置为激活状态。

【告警送达模块 1】~【告警送达模块 5】如果本模块未安装告警设备,告警信息需要送到其他模块辅助显示,则在这里填写最多 5 个模块。

② SMII 模块配置

命令名称	命令功能
ADD SM2	增加 SMII 模块
MOD SM2	修改 SMII 模块

【模块号】本模块的编号。

【模块类型】根据是 B 模块还是 A 模块选择相应的类型。

【接口框号】、【链路 1 E1 接口板槽位号】、【链路 1 E1 端口号】、【链路 2 E1 接口板槽位号】、【链路 2 E1 端口号】SMII 和 AM/CM 之间通过两条信令链路进行通信。每一条链路占用一个 E1 接口的若干个时隙，时隙数由与 AM 通信的带宽指定。

【与 AM 通信带宽】、【接口框信令 HW 号】、【时隙配置】、【已安装 BAM】、【已安装告警】、【已安装七号电路】、【时钟选择】、【后台监控状态】、【告警送达模块 1】～【告警送达模块 5】参见增加 SM 模块 ADD SM 命令。

③ RSMII 模块配置

命令名称	命令功能
ADD RSM2	增加 RSMII 模块
MOD RSM2	修改 RSMII 模块

【模块号】给 RSMII 分配的模块号。

【模块类型】根据是 B 模块还是 A 模块进行选择。

【上级模块号】、【链路集 1】、【链路集 2】RSMII 和 SM 之间通过内部 No. 7 信令进行通信。模块之间有两个链路集，其中链路集 1 为上级模块到下级模块的链路集合，链路集 2 为下级模块到上级模块的链路集合。每个链路集可以包含多条链路。可以通过增加 RSMII 链路命令往链路集中增加链路。

【已安装 BAM】、【已安装告警】、【已安装七号电路】、【时钟选择】、【后台监控状态】、【告警送达模块 1】～【告警送达模块 5】参见增加 SM 模块 ADD SM 命令。

对于 3 种交换模块，可以通过同一条命令来查询和删除模块，相关的命令如下：

命令名称	命令功能
LST MDU	查询模块信息
RMV MDU	删除一个模块

④ 模块间 E1 配置

对于 SMII 和 RSMII，由于它们是通过 E1 接口与上级模块连接，所以需要为模块配置 E1 资源。配置模块间的 E1 资源实际上就是配置模块间的话路资源。

命令名称	命令功能
ADD E1CFG	增加模块间的 E1 配置
LST E1CFG	查询模块间的 E1 配置情况
RMV E1CFG	删除模块间的 E1 配置

【上级模块号】、【上级 E1 所在机框】、【上级 E1 所在槽位】、【上级 E1 号】指定上级模块的某个 E1。

【下级模块号】、【下级 E1 所在机框】、【下级 E1 所在槽位】、【下级 E1 号】指定 SMII 或 RSMII 模块的某个 E1。

【中继方式】通常选择 CCS 共路方式。

⑤ RSMII 链路配置

RSMII 链路是通过将信令设备与某一条电路进行半永久连接实现的。在增加链路时，必须保证两端的电路号对应到同一条物理电路，与 RSMII 链路有关的命令有：

命令名称	命令功能
ADD RLNK	增加一条 RSMII 链路
RMV RLNK	修改一条 RSMII 链路
LST RLNK	查询 RSMII 链路

5. 机框配置相关命令

① B 型控制框

在新增 B 型控制框之前，要先增加其所在的模块。指定的框号是控制框的下面一框，本命令同时增加控制框的上面一框。要保证这两框的框号都没有被占用。新增的框缺省为满配置，如果与实际不符，可通过增、删单板来调整。

命令名称	命令功能
ADD CFB	增加 B 型控制框
MOD CFB	修改 B 型控制框

【模块号】该框所属的模块号。

【框号】该框的逻辑编号。该编号只影响告警信息以及后台状态面板的显示，不一定要与物理机框号相同。

【机架号】机框所在机架的编号。

【场地名】对机架所在场地的文字描述。

【场地号】、【行号】、【列号】指定机架所在的位置。该参数在显示告警信息时有用。

② B 型用户框

在增加用户框之前，必须先增加控制框。与 B 型用户框有关的命令有：

命令名称	命令功能
ADD USFB	增加 B 型用户框
MOD USFB	修改 B 型用户框

【模块号】、【框号】、【机架号】、【场地名】、【场地号】、【行号】、【列号】参见增加 B 型控制框 ADD CFB 命令。

【左半框主节点】、【右半框主节点】每个用户框配有两个主节点。每个主节点控制半框，为互助关系。两个主节点必须与实际的连线配置一致。

【HW1】、【HW2】每个用户框配有两条 HW。HW 号必须和实际的连线一致。

【TSS 板所在框号】用户板由 TSS 板来测试。

③ B 型中继框

在增加 B 型中继框之前，必须先增加控制框。与 B 型中继框有关的命令有：

命令名称	命令功能
ADD DTFB	增加 B 型中继框
MOD DTFB	修改 B 型中继框

【模块号】、【框号】、【机架号】、【场地名】、【场地号】、【行号】、【列号】参见增加 B 型控制框 ADD CFB 命令。

【主节点 1】～【第 4 块 DRV 板主节点】每块 DTM 板和 DRV 板分配一个主节点。主节点分配必须与实际连线一致。通常只需填写主节点 1，其他主节点资源采用默认配置。为了避免不存在的单板占用主节点，可将第一块不存在的单板的主节点号填 255，表示其后的主节点都无效。

【HW1】～【第 2 组 DRV 板 HW】每块 DTM 板分配 2 条 HW，每一组 DRV 板分配一条 HW。HW 分配必须与实际连线一致。通常只需填写第一条 HW 资源，其他资源采用默认配置。

对于 SM 的各种机框，可以通过同一条命令来查询和删除。删除控制框时，首先要删除其他用户框或中继框。

命令名称	命令功能
LST FRM	查询机框信息
RMV FRM	删除一个机框

6. 单板配置相关命令

① 单板配置

同 AM 一样，对于 SM 而言，增加了一个机框后，该机框的单板都已经按满配置配好。所要做的，只是根据实际情况进行调整。删除实际不存在的单板，增加新的单板。修改单板类型可以通过先删除旧的单板，再增加新的单板来实现。与单板配置有关的命令有：

命令名称	命令功能
ADD BRD	增加一块单板
RMV BRD	删除一块单板
LST BRD	查询单板配置
MOD BRD	修改单板

【模块号】、【框号】、【槽位号】指定单板的位置。

【板类型】指定新增加板的类型。

【起始槽位号】、【结束槽位号】用于查询命令中指定单板范围。如果没有指定起始槽位号,则认为是该框的所有槽位。如果没有指定结束槽位号,则认为与起始槽位号相同。

【是否显示主节点、HW参数】查询时是否显示有关主节点和HW的详细信息。

【可见性】对于一些实际不存在的单板,可以通过将可见性置为否,使其不可见,以免产生不必要的告警。

提示:若被删除单板上的资源还未释放,则需要先释放这些资源,再删除单板。

② 维护单板状态

通过下面的命令可以对单板实现一些基本的维护功能,包括激活、隔离、强制隔离、取消隔离、查询隔离。

命令名称	命令功能
MNT BRD	维护单板状态

10.2.3 SPM配置数据

1. SPM配置数据

SPM配置数据主要有三部分:SPM模块数据、SPM框数据和SPM E1数据。一般情况下,应该按照机框数据、模块数据、E1数据的顺序进行,即先增加一个SPM机框,再将框中的某对SPC板配置成一个SPM模块,最后为该模块分配E1电路。

① SPM框数据

SPM模块包括SPM框和SRM框两类机框,与SPM机框配置有关的命令有:

命令名称	命令功能
ADD SPMFRM	增加SPM框
MOD SPMFRM	修改SPM框
ADD SRMFRM	增加SRM框
MOD SRMFRM	修改SRM框

【框号】该框在128AM/CM中的框号。该框号必须和母板上的拨码开关一致。按照惯例,STM框的框号为0,CPM框号为1,CNET框号为2和3,LIM框号为4~17,SRM框号为18~30,SPM框号从20开始编起,范围为20~30。

【场地号】【行号】【列号】这3个参数唯一确定了一个机架的位置。

【SPC板组数】每对主备用的SPC板可配置成一个SPM模块。通常情况下,一个SPM框包括两组SPC板,可以配置两个SPM模块。当需要更多的SPM模块来处理业务时,可以去掉部分CPC板,代之以SPC板。最多可以再增加两组SPC板。

② SPM模块数据

命令名称	命令功能
ADD SPM	增加SPM模块
MOD SPM	修改SPM模块
LST SPM	查询SPM模块

【模块号】为该模块分配的模块号。与 SM 统一编号，范围为 1～128。

【SPM 框号】【SPC 板槽号】通常将 SPM 框中主备用的两块 SPC 板定义为一个模块。这两个参数就指定了具体的 SPC 板，可以是主备用的两块板中的任意一块。

③ SPM E1 数据

为 SPM 分配 E1 就如同为 SM 配置 DTM 中继板，给模块配置话路资源。

命令名称	命令功能
ADD SPME1	增加一批 E1
MOD SPME1	修改一批 E1
RMV SPME1	删除一批 E1
LST SPME1	查询一批 E1

【接口框号】【E16/STU 槽号】【起始 E1 号】【终止 E1 号】这 4 个参数确定了分配给某个 SPM 模块的 E1 范围。

【从属 SPM 模块】该参数指定了需要分配 E1 的 SPM 模块号。

【E1 设备类型】根据使用的协议类别进行选择。对于 No. 7 信令方式，选择 TUP。对于 1 号信令方式，选择 DT。

【E1 工作方式】通常选 No. 7 信令方式。

2. SPM 维护

① 复位资源单元

每块 SRC 板上有 4 个 DSP 芯片，可以分别配置成不同的功能。当某个资源单元出现功能故障时，可以通过以下命令对 SRC 板上的某个资源单元或全部资源单元进行复位。

命令名称	命令功能
RST DSP	复位资源单元

【框号】【槽号】【板内资源单元号】指定某块 SRC 板上的某个资源单元或所有的资源单元。

② 显示下级单板

BCC 板的下级单板为本框中的各单板；而 MHI 板的下级单板为 SRC 板和 SPD 板。可以通过以下命令来查询指定 BCC 板或 MHI 板的下级单板的状态和占用的资源。

命令名称	命令功能
DSP SUBCARD	显示下级单板

【框号】【槽号】指定具体的 BCC 板或 MHI 板。必须是主用板。

③ SRM 占用率告警

SRM 框的几种资源设备(包括 SPD 设备、FSK 设备、MFC 设备、DTR 设备)是全局共享的。是否有充足的设备资源直接影响到全局功能的实现，因此有必要了解各种资源的占用情况，并在达到某个阈值时产生告警。可以通过以下几条命令设置和查询共享资源设备的告警阈值，并查询设备当前的占用率。

命令名称	命令功能
SET SRMALM	设置 SRM 告警阈值
DSP SRMALM	显示 SRM 告警阈值
DSP SRMOPY	显示 SRM 通道当前的占用率

【设备类型】指定具体的设备类型，可以是 SPD、FSK、MFC、DTR 设备。

【告警阈值】指定产生告警的门限值。以百分比表示。

④ CPC 自环测试

自环测试是通过软件进行的，无须硬件交叉连接。当 CPC 链路出现故障时，可以通过此命令进行故障定位。

命令名称	命令功能
STR LNKTST	进行 CPC 自环测试

【CPC 板所在框号】【CPC 板所在槽号】【板内链路号】指定某块 CPC 板上的 1 条信令链路。

3. SPM 中继电路

SPM 模块的中继路由话路数据与 SM 模块的基本上一样，包括局向、子路由、中继群、中继电路、路由、路由分析、被叫字冠等命令。唯一不同的是中继电路数据，如七号中继数据，SM 模块使用 ADD N7TKC，而 SPM 模块使用 ADD SPMN7TKC。根据需要，可将 SPM 的 E1 接口分别配置成一号中继电路、No. 7 中继电路、V5 中继电路和 PRA 中继电路等。

命令名称	命令功能
ADD SPMN7TKC	增加七号中继电路
MOD SPMN7TKC	修改七号中继电路
RMV SPMTKC	删除中继电路
LST SPMTKC	查询中继电路

【接口框号】【E16/STU 槽号】【板内 E1 号】【E1 起始电路号】【E1 终止电路号】这些参数确定 No. 7 中继电路的范围。

【中继群号】中继电路所属的中继群。

【起始 CIC】该批中继电路的第 1 条中继电路的 CIC 标识。其他中继电路的 CIC 依次递增。需要注意，对于同一条中继电路，两端的 CIC 编码应该相同。

【起始电路的主控标志】为了防止同抢，对于同一条中继电路，一端为主控，另一端应为非主控。

【中继电路状态】指定中继电路的状态，有“可用”、“不可用”和“闭塞”几种状态。

4. SPM No. 7 信令链路

SPM No. 7 信令链路数据也和 SM 基本相同，包括本局信息、目的信令点、链路集、MTP 路由、MTP 链路等。唯一不同的是 MTP 链路数据，SM 模块使用 ADD N7LNK，而 SPM 模块使用 ADD SPMN7LNK 命令。SPM 模块的 No. 7 信令链路是通过将 CPC 板的信令设备与接口框中的一条电路以半永久的方式连接实现的。与 SPM 七号链路配置有关的命令有：

命令名称	命令功能
ADD SPMN7LNK	增加一条 MTP 链路
MOD SPMN7LNK	修改一条 MTP 链路
RMV SPMN7LNK	删除一条 MTP 链路

【SPM 框号】【CPC 槽号】【板内链路号】这些参数指定一个 CPC 板上的一条 MTP 链路设备。每块 CPC 板可以提供 4 条 MTP 链路，范围为 0～3。

【链路名】对该链路的文字描述。可以是任何便于理解的名称。

【接口框号】【E16/STU 槽号】【板内 E1 号】【E1 内电路号】信令链路是将信令设备与某条中继电路以半永久连接的方式连接而成。这些参数指定该链路所占用的电路号。

【链路集】该链路所属的链路集。该链路集必须事先定义。

【信令链路编码】给信令链路分配的编码。对于同一条链路，两端的信令链路编码必须相同。

5. SPM 资源配置

① CPC 资源配置

CPC 板的作用类似于 SM 模块中的 LAP 板，用来处理各种协议。可以用 CPC 板来处理 MTP 链路协议、PRA 协议、分组协议、V5 协议以及 RSA 内部协议。要使用 CPC 板，先要将其分配给某个 SPM 模块，并从 MHI 分配一定的 HW 资源。

命令名称	命令功能
ADD CPCCFG	配置 CPC 板资源
RMV BRDCFG	取消单板资源配置
LST CPCCFG	查询 CPC 板资源配置
MOD CPCCFG	修改 CPC 板资源配置

【SPM 框号】【CPC 槽号】这两个参数共同指定了一块 CPC 板。

【所属 SPM 模块号】CPC 板所属的 SPM 模块号。指将该 CPC 板分配给哪一个 SPM 模块使用。

【链路类型】指明该 CPC 板处理的协议类型。

【MHI 板所在框号】【MHI 槽号】【起始 HW 号】每块 CPC 板需要一条 2 M的 HW，由 MHI 板提供。每对主/备用的 MHI 板根据背板上的实际插线情况可以提供 8 条 8 M 的 HW 或 16 条 2 M 的 HW 或 6 条 8 M 的 HW 加 8 条 2 M 的 HW，如图 10-22 所示。

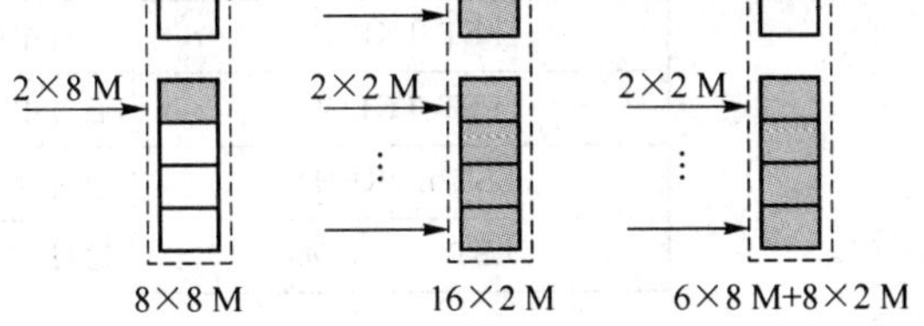

图 10-22　MHI 板 HW 分配情况

每块 CPC 板最大可以处理 4 条 No.7 信令链路、或 8 条 V5 链路、或 16 条 PRA 链路、或 32 条 RSA 链路，但 1 块 CPC 板根据数据配置只能完成一种功能。当 CPC 板提供 No.7 信令链路时，到同一个局向的链路应配置到至少两块 CPC 板上，且这两块 CPC 板应配置给不同的 SPM 模块。

② SRC 资源配置

SRC 板提供全局所需要的一些公共资源，如 V5 收号、多频互控收号、主叫号码显示以及会议电话等。SRC 板是公共资源，不具体属于哪一个模块。

命令名称	命令功能
ADD SRCCFG	配置 SRC 板资源
RMV BRDCFG	取消单板资源配置
LST SRCCFG	查询 SRC 板资源配置
MOD SRCCFG	修改 SRC 板资源配置

【SRM 框号】【SRC 槽号】指明需要配置的 SRC 单板。

【单元资源 1 类型】～【单元资源 4 类型】每块 SRC 板有 4 个 DSP，对应资源单元 1～4。每个资源单元按需要可分别配置成不同的功能，如 FSK、MFC、DTR、CONF 等。

③ SPD 资源配置

SPD 板为全局提供各类信号音功能。SPD 板也是公共资源，不具体属于哪个模块。

命令名称	命令功能
ADD SPDCFG	配置 SPD 板资源
RMV BRDCFG	取消单板资源配置
LST SPDCFG	查询 SPD 板资源配置
MOD SPDCFG	修改 SPD 板资源配置

【SRM 框号】【SPD 槽号】指定需要配置的 SPD 单板。

【是否送异步音】指如拨号音、回铃音、忙音等信号音。该项通常为是。

6. SPM 其他命令

SPM 命令中还有一些命令可以用来进行物理参数和逻辑参数之间互查。例如 DSP TKC 命令查看中继电路状态时，可以通过计算的方法来得到中继电路的逻辑编号，但更方便的做法是通过已知物理参数查询逻辑参数命令 LST TKLOG。

命令名称	命令功能
LST TKPHY	通过中继电路的逻辑参数查询物理参数
LST TKLOG	通过中继电路的物理参数查询逻辑参数
LST LNKPHY	通过信令链路的逻辑参数查询物理参数
LST LNKLOG	通过信令链路的物理参数查询逻辑参数

例 10-1 查询 AM/CM 模块 5 号接口框的 2 号槽位 E16 板的 1 号 E1 的第 16 通道所属的模块号及中继电路号。

LST TKLOG：PMN＝0，F＝5，S＝2，BE1＝1，CH＝16；

例 10-2　查询 AM/CM 模块 20 号 SPM 框的 10 号槽位 CPC 板的 0 号通道所属的模块及模块内链路号。

LST LNKLOG：MN＝0，FN＝20，SN＝10，CN＝0；

10.3　用户和局数据管理

10.3.1　基本概念

1. 呼叫源与号首集

呼叫源是指发起呼叫的用户或入中继。一般若干个用户或若干个中继群属于同一个呼叫源。不同的呼叫源属性有：预收号位数、号首集、路由选择源码、失败源码、是否号码准备及呼叫权限等是划分呼叫源的要素。

号首集是号首（或字冠）的集合。号首集在实际应用中也称网号。号首是呼叫源发出呼叫的号码的前缀。所以号首集和呼叫源是有一定的对应关系的。号首是决定与该次呼叫有关的各种业务的关键因素。号首集也称为网号（或网标识），在实际应用中公网使用 0 作为号首集（网号或网标识），专网选用 1 或其他数字作为号首集。

一个电话网（公网或专网）内所有的普通用户能够拨打的字冠的集合就是号首集，而这些用户可能因为某些呼叫属性（如对字冠的预收号位数不同）划分为不同的用户组，每组是一个呼叫源。

2. 设备号、用户数据索引

① 设备号

设备号是该用户所连接的物理信道号，一个信道通常指一个 64 Kbit/s 的通路，值域为 0～65 535。设备号于模块内统一编号，为物理编号。设备号与用户板的单板编号有对应关系，设备号＝单板编号×16＋单板内顺序号。每个端口有唯一一个设备号。

② 用户数据索引

用户数据索引与电话号码一一对应，有多少个电话号码就有多少个用户数据索引。用户数据索引全局内（多模块）统一编号。一个设备号对应一个用户数据索引。

10.3.2　本局用户数据的设定

1. 用户数据的相关硬件回顾

(1) ASL 板，每板提供 16 路模拟用户接口；

(2) DRV 板，每板提供 16 个双音多频收发号器；

(3) SIG 板，提供用户所用的所有信号音。

2. 命令步骤

(1) ADD CALLSRC：增加呼叫源；

(2) ADD DNSEG：增加号段；

(3) ADD CNACLD：增加被叫分析；

(4) ADD ST：增加一个普通用户；

(5) ADB ST:批放号(最大量为一框 304 个用户)。

3. 命令中相关域的介绍

① 增加呼叫源

例 10-3 新增一个呼叫源码为 0 的呼叫源,预收号位数为 3。不作号码准备,主叫地址是否甄别为是。

ADD CALLSRC:CSC=0,PRDN=3,P=0,RSSC=0,FSC=0,DCF=0,DCX=0;

呼叫源码(CSC)是指具有相同呼叫属性的用户集可归为同一个呼叫源。

预收号位数(PRDN)表示该呼叫源的用户或入中继在发起呼叫时拨打的号码在被呼叫处理程序收到后,直到第几位才开始对收到的几位号码进行分析,普通用户的预收号位数通常设为"3",如用户拨打 8880000,拨到 3 位"888",交换机就开始进行号码分析了,Centrex 用户通常要拨一个出群字冠,听二次拨号音,再进行出群呼叫,因此 Centrex 用户通常归类成一个呼叫源,预收号位数为 1。

号首集(P)表示号首的集合。

路由选择源码(RSSC)表示该类呼叫源用户在出局路由选择策略上的分类号,通常路由选择源码的取值和呼叫源码相同。

失败源码(FSC)表示该类呼叫源用户在呼叫过程中,接续失败后的处理方法编号,通常从 0 开始编号,255 表示不做失败处理。

是否号码准备(DCF)是表示号码准备。

号码变换索引(DCX)表示号码变换方法的分类索引号。

② 增加号段

例 10-4 新增一个号首集为 0 的号段,起始电话号码是 8880000,终止电话号码为 8880607,用户起始索引为 1000。

ADD DNSEG:P=0,SDN=K′8880000,END=K′8880607,INX=1000;

号首集(P)表示本号段所属的号首集。

起始号码(SDN)表示该号段电话号码的起始值。

终止号码(END)表示该号段电话号码的终止值。

注意:在该号段内的号码是连续的,起始号码必须小于或等于终止号码。且要求起始号码与终止号码必须等长,否则会引起数据混乱。

③ 增加呼叫字冠

增加呼叫字冠包括基本业务字冠、新业务字冠、测试业务字冠和智能业务字冠等。并对呼叫字冠进行业务分析,分析的结果包括业务类型以及各种与呼叫字冠相联系的编码。

呼叫字冠的基本属性数据包括:业务属性、路由选择码、释放控制方式、计费选择码、最小号长、最大号长等等。

呼叫字冠是一次号码分析的起始点,对于如主叫号码分析、号首特殊处理、紧急呼叫观察、补充信令、优先级和释放控制方式等呼叫字冠的相关属性数据,都必须首先执行此命令后,才能提高其他命令设置这些属性参数。

例 10-5 新增一个本局的呼叫字冠 888。

ADD CNACLD:P=0,PFX=K′888,CSTP=BASE,CSA=LCO,MINL=7,MAXL=7;

号首集(P)指该被叫号码所属的号首集。

呼叫字冠(PFX)指所呼叫的用户字冠或被叫号码,通常是被叫号码的前几位。

业务类别(CSTP)为:BASE 表示基本业务;NEW 表示新业务/补充业务;TEST 表示测试业务;IN 表示智能业务;SIN 表示特殊接入码;INETINTERNET 表示接入码。

业务属性(CSA)指该呼叫的属性。

最小号长(MINL)表示该类呼叫所能允许的最短号长。

最大号长(MAXL)表示该类呼叫所能允许的最长号长。

计费选择码(CHSC)定义于用户或中继群数据上具有相同计费属性的一组用户的组号。

④ 增加一个普通用户

例 10-6　新增一个用户号码为 8880000,模块号为 1,设备号为 0,计费源码为 0。

ADD ST:D=K′8880000,P=0, MN=1,DS=0,RCHS=0;

号码(D)表示该用户的电话号码,可以用于计费或主叫显示。

号首集(P)表示该用户所属的号首集。

模块号(MN)表示该用户所在的用户模块的编号。

设备号(DS)表示该用户所连接的物理设备号,模块内统一编号。设备号与 ASL 板的单板编号有关,为单板编号 16+此板上的顺序号。

用户类别(UTP),NRM 表示普通用户;PRI 表示优先用户;OPR 表示话务员;DAT 表示数据呼叫;TST 表示测试呼叫;默认普通用户。

用户状态(UT),NRM 代表正常;OF 代表欠费;默认正常。

呼出权(OCR)和呼入权(ICR)定义用户的呼出/呼入权限,LCO 是本局;LC 是本地;LCT 是本地长途;NTT 是国内长途;ITT 是国际长途;ICTX 是 CENTREX 群内;OCTX 是 CENTREX 群。

新业务权限(NS)表示用户申请的各新业务权限标志。

呼叫代答(CIG)是用户的分组代答组号。

呼出密码(COP)表示用户设置密码呼出时的初始化密码,用户可通过话机更改,并反馈到 BAM 中。

反极性(ANT)表示用户的计费属性,是否反极性用户。

计费类别(CHT),PRDC 表示定期;IMU 表示立即用户表;IMP 表示立即打印机;FREE 表示免费。

收号设备(RDTP),PLS 表示脉冲收号,对应脉冲话机;DTMF 表示 DTMF 收号,对应双音频话机;AUTO 表示自动收号,两种话机都可以。

KC16 表示通话过程中是否需向用户送 KC16 计费脉冲。

小交引示号(GDN)用户为小交用户时,该域表示该用户所在小交换机群的引示号。

注意:在使用 ADD ST 时,此用户对应的呼叫源、计费源码、设备(对应的用户板)必须事先配置完成。

⑤ 批放号

例 10-7　批增 100 个模拟用户,用户号码从 8880000 到 8880099,号码连续,设备号从 1 号模块的设备 0 开始,设备连续。

ADB ST:SDN=K′8880000,EDN=8880099,DNSTEP=1,DS=0,MN=1,DEVSTEP=1;

起始电话号码(SDN)表示批增用户的起始电话号码。

终止电话号码(EDN)表示批增用户的终止电话号码。

号码步长(DNSTEP):1～303。

起始设备号(DS)表示起始用户所连接的物理设备号,模块内统一编号,从0开始。

设备步长(DEVSTEP)表示每相邻两个设备的差值。

10.3.3 增加本局用户的步骤

1. 增加本局用户

例 10-8 本局的局号为666,号码范围是6660000～6660500,号码步长为1,分布在模块1,起始设备号为0,设备步长为1。设定数据,使本局用户可以互相呼叫。

① 增加呼叫源(增加呼叫源0,预收号位数为3)

ADD CALLSRC:CSC=0,PRDN=3;

② 增加号段(增加号段6660000～6660500,用户起始索引为0)

ADD DNSEG:P=0,SDN=K′6660000,END=K′6660500,INDX=0;

③ 增加被叫分析(增加呼叫字冠666,业务属性为本局,最大和最小号长为7)

ADD CNACLD:PFX=K′666,CSA=LCO,MINL=7,MAXL=7;

④ 增加计费情况(增加用户数据前必须先设完计费数据,因而在此处先加计费数据)

ADD CHGANA: CHA=0;

⑤ 修改计费制式

MOD CHGMODE: CHA=0, TA1=6, PA1=1, TB1=6, PB1=1;

⑥ 增加本局分组计费

ADD CHGLOC: RCHS=0, DCHS=0, LOAD=ALLSVR, CHA=0;

⑦ 批放号(批增6660304～6660500)

ADB ST:SDN=K′6660000,EDN=K′6660303,DNSTEP=1,DS=0,DEVSTEP=1,
MN=1,ICR=LCO−1&LC−1&LCT−1&NTT−1&ITT−1&ICTX−1&OCTX−1,
OCR=LCO−1&LC−1&LCT−1&NTT−1&ICTX−1&OCTX−1,RCHS=0;

2. 其他相关命令

① 与呼叫源相关的命令

删除呼叫源:RMV CALLSRC;

修改呼叫源:MOD CALLSRC;

查询呼叫源:LST CALLSRC。

② 与号段相关的命令

删除号段:RMV DNSEG;

查询号段:LST DNSEG。

③ 与被叫分析相关的命令

删除一个业务字冠:RMV CNACLD;

修改一个业务字冠:MOD CNACLD,如果修改某字冠释放方式,用MOD RLSM;

查询呼叫字冠:LST CNACLD。

④ 与用户相关的命令

删除一个用户：RMV ST；

修改一个用户的属性：MOD ST；

显示一个用户的属性：LST ST；

修改一批用户的属性：MOB ST，一次最多修改 304 个用户；

删除一批用户：RVB ST，一次最多删除 304 个用户。

3. 日常维护中用户管理的一些常用命令

① 停机操作

例 10-9 将本局用户 6660000 停机。

STP USER：D=K′6660000，P=0；

停机设定成功后，该用户既不能打入，也不能打出。

② 复机操作

例 10-10 将已停机的用户 6660000 复机。

RES USER：D=K′6660000，P=0；

③ 批停机业务

例 10-11 将本局 10 个用户 6660000～6660009 停机。

SPB USER：SDN=K′6660000，EDN=K′6660009，DNSTEP=1；

④ 设置改号

例 10-12 将用户号码 6660000 改为 6660001，同时删除原号 6660000。

MOD DN：SDN=K′6660000，END=6660001；

例 10-13 将用户号码 7770000 改为 7770001，并保留原号码送改号通知音。

MOD DN：SDN=K′7770000，END=7770001，KO=YES；

⑤ 设置用户密码

例 10-14 6660000 用户的呼叫初始密码为 1000，现在要改为 1234。

MOD ST：D=K′6660000，P=0，COP=K′1234；

⑥ 查询新业务登记情况

例 10-15 查询 6660000 用户登记的新业务情况。

DSP NSV：D=K′6660000，P=0；

⑦ 设置欠费

例 10-16 将欠费用户 6660000 的状态由“正常”改为“欠费”。

MOD ST：D=K′6660000，UT=OF；

⑧ 激活用户跟踪

例 10-17 跟踪话机 6660000 的接续情况。

ACT CALLTRAC：CDT=TELCODE，D=K′6660000；

CDT 是指编码类型，包括 TELCODE/电话号码、USN/用户内码(设备号)和 BSN/信道号。该命令执行成功后，会在“普通维护窗口”出现命令执行成功的提示和跟踪的报告，一次接续跟踪可能会出现很多个跟踪报告。

10.4 中继管理

10.4.1 概述

1. 相关概念

中继管理涉及概念有：局向，相邻目的信令点，路由和子路由，路由选择源码和路由选择码，如图 10-23 所示，实线表示话路通路，虚线表示链路通路。本局为 222 局，本局与 555 局、666 局之间，555 局与 999 局之间有话和信令链路的连接，到 888 局的信令链路要通过 STP 转接，有直达的话路通路。

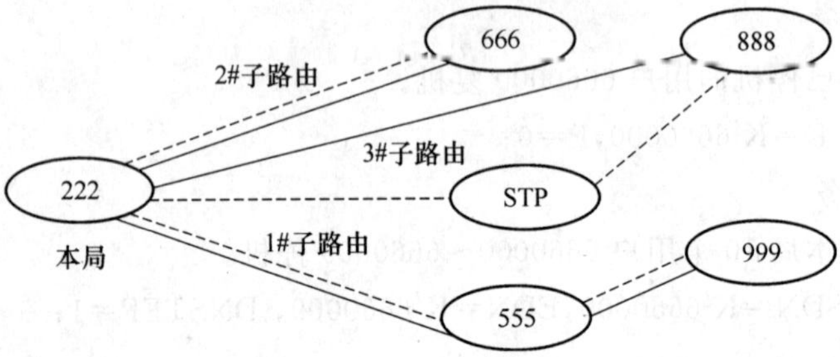

图 10-23 中继组网举例

路由指本局到达某一局向的所有子路由的集合。该局向可以为相邻或不相邻的目的信令点。一个路由可包含多个子路由，通过这些子路由最终可以到达指定局。

对多个路由进行编码产生路由号。路由号是全局统一编号。通常路由号 0 固定用于表示模块间路由，即为实现模块间话路的路由。

路由选择源码与呼叫源相对应，通常本局只有一个呼叫源。

路由选择码与呼叫字冠相对应，指呼叫某个呼叫字冠时，选择路由的策略。

2. 中继数据设定顺序及命令

1 号中继数据与 No. 7 中继数据都涉及到中继话路部分。而 No. 7 中继数据，还涉及到相关 No. 7 信令链路数据。但不论做 1 号中继数据还是 No. 7 中继数据，在设置中继数据之前，都应先设置相关的中继准备数据，否则无法进行中继数据的设置。

ADD CALLSRC，设置呼叫源，定义该类呼叫源选择哪个路由选择源码。

ADD TMIDX，设置时间索引，定义时间索引值，用于实现动态路由选择。

中继数据部分的命令较多，应严格按照先后次序进行，例如在设置子路由之前，必须先设置局向，即定义相关局向的属性。

(1) No. 7 中继数据

局间 No. 7 中继数据设定原则为：先做链路部分，再做话路部分。

1) No. 7 信令链路部分数据

① 设置本局信息(SET OFI)

② 增加 MTP 目的信令点(ADD N7DSP)

③ 增加 MTP 链路集(ADD N7LKS)

④ 增加 MTP 路由(ADD N7RT)

⑤ 增加 MTP 链路(ADD N7LNK)

2) 话路部分数据

① 增加局向(ADD OFC)

② 增加子路由(ADD SRT)

③ 增加 No.7 中继群(ADD N7TG)

④ 增加 No.7 中继电路(ADD N7TKC)

⑤ 增加路由(ADD RT)

⑥ 增加路由分析(ADD RTANA)

⑦ 增加呼叫字冠(ADD CNACLD)

(2) 1 号中继数据

① 增加局向(ADD OFC)

② 增加子路由(ADD SRT)

③ 增加 1 号中继群(ADD N1TG)

④ 增加 1 号中继电路(ADD N1TKC)

⑤ 增加路由(ADD RT)

⑥ 增加路由分析(ADD RTANA)

⑦ 增加呼叫字冠(ADD CNACLD)

10.4.2 中继准备数据

1. 设置呼叫源

呼叫源是用户或中继群的集合,有着相同呼叫属性的用户及入中继可归成一类呼叫源。呼叫过程的呼叫源分析中,呼叫源码是根据主叫用户或入中继群号,查 ST 用户数据或中继群数据得到的。相关命令如下:

命令名称	命令功能
LST CALLSRC	查询呼叫源码
ADD CALLSRC	新增呼叫源码
MOD CALLSRC	修改呼叫源码
RMV CALLSRC	删除呼叫源码

例 10-18　增加呼叫源码 0,该呼叫源的属性:预收号位数为 3,号首集为 0,路由选择源码为 0,失败源码为 0,是否号码准备为"否",号码变换索引为 0。

ADD CALLSRC:CSC=0,PRDN=3,P=0,RSSC=0,FSC=0,DCF=FALSE,DCX=0;

2. 设置时间索引

根据时间索引值在路由分析中参与路由的选择,从而达到动态选择路由的目的。时间索引为所有中继数据所共用,相关命令如下:

命令名称	命令功能
LST TMIDX	显示时间索引内容
ADD TMIDX	增加时间索引
RMV TMIDX	删除时间索引

例 10-19 对星期日设置两个时间索引值,10 点之前一个索引值 0,24 点之后为另一个值 1,以实现在不同时间段内动态选择不同的路由。

ADD TMIDX: WD=SUN, TM=10, TMX=0;

ADD TMIDX: WD=SUN, TM=24, TMX=1;

10.4.3 No.7 信令链路数据

No.7 信令链路数据配置应按照如下顺序进行:

设置本局信息(SET OFI)→增加 MTP 目的信令点(ADD N7DSP)→增加 MTP 链路集(ADD N7LKS)→增加 MTP 路由(ADD N7RT)→增加 MTP 链路(ADD N7LNK)

例 10-20 设 222 局为本局,信令点编码为 b02000,555 局信令点编码为 b05000,666 局信令点编码为 b06000,局间通信为本地呼叫。其中 222 局通过单板编号为 2 的 TUP 板上的第 1 个 2 Mbit/s 与 555 局连接,走 No.7 信令中继。222 局通过单板编号为 3 的 DTM 板上的第 2 个 2 Mbit/s 与 666 局连接,走 1 号信令,如图 10-24 所示,试设定相关中继数据。

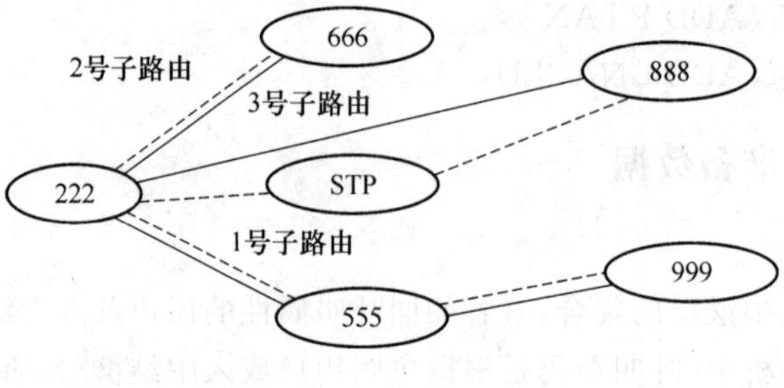

图 10-24 应用举例

1. 设置本局 No.7 信令信息

设置本局信息前必须了解本局信令点编码、处于哪个信令网络中、是否是信令转接点,是否支持 SCCP 功能等数据。相关命令如下:

命令名称	命令功能
LST OFI	查询本局信息
SET OFI	设置本局信息
ADD OFI	增加一组本局信令点编码

如果没有本局信息,需进行设置,此例本局 No.7 信令信息设置操作命令如下:

SET OFI: LOT = CMPX, NN = TRUE, SN1 = NAT, SN2 = NAT, SN3 = NAT, SN4 = NAT, NPC="B02000", NNS=SP24 SPF=TRUE, LAC=K'755, LNC=K'86;

【本局类型/LOT】用户机、市话/农话、长市农合一、国内长途、国际长途、人工长途,该域根据本局实际情况填写。

【国际网有效/国际备用网有效/国内网有效/国内备用网有效】C&C08 的 No.7 信令系统可以使本局同时位于 4 个网内：国际、国际备用、国内、国内备用网。通常端局处于国内网，即国内网有效标志为是，其他网标志为否。

【第 1 搜索网络/第 2 搜索网络/第 3 搜索网络/第 4 搜索网络】用于设定网络搜索的顺序。当本局只处于国内网时，应将 4 个搜索网络均设为国内，以避免在不必要的网络内搜索，浪费系统资源。

【国际编码/国际备用编码/国内编码/国内备用编码】表示信令点在各网中的编码。在范例中，本局只处于国内网，国内网编码中填入 B02000。

【国际网结构/国际备用网结构/国内网结构/国内备用网结构】表示各网络信令点的结构。国内网的信令点编码长度为 24 位信令点，国际网为 14 位信令点。

【提供 SCCP/SCCP】是否 SCCP 提供情况。通常普通交换机不需要提供 SCCP，所以选择不提供。在智能网中的 SSP 或 SSAP，提供面向无连接的 SCCP。

【SP 功能标志/SPF】本交换机是否具有信令点功能。本局必须具有 SP(信令点)功能，才可以走 No.7 信令，所以 SP 功能标志为是。

【STP 功能标志/STP】本交换机是否具有 STP(信令转接点)功能。

【本地区号/LAC】【本国代码/INC】本交换局所在地的地区代码和国家代码。

2. 增加 MTP 目的信令点

增加一个 MTP 目的信令点时，需要了解该信令点的相关属性。增加 MTP 目的信令点之前应该先设置好本局信息。相关命令如下：

命令名称	命令功能
LST N7DSP	查询 MTP 目的信令点
ADD N7DSP	新增 MTP 目的信令点
MOD N7DSP	修改 MTP 目的信令点
RMV N7DSP	删除 MTP 目的信令点

此例增加 No.7 信令目的信令点操作命令如下：

ADD N7DSP：DPX = 0，DPN =″TO 555″，NPC =″B05000″，NN = TRUE，STP = TRUE，APF=TRUE，LSS=0；

【目的信令点索引/DPX】指示了对应的目的信令点在内部被引用时使用的索引号。这个索引号在所有目的信令点中应该唯一标志该目的信令点。范例中该索引设置为 0。

【目的信令点名/DPN】目的信令点定义的名称。目的信令点名可任意给出，满足便于记忆的要求，且尽量与以前表格相一致。

【相邻标志/APF】指示该目的信令点是否相邻于本局信令点，也就是说是否与本局信令点之间存在直达信令链路。

【链路集选择/LSS】表示如何选择链路集，来实现在去往同一个目的信令点的多条信令路由之间信令业务的负荷分担。具体如何选择链路集请参考链路选择。

3. 增加 MTP 链路集

增加相邻目的信令点后，需要增加相应的 MTP 链路集。相关命令如下：

命令名称	命令功能
LST MAXT	显示最大元组数
LST N7LKS	查询 MTP 链路集
ADD N7LKS	增加 MTP 链路集
MOD N7LKS	修改 MTP 链路集
RMV N7LKS	删除 MTP 链路集

在增加 MTP 链路集之前，先查询 MTP 链路集表的公共最大元组数，避免所选的链路集号越界，操作命令如下：

LST MAXT：TID=TID162，TP=SM，MN=1；

其中 TID 是 MTP 链路集表的 ID，TP 是表的所在地，MN 是表的模块号。

根据此例增加一个链路集操作命令如下：

ADD N7LKS：LS=0，LSN="TO 555"，APX=0，LKS=0；

【链路集/LS】链路集号，是该链路集在系统内部的逻辑编号。

【链路集名/LSN】链路集名可任意给出，条件是便于辨认。

【相邻目的信令点索引/APX】指示了这个信令链路组直达的信令点在 MTP 目的信令点表中的索引。根据 MTP 目的信令点表，该域填为 0。

【链路选择/LKS】如何在位于一个信令链路集中实现多条信令链路之间信令业务的负荷分担。这个参数的值实际上就是信令链路的负荷分担方式掩码，值域为 0～15。

4. 增加 MTP 路由

MTP 路由是两个信令点之间传递信令消息的通路。相关命令如下：

命令名称	命令功能
LST N7RT	查询 MTP 路由
ADD N7RT	新增 MTP 路由
MOD N7RT	修改 MTP 路由
RMV N7RT	删除 MTP 路由

① 查询 MTP 路由

LST N7RT：；

② 增加一个 MTP 路由

ADD N7RT：RN="TO 555"，LS=0，PR=0，DPX=0；

【路由名/RN】路由名可任意给出，只需便于记忆。

【链路集/LS】指本信令路由到目的信令点所需要经过的第 1 段信令链路组。

【优先级/PR】通常为无优先级差别，所以选择使用其默认值 0。

【目的信令点索引/DPX】指示了该 No.7 信令路由去往的目的信令点。

5. 增加 MTP 链路

信令链路是连接各个信令点、传送信令消息的物理链路。增加了 MTP 链路集后，需要增加属于该链路集的 MTP 链路。相关命令如下：

命令名称	命令功能
LST N7LNK	查询 MTP 链路
ADD N7LNK	新增 MTP 链路
MOD N7LNK	修改 MTP 链路
RMV N7LNK	删除 MTP 链路

① 查询所有的七号链路。

LST N7LNK:;

② 增加一条 MTP 链路

ADD N7LNK:MN=1,LNK=12,LKN="TO 555",C=144,LS=0,SLC=0,SSLC=0;

【链路号/LK】表示物理信令链路的编号。这个编号是一个 C&C08SM 模块内部的物理信令链路的顺序编号。在此例中，利用单板编号为 3 的 No.7 板上第 1 条链路，则链路号为 12。

【链路名/LKN】链路名可任意给出，目的是便于辨认。

【电路号/C】指示 No.7 信令链路使用的是哪块单板的哪个中继系统和该中继系统中的哪个时隙。每块中继板有两个 2 M 的中继系统，每个 2 M 中继系统有 32 个时隙，那么每块中继板上共有 64 个时隙，所以每块单板中，上面一个 2 M 系统内的电路号为：中继板的单板编号×64+16；下一个 2 M 系统内的电路号为：中继板的单板编号×64+48。在此例中的 2 M中继系统为单板编号为 2 的 DTM 板的第一个 2 M，则电路号应为 2×64+16=144。

【链路集/LS】标识了该信令链路所在的信令链路集。

【信令链路编码/SLC】该信令链路在其所在的信令链路集内的逻辑编号。在此例中，只有 1 条链路，定义信令链路编码为 0。

【信令链路编码发送/SSLC】信令链路编码发送=信令链路编码。在此例中，信令链路编码为 0，所以信令链路编码发送也为 0。

【优先级/PR】通常普通 No.7 数据中无优先级差别，所以使用默认值 0。

10.4.4　中继话路数据

中继话路数据的设置顺序为：

增加局向→子路由→中继群→中继电路→路由→路由分析→被叫字冠

1. 增加局向

增加一个局向，就相应增加一条子路由。相关命令如下：

命令名称	命令功能
LST OFC	查询局向
ADD OFC	增加一个局向
MOD OFC	修改一个局向
RMV OFC	删除一个局向

① 查询局向

LST OFC：O＝0，SSR＝TRUE，SMD＝TRUE；

O 表示局向号，SSR 表示子路由，SMD 表示目的信令点索引。如果在查询命令中不指定局向，则表示列出所有局向的信息。

② 增加局向

ADD OFC：O＝1，DOT＝CMPX，DOL＝SAME，SN＝NAT，DPC＝″B05000″，ON＝″555 局″，DOA＝SPC；

ADD OFC：O＝2，DOT＝CMPX，DOL＝SAME，SN＝NAT，DPC＝″B06000″，ON＝″666 局″，DOA＝SPC；

【局向号/O】与本局有直达话路相连的各局编号。在例中涉及 555 局和 666 局，局向号分别为 1 和 2。

【对端局类型/DOT】【对端局级别/DOL】【网标识/SN】以上域根据实际情况填写，必须与对局的本局信息描述相一致。

【目的信令点编码/DPC】局向在 No.7 信令网中的信令点编码。对于国内 24 bit 二进制信令点编码，按照从高位到低位顺序，输入六位十六进制编码。

【局向名/ON】对应局向的名称，可任意给出，便于记忆。

【对端局属性/DOA】该域应根据实际情况填写，必须与对局的本局信息描述相一致。

2. 增加子路由

增加子路由时，该子路由指向的局向必须已知。相关命令如下：

命令名称	命令功能
LST SRT	查询子路由
ADD SRT	增加子路由
MOD SRT	修改子路由
RMV SRT	删除子路由

① 查询子路由

LST SRT：SR＝0，SRT＝TRUE，STG＝TRUE；

SR 表示子路由号，SRT 表示路由，STG 表示中继群。

② 增加子路由

根据例设置相应子路由，命令如下：

ADD SRT：SR＝1，DOM＝1，SRN＝″555 局″，TSM＝CYC；

ADD SRT：SR＝2，DOM＝2，SRN＝″6666 局″，TSM＝CYC；

【子路由号/SR】即子路由编号。子路由号是全局统一编号的。

【局向号/DOM】表示该子路由所对应的局向。

【子路由名/SRN】子路由名可任意给出，条件是便于辨认。

【中继群选择方式/TSM】在子路由内根据中继群号选择中继群的方式，包括最大、最小、循环或随机。通常选择默认的循环方式。

3. 增加 No.7 中继群

增加 No.7 中继群时，该中继群所属的子路由必须已存在。相关命令如下：

命令名称	命令功能
LST TG	查询中继群
ADD N7TG	增加七号中继群
MOD N7TG	查询七号中继群
RMV TG	删除中继群

① 查询中继群

LST TG:TG=0;

② 增加 No.7 中继群

根据此例设置相应 No.7 中继群，设 222 局与 555 局连接的中继群在 SM1。命令如下：

ADD N7TG:MN=1,TG=1,G=INOUT,SRC=1,TGN="TO 555",CSM=CTRL,NIF=TURE;

【模块号/MN】表示该中继群所在的 SM 模块号。

【中继群号/TG】中继群指具有相同特性中继线的集合，中继群号在全局内统一编号。

【群向/G】中继群向。No.7 中继群的群向为双向，所以选择双向中继。

【子路由号/SRC】表示该中继群属于哪条子路由。

【中继群名/TGN】中继群名可任意给出，条件是便于辨认。

【呼叫源码/CSC】呼叫源是本局用户和入中继。若本局用户和入中继都具有相同呼叫属性，则具有相同的呼叫源码。在此例里，假设该中继群与用户有相同的呼叫属性。

【电路类型/CT】中继电路的类型。针对 No.7 信令电话用户部分为 TUP 或 ISUP。

【电路选择方式/CSM】电路选择方式包括：最大、最小、随机、循环、FIFO、主控/非主控。通常 No.7 中继电路选择方式选择主控/非主控，设置主控/非主控的一般原则是：目的信令点编码大的一方主控偶数电路，目的信令点编码小的一方主控奇数电路。

【信令类型/SIGT】信令类型分为 NO7（国内 No.7 信令）、MAILBOX（邮箱）、ITUT（ITU-T No.7 信令）。通常选为 NO7 信令方式。

【能否要主叫号码/NIF】表示该中继群是否有向对端局要主叫号码的能力。若填为是，表示该中继群具有要主叫号码的权利。

【无主叫号码是否接通/NICF】表示在中继侧无主叫号码时是否接通。若希望本局在得不到主叫号码时仍然能接通，此域应填为是。

4. 增加 1 号中继群

增加 1 号中继群时，该中继群所属的子路由、呼叫源等数据已存在。相关命令如下：

命令名称	命令功能
LST TG	查询中继群
ADD N1TG	增加一号中继群
MOD N1TG	查询一号中继群
RMV TG	删除中继群

增加一号中继群时需要增加出中继群和入中继群，根据此例操作命令如下：

ADD N1TG:MN=1,TG=2,G=IN,SRC=2,TGN="TO 666 IN",NIF=TRUE,
NICF=TRUE;

ADD N1TG:MN=1,TG=3,G=OUT,SRC=2,TGN="TO 666 OUT",NIF=TRUE,NICF=TRUE;

【群向/G】中继群向。一号中继群的群向为单向,即入中继群或出中继群。其他参数同增加 No.7 中继群。

5. 增加 No.7 中继电路

增加中继电路时,该中继电路所属的中继群必须已存在。相关命令如下:

命令名称	命令功能
ADD N7TKC	增加七号中继电路
LST CIC	查询 CIC 分布
DSP N7C	查询七号中继电路
MOD N7TKC	修改七号中继电路
RMV TKC	删除中继电路

① 查询 CIC 分布

增加七号中继电路时,需要给每条中继电路分配一个 CIC 值。

LST CIC:;

② 增加七号中继电路

根据此例设置相应的 No.7 中继电路。

ADD N7TKC:TG=1,SC=128,EC=159,SCIC=0,SCF=TRUE;

【中继群号/TG】定义新增的中继电路所属的中继群号。

【起始电路号/SC】该中继群新增中继的起始电路号。

【结束电路号/EC】该中继群新增中继的结束电路号。

中继电路的计算公式为:中继电路板上的第 1 个 2 Mbit/s 的 PCM 系统:中继电路号=中继板单板编号×64+时隙号(0~31);中继电路板上的第 2 个 2 Mbit/s 的 PCM 系统:中继电路号=中继板单板编号×64+时隙号(32~63)。在此例中,起始电路号 SC=2×64+0=128,结束电路号=2×64+31=159。

【起始 CIC/SCIC】定义起始电路号对应的 CIC 值。CIC 的取值必须要与对局协商而定,双方保持一致。ITU-T 规定,CIC 的低 5 比特表示中继电路在某 PCM 系统中的时隙号,高 7 位表示 PCM 系统的编号。通常 CIC 值连续编码,TS_0(时钟同步)及链路时隙也占用 CIC 编码资源。

【起始电路的主控标志/SCF】表示中继起始电路为"主控"还是"非主控"。

【中继电路状态/CS】按需要可选择不可用、闭塞、可用、资源。

注:S1240 交换机的 TS_0 不分配,S1240 的 CIC101~131 对应于 C&C08 的 33~63,S1240 的 CIC201~231 对应于 C&C08 的 65~95,依次类推。

6. 增加一号中继电路

增加一号中继电路时,该中继电路所属的一号中继群必须已存在。相关命令如下:

命令名称	命令功能
DSP N1C	查询一号中继电路
MOD N1TKC	修改一号中继电路
ADD N1TKC	增加一号中继电路
RMV TKC	删除中继电路

根据此例设置增加一号中继电路，分为出中继和入中继两部分。

ADD N1TKC：TG=2，SC=224，EC=239，CS=USE；

ADD N1TKC：TG=3，SC=240，EC=255，CS=USE；

7．增加路由

增加路由时，该路由使用的子路由必须已知。相关命令如下：

命令名称	命令功能
LST RT	显示路由信息
ADD RT	增加路由
MOD RT	修改路由
RMV RT	删除路由

① 查询路由

新增路由时，需要首先查询路由数据，以保证路由号不重复。

LST RT：；

② 增加路由

根据此例设置相应路由。

ADD RT：R=1，RN="TO 555"，SR1=1；

ADD RT：R=2，RN="TO 666"，SR1=21；

【路由号/R】定义路由号。

【路由名/RN】给该路由所定义的名称，路由名可任意给出，只需便于辨认。

【路由类型/RT】分普通路由和排队路由。通常使用默认值普通路由。

【第 1 子路由/…/第 5 子路由/SR1/SR2/SR3/SR4/SR5】为子路由编号。

8．增加路由分析

增加相应路由分析数据时，要先确定对应的时间索引数据已存在。相关命令：

命令名称	命令功能
LST RTANA	显示路由分析
ADD RTANA	增加路由分析
MOD RTANA	修改路由分析
RMV RTANA	删除路由分析

① 查询路由分析数据

LST RTANA：；

② 增加路由分析数据

根据此例设置相应路由分析数据。

ADD RTANA:RSC=1,RSSC=0,RUT=ALL,ADI=ALL,CLRIN=ALL,TRAP=ALL,TMX=0,R=1;

ADD RTANA:RSC=2,RSSC=0,RUT=ALL,ADI=ALL,CLRIN =ALL,TRAP=ALL,TMX=0,R=2;

【路由选择码/RSC】对应于目的码的路由选择属性码,与被叫号码分析命令中的相关参数相对应。不同的业务字冠可以对应相同的路由选择码。

【路由选择源码/RSSC】对应于呼叫源的路由选择源码,由设置呼叫源的命令中得出。

【主叫用户类别/RUT】通常设为全部类别。

【地址信息指示语/ADI】表示本次呼叫寻找被叫用户的业务属性。通常设为全部类别,即包括国际长途、国内长途、市话 3 种地址信息指示语。

【主叫接入/CLRIN】主叫接入的类别。通常选择全部类别。

【传输能力/TRAP】该路由所能承担的传输能力,通常选择所有类别。

【时间索引/TMX】由时间索引分析得到的时间索引号。

【路由号/R】即按照前面关键参数匹配成功后得到的路由号。

9. 增加被叫字冠

路由数据和路由分析数据与呼叫字冠相联系。

通过显示基本业务字冠,可知是否需要增加呼叫字冠数据。

LST CNACLD:;

查询后,增加未分配的呼叫字冠指向路由,根据此例设置相应被叫字冠。

ADD CNACLD:PFX=K′555,CSTP=BASE,CSA=LC,RSC=1,MIDL=7,MADL=7;

ADD CNACLD:PFX=K′666,CSTP=BASE,CSA=LC,RSC=2,MIDL=7,MADL=7;

其中参数 PFX 表示呼叫字冠,CSTP 表示业务类别,CSA 表示业务属性,RSC 表示路由选择码,MIDL 表示最小号长,MADL 表示对大号长,RCM 表示表示释放控制方式。

10.4.5 中继维护

1. No.7 信令中继维护系统

在维护子系统中,有关 No.7 信令维护的功能有:

(1) No.7 信令消息跟踪

C&C08 数字程控交换机对 No.7 信令链路的跟踪,是跟踪某条 No.7 信令链路 MTP、TUP、ISUP 消息的收发和处理情况。

① 查询所有的 No.7 信令链路。

LST N7LNK:;

② 启动 No.7 信令链路跟踪

例 10-21 启动 1 号模块 4 号链路的 No.7 信令跟踪,查看电话用户和 ISDN 用户部分的消息。

ACT N7STRAC:MN=1,LNK=4,MSG=TUP-1&ISUP-1;

其中参数 MN 表示模块号,LNK 表示链路号,MSG 表示消息类型,对 No.7 中继进行跟踪时,根据需要选择 TUP 或 ISUP,CIC 选项可对特定的中继电路上的消息进行跟踪。

③ 停止No.7信令跟踪

STP TRAC:;

停止跟踪MTP信令链路时，无法针对某条具体的链路操作，只能停止当前工作站的所有跟踪命令。

(2) No.7信令链路管理

No.7信令链路管理是对No.7链路进行去激活、激活、管理禁止、解除管理禁止等操作，以确保链路的故障和调整等工作不影响通信网的服务质量。注意：在进行管理禁止时，必须保证在该链路被禁止后，还有其他可用链路。否则，管理禁止的操作不能成功。

例10-22　激活1号模块的4号MTP链路。

ACT N7LNK:MN=1,LNK=4;

其他No.7信令链路管理命令有：去激活MTP链路(DEA N7LNK)；管理禁止MTP链路(INH N7LNK)；解除MTP链路管理禁止(UIH N7LNK)。

(3) No.7信令相关状态查询

在维护过程中，需要对No.7信令的链路状态、目的地状态、路由状态进行查询。MTP路由是两个信令点之间传递信令消息的通路。一般在TUP、ISUP呼叫不能正常进行时，可查询一下MTP路由状态，来判断到达目的信令点的路由是否可用。

① 查询MTP链路(DSP N7LNK)

② 查询MTP目的地状态(DSP N7DPC)

③ MTP路由状态(DSP N7RT)

(4) No.7信令电路控制

对TUP和ISUP电路的操作既可以对单条电路操作，也可以对群电路操作。

① 查询No.7中继电路(DSP N7C)

② 复位No.7中继电路(RST N7C)

③ 停止复位中继电路(SRS N7C)

④ 闭塞No.7中继电路(BLK N7C)

⑤ 停止闭塞中继电路(SBL N7C)

⑥ 打开No.7中继电路(UBL N7C)

⑦ 停止打开No.7中继电路(SUL N7C)

⑧ No.7电路导通检验(STR N7COT)

⑨ 停止No.7电路导通检验(STP N7COT)

在执行以上操作时，电路状态有：空闲、故障、闭塞、未知、维护、未安装共7种。

(5) 按目的信令点编码查询No.7链路状态

一般在TUP、ISUP呼叫不能进行时，首先按目的信令点查询MTP链路状态，来判断到达目的信令点的链路是否可用。

例10-23　查询目的信令点编码为“222222”的国内网络链路状态。

DSP N7DLNK:NETID=CN,DPCCODE=“222222”;

其中NETID表示网络指示语，DPCCODE表示目的信令点编码。

(6) 按局向查询中继电路状态

系统可按状态和局向查询中继电路及查询到某局向的中继电路。

① 状态和局向查询中继电路(DSP TKSTA)

② 查询到某局向的中继电路(LST OFCTKCIR)

2. 一号信令中继维护系统

(1) 数字中继信令跟踪

可以使用以下操作命令对多条中继电路进行跟踪。最多不超过 32 条中继电路。

① 启动一号数字中继跟踪(ACT N1STRAC)

② 停止所有跟踪(STP TRAC)

(2) 一号信令电路控制

提供以下操作命令对电路的操作,包括查询电路、闭塞电路、打开电路、复位电路。既可以对单条电路操作,也可以对群电路操作。

① 查询数字一号中继电路(DSP N1C)

② 复位数字一号中继电路(RST N1C)

③ 闭塞数字一号中继电路(BLK N1C)

④ 打开数字一号中继电路(UBL N1C)

3. 接续动态跟踪

以下操作命令用于跟踪用户或中继的实时接续过程,对于 No.7 信令或一号信令呼叫的接续过程都可以进行跟踪,从中可发现接续失败的原因。

① 启动用户接续跟踪(ACT CALLTRAC)

② 跟踪一条指定的数字中继电路(ACT TKTRAC)

4. 指定中继占用

在中继的维护工作中,可以指定占用某个 DTM 板上的某个时隙来传送话路。指定占用中继电路,适用于 No.7 信令和一号信令的中继数据。但在一号信令的中继数据中使用指定占用中继,只可以指定相应出中继电路。

习 题

1. 要进入维护系统,首先必须在哪里增加局点信息?

2. 一个操作员在某个工作站上的实际操作权限由什么来决定?

3. 配置数据设定的一般顺序是什么?

4. 如果要将本局一个用户置为“欠费”,应如何实现?

5. 在增加呼叫源中的“预收号位数”是否可以大于 3? 为什么?

6. 电话号码为 3330000 的用户正在和某部话机进行通话,如何查出该话机的设备号和电话号码?

7. 请说明 SPM 模块配置数据的一般步骤。

8. 若某中继群的电路类型为 TUP,且电路选择方式为“主控/非主控”,那么局间中继电路的“主控/非主控”标志的设定,该遵循什么原则?

9. CIC 必须从 0 开始编号码吗?

10. 设置局间 No.7 信令中继数据,与中继话路有关的命令有哪些? 与中继信令链路有关的命令有哪些?

第四篇　宽带交换设备

宽带交换技术是宽带通信网络的核心技术。宽带交换设备可提供很宽的通信频带，灵活多样的用户接口，能够高速、高吞吐量和高服务质量地实现话音、数据和视频等多媒体综合业务的交换功能，广泛应用于公用多媒体通信网络、宽带城域网及高速局域网。

ATM 交换机是宽带通信网的网络节点设备，应具有以下功能：

(1) 连接功能。连接功能包括终接功能和交换功能，应满足与业务无关的连接功能和与业务有关的连接功能。ATM 交换机终接功能按网络功能分为用户网络接口和网络节点接口，这两类功能都包括物理层和 ATM 层有关的功能；ATM 交换机交换功能是指在 ATM 交换机的输入接口和输出接口之间完成 VP 或 VC 信元交换，在信元穿过 ATM 交换机期间，信元中可以带有信元交换所需的附加信息，如内部交换网络选路、差错控制、优先级等；ATM 交换机可根据 VPI 值识别它接收的每个信元是属于 VP 连接还是 VC 连接。

(2) 控制功能。控制业务和虚连接，具有信令、路由选择和连接、资源分配处理等功能。

(3) 操作、维护、监视、测量和网络管理功能。

ATM 交换机由硬件系统和软件系统组成。硬件系统采用模块式结构，便于扩充，并能容纳新业务和新技术；具有冗余和容错等安全措施；系统具有可维护性，故障部分能与其他部分隔离。软件系统保证系统的正常工作及 VP/VC 业务的操作与实现，分为基本系统软件和业务管理软件。

ATM 交换机根据应用场合不同可分为 ATM 公用网交换机和 ATM 专用网交换机。在 ATM 公用网中，主要有 ATM 接入交换机和骨干交换机。

第11章 S12 P3S 综合宽带交换设备

11.1 S12 P3S 系统结构

S12 P3S 宽带交换机采用了以信元交换为核心的多通路自选路由(MPSR)网络,替代了 S1240 程控交换机中以电路时隙交换为核心的数字交换网络,能够高速、高吞吐量和高服务质量地实现综合业务交换功能。S12 P3S 宽带交换设备不仅能够完成传统 S1240 程控交换机的所有功能,而且能够提供 SDH STM-1 终端接口和 ATM STM-1 终端接口。

S12 P3S 宽带交换机采用 MPSR 技术,基于多时隙信元(MSC)交换平台,是在 S1240 交换机基础上引入 ATM 交换网络升级的窄带宽带互通的交换设备。

S12 P3S 交换码率在内部板内为 155 Mbit/s,出板传输码率高达 622 Mbit/s。它的包由若干个信元(CELL)组成,称为多时隙信元(MSC),每一信元长度是 68 字节,其中控制状态位为 4 个字节,传送信息位为 64 个字节。

S12 P3S 宽带交换机系统结构如图 11-1 所示。

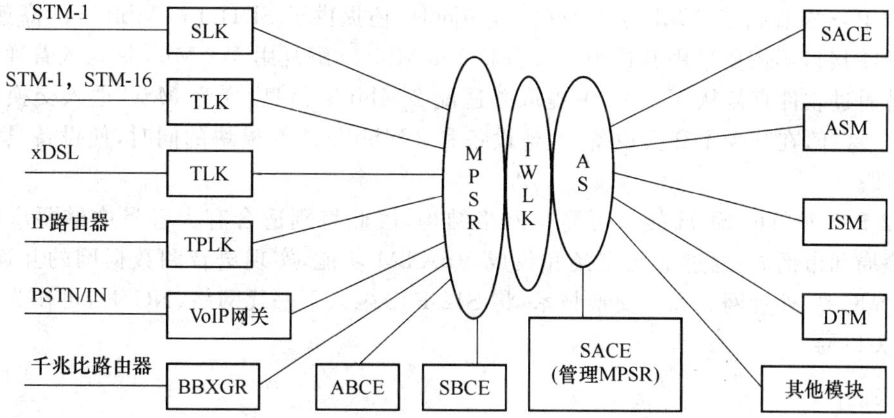

图 11-1　S12 P3S 宽带交换机系统结构

S12 P3S 的核心技术是分组交换网络(GSN),GSN 基于多时隙信元的交换机制,摒弃了电路时隙交换方式,采用快速小容量多时隙信元来实现多通路自选路由(MPSR)进行交换,是多级多平面的信元交换网络,即宽带分组交换网络。它采用独立于外部传输协议的内部数据传送模式即 MSC 来传送信息，可承载 ATM 信元、SDH 和其他业务，快速建立连接，自选路由，多路径，最大吞吐量为 280 Gbit/s。入口级（AS）是 S1240 交换机保留下来的部分，提供传统的窄带业务。

- 互联链路模块（IWLK）提供 MPSR 与现存窄带部分的接口和协议转换，原有的窄带模块通过 IWLK 连接到 MPSR 交换平台，实现宽带和窄带的互通。
- SDH 接口模块（SLK）提供 SDH 直接接入功能，可接入 4 条 STM-1 同步信号。
- SDH 宽带控制单元（SBCE）完成 SLK 中的 STM-1 中的 VC_12 与窄带模块的交互工作，实现 SDH 终端业务处理。
- IP 终端板（IPLK）、千兆路由器和 VoIP 网关提供全面的 IP 功能，可与智能网结合，提供 IN 业务。
- ATM 终端链路模块（TLK），一块 TLK 板具有 4 个 STM-1 端口，提供 4 条 STM-1 接入。ATM 连接的建立支持 PVC 功能，，需在 S1240 侧的网络管理系统上预先配置。一块 TLK 板上能够建立 4 000 个 ATM 连接。P3S 不仅支持点到点 ATM 连接，而且还支持点到多点 ATM 连接。
- 控制模块（ABCE），ABCE 完成语音经 AAL1 适配到 ATM 信元的功能。

在 MPSR 宽带网络上，加上 ATM 终端接口模块（TLK）和控制模块（ABCE），S12 P3S 交换系统就具备了 ATM 信元交换能力。

S12 P3S 宽带交换机具有以下主要特点：

① 交换网络采用基于信元（MSC）的 MPSR 技术，内部交换独立于外部业务，MPSR 在线替换 DSN；

② 全分布控制功能可方便地分布于不同的处理器中，增加新的功能模块就能引入新的业务；

③ 对未来网络提供了一致性解决方案集成话音和数据业务，支持窄带与宽带互联，支持宽带接入及高速 Internet 接入；

④ 降低设备和运营成本，保护已有 S1240 设备投资，单一的操作维护和管理接口。

S12 P3S 在保留了 2 Mbit/s 中继接口的同时，还提供了 SDH 155 Mbit/s 的高速接口。这种 SDH 接口不需要采用其他硬件设备将 155 Mbit/s 解复用为 2 Mbit/s 送入普通中继模块，而是通过软件直接从 VC_12 中提取并适配 2 Mbit/s 信息，变为 MSC 送入交换网络进行交换。这样，在减少了交换设备、互连设备和 2 Mbit/s 终端模块的同时，使设备具有更高的可靠性。

S12 P3S 独特的 SDH 接口可简化网络结构，因此特别适合有大容量中继要求的汇接局、长途局和市话局；通过信元交换和集成 VoATM 功能，实现语音和数据网的互通，通过引入内置网关、外置网关和软交换技术，将 S12 P3S 融入下一代网络（NGN），可作为语音和数据的关口局。

11.2 ATM PVC 功能实现

ATM 采用面向连接的工作方式，为了提供端到端的信息传送能力，ATM 层在接入点之间建立虚电路，并在整个呼叫期间保持虚电路连接。ATM 连接分成两个等级：虚通路连接(VPC)和虚信道连接(VCC),ATM 连接的建立就是分配 VPI 和 VCI,建立 VPC 和 VCC。

ATM 连接的建立有两种方式:一种是无需使用信令,通过预定或预分配的方法建立永久或半永久的 VPC 和 VCC ,称为 ATM PVC;另一种是使用信令即时建立连接,称为 ATM SVC。在 ATM 网络节点上提供的信元交换,完成的只是虚电路交换,即 VPI 和 VCI 的交换。

在 S12 P3S 中,ATM 连接的建立支持 PVC 功能,,需在 S1240 侧的网络管理系统上预先配置。ATM 信元首先被装入 C_4,然后和 POH 一起组装成 VC_4,VC_4 加上 SOH 后组成 STM-1。一块 TLK 板上能够建立 4 000 个 ATM 连接。P3S 不仅支持点到点 ATM 连接,而且还支持点到多点 ATM 连接。

下面以 P3S 提供高速上网业务为例说明。

在 P3S 中,一块 TLK 板具有 4 个 ATM STM-1 端口,取其 0 号端口和 2 号端口,均为单模光纤接口,如图 11-2 所示。

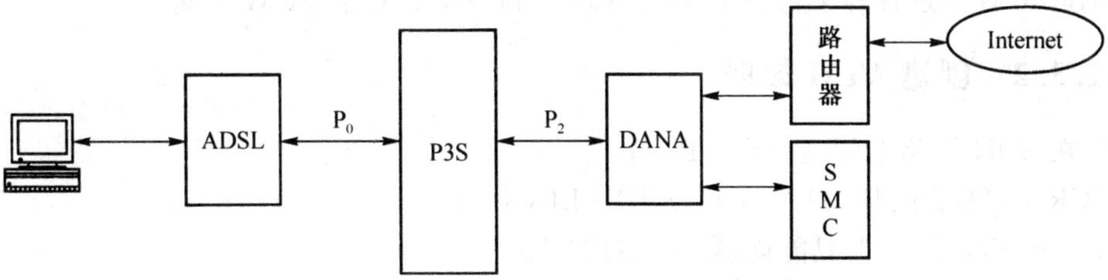

图 11-2　S12 P3S 提供上网业务的网络配置

0 号端口与 ADSL 局端设备 ASAM 之间用单模光纤互连,2 号端口与 DANA 的 ATM 接口卡之间用单模光纤互连。DANA 通过以太网接口与交换局的路由器相连。一台安装了 WIN2000 操作系统和 WWW 浏览软件的 PC 机作为上网用户,PC 机内置以太网卡。

在 S12 P3S 网络管理系统上进行配置,在 TLK 板的 0 号端口和 2 号端口之间建立 ATM PVC 连接。通过超级终端连至 ASAM 上进行配置,建立 ATM PVC 连接。配置路由器、PC 机、DANA 上的 IP 地址及路由表。

在 PC 机上使用 IE 或 Netscape 软件浏览公众网站,若成功,说明利用 ATM PVC 连接实现了高速上网功能。

11.3　S12 P3S 操作与维护

11.3.1　创建 SDH 数据

SDH 数据创建就是要完成将一条 155M SDH 链路分拆成单个 2M VC_12 并映射到 PCM 的全过程。

① 创建一个保护组(可选)

<CREATE-MSPGRP:MSPID=1,WORKLINK1=1&1&1,SPARELK=2.

通过这条命令将 155M LINK1 和 LINK2 组成一保护组,提供 1+1 的 SDH 链路保护。

② 在 SDH 链路上创建一个 STM-1

<CREATE-STM1:STM1ID=1,EXTLINK=1.

每一个 SDH 链路上只能创建一个 STM-1。

③ 在一个 STM-1 上创建一个 VC_4

<CREATE-VC4:VC4ID=1,STM1ID=1.

每一个 STM-1 上只能创建一个 VC_4。

④ 在 VC_4 上创建 VC_12

<CREATE-VC12:VC12ID=1,VC4ID=1,POS=1.

每个 VC_4 上创建 63 个 VC_12,用参数 POS(1～63)标识每个 VC_12 在 VC_4 中的位置。

⑤ 创建 PCM

<CREATE-PCM:PCMID=1,LCEID=H'SACEDH,VC12ID=1.

创建 PCM 的过程等于将一个 VC_12 映射到一条 2 M 的 PCM 中继。

11.3.2 创建 ATM 数据

① 在 SDH 链路上创建一个 STM-1

<CREATE-STM1:STM1ID=9,EXTLINK=9.

每一个 SDH 链路上只能创建一个 STM-1。

② 在创好的 STM-1 上创建一个 VC_4

<CREATE-VC4:VC4ID=9,STM1ID=9,C2SIGLIB=19.

在创建 VC_4 的同时,系统将自动创建一条 ATM 通路。

③ 在 VC_4(ATM 通路)上创建 ATM 连接

<CREATE-ATM-CONNECT: ATMCTYPE = UNICAST, ATMCMODE = VCC, PCR1=10000,PCR2=10000,CTP2=10&100&101,VOLCNT=ON.

在两个 VC4ID=9 和 10 的 VC4 之间创建一条点到点的 VC 连接。CTP 指明了 ATM 连接的两个终点的具体位置。

创建完成后,系统会返回该 ATM 连接的标识,在整个系统中 ATM 连接的标识是唯一的。在 S12 P3S 中,ATM 连接标识的范围是 1～4000。

习　题

1. ATM 宽带交换机应具有哪些基本功能?
2. 简述 ATM 宽带交换机软件系统的基本要求?
3. S12 P3S 系统结构由哪几部分组成?
4. S12 P3S 交换设备的 ATM PVC 功能是如何实现的?
5. 在 S12 P3S 交换设备中,如果需要将一条 155 M SDH 链路分拆成单个 2 M VC_12 并映射到 PCM 系统,试完成该操作。
6. 简述 S12 P3S 交换设备创建 ATM 数据的主要步骤。

MainstreetXpress ATM 交换设备　第12章

目前在ATM/FR宽带网络建设中，较多的电信运营商采用Alcatel公司生产的网元设备（原Newbridge公司MainstreetXpress产品）。MainstreetXpress产品系列包括：ATM骨干交换机36190、ATM边缘交换机36170、ATM接入交换机36150、帧中继交换机36120等。

12.1 ATM骨干交换机36190

MainstreetXpress 36190是原Newbridge公司生产的大容量ATM交换机，交换容量为160 Gbit/s，采用先进的交换结构、流量控制和拥塞控制机制，信令功能强。

1. 硬件结构

36190采用模块化结构，硬件模块有：宽带接入单元（AUB）、线路接口电路（LIC）、ATM复用器（AMX）、ATM交换网络核心（ASN）、统计复用单元（SMU）和控制单元等。ASN是有多个交换单元（SE）组合在一起形成多级的交换结构。

MainstreetXpress 36190系统结构如图12-1所示。

（1）宽带接入单元（AUB）用于连接LIC与AMX。

（2）线路接口电路（LIC）用于连接用户线/中继线。LIC支持的业务有ATM信元中继、$n\times 64$ Kbit/s的CBR业务、1.5 Mbit/s和2 Mbit/s的电路仿真业务。

（3）ATM复用器（AMX）主要是在LIC与ASN之间完成复用/解复用的功能。AMX提供32个双向STM-1端口连接至LIC，16个双向STM-1端口连接至ASN。

（4）ATM交换网络（ASN）由多个交换单元组成。每个交换单元有32个输入、16个输出。ASN完成统计复用、集中和信元交换功能。

（5）统计复用单元（SMU）管理突发业务流并提供所需的I/O缓存器。

（6）控制单元包括主控制器（MP）和AMX，其中MP用于中央控制和信令控制。

36190提供以下接口：

（1）系统接口，包括UNI接口、NNI接口、VB5接口和非ATM接口；

（2）管理接口，Q3管理接口；

（3）时钟同步接口。

2. 软件结构

36190的软件结构按功能分为MP软件、外围控制软件和应用软件。MP软件和外围控制软件包括操作系统软件、系统维护软件、呼叫处理软件、管理软件和数据库；应用软件包括统计、告警、计费软件等。

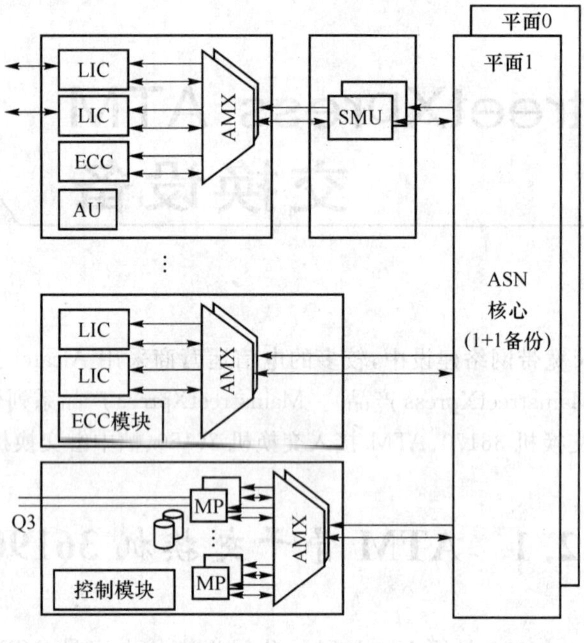

图 12-1　36190 的硬件结构

12.2　ATM 多业务交换机 36170

MainstreetXpress 36170 是原 Newbridge 公司生产的多业务 ATM 交换机（Alcatel 7470 多业务 ATM 交换机），它是一种标准的高容量、多业务、多优先级 ATM 交换机。36170 采用模块化结构设计，单机框或多机框系统配置；可提供交换结构冗余、控制冗余、业务卡冗余和电源冗余等多种保护措施；36170 具有高伸缩性和扩展性，提供可变的交换容量（800 Mbit/s～12.8 Gbit/s)，800 Mbit/s 的小容量 ATM 交换系统称为单机框系统，用于小型内部网；12.8 Gbit/s的大容量 ATM 交换系统称为多机框系统，用于公共数据网或大型内部网。

1. 机框介绍

多业务 ATM 交换机 36170 提供以下两种机框。

(1) 交换机框

交换机框如图 12-2 所示，它是多机框系统的核心，有 16 个端口，每个端口可提供 800 Mbit/s的带宽，第 2 个交换机框作为交换结构的冗余。交换机框板卡槽位分为两个部分：左边有 8 个槽位（只有一般槽的一半高度），右边有 9 个槽位，双接收卡安装在半高度槽位上，双交换卡安装在右边槽位上（S1～S8)，终端卡安装在 TC 槽位上。

(2) 外围机框

外围机框如图 12-3 所示，它分为：

① 低速外围机框，每个外围机框提供 800 Mbit/s 的交换能力；

② 双外围机框，每个外围机柜提供 1.6 Gbit/s 的交换能力；

③ 高速外围机框，最大到 6.4 Gbit/s 的交换能力。

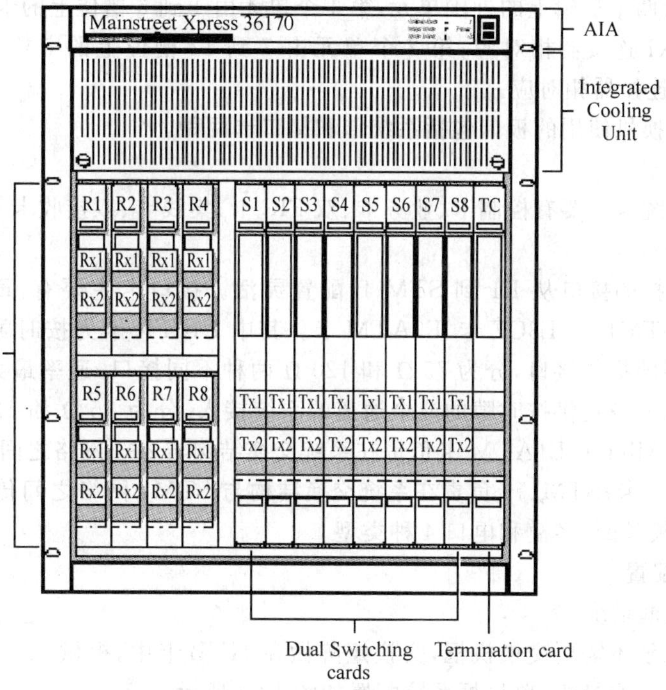

图 12-2　36170 交换机框示意图

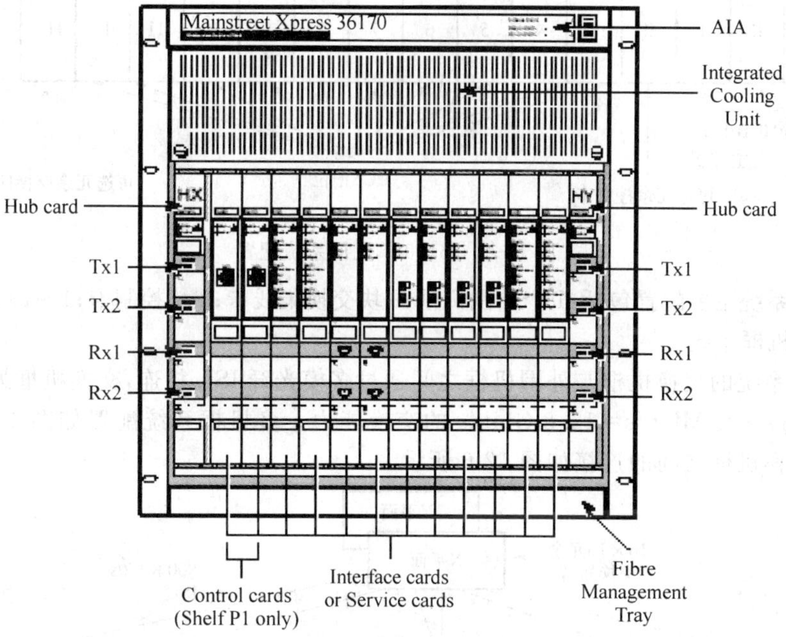

图 12-3　36170 外围机框示意图

外围机框有 14 个槽位，最左边和最右边的槽位是保留给集线卡的，最左边的槽位被标识成 HX，最右边的槽位被标识为 HY，剩下的 12 个槽位被编号为 1～12 槽位，可以插上控制卡、业务卡和接口卡。机框 PI 的第 1 和第 2 个槽位是安置主用和备用控制卡用的。双外围机框被分为两个逻辑上的外围单元，第 1 个单元由 1 到 6 槽位上的卡构成，与双集线卡上的 TX1 和 RX1 连接器相对应；第 2 个单元由 7 到 12 槽位上的卡构成，与双集线卡上的 TX2 和 RX2 连接器相对应。

36170 交换机使用的板卡包括系统卡和接口卡两种。

(1) 系统卡

36170 系统卡主要有控制卡、业务卡、双 FIC 卡、集线卡、双接收卡等；

(2) 接口卡

36170 支持的接口从 E1 到 STM-4，配置灵活。接口卡主要有：E1CFR 卡、E1CE 卡、E1ATM 卡、STM1 卡、E3CE 卡、E3ATM 卡。其中 E1CFR 卡为按时隙化和全通道的帧中继业务进入系统提供接口，分为 75 Ω 和 120 Ω 两种不同接口，速率最大为 2 Mbit/s；E1CE 卡为电路交换业务提供按时隙的或全通道的系统接入，分为 75 Ω 和 120 Ω 两种不同接口，速率最大为 2 Mbit/s；E1ATM 卡负责在系统交换结构与 2 M 网络之间传输信元或作为2 M ATM 用户接入卡；STM1 卡负责在系统交换结构与 STM1 网络之间传输信元，分为 STMI 单模短距、单模长距、多模和电口 4 种类型。

2. 基本配置

(1) 单机框系统

单机框系统不需要交换机框，交换矩阵做在 HUB 卡中，提供 1.6 Gbit/s 的交换能力，适用于边缘接入交换机，单机框系统配置如图 12-4 所示。

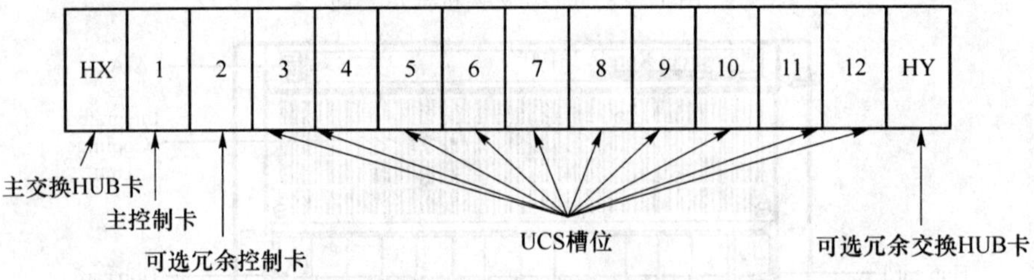

图 12-4　36170 单机框系统配置

单机框系统主要配置包括：1 个外围机框；2 块交换集线卡；2 块控制卡；1～10 块接口卡。

(2) 多机框系统

多机框系统的交换机框与外围机框之间通过多模光纤 ISL 相连，交换机框最多连 16 条 ISL，提供 16×800 Mbit/s＝12.8 Gbit/s 的交换能力。多机框系统配置如图 12-5 所示，外围机框与交换机框之间的连接如图 12-6 所示。

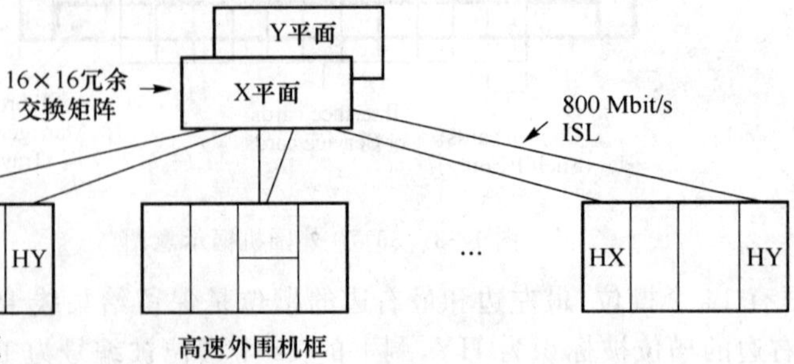

图 12-5　36170 多机框系统配置

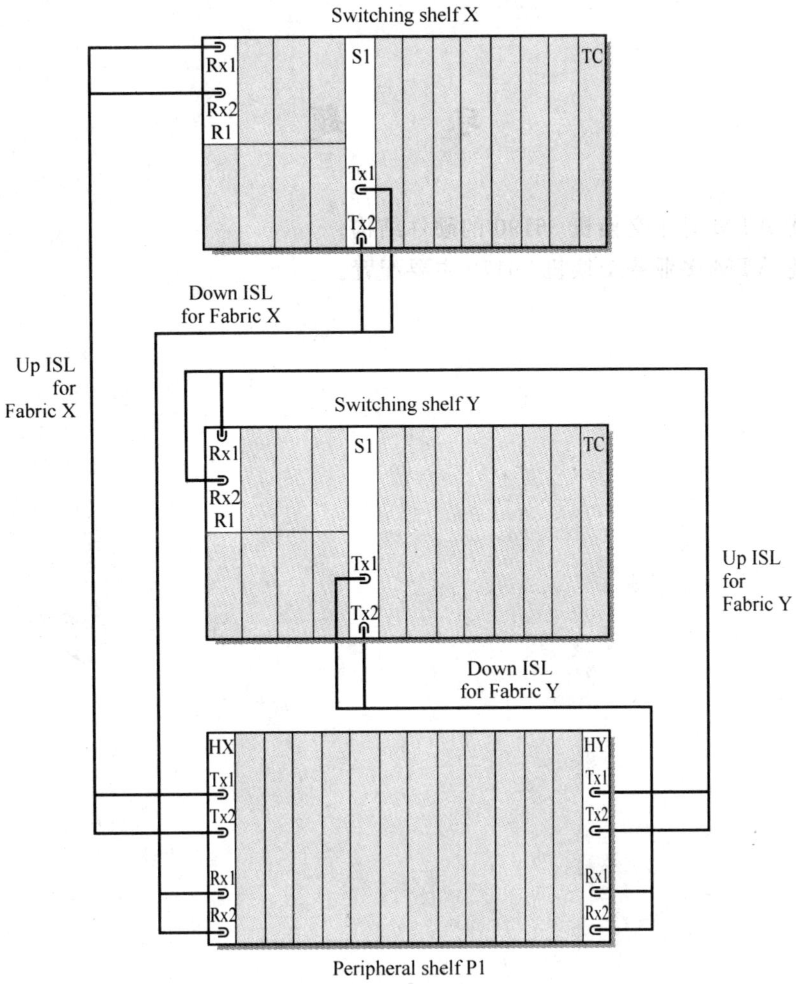

图 12-6　36170 外围机框与交换机框连接示意图

多机框系统主要配置包括：

① 1～2 个交换机框，冗余备份时需要两个交换机框；

② 最多 16 块双交换卡(每个交换机框 8 块)；

③ 最欢 6 块双接收卡(每个交换机框 8 块)；

④ 1～2 块 termination 卡(每个交换机框 1 块)；

⑤ 2 块控制卡；

⑥ 最多 8 个外围机框或 2 个高速外围机框或两种机框的组合；

⑦ 最多 16 块双集线卡(每个外围机框 2 块)；

⑧ 最多 94 个接口卡或 14 块高速接口卡或二者的组合。

36170 是一个以 ATM 技术为基础的多业务平台，它集多种能力于一体，可提供 ATM、帧中继、电路仿真、以太网桥接、IP、话音、ADSL、SDSL 等多种业务，可以灵活地适应运营商的各种需要，提供丰富的业务应用，该系统可以被 Alcatel 5620 NM 网管系统管理。

在实际组网应用中，可采用 ATM 多业务交换机 36170 构成 ATM 平台，中继传输采用 ATM 信元方式，36120 帧中继交换机作为接入设备与 ATM 交换机相连，构成省级 ATM/

FR 宽带网。

习 题

1. 简述 ATM 骨干交换机 36190 的硬件结构。
2. 简述 ATM 多业务交换机 36170 主要配置。

第13章 EWSD SURPASS设备

SURPASS方案是西门子基于软交换机制的宽带电信级网络解决方案，该方案采用面向下一代网络(NGN)的分布式网络结构。

西门子公司针对NGN的语音/数据网络融合的业务提出了SURPASS的整体解决方案，通过在基于IP的宽带数据网络上增加信令和业务控制平台、网关设备以及各种用户(POTS、ISDN、xDSL、H. 323等)的接入和管理，实现基于数据网络的业务融合。SURPASS整体解决方案可分别从接入，核心，业务和支撑网络等多种网络角度提供全面的网络方案，如图13-1所示。

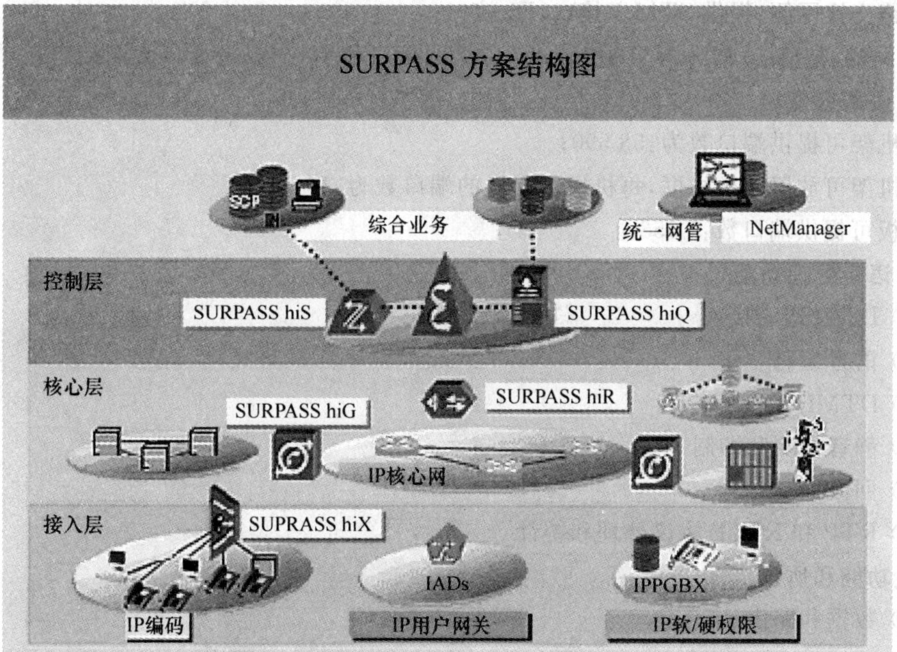

图13-1 SURPASS NGN解决方案

在网络的控制层，SURPASS方案包括信令网关、呼叫性能服务器、媒体网关控制器以及开放的业务接口API，并提供对现有智能网业务的支持，实现对于整个数据网络用户电信级业务和增值业务的提供、信令的支持和不同网络设备之间的协调工作。

在网络的核心层，引入支持标准信令的媒体网关，实现不同网络（PSTN、PLMN、IP）之间的互通。

在接入侧 SURPASS 方案除了能够完成对 POTS 用户、ISDN 用户、V5.2 用户业务提供之外，还能够实现对于 VoDSL 用户、IP 终端、IP PBX 等多种用户的接入和管理，并各种用户提供现有交换网所能提供的各种电信级业务，实现真正的多业务接入。

针对不同的网络状况和业务需求，SURPASS 方案有以下网络模式：SURPASS IP 中继方案；SURPASS 信令支撑网方案；SURPASS IP 宽带应用方案；SURPASS IP 本地接入方案。

13.1 SURPASS hiG

SURPASS hiG1200 是 SURPASS NGN 解决方案中高性能的媒体网关，主要功能是完成基于电路交换网的语音和基于包交换的 IP 网的媒体流的互通。除了支持 VoIP 的功能，SURPASS hiG1200 还支持 FAX、Modem 和 ISDN Data over IP。作为 SURPASS 产品家族的一员，SURPASS hiG1200 也是受 hiQ9200 软交换设备控制并通过 NetManager 管理。

1. 接口

电路交换网侧：提供 STM-1 接口，E1 接口；

IP 网侧：支持 10 Mbit/s、100 Mbit/s 以太网接口和 1000BaseSX 以太网接口。

2. 设备容量

每机架可提供端口数为：58 590；

每机架可放置 3 个机框，每机框可提供的端口数为：19 530；

单板可提供端口数：1 953。

3. 语音处理功能

(1) ISDN 透明接入

(2) 语音编码

(3) DTMF 识别和传送

(4) 静音检测和抑制

(5) 回波抑制

(6) RTP 和 RTCP 协议处理和统计

4. 功能和协议

(1) 数据和路由

IPv4/ICMP/TCP/UDP/RTP/Ethernet ARP/TFTP/MGCP/TGCP/MEGACO

(2) QoS

TOS marking for RTP/DiffServ/IP Precedence

(3) 操作和维护

SNMP/FTP 等

13.2　SURPASS hiQ

SURPASS hiQ9200 软交换是所有 SURPASS 解决方案的核心设备，能够为下一代网络提供丰富的 VoIP 应用性能。

SURPASS hiQ 完成对接入设备、媒体网关和资源服务器的控制，而且它作为网络智能设备，来协调 SURPASS 产品家族中不同成员工作，将 PSTN 业务的丰富性和基于包交换的 NGN 的优点结合起来。

1. 特点

(1) 电信级的下一代软交换设备；

(2) 支持传统语音业务，同时支持数据、语音相融合的业务；

(3) 通过开放接口可开发基于 IP 的增值业务；

(4) 可以提供语音业务相关所有业务。

2. 功能描述

(1) 媒体网关控制

hiQ9200 通过 No. 7 信令以及用 MGCP/H. 248 控制媒体网关，这样来实现与 PSTN/ISDN 的互通。

(2) 用户控制

hiQ9200 提供对用户控制，包括对多业务接入平台和 VoDSL 用户的呼叫控制。在实现 H. 323 或 SIP 网络和 PSTN 互通的同时，能够为所有 NGN 的接入用户提供和现有 PSTN 一样的服务性能。

(3) 服务提供

增加 SURPASS 开放业务平台 hiQ4000，hiQ9200 可以为新多媒体应用来提供服务。

(4) 处理 No. 7 信令

hiQ9200 通过标准的 No. 7 信令接口连到 PSTN 上，为 NGN 提供充分的灵活性以及业务的透明性。hiQ9200 在 MTP 3 层上终结 No. 7 信令协议栈，它能够处理 SEP 话务以终结 No. 7 信令。hiQ9200 还内置有 STP 的功能。

3. 技术指标

① 1 000 万 BHCA

② 240 000 TDM 或 NGS 中继端口

③ 50 000 TDM 或 NGS 用户

④ 500 000 MSU/s，1 500 S/L

⑤ 整个系统可用性＞99.999％

4. 主要性能

(1) 话务路由

(2) 计费

(3) 号码可移动和全局码翻译(GTT)

(4) 支持 CENTREX 和智能网业务

(5) 性能监测

(6) 合法截取能力

(7) 分布式系统结构

(8) 高效的集中管理

5. 协议和标准

ISUP、SCCP、TC、INAP

IP、SIP、H.323、MGCP、BICC

13.3 SURPASS hiS

SURPASS hiS700 既可用作 TDM 网络的独立信令转接点,也可用作 NGN 的独立信令网关设备。SURPASS hiS700 在提供独立 STP 功能基础上,可平滑过渡到信令网关,提供标准的 SS7 over IP 接口,连接传统 TDM 网络和 IP 网络,并将 hiS700 的业务性能平滑过渡到 NGN。

1. 特点

SURPASS hiS700 具有高可靠性设计特点,可保证系统中断时间小于 0.3 分钟/年。

(1) 硬件双备份冗余配置;

(2) 软件冗余备份;

(3) 智能话务分担机制。

2. 功能描述

(1) SS7 over IP 功能

SS7 over IP 依据 IETF SIGTRAN 工作组的建议,使用 M3UA 实现。

(2) MTP、SCCP 屏蔽功能

No.7 信令屏蔽功能确保只有被授权的信令消息才可以通过,未被授权的信令将被拒绝转发,同时被系统记录下来。

(3) MT P、SCCP 计费功能

允许对 MTP 和 SCCP 的 STP 业务进行记账。运营商可以据此记录其他运营商通过本网络的信令流量,同时可以记录通过其他运营商网络传输的本网络信令流量。

(4) 高速信令链路

提供 2 Mb/s 高速信令链路。

(5) MTP 路由验证测试

提供 MTP 路由表的在线测试。

(6) 多信令点编码

提供 255 个多信令点编码。

(7) 自动路由分配和在链路组内的 MTP 负荷分担控制

提供链路组内的 MTP 负荷分担。

(8) 虚拟信令链路组选择(VSLS)

通过使用暂时生成的虚拟信令链路选择信息,加强链路组间的 MTP 负荷分担。

(9) 号码可携带服务器

在STP点引入号码可携带服务器后,可以优化网络拓扑结构。

(10) 全局码翻译

在No.7信令网中,可为关口局、ISDN、IN和移动网提供地址翻译功能。

3. 性能参数

(1) 窄带信令链路:5 000条

(2) 高速信令链路:188条

(3) 信令链最大负荷:0.8 Erl

(4) 消息处理能力:500 000 MSU/s

(5) 信令点编码 255

(6) 链路连接能力:800 PCM

(7) 路由组:4 096

(8) 信令链路组:1 024

(9) 全局码翻译能力:100 000 GTT/s

(10) 号码可携带数:8 000 000用户

SURPASS hiS700通过与SURPASS软交换hiQ系列、SURPASS媒体网关hiG系列等其他SURPASS产品相结合,可以部署完整的下一代网络。

习 题

1. EWSD SURPASS方案中主要设备有哪些?
2. SURPASS软交换设备有哪些功能?

参考文献

[1] 原邮电部. 电话交换设备总技术规范书,1997
[2] 原邮电部. 中国国内电话网 No.7 信号方式技术规范(暂行规定),1990
[3] 原邮电部. No.7 信令网技术体制(暂行规定),1993
[4] 上海贝尔. 1000 S12 系统培训教材(EC74),2001
[5] BISC 公司. EWSD 系统培训教材,2004
[6] 华为公司. C&C08 系统培训教材,2004
[7] 信息产业部. ATM 交换机技术规范,2001
[8] 信息产业部. 综合交换机技术规范,2001